THE
NEEDLECRAFT
BOOK

针艺手作大百科

〔美〕 麦琪·戈登

〔英〕 萨莉·哈丁　　著

〔英〕 埃利·万斯

于月　　译

河南科学技术出版社

·郑州·

目 录

前言 INTRODUCTION

这是一本全面介绍使用各种针织、布艺技法制作手工作品的百科全书。

本书主要分为：棒针编织，钩针编织，刺绣，绒绣，拼布、贴布和绗缝以及收尾等部分。每一章节都详细介绍了所需要的材料及工具、基本的手工技法和进阶者所需要的高深的技巧。本书由易到难，用简单明了、循序渐进的图解说明来展示各种技艺。

棒针编织和钩针编织部分指引你从基本技法和针法开始，逐渐接触复杂的针法和技法，同时也介绍了常见的缩写形式和图表中的符号。在刺绣这部分内容中，有给入门者的各种建议和更高层次的浮面装饰绣、镂空绣、褶皱绣和珠绣等。绒绣部分介绍了开始、收尾的技法和最受欢迎的针法，如斜纹针法和佛罗伦萨绣等。拼布、贴布和绗缝部分讲解了绗缝制作的基础技巧，拼布、贴布的入门常用技法，以及每种技法的具体变化和延伸。最后的收尾部分则包含了多种作品收尾和装饰的技法，如滚边、制作扣襻和固定饰边等。我们希望本书成为读者有用的参考工具，让大家进一步提升已有的技能，或是学会新的技艺。

手作快乐！

Maggi Gordon

关于本书
ABOUT THIS
BOOK

本书既适合完全没有手作经验的入门者，也适合想提升操作技能的手作熟手，同时也是手作达人的有益参考。如果你刚刚接触手作，那就从熟悉相关的工具和材料开始吧，每章开始都有这方面的介绍。在这之后就是相关的基本技法。例如在棒针编织部

分，你会了解到怎样拿毛线和棒针，怎样编织最简单的下针和上针，等等。当掌握了基本技法之后，你就可以继续往下看，不断练习并提高你的技术，让自己乐在其中。也许，你会对书中其他的手作技能感兴趣——书中有那么多选择等着你！

棒针编织KNITTING

要编织一些极具个性的物品，例如围巾、盖毯、毛衣、袜子、饰品以及玩具等，需要掌握常用的编织技法，它们会在本章中一一呈现。

工具和材料 TOOLS AND MATERIALS

如果你以前不曾做过棒针编织，请花点时间阅读这部分的内容，了解棒针编织所需要的毛线和工具是很有必要的。

毛线

毛线种类繁多，不胜枚举，这里有些样例，或许能激起你对棒针编织的兴趣。光滑的毛线极适合配色编织和蕾丝花样的编织；花式毛线则给平纹编织增添无限趣味；彩色毛线，即使只用一根线也能形成变幻的色彩。

光滑的毛线

<< 羊毛线
传统的纯羊毛线仍然是理想的编织用线。羊毛线，例如粗线(double knitting)，非常适合新手使用。因为棒针在有弹性的线圈中插入和挑出都会自如地滑动。羊毛线染色漂亮，经久耐用，且可以机洗。

棉线和竹纤维线 >>
纯天然材质的棉线和竹纤维线适合用来编织毛衣。织好后的作品光滑亮丽，容易打理。棉线织物纹路和蕾丝花样清晰可见。竹纤维线类似于丝光棉线，结实且具有弹性，又不失柔软和舒适性。

∨ 高档毛线
真丝线和羊绒线价格不菲，但是能带来华丽的感觉和高档的作品。关于如何养护，请仔细阅读商标说明。

人造毛线
腈纶等人造毛线或者人造毛线与天然纤维混纺的毛线，价格经济实惠，既易于编织也容易打理。

花式毛线和新奇毛线

花式毛线
哪怕用最简单、最平凡的下针编织，花式毛线也能让一团毛线变成有趣的、引人注目的编织品。这里列举了一小部分花式毛线供选择。

<< 新奇毛线
标新立异的新奇毛线总是随潮流而变。图中这样毛茸茸的线织出来的织物看起来就像毛皮制品。

马海毛线：这种毛线可织出毛茸茸的效果，给人以温暖的感觉。

金属线：这类毛线给织物带来闪亮的效果。

带状线：这种线（丝带）种类很多，可自由选择，它们会形成独特的、结实的编织花样。

竹节纱和毛圈花式线：这类表面凸凹不平的毛线，就算只是一个毛线球也是那么吸引人。竹节纱上的节形成球状花纹效果。毛圈花式线用一股线形成一个线圈固定在另一股线的某一点上，就形成了卷曲纹理。

彩色毛线

<< 幻彩羊毛线
由两股不同颜色的超粗羊毛线（super-bulky-weight）绞合而成（见下面的特写图片）。每股线随着长度的延长颜色从深到浅再从浅到深。

<< 幻彩棉线
不同颜色的细线沿中间一股棉线环形缠绕，就形成了这种表面比较光滑的幻彩棉线。

袜子线
有种专门的袜子线，按照一定的距离精心染色，这样用一团毛线编织出来的袜子（或其他作品）上就会显现出彩色的花样。

非常规线

绳索线 ∧
编织实用性物品，例如收纳筐等的理想用线。绳索线具有多种天然色彩和不同的粗细型号。

布条 >>
回收零碎布料做成的布条能编织出非常结实的物品，很适合用来制作小物件或者家居小物，例如袋子或者靠垫。（见95页）

塑料袋剪成的条形带子 >>
将塑料袋废物再利用，可以编织出手提袋、桌布和其他家居物品。（见96页）

旧毛衣上拆下来的回收毛线
回收毛线重复利用比你想象的更简单。如果毛线很旧，可以两根合在一起编织。（见95页）

毛线的包装

毛线是按照一定的数量包装起来销售的。通常的包装形式是团状、束状或者绞状。你也可以看到更大的包装形态——线锥，只是这类包装的毛线常用于机器编织，少用于手工编织。

<< 团状
线团是最常见的包装形式，买回来可以直接使用，因此是最方便实用的。编织时从线团中心抽出线头，就可以开始用了。

∨∨ 绞状
绞状毛线是一圈圈的毛线成束扭绞而成的，使用时需要先把线缠绕成线团（见39页）。

束状 ∧
跟线团的形状相近，但呈长条形。束状毛线也是即买即用的。商标包装不要从线上拆下来，抽线的时候毛线才不容易纠缠在一起。

线锥
线锥通常因太重而不方便携带，在开始编织之前最好把线缠成方便使用的线团（见39页）。

毛线的商标说明

毛线的商标通常直接与包装在一起。商标上提供了编织所需要的信息。在购买前，你要仔细阅读，了解毛线的种类、需要的编织针的型号、护理说明和毛线的长度。

阅读毛线商标>>
阅读后你可以决定是否需要易于打理的毛线，并察看护理说明。纤维成分表明这种毛线是人造纤维还是合成纤维，又或者是100%天然成分。每一种毛线经过一段时间后都会展现出不同的样子。根据线团所含毛线的长度能够算出购买的数量（见21页）。购买毛线数量多的时候，注意检查毛线的染缸号码，避免因染缸不同而出现色差。

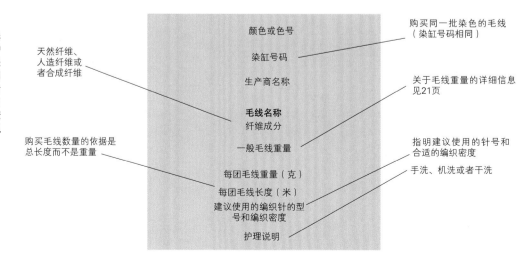

颜色或色号

购买同一批染色的毛线
（染缸号码相同）

染缸号码

生产商名称

关于毛线重量的详细信息见21页

天然纤维、人造纤维或者合成纤维

毛线名称
纤维成分

一般毛线重量

指明建议使用的针号和合适的编织密度

购买毛线数量的依据是总长度而不是重量

每团毛线重量（克）

手洗、机洗或者干洗

每团毛线长度（米）

建议使用的编织针的型号和编织密度

护理说明

毛线的重量

● **毛线的重量指的是毛线的粗细**　有些毛线由生产商纺成"标准"粗细，例如美国的运动服类产品使用的毛线和英式的粗线以及阿伦线。这样的粗细标准已经有很长的历史了，在未来的一段时间内也可能没有什么变化。但即使这样标准粗细的毛线之间，也还有细微的差别，而且花式毛线也很难单凭粗细分类。

● **直观毛线粗细**　直观上的毛线粗细只是毛线分类中的一种标准，有的毛线看起来粗只是因为蓬松的缘故，纤维里面含有很多空气，线本身也具有弹性。两只手把线拉直，线就会立刻变细，你可看清它由几股线合成。线的股数也说明不了线的粗细，几股纱线绞在一起就成为线。一根4股线是粗还是细还要仔细看每股纱本身的粗细。

● **最有用的帮助**　为了让编织者在花样编织时能找到极为匹配的替代毛线，美国手工毛线协会（the Craft Yarn Council of America）制定了毛线粗细表。在你无法购买到编织说明中要求的毛线时，这张表（见本页）会帮助你找到完美的替代品。关于毛线重量的说明，最准确清晰的莫过于生产商所标示的编织密度和所用编织针的型号（根据说明编织出来的织物松软又富有弹性，但也不会因过松而变形）。当两种毛线具有相同的纤维成分、相同的编织密度且使用相同型号的编织针时，这两种线就可以互换使用。

标准毛线重量

毛线重量标志和类别名称	⓿ 蕾丝线	❶ 极细线	❷ 细线	❸ 粗线	❹ 中粗线	❺ 超粗线	❻ 极粗线
毛线**分类	细绒线，10支钩编线	袜子线，宝宝毛线，细绒线，英式4股线	运动服专用毛线，宝宝毛线	粗线，精纺线	精纺线，阿富汗线，阿伦线	超粗线，手工线，毛毯线	膨体纱，粗纱
编织密度*（下针编织/10cmx10cm内）	33~40***针	27~32针	23~26针	21~24针	16~20针	12~15针	6~11针
推荐使用棒针的尺寸（直径）	1.5~2.25mm	2.25~3.25mm	3.25~3.75mm	3.75~4.5mm	4.5~5.5mm	5.5~8mm	8mm和更大号
推荐使用棒针的型号（美制）	000~1	1~3	3~5	5~7	7~9	9~11	11和更大号
钩织密度*（短针/10cmx10cm内）	32~42***长针	21~32针	16~20针	12~17针	11~14针	8~11针	5~9针
推荐使用钩针的尺寸（直径）	1.6~2.25mm	2.25~3.5mm	3.5~4.5mm	4.5~5.5mm	5.5~6.5mm	6.5~9mm	9mm和更大号
推荐使用钩针的型号（美制）	6号不锈钢钩针，7号不锈钢钩针，8号不锈钢钩针，B-1	B-1~E-4	E-4~7	7~I-9	I-9~K-10½	K-10½~M-13	M-13和更大号

*：这里只给出了一般毛线说明中所推荐使用的密度。毛线种类、密度变化和推荐的棒针与钩针型号已经被美国手工毛线协会分类说明。

**：这里的毛线包含了美国和英国通常使用的线。

***：极细的蕾丝线很难确定编织密度，可按照编织花样说明中要求的密度进行编织。

棒针

一般依个人的喜好选择适合自己的棒针。如果是新手，可以购买2根4mm（美式6号）棒针和一团粗羊毛线（见18页）学习和练习基本技巧。

<< 直针

一端有鲜明的针柄和止滑塞（stopper）的棒针被称作直针。直针有各种型号（见23页）和长度。直针最常用的材质是金属。金属针的针尖很好，且极为耐用。

∨ 竹制棒针

有些编织者喜欢使用竹制棒针，认为用竹制棒针编织的织物很漂亮。

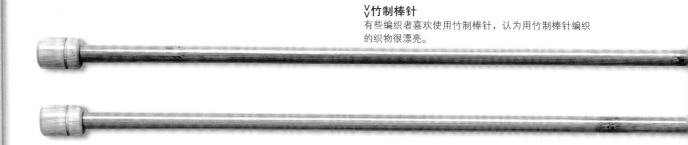

塑料棒针 >>

塑料棒针有各种惹人喜爱的颜色。因为塑料棒针价格便宜，生产商会特别制造短针给儿童学习编织。

特大号针 ∧

12mm（美式17号）以上的棒针又被称作特大号针。这种棒针常用来编织极粗线，能够快速完成毛衣或围巾等作品，也可以用于布条编织。

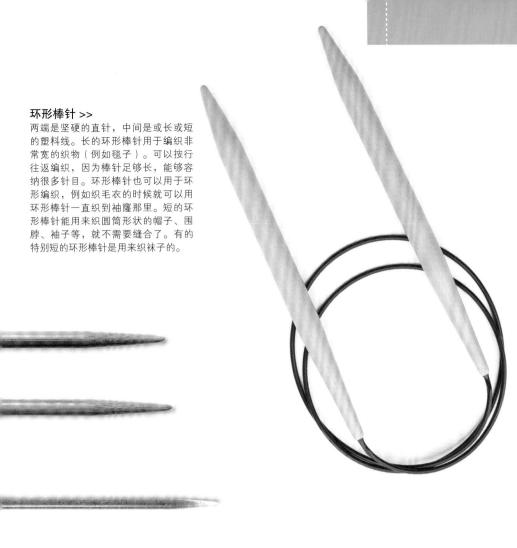

环形棒针 >>

两端是坚硬的直针，中间是或长或短的塑料线。长的环形棒针用于编织非常宽的织物（例如毯子）。可以按行往返编织，因为棒针足够长，能够容纳很多针目。环形棒针也可以用于环形编织，例如织毛衣的时候就可以用环形棒针一直织到袖隆那里。短的环形棒针能用来织圆筒形状的帽子、围脖、袖子等，就不需要缝合了。有的特别短的环形棒针是用来织袜子的。

<< 双头棒针

双头棒针的两端都可以移动针目。这种棒针用于环形编织（见84页）和某些花式配色编织中（见53页叶柄的编织方法）。

棒针尺寸、型号对照表

此表提供了不同制式标准下最相近的棒针尺寸，它们不能完全精确地相等，只能说非常接近。

欧式 尺寸（直径）	美式 型号	旧英式 型号
1.5mm	000 00	
2mm	0	14
2.25mm 2.5mm	1	13
2.75mm	2	12
3mm		11
3.25mm	3	10
3.5mm	4	
3.75mm	5	9
4mm	6	8
4.5mm	7	7
5mm	8	6
5.5mm	9	5
6mm	10	4
6.5mm	$10^{1/2}$	3
7mm		2
7.5mm		1
8mm	11	0
9mm	13	00
10mm	15	000
12mm	17	
15mm	19	
20mm	35	
25mm	50	

其他工具

除了棒针以外，还有编织中必备的工具和不是必需却很有用的物品。此外还需要一件这里没有展示出来的物品，就是能容纳这些工具的专用大软包，用来随身携带这些物品。

必备品

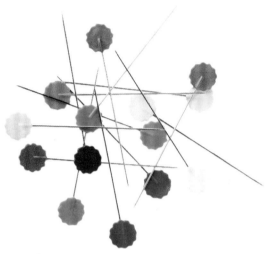

珠针 ⌃
有较大头柄的珠针可用来帮助缝合和固定。（见75～77页）

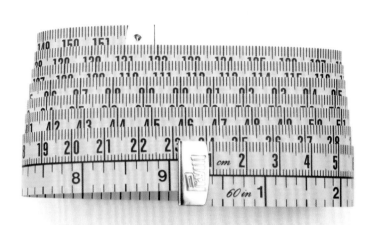

卷尺 ⌃
手边常备卷尺用于测量密度（见73页）和测量织物。可用米尺或是用英制单位的卷尺，但不要用两者混合的卷尺。

毛线缝针 ⌃
这种针在藏线尾和缝合的时候很有用，也可以用来在织物上做装饰性的刺绣。

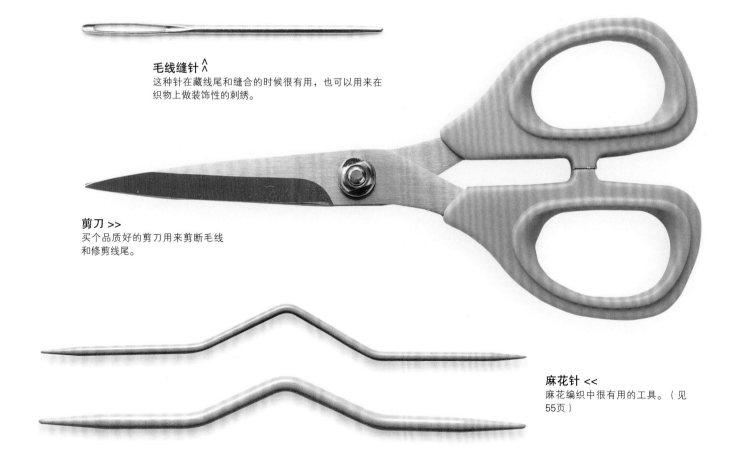

剪刀 ≫
买个品质好的剪刀用来剪断毛线和修剪线尾。

麻花针 ≪
麻花编织中很有用的工具。（见55页）

手边其他有用的工具

防脱别针 ∧
用来临时"收留"等会儿要使用的针目。也可用一段粗棉线、安全别针或者回形针来自制防脱别针（或记号圈，见下图）。

针尖保护器 ∧
这是个有用的小工具，既能保护你也能保护你的收纳袋不被针尖扎得"伤痕累累"，还能防止针目脱落。

记号圈 ∧
有时候针上需要放置记号圈来标记一组针目的起始位置，比如织几组不同的麻花花样时。记号圈也被用来标记织物的正反面或者某特殊行、某个特殊针目。

计行器 ∧
它可滑到棒针的末端，跟踪记录在织的行数。

<< 缠线板
配色编织（见64页）时使用它，有助于编织者把线控制在较短的长度。

编织密度尺 >>
用它检查双头棒针、环形棒针以及其他无型号棒针的编织密度。

U.S.	mm	
0	2.00	cm
1	2.25	
-	2.50	
2	2.75	
3	3.00	
3	3.25	
4	3.50	
5	3.75	
6	4.00	
7	4.50	
8	5.00	
9	5.50	
10	6.00	
10½	6.50	
-	7.00	
-	7.50	
11	8.00	
13	9.00	
15	10.00	

基本技术 BASIC TECHNIQUES

　　学习编织是个很快的过程，开始准备编织一些简单的织物（如披肩、婴儿毯、枕套以及盖毯等）之前，只需要掌握几种基本的技术。这些技术包括起针、下针、上针以及收针。

怎样拿针线

　　开始起针之前，要先让自己习惯拿棒针和毛线。虽然所有编织的起针都差不多相同，但你可以用不同的手持线。下面这两种持线方法分别被称为"英式"和"欧陆式"编织法。编织是双手共用的活动。所以不管是右手编织者还是左撇子都应该尝试这两种持线方法，看哪种更适合自己。

英式编织法

1 像图中这样将毛线绕在右手手指上，试试感觉是否舒适。目的是让手能够既放松又稳固地控制毛线。每针织完后，手部放松，让线自然地从指间垂下。

2 也可以试试这种绕线方式或者自己独创一种，原则就是用手指把毛线控制得松紧适度，这样织出来的针目才均匀，不会太紧或者太松。

3 左手拿有待织针目的那根棒针，右手拿另外一根棒针。用右手食指在针上绕线。

右手食指控制绕线的动作

欧陆式编织法

1 将毛线随意绕在左手手指上。试试这种方法是否能松紧适度地控制毛线，并形成均匀的针目。

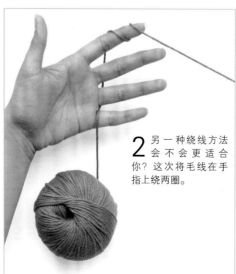

2 另一种绕线方法会不会更适合你？这次将毛线在手指上绕两圈。

3 左手拿有待织针目的那根棒针，右手拿另外一根棒针。用左手食指控制毛线的位置，然后用右棒针把毛线从针目中挑出来。

左手食指控制绕线的动作

打活结

看完前一页的两种方法以后，你一定跃跃欲试要开始编织作品的第1针了。这第1针就是一个活结，也是起针的第1针。

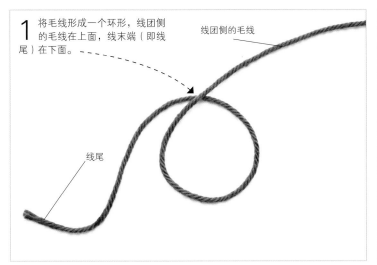

1 将毛线形成一个环形，线团侧的毛线在上面，线末端（即线尾）在下面。

线团侧的毛线

线尾

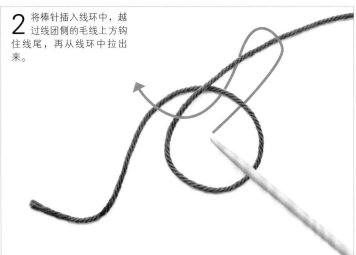

2 将棒针插入线环中，越过线团侧的毛线上方钩住线尾，再从线环中拉出来。

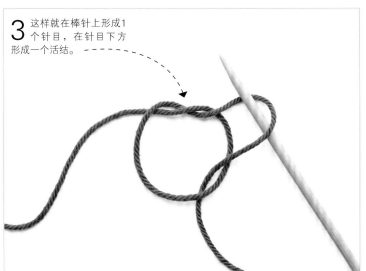

3 这样就在棒针上形成1个针目，在针目下方形成一个活结。

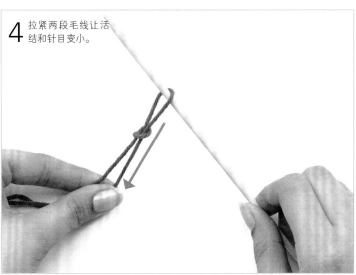

4 拉紧两段毛线让活结和针目变小。

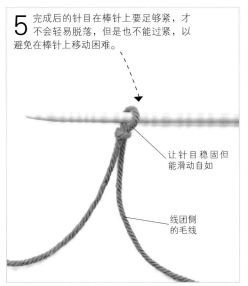

5 完成后的针目在棒针上要足够紧，才不会轻易脱落，但是也不能过紧，以避免在棒针上移动困难。

让针目稳固但能滑动自如

线团侧的毛线

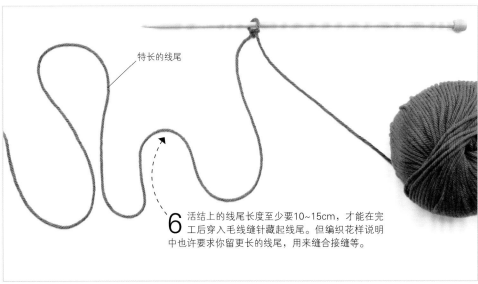

特长的线尾

6 活结上的线尾长度至少要10~15cm，才能在完工后穿入毛线缝针藏起线尾。但编织花样说明中也许要求你留更长的线尾，用来缝合接缝等。

把长线尾缠好

活结上的长线尾如果垂得过长或者不整理好就有可能缠在你的棒针上或者毛线团上。为了保持整洁，在织了几行以后，要把长线尾紧贴织物缠成蝴蝶结。

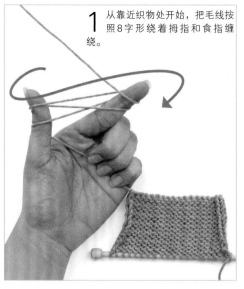

1 从靠近织物处开始，把毛线按照8字形绕着拇指和食指缠绕。

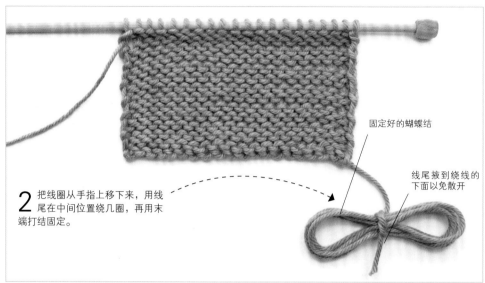

2 把线圈从手指上移下来，用线尾在中间位置绕几圈，再用末端打结固定。

固定好的蝴蝶结

线尾掖到绕线的下面以免散开

起针

在针上打好一个活结以后，就要接着完成编织所需要的其他针目了。编织花样说明中会告诉你需要起多少针。应该练习起针至达到棒针活动自如的熟练程度。起针方法有很多，这里只示范了最简单、最常见的几种。每种都试试，看你喜欢哪种。

单边起针 (又叫作拇指起针)

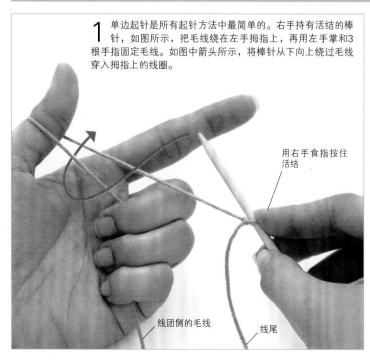

1 单边起针是所有起针方法中最简单的。右手持有活结的棒针，如图所示，把毛线绕在左手拇指上，再用左手掌和3根手指固定毛线。如图中箭头所示，将棒针从下向上绕过毛线穿入拇指上的线圈。

用右手食指按住活结

线团侧的毛线

线尾

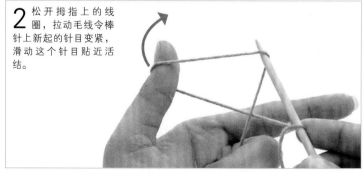

2 松开拇指上的线圈，拉动毛线令棒针上新起的针目变紧，滑动这个针目贴近活结。

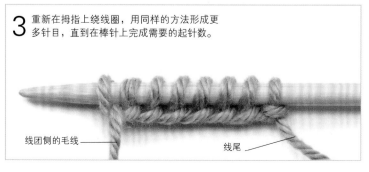

3 重新在拇指上绕线圈，用同样的方法形成更多针目，直到在棒针上完成需要的起针数。

线团侧的毛线

线尾

双边起针 (又叫作长线尾起针)

1 在棒针上打一个活结，留一段长长的线尾——起针时每个针目需要3.5cm长的毛线。右手持针，如图所示，线尾那条线绕在左手拇指上，线团侧的毛线绕在左手食指上。用左手的3根手指拉紧两条毛线。

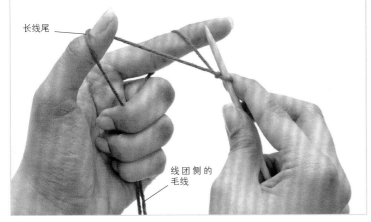

长线尾

线团侧的毛线

2 用针尖从下方穿过拇指上的线圈向上挑起。

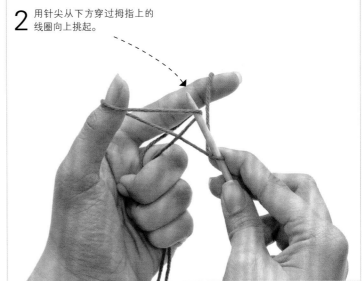

3 针尖从食指的线圈右侧向左绕动，按照图中箭头指示的方向，把毛线从拇指的线圈中拉出来。

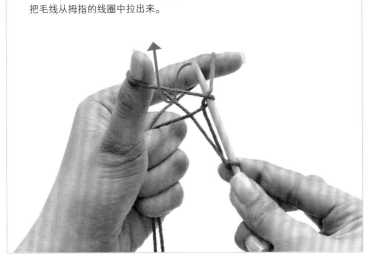

4 松开拇指上的线圈。

5 把两条毛线同时拉紧，棒针上新起的针目就缩小了，将它滑到活结旁边。

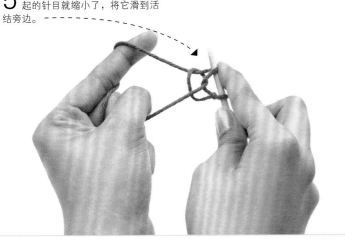

6 再次把毛线绕到拇指上，用同样的方法形成其他针目。根据需要起针。

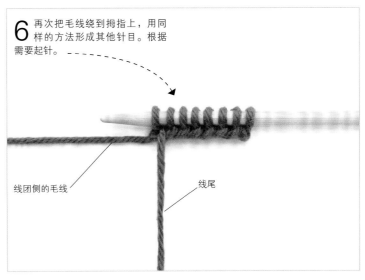

线团侧的毛线

线尾

下针起针 (又叫作加针起针)

1 如26页所示用左手或者右手控制毛线。左手持有活结的棒针，右棒针从左向右穿过左棒针上的针目。（为了更清楚地展示过程，步骤图中的针目都被放大了，实际上正常编织中针目比这里的要收紧很多。）

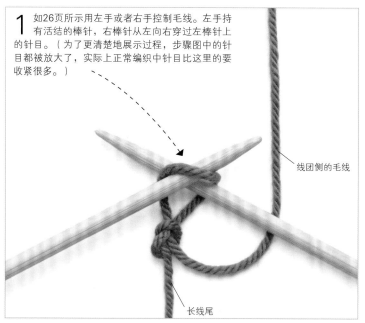

线团侧的毛线

长线尾

2 线团侧的毛线从下向上在右棒针上绕一圈。（起针时，用左手食指或者中指固定左棒针上的针目。）

3 用右棒针小心地把毛线从左棒针针目中挑出来。（这就是下针的织法，因此把这种起针方法叫作下针起针。）

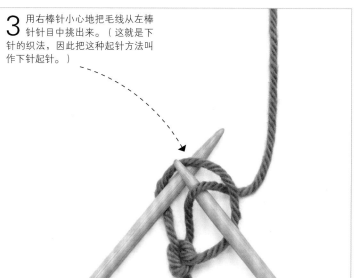

4 左棒针从右向左穿过右棒针上的针目，把这一针目移到左棒针上面。

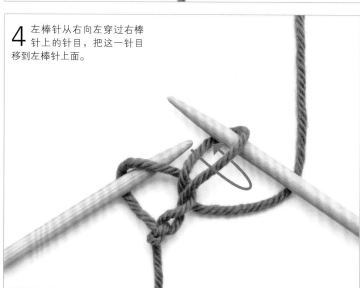

5 把新形成的针目两端毛线拉紧，再把这个针目滑到活结旁边。

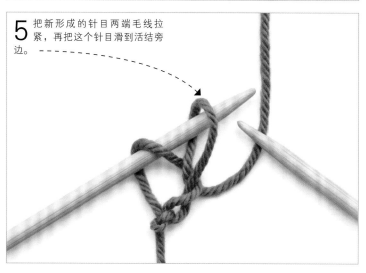

6 用同样的方法继续起针，直到完成你所需要的针目数。

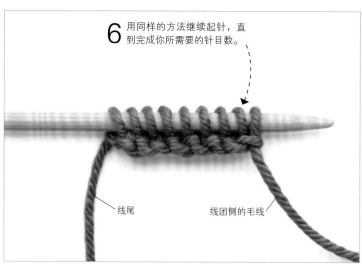

线尾

线团侧的毛线

麻花式起针

　　麻花式起针的名字来源于清晰的麻花状双线边缘，在步骤3中你可以看得很清楚。尽管这样的边缘不像单边起针、双边起针和下针起针（适用于所有织物）所形成的边缘那么有弹性，但是这种边缘更加结实耐用，也更具有装饰性。麻花式起针适用于大多数需要结实耐用的边缘的织物和编织花样，但是不适合蕾丝编织。蕾丝编织需要更有弹性的起针方法。

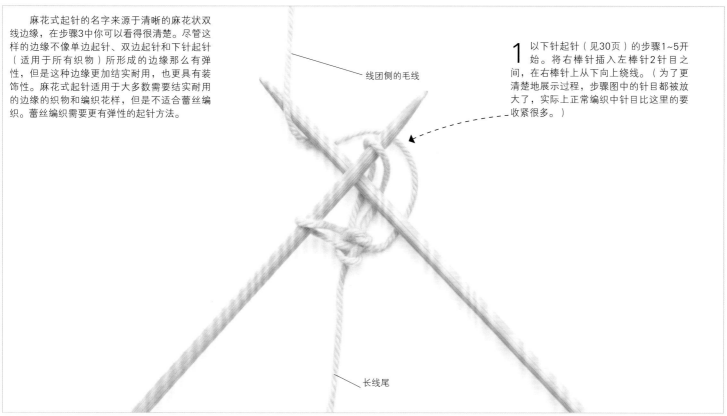

线团侧的毛线

长线尾

1 以下针起针（见30页）的步骤1~5开始。将右棒针插入左棒针2针目之间，在右棒针上从下向上绕线。（为了更清楚地展示过程，步骤图中的针目都被放大了，实际上正常编织中针目比这里的要收紧很多。）

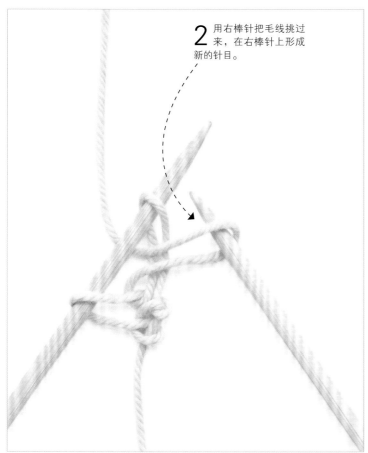

2 用右棒针把毛线挑过来，在右棒针上形成新的针目。

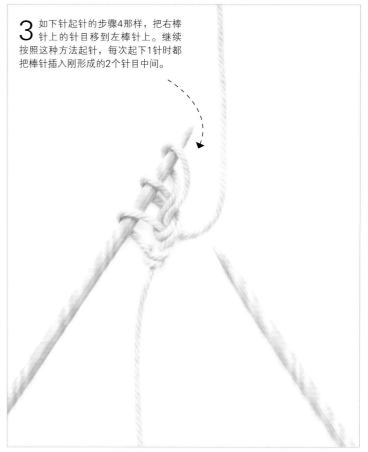

3 如下针起针的步骤4那样，把右棒针上的针目移到左棒针上。继续按照这种方法起针，每次起下1针时都把棒针插入刚形成的2个针目中间。

下针 (K 或 k)

　　所有编织都是由两种基本针法构成的，即下针和上针。如果你是一个新手，不要试图在起针行上编织。让有经验的编织者帮你织四五行，在织到下1行的中间停下来，这时你再按下面演示的步骤继续编织。当你全部掌握以后，再自己起针（见28~31页）并在起针行上编织。

1 左手持有待织针目的棒针，右手持另外一根棒针（见26页）。毛线挂在织物的后面，右棒针从左向右插入左棒针上待织针目中。

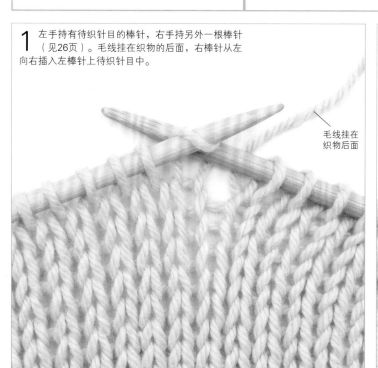

毛线挂在织物后面

2 把毛线从下往上绕过右棒针，毛线滑过手指时，保持松紧度一致。

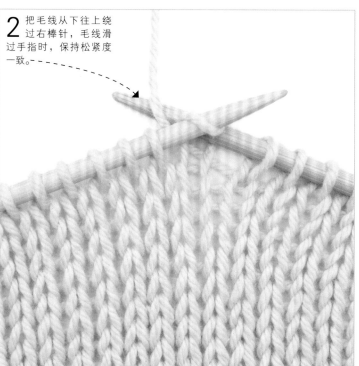

3 右棒针小心地把上面的毛线从左棒针针目中挑过来。尽量让毛线稳而不紧。

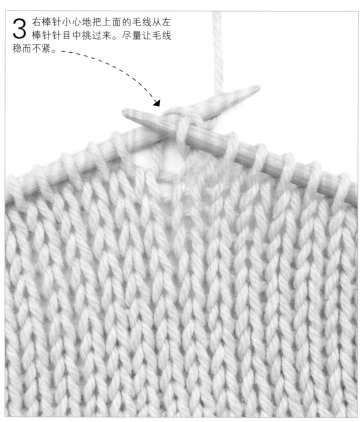

4 退出左棒针，就完成了1针下针。同样的方法把左棒针上的针目都织到右棒针上，从而完成了下针行的编织。织下1行时，把织物翻面，右棒针换到左手上。

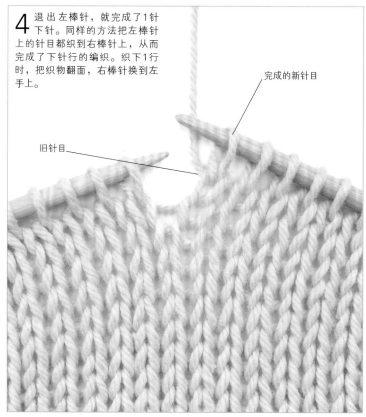

完成的新针目

旧针目

上针（P或p）

上针比下针略难，但像下针一样，经过一些练习就会轻松上手了。当你熟练掌握后，即使闭着眼也能丝毫不差地编织。在起针行上织上针很困难，所以还是先让有经验的编织者为你织几行，在一行的中间停下，你再继续编织。

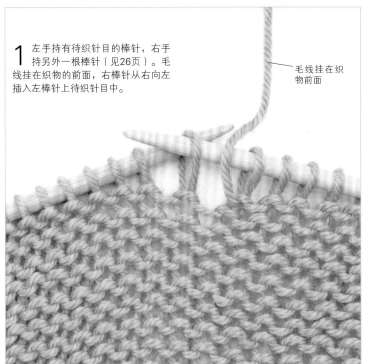

1 左手持有待织针目的棒针，右手持另外一根棒针（见26页）。毛线挂在织物的前面，右棒针从右向左插入左棒针上待织针目中。

毛线挂在织物前面

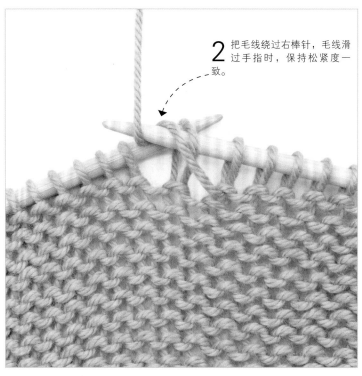

2 把毛线绕过右棒针，毛线滑过手指时，保持松紧度一致。

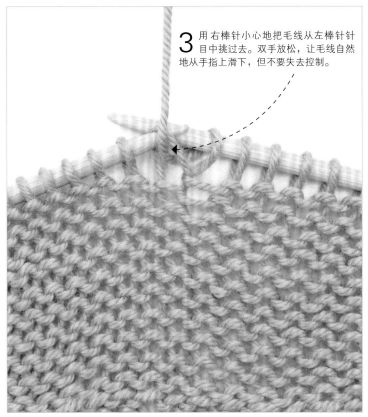

3 用右棒针小心地把毛线从左棒针针目中挑过去。双手放松，让毛线自然地从手指上滑下，但不要失去控制。

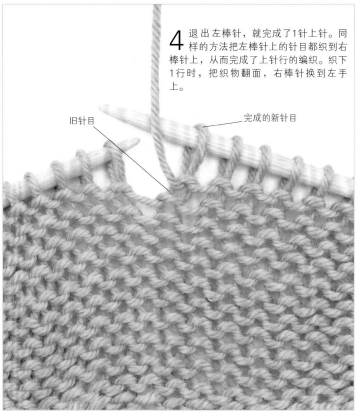

4 退出左棒针，就完成了1针上针。同样的方法把左棒针上的针目都织到右棒针上，从而完成了上针行的编织。织下1行时，把织物翻面，右棒针换到左手上。

旧针目

完成的新针目

用下针和上针做基础编织

学会如何轻松编织上针和下针后，你就可以编织频繁用到这两种针法的花样了——起伏针、下针编织、上针编织以及单罗纹针。下针编织和上针编织常用于平纹编织（plain knitted garment），起伏针和单罗纹针用于衣物的边缘编织。

起伏针（g st）

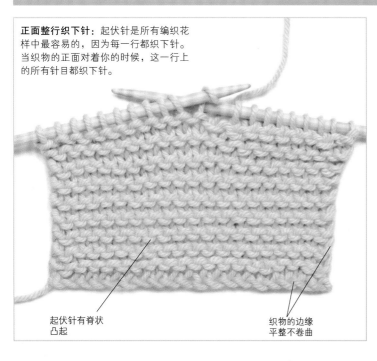

正面整行织下针：起伏针是所有编织花样中最容易的，因为每一行都织下针。当织物的正面对着你的时候，这一行上的所有针目都织下针。

起伏针有脊状凸起

织物的边缘平整不卷曲

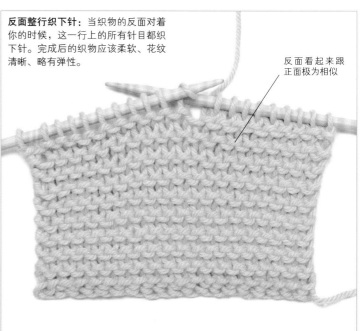

反面整行织下针：当织物的反面对着你的时候，这一行上的所有针目都织下针。完成后的织物应该柔软、花纹清晰、略有弹性。

反面看起来跟正面极为相似

下针编织（st st）

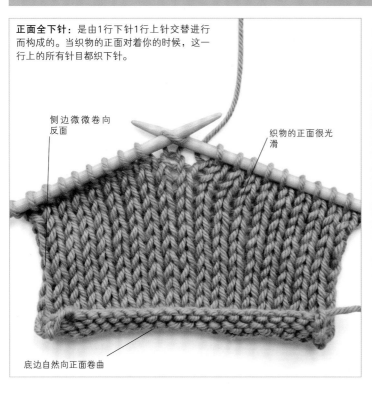

正面全下针：是由1行下针1行上针交替进行而构成的。当织物的正面对着你的时候，这一行上的所有针目都织下针。

侧边微微卷向反面

织物的正面很光滑

底边自然向正面卷曲

反面全上针：当织物的反面对着你的时候，这一行上的所有针目都织上针。反面常被称为织物的"上针面"。

织物的反面有结状凸起

上针编织 (rev st st)

正面全上针： 上针编织和下针编织几乎相同，只是正反面改变了。织物的正面对着你时，这一行上的所有针目都织上针。

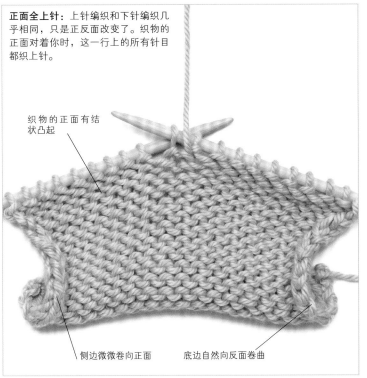

织物的正面有结状凸起

侧边微微卷向正面

底边自然向反面卷曲

反面全下针： 当织物的反面对着你的时候，这一行上的所有针目都织下针。

织物的反面很光滑

单罗纹针 (K1,P1 rib)

正面： 单罗纹针是上针和下针交替织构成的。织完1针下针后，把线从2针之间拉到织物前面，然后织上针。织完上针后，再把线从2针之间拉到织物的后面织下针。

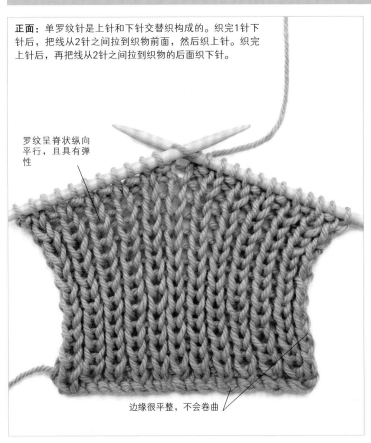

罗纹呈脊状纵向平行，且具有弹性

边缘很平整，不会卷曲

反面： 织反面时，将对着你的下针针目织下针，上针针目织上针。同样的方法织后面每一行，就会形成上针、下针交替的纤细罗纹图案。

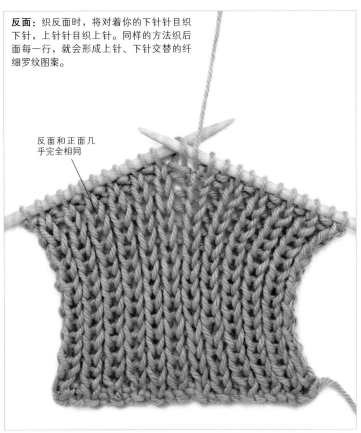

反面和正面几乎完全相同

棒针编织

只用上针和下针编织的花样

这里仅仅列举了上针和下针所构成的无数种花样中的寥寥几种，它们都是平整的双面织物，很容易完成。它们也没有明显的正反面之别，两面图案差不多，正面若有明显的花样，反面也会有。因为这类针法编织出的作品边缘不会卷曲，所以很适合编织简单的围巾、婴儿毯和披肩等。根据下文给出的文字说明和图示，选择任何你喜欢的花样开始编织吧！

桂花针（又叫作米粒针）
MOSS STITCH（RICE STITCH）

编织图

编织说明
起针数为偶数。
第1行：*1针下针，1针上针；从*重复。
第2行：*1针上针，1针下针；从*重复。
重复第1、2行形成新的花样。

双罗纹针
DOUBLE RIB

编织图

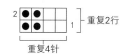

编织说明
起针数为4的倍数。
第1行：*2针下针，2针上针；从*重复。
重复第1行形成新的花样。

小方块针
LITTLE CHECK STITCH

编织图

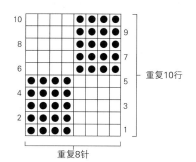

编织说明
起针数为8的倍数。
第1~5行：*4针下针，4针上针；从*重复。
第6~10行：*4针上针，4针下针；从*重复。
重复第1~10行形成新的花样。

特别提醒和符号说明

● 43页：编织名词缩写、编织术语和针法符号、怎样读懂编织图。
41页：按照简单的编织花样说明编织。

● 如果你想使用下列花样作为编织物的主体部分，请不要使用黑色毛线或者颜色很深的毛线，因为在这些上针和下针所构成的花样周围有阴影部分，形成了花纹深深浅浅的效果，如果使用深色毛线就显不出来了。

符号说明

□ =奇数行织下针
　 =偶数行织上针

● =奇数行织上针
　 =偶数行织下针

有织纹的小方块针
TEXTURED CHECK STITCH

编织图

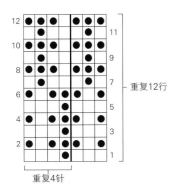

重复12行

重复4针

编织说明

起针数为4的倍数加3针。
第1行：3针下针，*1针上针，3针下针，从*重复。
第2行：1针下针，*1针上针，3针下针，从*重复到最后余2针，1针上针，1针下针。
第3~6行：重复第1、2行2次。
第7行：1针下针，*1针上针，3针下针，从*重复到最后余2针，1针上针，1针下针。
第8行：3针下针，*1针上针，3针下针，从*重复。
第9~12行：重复第7、8行2次。
重复第1~12行形成新的花样。

条纹小方块针
STRIPED CHECK STITCH

编织图

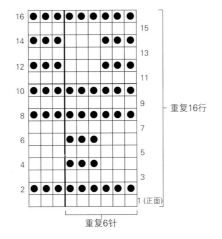

重复16行

重复6针

编织说明

起针数为6的倍数加3针。
第1行和所有奇数行（正面）：全下针。
第2行：全下针。
第4、6行：3针上针，*3针下针，3针上针；从*重复。
第8、10行：全下针。
第12、14行：3针下针，*3针上针，3针下针；从*重复。
第16行：全下针。
重复第1~16行形成新的花样。

菱形针
DIAMOND STITCH

编织图

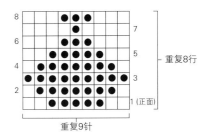

重复8行

重复9针

编织说明

起针数为9的倍数。
第1行（正面）：2针下针，*5针上针，4针下针，从*重复到最后余7针，5针上针，2针下针。
第2行：1针上针，*7针下针，2针上针，从*重复到最后余8针，7针下针，1针上针。
第3行：全上针。
第4行：重复第2行。
第5行：重复第1行。
第6行：3针上针，*3针下针，6针上针，从*重复到最后余6针，3针下针，3针上针。
第7行：4针下针，*1针上针，8针下针，从*重复到最后余5针，1针上针，4针下针。
第8行：重复第6行。
重复第1~8行形成新的花样。

棒针编织

收针

当你要结束一块织物的编织时，需要做的就是在最后1行收边，这样织物才不会散开，这个过程就叫作收针。尽管这里所展示的收针是在下针基础上完成的，但其实也适用于上针的收针。有时候编织说明会要求你停止编织却保留针目（休针），用于后面的继续编织。这种情况下，你要把针目移到不用的棒针或者防脱别针上面。

下针的伏针收针

1 正常织前2针，然后把左棒针从左向右插入右棒针上第1个针目中，提起该针目越过第2针并从右棒针上脱下。

2 收好1针后，继续织下1针，重复步骤1。继续按此方法收针直到右棒针上只剩下最后1针。（如果你的编织花样说明中要求"按花样收针"，你就要根据具体的针法收针。）

3 为了防止最后1针散开，需要剪断毛线，留20cm线尾，以便用来藏起线尾。（也可以留得更长，用于缝合接缝。）把线尾从最后1个针目中穿过去，抽紧就锁死了最后1个针目，这个过程就是收针。

从棒针上移下针目

使用防脱别针
如果需要休针，编织说明中会告诉你是剪断毛线还是让毛线继续留在线团上。小心地将针目移到足够大的防脱别针上。

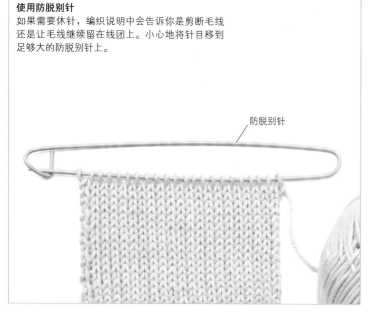

防脱别针

使用一段毛线
如果你没有防脱别针或者别针不够大，可以用一段毛线代替。把毛线穿入毛线缝针，把针目从棒针上移下来的同时把毛线穿过针目。把毛线的两端打结系起来。如果你只需要移下来很少的几针，可以使用安全别针。

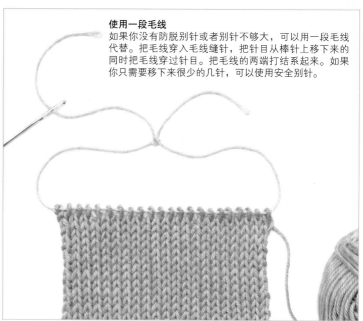

初学者必备的小技巧

这里有一些常常遇到的小问题的处理方法。由于很多贵重毛线都成绞销售，因此懂得如何把毛线缠绕成线团是必需的手工技能。当第1团毛线用完的时候，也需要了解怎样以及从哪里接入第2团毛线。还有，当完成编织时，处理线尾也是需要技巧的。

把一绞线缠绕成线团

1 解开一绞毛线，小心地打开毛线两端系成的线结。让一个人帮你撑住线枷，或者把线枷固定在椅子背上。从线枷上拉下毛线的一端，缠绕成一个小蝴蝶结（见28页），然后捏住蝴蝶结中部从左手上取下来。

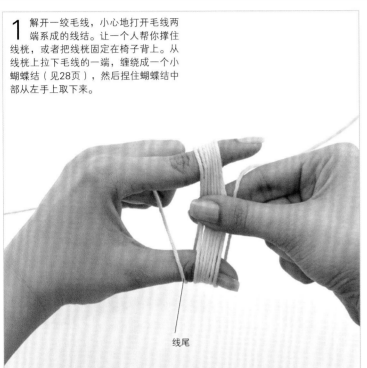

线尾

2 绕着蝴蝶结和拇指缠线，在线团的中心就会形成一个洞。继续绕线，直到整绞毛线都缠完为止。要不断改变缠线的位置，让线团成为球形，最后把线尾固定到最外面几圈毛线的下面。开始编织时，把最初的蝴蝶结从线团中心拉出来，从这一端开始使用。从线团里面抽线进行编织能防止线团滚动。

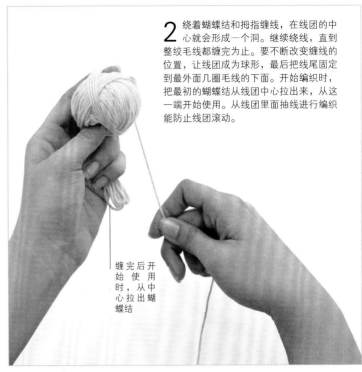

缠完后开始使用时，从中心拉出蝴蝶结

接入新线团

1 每次接入新线团时，从一行的起始处开始，把新线系到旧线的末端。

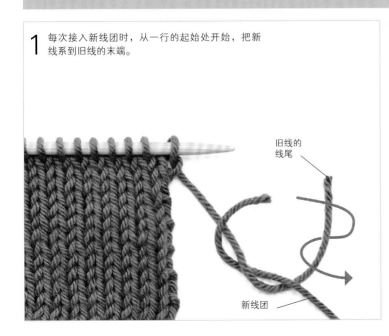

旧线的线尾

新线团

2 将线结滑到最靠近织物的地方，这样在缝合后线结就会被藏起来。如果你想织一条围巾或者毛毯，把线结打松点，以便以后打开线结或者藏起线尾。

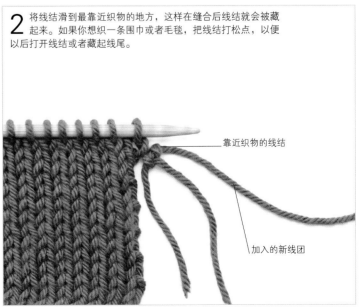

靠近织物的线结

加入的新线团

藏起线尾

要想让织物干净漂亮，至少要把两个线尾藏起来——一个在起针处，一个在收针处。每接入一次新线团，就要增加两个线尾。要把每个线尾单独穿入毛线缝针中，穿到针目里面，藏在织物的反面，像图示那样。

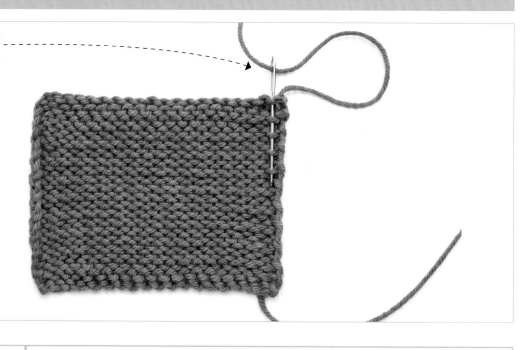

纠正错误

当你在编织过程中出了错时，要做的就是一针针地拆开，拆回到出错的位置。如果掉了1针，要在这针掉到起针行之前赶紧挑起来。

拆开下针行

把待拆针目放在右棒针上。要把每一针都单独拆下来，把左棒针从前向后穿入右棒针上第1个针目下面的针目中，然后脱下右棒针上的第1个针目，把毛线从中拉出去。

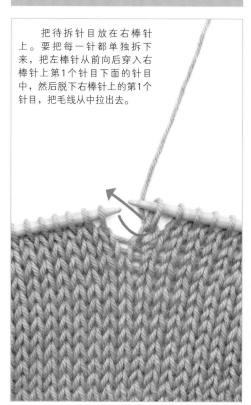

拆开上针行

把待拆针目放在右棒针上，用与拆下针相同的方法，一针一针地拆开上针。

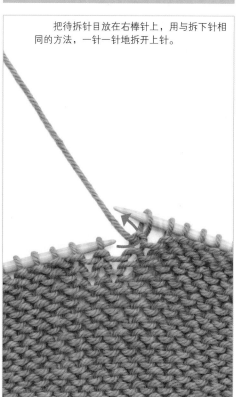

挑起掉下的针目

如果织下针时掉了1针，你可以用钩针很容易地补回来。让织物正面对着你，将钩针插入掉落的针目中，钩住2针目之间的连线，从钩针上的针目中拉过来形成新的针目。用这种方法继续一行行向上钩，直到最上面一行，再把这1针移到棒针上。

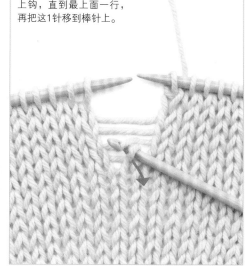

按照简单的编织花样说明编织

对于各种各样的织纹——上针和下针的组合、蕾丝（镂空）和麻花，都会有文字说明或者图表说明。编织花样说明最常见的是逐行指引。新手应该在正式编织某个作品之前，先读懂编织花样说明（见72、73页）。等你看懂每行的说明以后，编织起来就不会困难重重了。

读懂文字说明

● 任何会起针，会织下针、上针以及会收针者，都可以毫不费力地根据编织花样说明进行编织，只不过是如何一步一步按照说明操作并习惯看名词缩写的问题。（本书为方便读者，已全部翻译成完整表述。）书中43页列有"编织名词缩写"，对于简单的下针和上针，你只需要掌握K1代表1针下针，K2代表2针下针，依此类推就可以了。上针也是一样，P1代表1针上针，P2代表2针上针，依此类推。

● 在开始某个编织花样以前，根据你所选择的毛线和毛线商推荐使用的棒针型号，按照要求的数量起针。先逐行编织，再根据说明中的要求将这几行重复织几次。花样就会在你的针下一行行地慢慢形成。当完成所需要的尺寸以后，你就要按照花样收针了。

● 给初次编织者的最好建议就是：逐行慢慢织；在织物的正面系一条彩线作为标记；使用计行器（见25页）让自己清楚织到哪里了；如果你陷入一片混乱，不妨拆除已有的针目重新开始。如果你很喜欢正在尝试的花样，可以用来织一条披肩、一条毯子、一个靠垫套——不必另外购买花样。

● 根据针法说明编织的原则同样适用于麻花花样和蕾丝花样（见56、57页和60~63页）。当你学会织麻花花样和加针、减针后就可以正式开工了。

● 有些编织花样说明中用到"滑针"和"从后侧线圈织"，这些有用的技术在你看到"编织名词缩写"和"编织术语和针法符号"两表时就会明白，届时可以参考这里的图文说明。

滑针（上针）

1 除非特别说明，通常都使用上针方向的滑针，例如移动某些针目到防脱别针上时。具体方法是：右棒针从右向左挑起左棒针上针目的前侧线圈。

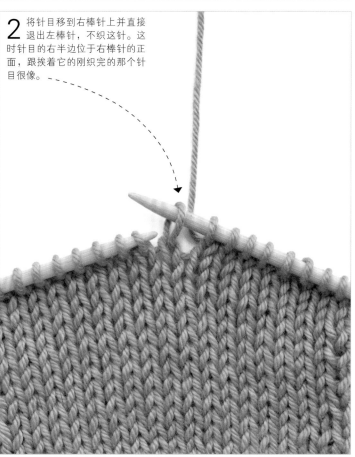

2 将针目移到右棒针上并直接退出左棒针，不织这针。这时针目的右半边位于右棒针的正面，跟挨着它的刚织完的那个针目很像。

滑针（下针）

1 只有特别要求或者在减针（见 49~51页）时才用到。滑针时，右棒针从左向右挑起左棒针上针目的前侧线圈（即下针方向）。

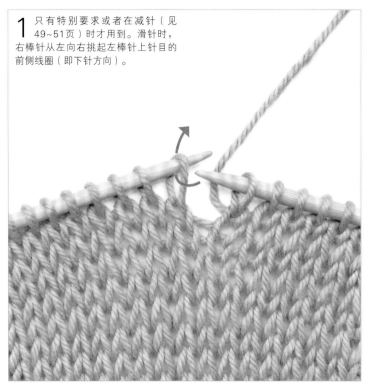

2 将针目移到右棒针上并直接退出左棒针，不织这针。这时针目的左半边位于右棒针的正面，跟挨着它的刚织完的那个针目截然不同。

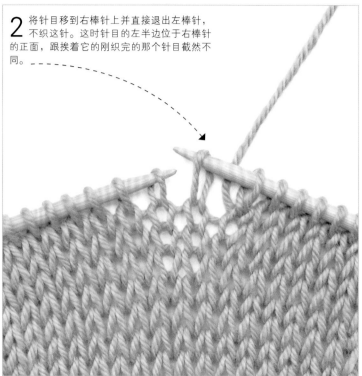

从后侧线圈织

1 当某一行的编织说明中出现"k1tbl"（从后侧线圈织1针下针）时，你要将右棒针从右向左插入左棒针上的针目中，挑起左半边（称为"后侧线圈"）。

2 在右棒针上挂线，完成正常的下针。这会与上1行的针目方向相反，并令"针目腿"在底部交叉。这种方法同样适用于从后侧线圈织1针上针、从后侧线圈织左上2针并1针（下针）、从后侧线圈织左上2针并1针（上针）。

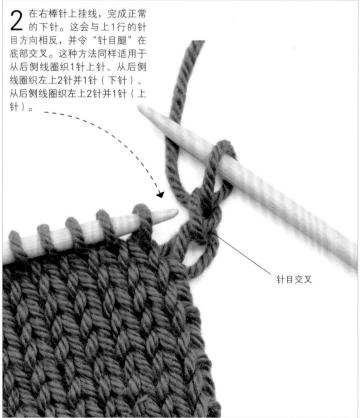

针目交叉

怎样读懂编织图

编织花样说明也有可能以编织图的形式提供给编织者。有些人也许更喜欢这种形式，因为很直观。编织图作为重复出现的视觉图像，能让人快速记住。

就算是编织图，也会对起针数量有所说明。如果没写，你需要根据编织图计算出起针数量。编织图上会清楚地标记出将某些针目重复多少次，用针目数乘以重复的次数，再加上额外需要加的针数，就是要起针的数量。

编织图中每个小方格代表1针，每一横行方格代表1行。起针后，从编织图的最下方一行开始往上织。从右向左读奇行（通常是正面），从左向右读偶数行（通常是反面），织完边上的针目，再按要求重复织里面要重复的针目。要注意，某些符号在正面代表一个意思，在反面则代表另一个意思（见下面的符号说明）。

当你把编织图上的每一行都织完后，再从编织图的底部开始重复这些行。

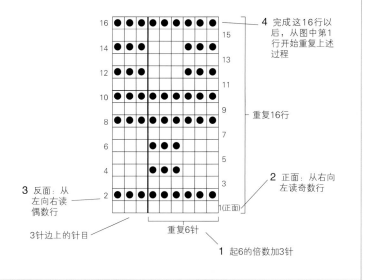

4 完成这16行以后，从图中第1行开始重复上述过程

重复16行

2 正面：从右向左读奇数行

3 反面：从左向右读偶数行

3针边上的针目

重复6针

1 起6的倍数加3针

编织名词缩写

下面列举了最常见的编织名词缩写。编织花样中出现的特有的缩写会在该编织说明中给出详细的解释。

alt	交替	RH	右手
beg	开始	RS	正面
cm	厘米	skp	右上2针并1针（下针）A（见50页）
cont	继续		
dec	减针	sk2p	右上3针并1针（下针）（见51页）
foll	后面		
g	克	ssk	右上2针并1针（下针）B（见51页）
g st	起伏针（见34页）		
in	英寸	sl	滑针
inc	加针	sl 2-K1-p2sso	中上3针并1针（下针）（见51页）
K	下针（见32页）		
K1 tbl	从后侧线圈织1针下针	st	针目
K2tog	左上2针并1针（下针）（见49页）	st st	下针编织（见34页）
Kfb	从前、后侧线圈分别织下针（见44页）	tbl	从后侧线圈
		tog	一起
LH	左手	WS	反面
M	米	yd	码
M1	挑针扭加针（见45、46页）	yfwd（美式为yo）	挂针（2下针之间）（见47页）或挂针（在一行的开始、下针前面）（见48页）
mm	毫米		
oz	盎司		
P	上针（见33页）	yfrn（yon，美式为yo）	挂针（在下针和上针之间）（见48页）
P2tog	左上2针并1针（上针）（见50页）		
patt	编织花样	yrn（美式为yo）	挂针（2上针之间）（见47页）或挂针（在一行的开始、上针前面）（见48页）
Pfb	从前、后侧线圈分别织上针（见44页）		
psso	越过滑针	[ ]	按照要求重复[ ]里的操作
rem	剩余		
rep	重复	*	按照要求从*开始重复或者重复两个*之间的操作
rev st st	上针编织（见35页）		

编织术语和针法符号

下面列举了编织花样中常用的术语和符号。

起针：在棒针上形成一系列针目，是织物的基础行。

收针：结束针目，将针目从棒针上脱下。

下针/上针的伏针收针：在针目上织下针/上针做伏针收针。

按花样收针：用上1行编织花样中所使用的针法收针。

罗纹针收针：用上1行罗纹针中所使用的针法收针。

减针：减少一行中针目的数量（见49~51页）。

起伏针：往返编织时每行都织下针。环形编织（见84页）时一圈下针，一圈上针，交替织。

密度：特定面积的织物中针目和行数的多少。测量方法是测量边长为2.5cm或者10cm的正方形织物所含的行数和每行的针目数量（见73页）。

加针：增加一行中针目的数量（见44~49页）。

下针方向：右棒针插入左棒针针目中，好像要织下针一样。

挑针：从织物边缘挑起新的针目移到棒针上（见74页）。

上针方向：右棒针插入左棒针针目中，好像要织上针一样。

下针编织：往返编织时，所有正面行织下针，反面行织上针。

上针编织：往返编织时，所有正面行织上针，反面行织下针。

等针直编：一直按照特定花样往下织，不需要加针也不用减针。

挂针：在右棒针上绕线形成新的针目；缩写为yfwd，yfrn，yon或者yrn（美式缩写为yo，见47~49页）。

针法符号

这里是本书所使用的针法符号。编织符号有所变化，所以请按照你的编织说明中介绍的使用。

☐ ＝正面行织下针，反面行织上针

● ＝正面行织上针，反面行织下针

⊙ ＝挂针（见47页）

╱ ＝左上2针并1针（下针）（见49页）

╲ ＝右上2针并1针（下针）B（见51页）

╱╲ ＝右上3针并1针（下针）（见51页）

⋀ ＝中上3针并1针（下针）（见51页）

▨ ＝2针右扭花（见54页）

▧ ＝2针左扭花（见54页）

▨▧ ＝4针前麻花（见55页）

▧▨ ＝4针后麻花（见55页）

▨▨▧ ＝6针前麻花（见56页）

▧▨▨ ＝6针后麻花（见56页）

加针和减针

INCREASES AND DECREASES

增加和减少棒针上的针目数量才能把直上直下的边缘变成曲线和斜边，令织物得以形成。加针和减针跟普通的上针、下针混合使用，可在织物上构成有趣的花纹——无论是精致的蕾丝花边还是棱角分明的纹饰。

简单的加针	下面这些技巧是编织者需要掌握的简单的加针方法，用于在编织花样时改变编织形状。如果在编织过程中只增加1针并且不明显，这种加针被称为隐形加针（invisible increase）。加针数量多，也就是不仅仅增加1针的情况没那么频繁，一般在编织花样说明中都会有具体解释。这里仅给出加1针的举例说明。

从前、后侧线圈分别织下针 (Kfb 或 inc 1)

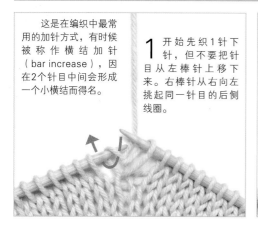

这是在编织中最常用的加针方式，有时候被称作横结加针（bar increase），因在2个针目中间会形成一个小横结而得名。

1 开始先织1针下针，但不要把针目从左棒针上移下来。右棒针从右向左挑起同一针目的后侧线圈。

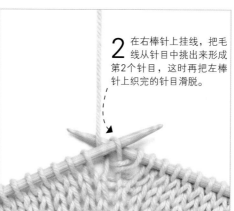

2 在右棒针上挂线，把毛线从针目中挑出来形成第2个针目，这时再把左棒针上织完的针目滑脱。

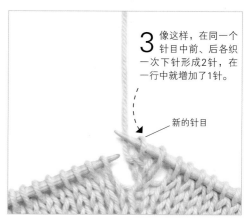

3 像这样，在同一个针目中前、后各织一次下针形成2针，在一行中就增加了1针。

新的针目

从前、后侧线圈分别织上针 (Pfb 或 inc 1)

1 开始先织1针上针，但不要把针目从左棒针上移下来。右棒针从左向右挑起同一针目的后侧线圈。

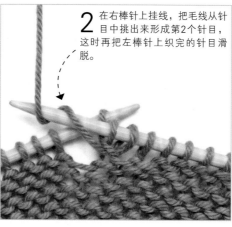

2 在右棒针上挂线，把毛线从针目中挑出来形成第2个针目，这时再把左棒针上织完的针目滑脱。

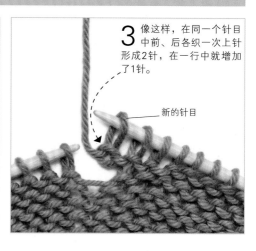

3 像这样，在同一个针目中前、后各织一次上针形成2针，在一行中就增加了1针。

新的针目

下针行挑针加针 (inc 1)

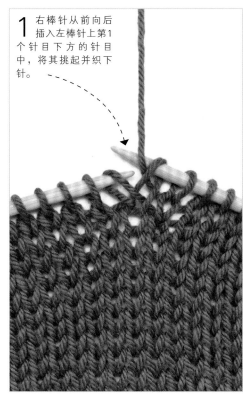

1 右棒针从前向后插入左棒针上第1个针目下方的针目中，将其挑起并织下针。

2 正常织下1针（被挑起针目上方的左棒针上的针目）。

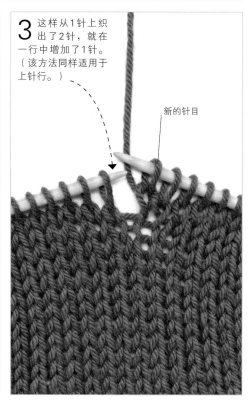

3 这样从1针上织出了2针，就在一行中增加了1针。（该方法同样适用于上针行。）

新的针目

下针行挑针扭加针 (M1 或 M1k)

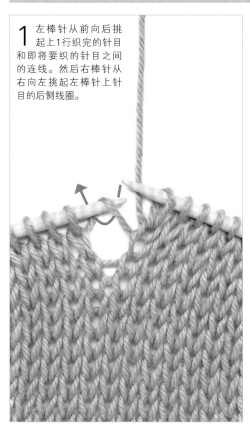

1 左棒针从前向后挑起上1行织完的针目和即将要织的针目之间的连线。然后右棒针从右向左挑起左棒针上针目的后侧线圈。

2 在右棒针上挂线，并从这个挑起来的针目中将毛线拉出（这个过程又被称为从后侧线圈织下针）。

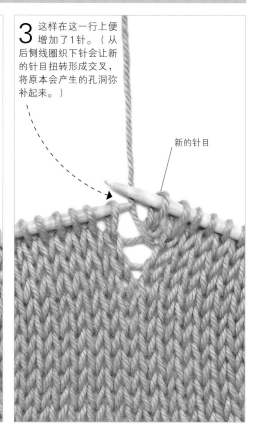

3 这样在这一行上便增加了1针。（从后侧线圈织下针会让新的针目扭转形成交叉，将原本会产生的孔洞弥补起来。）

新的针目

上针行挑针扭加针 (M1 或 M1p)

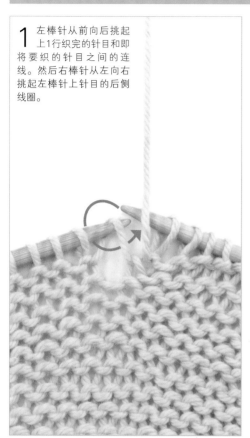

1 左棒针从前向后挑起上1行织完的针目和即将要织的针目之间的连线。然后右棒针从左向右挑起左棒针上针目的后侧线圈。

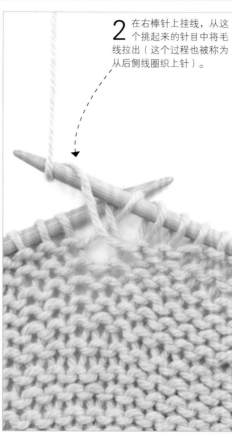

2 在右棒针上挂线，从这个挑起来的针目中将毛线拉出（这个过程也被称为从后侧线圈织上针）。

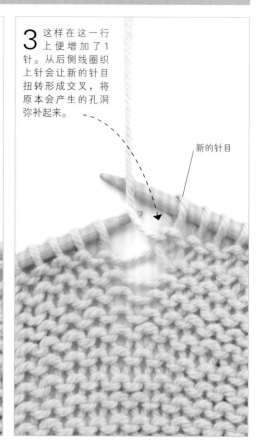

3 这样在这一行上便增加了1针。从后侧线圈织上针会让新的针目扭转形成交叉，将原本会产生的孔洞弥补起来。

新的针目

1针放3针 [(K1, P1, K1) into next st]

1 如果你想在1针里面同时加几针，这儿有一种非常简单的加针方法，只是在新针目的下面会产生一个小洞。在开始加针前，先正常织下针，但不要把左棒针上的针目脱下来。

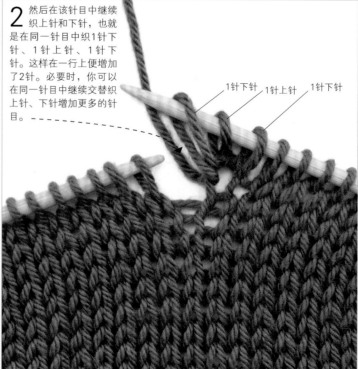

2 然后在该针目中继续织上针和下针，也就是在同一针目中织1针下针、1针上针、1针下针。这样在一行上便增加了2针。必要时，你可以在同一针目中继续交替织上针、下针增加更多的针目。

1针下针　1针上针　1针下针

挂针

挂针这种方法在给一行增加针目的同时也会产生孔洞，因此被称为可见性加针（visible increase）。这种加针用于形成装饰性的蕾丝花样（见60~63页）。挂针是把毛线绕在右棒针上而形成新的针目。把毛线绕在棒针上形成针目的方法很重要，如果处理不当，在织下1行的时候毛线可能会扭结，封住小洞。

挂针（2下针之间）(英式缩写为yfwd，美式缩写为yo)

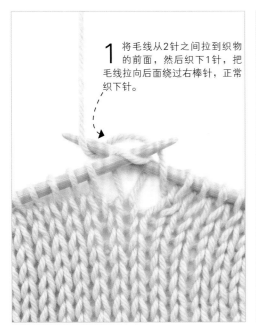

1 将毛线从2针之间拉到织物的前面，然后织下1针，把毛线拉向后面绕过右棒针，正常织下针。

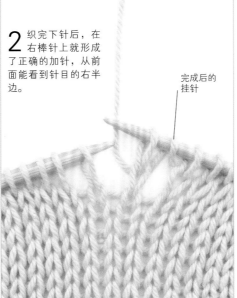

2 织完下针后，在右棒针上就形成了正确的加针，从前面能看到针目的右半边。

完成后的挂针

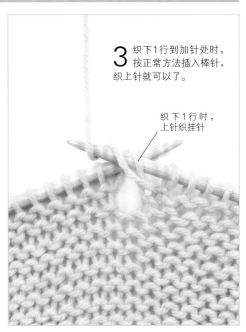

3 织下1行到加针处时，按正常方法插入棒针，织上针就可以了。

织下1行时，上针织挂针

挂针（2上针之间）(英式缩写为yrn，美式缩写为 yo)

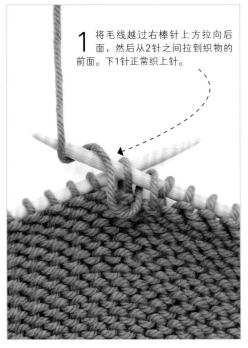

1 将毛线越过右棒针上方拉向后面，然后从2针之间拉到织物的前面。下1针正常织上针。

2 织完上针后，在右棒针上就形成了正确的加针，从前面能看到针目的右半边。

完成后的挂针

3 织下1行到加针处时，按正常方法插入棒针，织下针就可以了。

织下1行时，下针织挂针

挂针（在下针和上针之间）(英式缩写为yfrn和yon，美式缩写为yo)

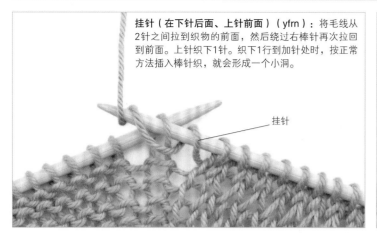

挂针（在下针后面、上针前面）（yfrn）：将毛线从2针之间拉到织物的前面，然后绕过右棒针再次拉回到前面。上针织下1针。织下1行到加针处时，按正常方法插入棒针织，就会形成一个小洞。

挂针

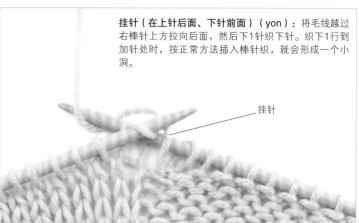

挂针（在上针后面、下针前面）（yon）：将毛线越过右棒针上方拉向后面，然后下1针织下针。织下1行到加针处时，按正常方法插入棒针织，就会形成一个小洞。

挂针

挂针（在一行的开始）(英式缩写为yfwd和yrn，美式缩写为yo)

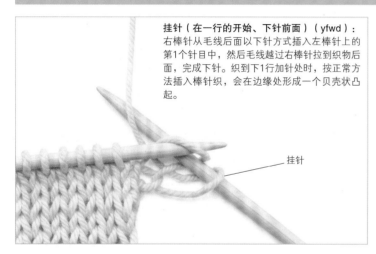

挂针（在一行的开始、下针前面）（yfwd）：右棒针从毛线后面以下针方式插入左棒针上的第1个针目中，然后毛线越过右棒针拉到织物后面，完成下针。织到下1行加针处时，按正常方法插入棒针织，会在边缘处形成一个贝壳状凸起。

挂针

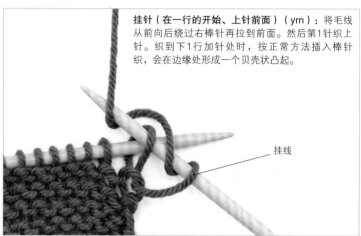

挂针（在一行的开始、上针前面）（yrn）：将毛线从前向后绕过右棒针再拉到前面。然后第1针织上针。织到下1行加针处时，按正常方法插入棒针织，会在边缘处形成一个贝壳状凸起。

挂线

2针挂针 (英式缩写为yfwd twice，美式缩写为yo2)

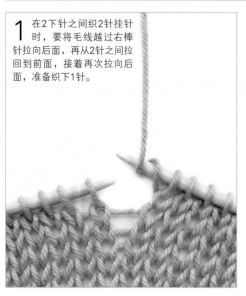

1 在2下针之间织2针挂针时，要将毛线越过右棒针拉向后面，再从2针之间拉回到前面，接着再次拉向后面，准备织下1针。

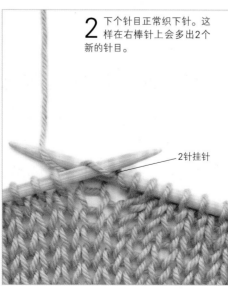

2 下个针目正常织下针。这样在右棒针上会多出2个新的针目。

2针挂针

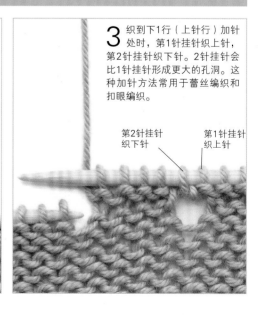

3 织到下1行（上针行）加针处时，第1针挂针织上针，第2针挂针织下针。2针挂针会比1针挂针形成更大的孔洞。这种加针方法常用于蕾丝编织和扣眼编织。

第2针挂针织下针

第1针挂针织上针

扭针挂针（起伏针中）

1 扭针挂针即不明显的加针，特别适用于起伏针中。将毛线越过右棒针从后面拉到前面，然后从2针之间再拉到后面。下1针正常织下针。

挂针

2 织到下1行加针处时，按正常方法织下针。

织下1行加针处时按正常方法织下针

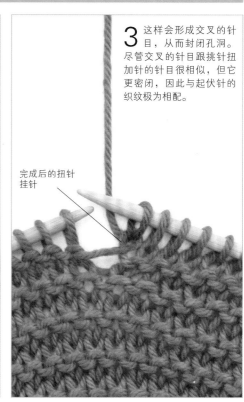

3 这样会形成交叉的针目，从而封闭孔洞。尽管交叉的针目跟挑针扭加针的针目很相似，但它更密闭，因此与起伏针的织纹极为相配。

完成后的扭针挂针

简单的减针

这里介绍的减针方法都是非常简单的，但也是常常用到的。在构成织物外形、对称减针、花纹编织以及蕾丝编织时都会用到。比这些更为复杂的减针方法会在编织说明中给出具体的介绍。简单的减针方法主要是减少1针，也包含减少2针的情形。

左上2针并1针（下针）(k2tog或dec1)

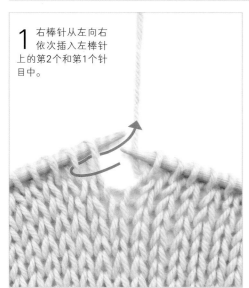

1 右棒针从左向右依次插入左棒针上的第2个和第1个针目中。

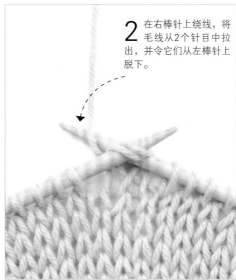

2 在右棒针上绕线，将毛线从2个针目中拉出，并令它们从左棒针上脱下。

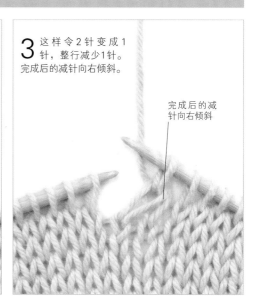

3 这样令2针变成1针，整行减少1针。完成后的减针向右倾斜。

完成后的减针向右倾斜

左上2针并1针（上针）(P2tog或dec1)

1 当编织说明中要求在上针行减少1针时，应该用上针并针的方式。右棒针从右向左依次插入左棒针上的第1针和第2针中。

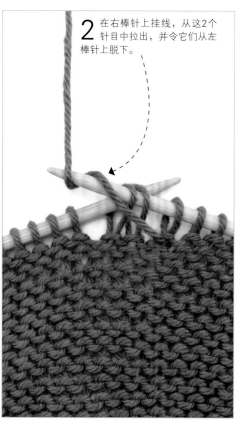

2 在右棒针上挂线，从这2个针目中拉出，并令它们从左棒针上脱下。

3 这样令2针变成1针，整行减少1针。

完成后的减针向右倾斜

右上2针并1针（下针）A (skp或sl 1-k1-psso)

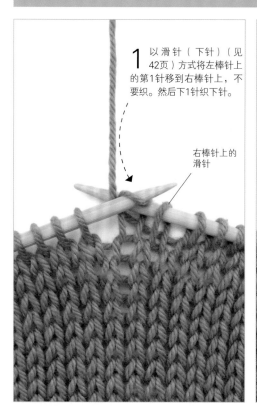

1 以滑针（下针）（见42页）方式将左棒针上的第1针移到右棒针上，不要织。然后下1针织下针。

右棒针上的滑针

2 用左棒针挑起滑针，令其越过下针并从右棒针上脱下。

3 这样令2针变成1针，整行减少1针。

完成后的减针向左倾斜

右上2针并1针（下针）B (ssk)

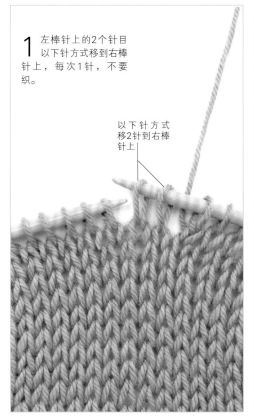

1 左棒针上的2个针目以下针方式移到右棒针上，每次1针，不要织。

以下针方式移2针到右棒针上

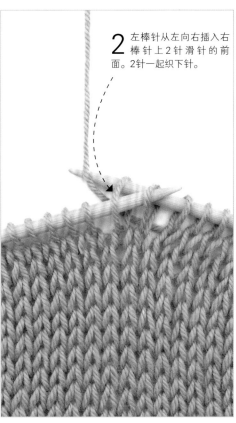

2 左棒针从左向右插入右棒针上2针滑针的前面。2针一起织下针。

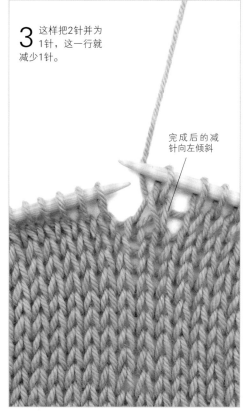

3 这样把2针并为1针，这一行就减少1针。

完成后的减针向左倾斜

减2针的并针

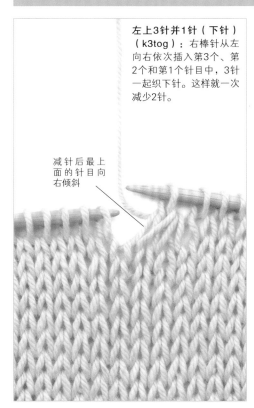

左上3针并1针（下针）（k3tog）：右棒针从左向右依次插入第3个、第2个和第1个针目中，3针一起织下针。这样就一次减少2针。

减针后最上面的针目向右倾斜

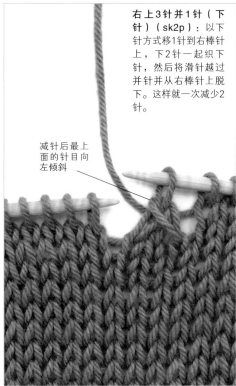

右上3针并1针（下针）（sk2p）：以下针方式移1针到右棒针上，下2针一起织下针，然后将滑针越过并针并从右棒针上脱下。这样就一次减少2针。

减针后最上面的针目向左倾斜

中上3针并1针（下针）（sl2-k1-p2sso）：以下针方式一次性移2针到右棒针上（2针滑针），下1针织下针，然后将2针滑针越过下针并从右棒针上脱下。这样就一次减少2针。

减针后最上面的针目向上直立

简单的花朵饰物

这些花朵经过精心设计，只需要用简单的加针和减针就能完成。编织这些花朵也是前面所讲的针法的趣味练习。每一朵花都是一整片，从花瓣开始，向花朵中心编织。而且，在编织花朵时不需要藏线尾，因为线尾要被用来编织简单的花茎。这些花朵用在地毯、枕套、手袋、披肩和毛衣甚至贺卡上作为贴饰，真是再完美不过了！

12片花瓣的花朵

编织说明

用毛线A编织花瓣；用毛线B编织花芯。

毛线A用下针起针法（见30页）起12针，留至少25cm长线尾。

第1行（正面）： 用下针的伏针收针收10针，将右棒针上的针目移到左棒针上。余2针。

注意： 织花瓣的时候要一直面对正面编织。

第2行（正面）： 用下针起针法在左棒针上起12针，然后用下针的伏针收针收10针，将右棒针上的针目移到左棒针上。余4针。

第3~12行： 重复第2行10次就形成了12片花瓣。余24针（每片花瓣的基部都是2针）。

剪断毛线A。

用毛线B沿着24针按照下面说明织出花芯。

第13行（正面）： 重复12次左上2针并1针（下针）。余12针。

第14行（反面）： 全下针。

第15行（正面）： 全下针。

将所有针目移到左棒针上。剪断毛线B，留25cm长线尾。把线尾穿入毛线缝针。面对正面，一边将毛线穿入针目，一边退出棒针。将毛线拉紧，收紧针目。面对反面，用刚才的毛线做卷针缝把花芯行的末尾缝合，然后缝合花瓣的起针行，紧贴花瓣反面打结。然后把所有线尾都贴近花瓣反面打结。制作花茎时，用两条毛线A和一条毛线B构成三条单线，用这三条线编成麻花辫。最后在花茎末端打结并修剪线尾。

不需要熨烫。

旋转花瓣的花朵

编织说明

用毛线A编织花瓣；用毛线B编织花芯。

毛线A用下针起针法（见30页）起10针，留至少25cm长线尾。

第1行（正面）： 8针下针，翻面，其余针目休针。

第2行（反面）： 全下针。

第3、4行： 重复第1、2行。

第5行（正面）： 用下针的伏针收针松松地收8针，把右棒针上的针目移到左棒针上。余2针。

注意： 织完每片花瓣的最后1行（收针行）时不要翻面，下行对着正面编织。

第6行（正面）： 用下针起针法在左棒针上起10针，织8针，然后翻面。

第7~10行： 重复第1片花瓣的第2~5行。余4针。

再重复5次第6~10行，共完成7片花瓣。余14针（每片花瓣基部有2针）。

剪断毛线A。

用毛线B沿着14针按照下面说明织出花芯。

3行下针。

1行上针。

1行下针，此时最后1行为正面行。

收尾部分跟"12片花瓣的花朵"的从**到**方法相同。

不需要熨烫。

最后在花芯处用纽扣装饰。

镂空花瓣的小芯花朵

编织说明

用毛线A编织外层花瓣；用毛线B编织内层花瓣；用毛线C编织花芯。

毛线A用双边起针法（见29页）起90针，留至少25cm长线尾。

第1行（反面）： 6针下针，右上3针并1针（下针），*12针下针，右上3针并1针（下针）；从*重复到最后余6针，6针下针。

剪断毛线A，换毛线B。

第2行（正面）： *1针下针，用下针的伏针收针收11针；从*重复。余12针。

剪断毛线B，换毛线C。

第3行： 全上针。

第4行： *左上2针并1针，1针下针；从*重复。余8针。

收尾部分跟"12片花瓣的花朵"的从**到**方法相同，只是在起针行的首尾缝合时使用毛线A，然后用毛线A、B、C各2条编织麻花辫。

不需要熨烫。

特别提醒

- 为了让花瓣和花茎坚挺，请使用比毛线厂商所推荐使用的小一号的棒针，并且在编织过程中织紧点。参考43页"编织名词缩写"。

- 当花朵起针和收针时，线尾至少要留25cm长。这类长线尾用于收紧针目、完成短接缝、制作麻花辫状的花茎等。

- 花朵或者花茎不需要熨烫，因为熨烫后织纹过于平整，会改变自然的外形。

镂空花瓣的大芯花朵

编织说明

用毛线A编织外层花瓣；用毛线B编织内层花瓣；用毛线C编织花芯。

毛线A用双边起针法（见29页）起72针，留至少25cm长线尾。

剪断毛线A，换毛线B。

第1行（正面）：全下针。

第2行：*从前、后侧线圈分别织下针，用下针的伏针收针收10针；从*重复。余18针。

剪断毛线B，换毛线C。

第3行：全下针。

第4行：*4针下针，左上2针并1针（下针）；从*重复。余15针。

第5行：全下针。

第6行：全上针。

第7行：*1针下针，左上2针并1针（下针）；从*重复。余10针。

收尾部分跟"12片花瓣的花朵"的从**到**方法相同，只是在起针行的首尾缝合时使用毛线A，然后用毛线A、B、C各2条编织花辫。

不需要熨烫。

必要时用纽扣装饰花芯。

银莲花

编织说明

注意：将线拉到织物反面织所有的滑针（上针）。

用毛线A编织花瓣；用毛线B、C编织花芯。

毛线A用双边起针法（见29页）起41针，留至少25cm长线尾。

第1行（正面）：*1针滑针，7针下针；从*重复到最后余1针，1针上针。

第2行：1针滑针，下针织到结尾。

第3行：重复第1行。

第4行：1针滑针，7针上针，*1针滑针，从2针之间把毛线拉到织物后面，然后绕过起针边，再经过2针之间从织物上方绕过，然后再次绕过起针边，最后回到织物的前面，把毛线拉紧，7针上针；从*重复到最后余1针，1针下针。

剪断毛线A，换毛线B。

第5行：*左上2针并1针（下针）；从*重复到最后余3针，右上3针并1针（下针）。余20针。

第6行：全下针。

剪断毛线B，换毛线C。

第7行：左上2针并1针（下针）重复10次。余10针。

收尾部分跟"12片花瓣的花朵"的从**到**方法相同，只是缝合花瓣短接缝的时候使用毛线A（接缝处留一点不缝死，以形成跟其他花瓣相似的内凹边缘），然后用毛线A、B、C各2条编织麻花辫。

不需要熨烫。

大片叶子

编织说明

注意：叶柄用两根双头棒针编织，织完第1行以后，可以换成普通棒针。

用任何起针方法都可以，用双头棒针起3针，织1行下针（为正面）。

叶柄（正面）：面对正面，把针目移到棒针的另一端，把毛线绕过织物的反面并拉紧，织下针到最后。重复，直到完成叶柄需要的长度。

第1行（正面）：面对正面，将针目移到棒针的另一端，把毛线绕过织物的反面并拉紧，1针下针，[挂针，1针下针]重复2次。共5针。

正常翻面，按照下面说明织其他行。

第2行（反面）：2针下针，1针上针，2针下针。

第3行：2针下针，挂针，1针下针，挂针，2针下针。共7针。

第4行（反面）：在左棒针上起1针（用下针起针法），收1针（下针的伏针收针），下针织到中心针目前，上针织中心针目，下针织到最后。共7针。

第5行：在左棒针上起1针，收1针，下针织到中心针目前，挂针，下针织中心针目，挂针，下针织到最后。共9针。

第6~9行：重复第4、5行2次。共13针。

第10行：重复第4行。共13针。

第11行：在左棒针上起1针，收1针，下针织到最后。共13针。

第12行：重复第4行。共13针。

第13行：在左棒针上起1针，收1针，下针织到中心针目前2针，左上2针并1针（下针），下针织中心针目，右上2针并1针（下针）B，下针织到最后。共11针。

第14~19行：重复第4、13行3次。共5针。

第20行：2针下针，1针上针，2针下针。

第21行：左上2针并1针（下针），1针下针，右上2针并1针（下针）B。共3针。

第22行：1针下针，1针上针，1针下针。

第23行：右上3针并1针（下针），收针。

藏起线尾。不需要熨烫。

麻花和扭花编织 CABLES AND TWISTS

　　将简单的上针和下针按照不同的顺序编织以后就会形成非常有趣的花样（见36、37页），但如果你想要有明显凸起或者更为立体的花样，麻花和扭花编织就是需要掌握的技法了。这两种编织用不同的交叉方式形成了条形的复杂花样。

简单的扭花编织	简单的扭花编织只用2针即可完成，不像麻花编织那样额外需要一根麻花针。尽管扭花花样不会像麻花花样那样明显凸起，但其闲适流畅的风格使其格外流行。这里所展示的扭花编织是在下针编织的背景上用下针形成的，但实际上也可以用1针下针、1针上针的单罗纹针来构成——操作原理都是一样的。

2针右扭花 (T2R)

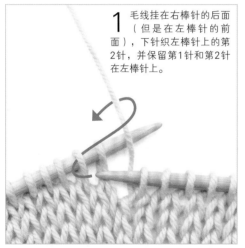

1 毛线挂在右棒针的后面（但是在左棒针的前面），下针织左棒针上的第2针，并保留第1针和第2针在左棒针上。

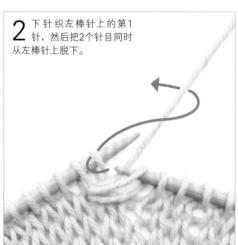

2 下针织左棒针上的第1针，然后把2个针目同时从左棒针上脱下。

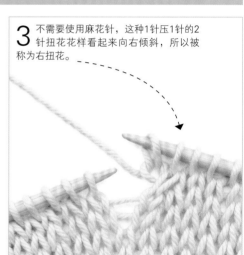

3 不需要使用麻花针，这种1针压1针的2针扭花花样看起来向右倾斜，所以被称为右扭花。

2针左扭花 (T2L)

1 右棒针从后面越过左棒针上的第1针，下针织左棒针上的第2针。

2 从第2针中拉出线圈至第1针的后面。注意不要让第1针和第2针的针目从左棒针上脱下。

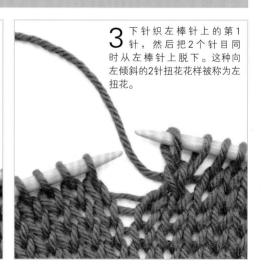

3 下针织左棒针上的第1针，然后把2个针目同时从左棒针上脱下。这种向左倾斜的2针扭花花样被称为左扭花。

麻花编织

　　麻花编织通常使用下针，并以上针编织或者起伏针为背景，是在一行中将2针、3针、4针或者更多针目交叉编织而成的。这里介绍的麻花编织是以4针前麻花和4针后麻花（6行交叉一次）为示范的。这些是非常简单的麻花针法，当你完全熟悉以后可以尝试其他不同宽度和形式的麻花编织。

4针前麻花（C4F）

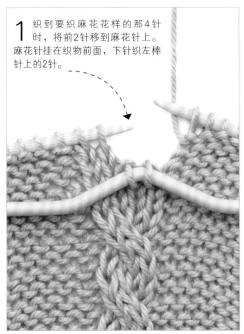

1 织到要织麻花花样的那4针时，将前2针移到麻花针上。麻花针挂在织物前面，下针织左棒针上的2针。

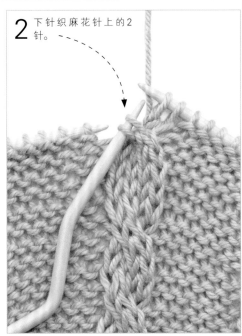

2 下针织麻花针上的2针。

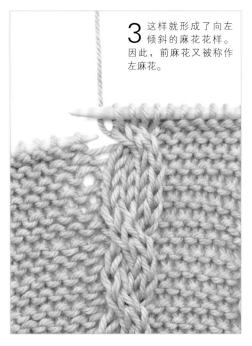

3 这样就形成了向左倾斜的麻花花样。因此，前麻花又被称作左麻花。

4针后麻花（C4B）

1 织法与4针前麻花的步骤1一样，只是将麻花针挂在织物后面，再下针织左棒针上的2针。

2 下针织麻花针上的2针。

3 这样就形成了向右倾斜的麻花花样。因此，后麻花又被称作右麻花。

棒针编织

简单的麻花花样和扭花花样

　　下面的麻花花样和扭花花样都很容易织，也非常适合新手。先按照文字说明编织完整的花样，再按照编织图编织重复的花样，看看按编织图编织麻花花样和扭花花样有多么容易。这些简单的麻花花样和扭花花样中任何一种都适合用来编织靠垫外套。扭花花样因为有起伏针作为背景，边缘不会卷曲，因此很适合用来织披肩——编织过程中不需要使用麻花针，所以能更快织完。

4针麻花 FOUR-STITCH CABLE PATTERN

编织图

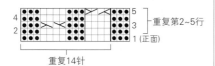

重复第2~5行
5
4
3
2
1（正面）
重复14针

编织说明

4针前麻花、4针后麻花见55页。

起针数为14的倍数加3针。
第1行（正面）：3针上针，*4针下针，3针上针；从*重复。
第2行：3针下针，*4针上针，3针下针；从*重复。
第3行：3针上针，*4针下针，3针上针，4针前麻花，3针上针；从*重复。
第4行：重复第2行。
第5行：3针上针，*4针后麻花，3针上针，4针下针，3针上针；从*重复。
重复第2~5行形成新的花样。

6针麻花 SIX-STITCH CABLE PATTERN

编织图

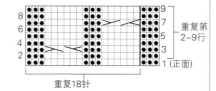

重复第2~9行
9
8
7
6
5
4
3
2
1（正面）
重复18针

编织说明

6针前麻花＝移3针到麻花针上，挂在织物前面，下针织左棒针上的3针，然后下针织麻花针上的3针。
6针后麻花＝移3针到麻花针上，挂在织物后面，下针织左棒针上的3针，然后下针织麻花针上的3针。

起针数为18的倍数加3针。
第1行（正面）：3针上针，*6针下针，3针上针；从*重复。
第2行和其他所有偶数行（反面）：3针下针，*6针上针，3针下针；从*重复。
第3行：3针上针，*6针下针，3针上针，6针前麻花，3针上针；从*重复。
第5行：重复第1行。
第7行：3针上针，*6针后麻花，3针上针，6针下针，3针上针；从*重复。
第9行：重复第1行。
重复第2~9行形成新的花样。

连环麻花 CHAIN CABLE STITCH

编织图

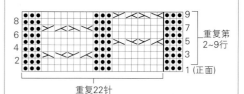

重复第2~9行
9
8
7
6
5
4
3
2
1（正面）
重复22针

编织说明

4针前麻花、4针后麻花见55页。

起针数为22的倍数加3针。
第1行（正面）：3针上针，*8针下针，3针上针；从*重复。
第2行和其他所有偶数行（反面）：3针下针，*8针上针，3针下针；从*重复。
第3行：3针上针，*8针下针，3针上针，4针后麻花，4针前麻花，3针上针；从*重复。
第5行：3针上针，*4针后麻花，4针前麻花，3针上针，8针下针；从*重复。
第7行：3针上针，*8针下针，3针上针，4针前麻花，4针后麻花，3针上针；从*重复。
第9行：3针上针，*4针前麻花，4针后麻花，3针上针，8针下针，3针上针；从*重复。
重复第2~9行形成新的花样。

特殊的缩写和符号说明

- T2R（twist 2 right）：2针右扭花，右棒针从前面越过左棒针上的第1针，第2针正常织下针（保留第1针和第2针在左棒针上），然后下针织左棒针上的第1针，再把2个针目同时从左棒针上脱下。（见54页）

- T2L（twist 2 left）：2针左扭花，右棒针从后面越过左棒针上的第1针，第2针正常织下针（保留第1针和第2针在左棒针上），然后下针织左棒针上的第1针，再把2个针目同时从左棒针上脱下。（见54页）

- 其他缩写见43页，41页的"按照简单的编织花样说明编织"也非常有用。

符号说明

□ = 正面行织下针，反面行织上针
⦿ = 正面行织上针，反面行织下针
▱ = 2针右扭花
▱ = 2针左扭花
▱▱ = 4针前麻花　▱▱▱ = 6针前麻花
▱▱ = 4针后麻花　▱▱▱ = 6针后麻花

麻花效果的花样 CABLE-EFFECT STITCH

该花样没有编织图，因为按照文字说明编织更容易。

编织说明

起针数为5的倍数加2针。
注意：每行的针目数会有不同。
第1行（正面）：2针上针，*毛线经2针之间拉到织物后面，1针滑针（上针），2针下针，滑针越过2针下针并从棒针上脱下，2针上针；从*重复。
第2行：2针上针，*1针上针，挂针，1针上针，2针下针；从*重复。
第3行：2针上针，*3针下针，2针上针；从*重复。
第4行：2针下针，*3针上针，2针下针；从*重复。
重复第1~4行形成新的花样。

马蹄形麻花 HORSESHOE CABLE STITCH

编织图

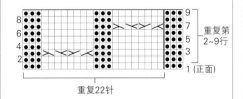

重复22针

编织说明

4针前麻花、4针后麻花见55页。

起针数为22的倍数加3针。
第1行（正面）：3针上针，*8针下针，3针上针；从*重复。
第2行和其他所有偶数行（反面）：3针下针，*8针上针，3针下针；从*重复。
第3行：3针上针，*8针下针，3针上针，4针后麻花，4针前麻花，3针上针；从*重复。
第5行：重复第1行。
第7行：3针上针，*4针后麻花，4针前麻花，3针上针，8针下针，3针上针；从*重复。
第9行：重复第1行。
重复第2~9行形成新的花样。

起伏针上织之字形扭花花样 GARTER STITCH ZIZAG TWIST PATTERN

编织图

重复6针

编织说明

2针左扭花、2针右扭花见54页。
起针数为6的倍数加1针。
第1行（正面）：全下针。
第2行：*5针下针，1针上针；从*重复到最后余1针，1针下针。
第3行：1针下针，*2针左扭花，4针下针；从*重复。
第4行：4针下针，1针上针，*5针下针，1针上针；从*重复到最后余2针，2针下针。
第5行：2针下针，2针左扭花，*4针下针，2针左扭花；从*重复到最后余3针，3针下针。
第6行：3针下针，1针上针，*5针下针，1针上针；从*重复到最后余3针，3针下针。
第7行：3针下针，2针左扭花，*4针下针，2针左扭花；从*重复到最后余2针，2针下针。
第8行：2针下针，1针上针，*5针下针，1针上针；从*重复到最后余4针，4针下针。
第9行：*4针下针，2针左扭花；从*重复到最后余1针，1针下针。
第10行：1针下针，*1针上针，5针下针；从*重复。
第11行：*4针下针，2针右扭花；从*重复到最后余1针，1针下针。
第12行：重复第8行。
第13行：3针下针，2针右扭花，*4针下针，2针右扭花；从*重复到最后余2针，2针下针。
第14行：重复第6行。
第15行：2针下针，2针右扭花，*4针下针，2针右扭花；从*重复到最后余3针，3针下针。
第16行：重复第4行。
第17行：1针下针，*2针右扭花，4针下针；从*重复。
第18行：重复第2行。
重复第3~18行形成新的花样。

蕾丝编织 LACE KNITTING

蕾丝编织中轻盈通透的镂空花样是通过在织物上使用挂针和减针产生孔洞（又叫网眼）而形成的。虽然蕾丝编织看起来复杂，但其所需要的技术却很简单。如果你重复使用蕾丝编织，便能很快织出镂空织物，而且会产生极为精致的花样。

蕾丝编织要点

　　网眼之间以各种方式连接起来是蕾丝编织的基本。网眼一般由挂针（见47~48页）和减针构成。挂针能在织物上制造孔洞，减针能形成孔洞的边框和平衡加针保持针目的整体数量不变。这里示范了两种简单的蕾丝编织技术，但在实际的编织中，还有很多种产生网眼的方法，都会有具体的说明。例如，大网眼是通过2针挂针、减2针的并针构成的（见60页大网眼蕾丝的编织方法）。当你第一次尝试蕾丝编织的时候，需要记住下面这些编织要点：

● **起针要松。**不用刻意让针目变松，只需起针的时候让2个针目在棒针上的距离增加，也就是让2针之间至少3mm宽，就可以达到目的。如果你觉得很难令距离均匀，也可以使用比第1行应该使用的棒针粗一些的针。

● **有的蕾丝花样需要在第1行就用挂针和减针。**这在起针行的针目上不容易做到，所以你可以以下针或者上针织1行以后再开始织蕾丝花样。这样并不会影响蕾丝的精致效果。

● **编织蕾丝花样时，如果使用比毛线厂商推荐的尺寸更大的棒针，也会产生镂空的效果。**不过这样会降低原设计的密度，因此最好使用所推荐尺寸的棒针，并通过网眼来制造镂空效果。

● **使用计行器来跟踪自己织到了哪一行。**尤其当你需要重复很长的编织行来形成复杂的蕾丝花样时，计行器就显得尤为重要。

● **好办法是编织蕾丝花样的时候，经常数数针数，这样能保证针数总是正确的。**如果你少了1针或者2针，那么可能漏掉1针或者2针挂针——这在蕾丝编织中是很容易发生的事情。如果是上1行漏掉1针，并不需要回到掉针的地方去弥补，只要在下1行织到掉针处时，将左棒针从前向后挑起上1行织完的针目和左棒针上针目之间的连线形成新的针目（见下面图示），按正常方法编织这个针目即可。

挑起并编织漏掉的挂针

链式网眼

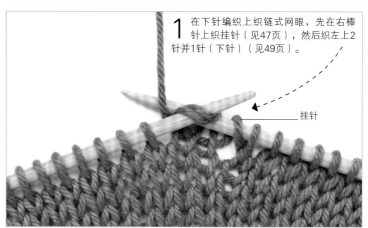

1 在下针编织上织链式网眼，先在右棒针上织挂针（见47页），然后织左上2针并1针（下针）（见49页）。

挂针

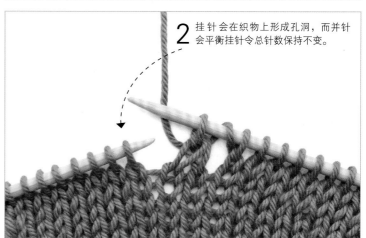

2 挂针会在织物上形成孔洞，而并针会平衡挂针令总针数保持不变。

3 在下1行中，在挂针处正常织上针。这里显示的是单一的链式网眼，因此它的结构看起来很清晰。但实际上经常是每隔几行或者几针就有一个网眼，也可能一个挨着一个。

完成后的网眼

断开式（自由）网眼

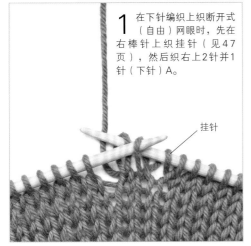

1 在下针编织上织断开式（自由）网眼时，先在右棒针上织挂针（见47页），然后织右上2针并1针（下针）A。

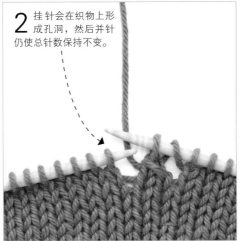

2 挂针会在织物上形成孔洞，然后并针仍使总针数保持不变。

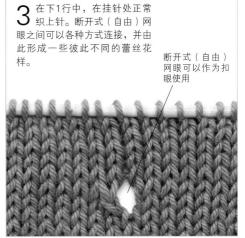

3 在下1行中，在挂针处正常织上针。断开式（自由）网眼之间可以各种方式连接，并由此形成一些彼此不同的蕾丝花样。

断开式（自由）网眼可以作为扣眼使用

挂针

其他毛线的蕾丝编织

编织蕾丝最初跟传统的针绣蕾丝非常相似，因此常常是用白色棉线和细针编织而成的。细线确实能提升精致度，但是用其他毛线编织出来的网眼看起来也别有趣味。这里给出一些范例。

仿蕾丝编织

形成镂空、精致的外观的最快捷的仿蕾丝编织就是使用细线和粗针织起伏针。用这种方法你可以很快织出一条漂亮迷人的围巾。任何毛线，包括这里的金属线都适合于仿蕾丝编织技术。

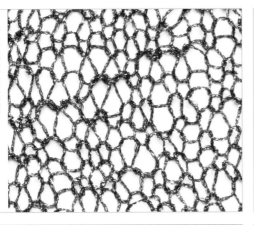

彩色断开式网眼编织

为了让织物更具趣味性，可以用双股幻彩线编织断开式网眼花样。这里显示的是大网眼蕾丝（见60页），正反两面都相同而且容易编织。

马海毛蕾丝编织

精细的马海毛线能突出蕾丝花样的精致效果。用马海毛线编织时，应使用像迷你叶子蕾丝（见61页）这样简单的花样，因为这种线跟其他光滑的线相比是难于编织的，而且复杂的蕾丝花样也不能用这样表面粗糙的毛线清晰地显示出来。

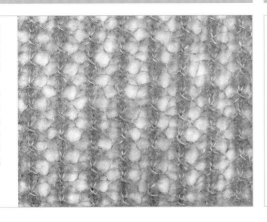

传统风格的编织蕾丝

传统风格的编织蕾丝是用非常细的针和细棉线编织而成的。你可以看到，用极细棉线编织出来的多米诺网眼蕾丝比粗棉线所编织的（见63页）精致很多。

简单的蕾丝花样

这些蕾丝花样中有很多都适合给小朋友编织盖毯或者围巾。如果蕾丝花样的背景是下针编织，而且你正在编织中，一定加上起伏针的边缘。可以在作品完成后在边缘挑针编织（见74页）；也可以在作品的起始、结尾织4行起伏针，行边各加4针起伏针；或者是把编织好的饰边（见82、83页）缝到完成的作品上。

网眼蕾丝
EYELET MESH STITCH

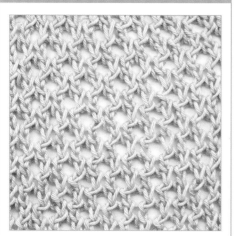

编织图

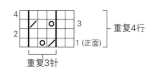

重复3针

编织说明

起针数为3的倍数。

第1行（正面）：2针下针，*左上2针并1针（下针），挂针，1针下针；从*重复到最后余1针，1针下针。

第2行：全上针。

第3行：2针下针，*挂针，1针下针，左上2针并1针（下针）；从*重复到最后余1针，1针下针。

第4行：全上针。

重复第1~4行形成新的花样。

叶形网眼蕾丝
LEAF EYELET PATTERN

编织图

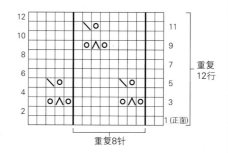

重复8针

编织说明

起针数为8的倍数加7针。

第1行（正面）：全下针。

第2行和其他所有偶数行（反面）：全上针。

第3行：2针下针，挂针，右上3针并1针（下针），挂针，*5针下针，挂针，右上3针并1针（下针），挂针；从*重复到最后余2针，2针下针。

第5行：3针下针，挂针，右上2针并1针（下针）B，*6针下针，挂针，右上2针并1针（下针）B；从*重复到最后余2针，2针下针。

第7行：全下针。

第9行：1针下针，*5针下针，挂针，右上3针并1针（下针），挂针；从*重复到最后余6针，6针下针。

第11行：7针下针，*挂针，右上2针并1针（下针）B，6针下针；从*重复。

第12行：全上针。

重复第1~12行形成新的花样。

大网眼蕾丝
GRAND EYELET MESH STITCH

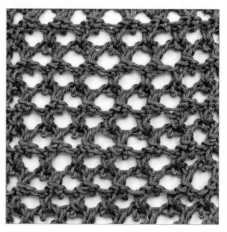

该花样没有编织图，因为按照文字说明编织更容易。

编织说明

注意：该织物看起来两面相同。当熨烫的时候，要沿垂直方向拉伸，展开网眼。

起针数为3的倍数加4针。

第1行：2针下针，*右上3针并1针（下针），2针下针；从*重复到最后余2针，2针下针。

第2行：2针下针，*2针挂针处织[1针上针，1针下针]，1针上针；从*重复到最后余2针，2针下针。

第3行：全下针。

重复第1~3行形成新的花样。

特殊的缩写和符号说明

- SI 2-k1-p2sso：中上3针并1针（下针），将右棒针插入左棒针上的第2个和第1个针目中[跟左上2针并1针（下针）开始一样]，将2针都移到右棒针上，下针织下针，然后把2针滑针越过下针并从右棒针上脱下。

- 其他缩写见43页。关于怎样"按照简单的编织花样说明编织"，在41页有具体解释。

符号说明

□ =正面行织下针，反面行织上针	╲ =右上2针并1针（下针）
● =正面行织上针，反面行织下针	⟋⟍ =右上3针并1针（下针）
○ =挂针	⋀ =中上3针并1针（下针）
╱ =左上2针并1针（下针）	

垂直网眼蕾丝
VERTICAL MESH STITCH

该花样没有编织图，因为根据文字说明编织更容易。

编织说明

起针数为奇数。

第1行：1针下针，*挂针，左上2针并1针（下针）；从*重复。

第2行：全上针。

第3行：*右上2针并1针（下针）B，挂针；从*重复到最后余1针，1针下针。

第4行：全上针。

重复第1~4行形成新的花样。

迷你叶子蕾丝
MINI-LEAF STITCH

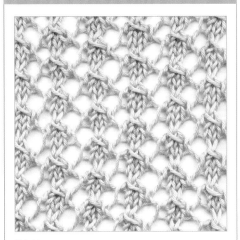

编织图

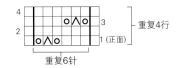

重复6针

编织说明

起针数为6的倍数加2针。

第1行（正面）：1针下针，*3针下针，挂针，右上3针并1针（下针），挂针，从*重复到最后余1针，1针下针。

第2行：全上针。

第3行：1针下针，*挂针，右上3针并1针（下针），挂针，3针下针；从*重复到最后余1针，1针下针。

第4行：全上针。

重复第1~4行形成新的花样。

箭头蕾丝
ARROWHEAD LACE PATTERN

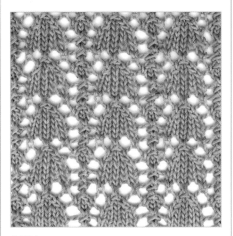

编织图

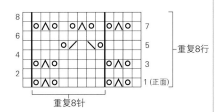

重复8针

编织说明

起针数为8的倍数加5针。

第1行（正面）：1针下针，*挂针，右上3针并1针（下针），挂针，5针下针；从*重复到最后余4针，挂针，右上3针并1针（下针），挂针，1针下针。

第2、4、6行（反面）：全上针。

第3行：重复第1行。

第5行：4针下针，*挂针，右上2针并1针（下针）B，1针下针，左上2针并1针（下针），挂针，3针下针；从*重复到最后余1针，1针下针。

第7行：1针下针，*挂针，右上3针并1针（下针），挂针，1针下针；从*重复。

第8行：全上针。

重复第1~8行形成新的花样。

棒针编织

锯齿网眼蕾丝
ZIGZAG MESH STITCH

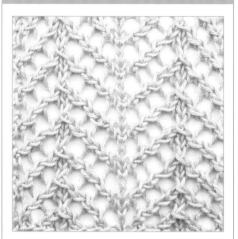

编织图

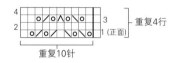

重复10针

编织说明

起针数为10的倍数加1针。

第1行（正面）：1针下针，*[挂针，右上2针并1针（下针）B]重复2次，1针下针，[左上2针并1针（下针），挂针]重复2次，1针下针；从*重复。

第2行：全上针。

第3行：2针下针，*挂针，右上2针并1针（下针）B，挂针，右上3针并1针（下针），挂针，左上2针并1针（下针），挂针，3针下针；从*重复，最后一次重复时将3针下针改成2针下针。

第4行：全上针。

重复第1~4行形成新的花样。

大叶子蕾丝
BIG LEAF LACE

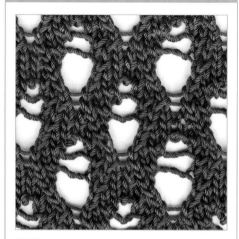

编织图

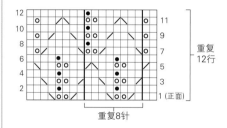

重复8针

编织说明

起针数为8的倍数加2针。

第1行（正面）：3针下针，*左上2针并1针（下针），2针挂针，右上2针并1针（下针）B，4针下针；从*重复到最后余7针，左上2针并1针（下针），2针挂针，右上2针并1针（下针）B，3针下针。

第2、4、6、8、10行（反面）：全上针，但每行的开始和最后，如是2针挂针则织[1针下针，1针上针]，如是1针挂针则织1针上针。

第3行：2针下针，*左上2针并1针（上针），1针下针，2针挂针，1针下针，右上2针并1针（下针）B，2针下针；从*重复。

第5行：1针下针，*左上2针并1针（下针），2针挂针，2针下针，右上2针并1针（下针）B；从*重复到最后余1针，1针下针。

第7行：1针下针，挂针，*右上2针并1针（下针）B，4针下针，左上2针并1针（下针），2针挂针；从*重复到最后余9针，右上2针并1针（下针）B，4针下针，左上2针并1针（下针），挂针，1针下针。

第9行：1针下针，挂针，*1针下针，右上2针并1针（下针）B，2针下针，左上2针并1针（下针），1针下针，2针挂针；从*重复到最后余9针，1针下针，右上2针并1针（下针）B，2针下针，左上2针并1针（下针），1针下针，挂针，1针下针。

第11行：1针下针，挂针，*2针下针，右上2针并1针（下针）B，左上2针并1针（下针），2针下针，2针挂针；从*重复到最后余9针，2针下针，右上2针并1针（下针）B，左上2针并1针（下针），2针下针，挂针，1针下针。

第12行：重复第2行。

重复第1~12行形成新的花样。

星星网眼蕾丝
STAR EYELET STITCH

编织图

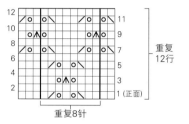

重复8针

编织说明

起针数为8的倍数加5针。

第1行（正面）：4针下针，*右上2针并1针（下针）B，挂针，1针下针，挂针，左上2针并1针（下针），3针下针；从*重复到最后余1针，1针下针。

第2、4、6、8、10行（反面）：全上针。

第3行：5针下针，*挂针，中上3针并1针（下针），挂针，5针下针；从*重复。

第5行：重复第1行。

第7行：右上2针并1针（下针）B，挂针，1针下针，挂针，左上2针并1针（下针），*3针下针，右上2针并1针（下针）B，挂针，1针下针，挂针，左上2针并1针（下针）；从*重复。

第9行：1针下针，*挂针，中上3针并1针（下针），挂针，5针下针；从*重复，最后一次重复时织1针下针而不是5针下针。

第11行：重复第7行。

第12行：全上针。

重复第1~12行形成新的花样。

多米诺网眼蕾丝
DOMINO EYELET PATTERN

编织图

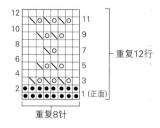

重复8针

编织说明

起针数为8的倍数。

第1行（正面）：全上针。

第2行：全下针。

第3行：*1针下，[挂针，右上2针并1针（下针）B]重复3次，1针下针；从*重复。

第4、6、8、10行（反面）：全上针。

第5行：*2针下针，[挂针，右上2针并1针（下针）B]重复2次，2针下针；从*重复。

第7行：*3针下针，挂针，右上2针并1针（下针）B，3针下针；从*重复。

第9行：重复第5行。

第11行：重复第3行。

第12行：全上针。

重复第1~12行形成新的花样。

叶子蕾丝
LEAVES LACE

编织图

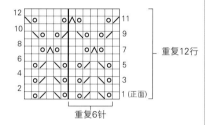

重复6针

编织说明

起针数为6的倍数加1针。

第1行（正面）：1针上针，*挂针，右上2针并1针（下针）B，1针下针，左上2针并1针（下针），挂针，1针下针；从*重复。

第2行：全上针。

第3~6行：重复第1、2行2次。

第7行：2针下针，*挂针，右上3针并1针（下针），挂针，3针下针；从*重复，最后一次重复时织2针下针而不是3针下针。

第8、10行（反面）：全上针。

第9行：1针下针，*左上2针并1针（下针），挂针，1针下针，挂针，右上2针并1针（下针）B，1针下针；从*重复。

第11行：左上2针并1针（下针），*挂针，3针下针，挂针，右上3针并1针（下针）；从*重复到最后余5针，挂针，3针下针，挂针，右上2针并1针（下针）B。

第12行：全上针。

重复第1~12行形成新的花样。

钻石蕾丝
DIAMOND LACE STITCH

编织图

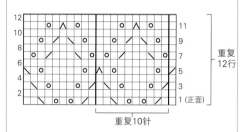

重复10针

编织说明

起针数为10的倍数加1针。

第1行（正面）：2针下，*右上2针并1针（下针），[1针下针，挂针]重复2次，1针下针，右上2针并1针（下针）B，3针下针；从*重复，最后一次重复时织2针下针而不是3针下。

第2、4、6、8、10行（反面）：全上针。

第3行：1针下针，*左上2针并1针（下针），1针下针，挂针，3针下针，挂针，1针下针，右上2针并1针（下针）B，1针下针；从*重复。

第5行：左上2针并1针（下针），*1针下针，挂针，5针下针，挂针，1针下针，右上3针并1针（下针）；从*重复，最后一次重复时织右上2针并1针（下针）B而不是右上3针并1针（下针）。

第7行：1针下针，*挂针，1针下针，右上2针并1针（下针）B，3针下针，左上2针并1针（下针），1针下针，挂针，1针下；从*重复。

第9行：2针下针，*挂针，1针下针，右上2针并1针（下针）B，1针下针，左上2针并1针（下针），1针下针，挂针，3针下针；从*重复，最后一次重复时织2针下针而不是3针下针。

第11行：3针下针，*挂针，1针下针，右上3针并1针（下针），1针下针，挂针，5针下针；从*重复，最后一次重复时织3针下针而不是5针下针。

第12行：全上针。

重复第1~12行形成新的花样。

配色编织 COLOURWORK

如果你想在织物上增加各种颜色，有很多种方法供选择，其中最容易的方法就是用有很多种颜色的彩色毛线（见19页）或者直接用幻彩毛线织下针，幻彩毛线本身就会有多种颜色变化。但如果为了增加更多色彩选择，将不同颜色的毛线织入织物中，你可以使用简单的条纹、简单的配色花样，或者根据编织图织费尔岛花样、嵌花花样等。

简单的条纹

对于想织配色织物却苦于不懂得高深技术的编织者来说，横条纹是配色织物的最佳选择。这里有些条纹宽度变化、色彩变化和织纹变化的例子，都是可以尝试的。你可以按照任何一种平纹的配色编织花样编织，织条纹时注意不要影响织物本身的密度和形状。

双色起伏针条纹

用A、B两种颜色的毛线织起伏针。织条纹的时候，用A、B线交替织，各织2行，暂时不用的毛线挂在织物侧边，用的时候再挑起来织。

双色下针和上针条纹

用A、B两种颜色的毛线织成。先用A线织6行下针，然后把A线挂在一边，换B线织2行——第2行在正面织出上针的脊状凸起。重复这样的编织顺序，就形成了上针的细条纹的效果。要避免在边缘出现B线松且长的渡线，每次织正面行的时候，将A线与B线缠绕一下。

五色下针编织条纹

编织像这种宽度不一的条纹，要把不同颜色的毛线拉到边缘，并使用环形棒针。在环形棒针上往返织条纹，如果你需要用的毛线在另外一端，要把所有针目退回到环形棒针的另一端，对着织上1行的那面织下1行。

有织纹的下针编织条纹

这种花样是用两种不同颜色的马海毛线（A、B线），以及光滑的棉线（C线）编织而成的。棉线能与马海毛线在织纹、光泽度上形成对比。

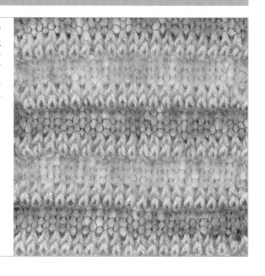

配色滑针花样

另一种在编织中引入配色编织的简单方法是使用滑针花样。这是专门设计的将多种颜色运用于整个编织作品的方法，但每行中每个颜色都是均匀使用的。这种编织作品的几何图形是在一行中织一些针目并滑过一些针目而形成的。

格子滑针花样 CHECK SLIP-STITCH PATTERN

需要使用三种有色彩对比效果的毛线：A线为中等深色，B线为浅色，C线为深色。

注意： 所有滑针均为滑针（上针），织线挂在织物的反面。

用A线起4的倍数加2针。

第1行（反面）： 用A线，上针织到最后。

第2行（正面）： 用B线，1针下针，1针滑针，*2针下针，2针滑针；从*重复到最后余4针，2针下针，1针滑针，1针下针。

第3行： 用B线，1针上针，1针滑针，*2针上针，2针滑针；从*重复到最后余4针，2针上针，1针滑针，1针上针。

第4行： 用A线，下针织到最后。

第5行： 用C线，2针上针，*2针滑针，2针上针；从*重复。

第6行： 用C线，2针下针，*2针滑针，2针下针；从*重复。

重复第1~6行形成新的花样。

怎样织配色滑针花样

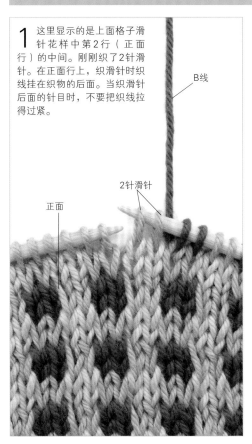

1 这里显示的是上面格子滑针花样中第2行（正面行）的中间。刚刚织了2针滑针。在正面行上，织滑针时织线挂在织物的后面。当织滑针后面的针目时，不要把织线拉得过紧。

B线

正面

2针滑针

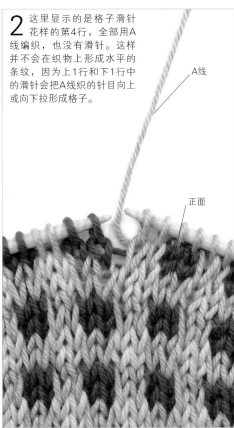

2 这里显示的是格子滑针花样的第4行，全部用A线编织，也没有滑针。这样并不会在织物上形成水平的条纹，因为上1行和下1行中的滑针会把A线织的针目向上或向下拉形成格子。

A线

正面

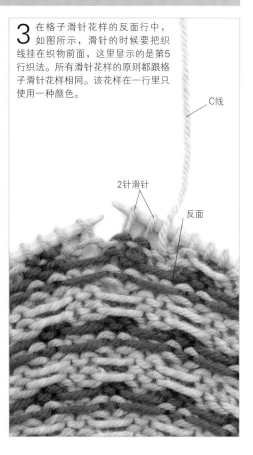

3 在格子滑针花样的反面行中，如图所示，滑针的时候要把织线挂在织物前面，这里显示的是第5行织法。所有滑针花样的原则都跟格子滑针花样相同。该花样在一行里只使用一种颜色。

C线

2针滑针

反面

看编织图完成配色编织

根据编织图织配色下针编织的技术是应该掌握的，像费尔岛编织和嵌花编织，因为它们开启了一个丰富多彩的设计世界。费尔岛编织是将配色毛线挂在织物反面，直到需要使用时再拉过来。嵌花编织是在某一配色区域使用单独一条一定长度的毛线，在换线时，两条毛线要交叉扭一下。

棒针编织

怎样读懂配色编织图

读懂配色编织图的第一步是认识到看编织图有多么容易。提供给你的编织图会用彩色符号或彩色格子标明针法，这跟写出来的在哪一行用什么颜色的毛线织多少针不同。

如果整件毛衣的后片、前片、袖子上都有花样而且不重复，那每个花样都会配有一张大的编织图，对每个花样，编织图都会给出具体的针法。如果某花样只需要简单的重复，重复部分也会单独给出编织图。在配色下针编织图上，每个小方格代表1针，每一水平方向的格子代表编

织1行，从编织图底部向顶部编织，就像在棒针上一行行形成织物一样。

要点说明会告诉你织物上哪个颜色织哪一针。编织图上的奇数行通常代表织物正面，从右往左织；偶数行通常代表反面，从左往右织。每次都要认真阅读编织说明，确认织物的编织规则。

费尔岛编织图

这幅编织图非常清楚地显示出编织简单的费尔岛花样其实很容易。每行使用的颜色不超过两种，入门者编织最合适不过。不用的毛线挂在织物后面直到再次使用。

如何分辨是否该用费尔岛编织呢？只要看一整行是否用了两种颜色即可。如果每种颜色织了三四针之后（如编织图所示）换另一种颜色，用的是渡线法；如果在织了更多针以后交替，用的则是藏线法，这样不会让不用的毛线露出太长。

要点说明
☐ = 背景色
⬤ = 图案色

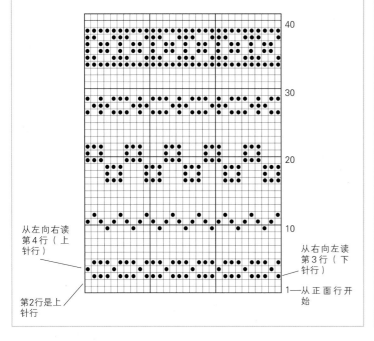

从左向右读
第4行（上针行）

第2行是上针行

从右向左读
第3行（下针行）

1—从正面行开始

嵌花编织图

下面是个简单的嵌花编织图，图中的每种颜色都用不同的符号表示。空白方格（背景）也代表一种颜色。

如果某种颜色在一行中只在一部分而不是一整行中出现，你就能分辨出该编织图的设计是用了嵌花的技术。可用单独一段毛线，或者缠线板上的毛线编织某块配色区域（包括单独的背景区）。就像67页所讲述的那样，每次换线时都要把两条毛线交叉扭一下。

要点说明
☐ = 背景色   ⬤ = 图案色2
⬤ = 图案色1   ☒ = 图案色3

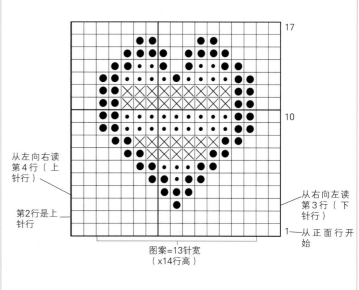

从左向右读
第4行（上针行）

第2行是上针行

从左向右读
第3行（下针行）

1—从正面行开始

图案=13针宽
（x14行高）

费尔岛编织中的渡线法

1 下针行中，用第1种颜色毛线编织，然后将毛线挂在织物后面，用第2种颜色毛线织。将不用的毛线松松地垂在后面，直到再次使用。

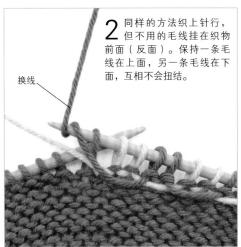

2 同样的方法织上针行，但不用的毛线挂在织物前面（反面）。保持一条毛线在上面，另一条毛线在下面，互相不会扭结。

换线

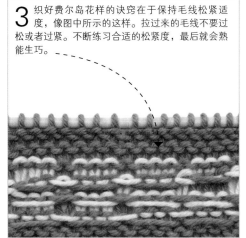

3 织好费尔岛花样的诀窍在于保持毛线松紧适度，像图中所示的这样。拉过来的毛线不要过松或者过紧。不断练习合适的松紧度，最后就会熟能生巧。

费尔岛编织中的藏线法（下针行）

1 两手各拿一条毛线（见26页）。织下针的时候，把不用的那条毛线放在织线的下面，如图所示。

2 织下1针时，不用的毛线放在织线的上面，如图所示。这样继续上、下移动不用的毛线，就把它织进织线里面了。

费尔岛编织中的藏线法（上针行）

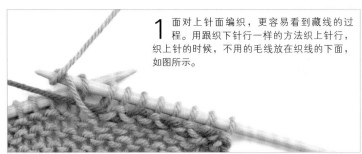

1 面对上针面编织，更容易看到藏线的过程。用跟织下针行一样的方法织上针行，织上针的时候，不用的毛线放在织线的下面，如图所示。

2 织下1针时，不用的毛线放在织线的上面，如图所示。这样继续上、下移动不用的毛线，就把它织进织线里面了。

嵌花技术

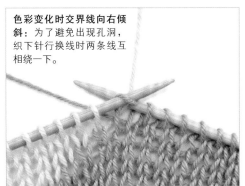

色彩变化时交界线向右倾斜：为了避免出现孔洞，织下行换线时两条线互相绕一下。

色彩变化时交界线向左倾斜：为了避免出现孔洞，织上针行换线时两条线互相绕一下。

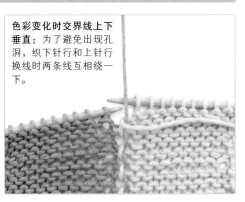

色彩变化时交界线上下垂直：为了避免出现孔洞，织下针行和上针行换线时两条线互相绕一下。

简单的配色花样

这里有一些很容易编织的配色下针编织花样。有些适合使用费尔岛技术，有些适合用嵌花技术或者两种技术的结合。边缘可以用彩色毛线单独编织，也可以织成一系列连续的重复图案。如果你不曾织过配色花样，可以从费尔岛花样开始，因为每行只使用两种颜色。参见66页和67页，学会读懂编织图和掌握基本技术。

简单的边缘
SIMPLE BORDERS

编织图

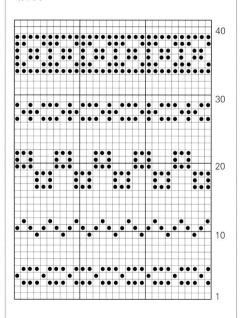

编织说明
用费尔岛技术编织这些边缘花样，可根据需要改变每种边缘上背景和图案的颜色。

重复的圆形
REPEATING CIRCLES

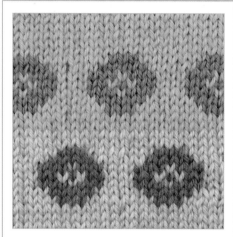

编织图

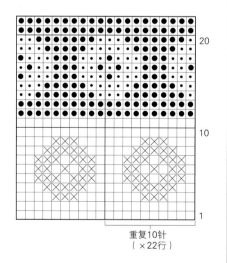

重复10针
（×22行）

编织说明
用费尔岛技术编织这些重复的圆形图案，选择四种颜色：两种图案颜色，两种背景颜色。

心形图案
HEART MOTIF

编织图

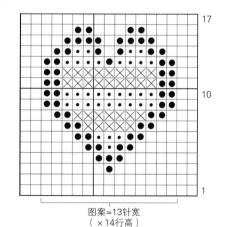

图案=13针宽
（×14行高）

编织说明
使用嵌花技术编织这个心形图案。选择四种颜色：三种图案颜色和一种背景颜色。可以在织物上织出一个心形图案，或者按照任意间隔在织物上安排心形图案，还可以按照一定规律重复图案。

特别注意

● 这里使用的编织图设计成符号图的形式，很容易读懂，你可以根据不同的符号选择对应的颜色进行编织。

● 要尝试编织小块织物，为什么不从下面的花样中选择一个呢？用背景颜色毛线起针，比编织图中显示的多8针，在图案的四周织4针宽或4行高的起伏针作为边缘。把完成的作品缝在小背包或者枕套上面作为装饰。

小鸟图案
BIRD MOTIF

编织图

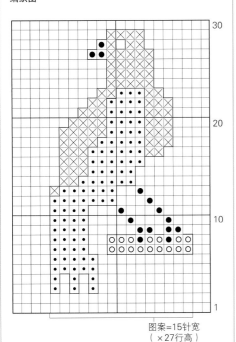

图案=15针宽
（×27行高）

编织说明

编织小鸟图案使用的是嵌花技术。选择五种颜色：四种图案颜色和一种背景颜色。可以在织物上织出一个图案，或者按照任意间隔在织物上安排图案，还可以按照一定规律重复图案。

费尔岛花蕾
FAIR ISLE BLOSSOMS

编织图

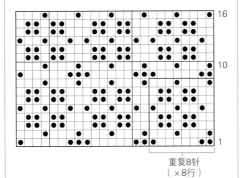

重复8针
（×8行）

编织说明

用费尔岛技术织这些重复的图案。选择两种颜色：一种图案颜色，一种背景颜色。

嵌入花朵
INTARSIA FLOWERS

编织图

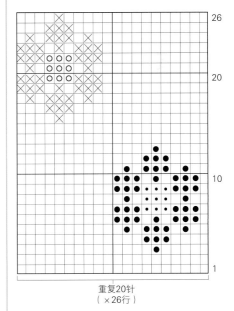

重复20针
（×26行）

编织说明

用嵌花技术编织这个重复出现的图案。费尔岛技术编织背景。选择五种颜色：每朵花各用两种颜色，一种背景颜色。

花朵图案
FLOWER MOTIF

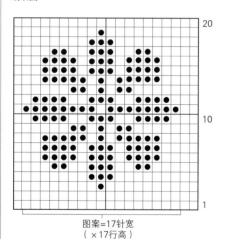

编织图

图案=17针宽
（×17行高）

编织说明
本款图案使用的是嵌花技术，背景则使用费尔岛技术。选择两种颜色：一种图案颜色和一种背景颜色。可以在织物上织出一个图案，或者按照任意间隔在织物上安排图案，还可以按照一定规律重复图案。

郁金香图案
TULIP MOTIF

编织图

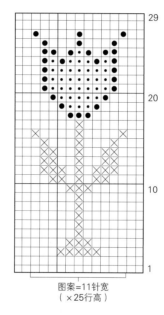

图案=11针宽
（×25行高）

编织说明
使用嵌花技术编织郁金香花朵和围绕花朵部分的四周背景；花茎部分使用费尔岛技术编织。其他的全部背景都使用费尔岛技术编织。选择四种颜色：三种图案颜色和一种背景颜色。可以在织物上织出一个图案，或者按照任意间隔在织物上安排图案，还可以按照一定规律重复图案。

小淑女图案
LITTLE LADY MOTIF

编织图

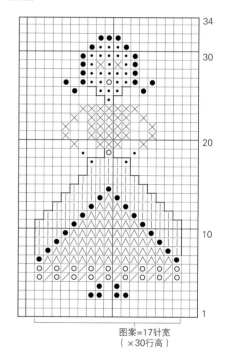

图案=17针宽
（×30行高）

编织说明
编织这个图案使用的是嵌花技术。选择八种颜色：七种图案颜色和一种背景颜色。可以在织物上织出一个图案，或者按照任意间隔在织物上安排图案，还可以按照一定规律重复图案。

小猫咪图案
PUSSY CAT MOTIF

编织图

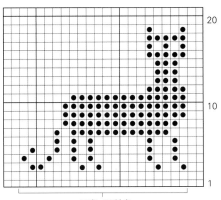

图案=20针宽
（×17行高）

编织说明

使用嵌花技术编织这只小猫。选择两种颜色：一种图案颜色和一种背景颜色。可以在织物上织出一个猫咪图案，或者按照任意间隔在织物上安排图案，还可以按照一定规律重复图案。

数字和字母
NUMBERS AND LETTERS

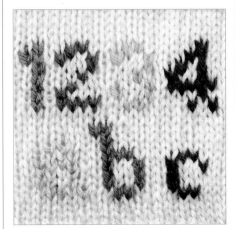

编织图

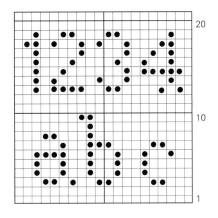

编织说明

数字和字母使用嵌花技术，背景使用费尔岛技术。选择八种颜色：七种图案颜色和一种背景颜色。织出有数字或字母的一块织物，按照一定顺序排列成日期或者名字，或者根据需要制作出含有更多数字和字母的花样。

小鸭图案
DUCK MOTIF

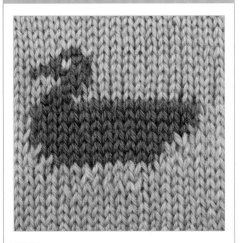

编织图

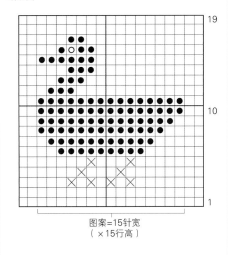

图案=15针宽
（×15行高）

编织说明

用嵌花技术编织这个图案。选择四种颜色：三种图案颜色和一种背景颜色。可以在织物上织出一个图案，或者按照任意间隔在织物上安排图案，还可以按照一定规律重复图案。

读懂编织花样说明
FOLLOWING A KNITTING PATTERN

编织花样说明很可能让初学者望而却步，但如果一步步跟着做下去就会发现其实说明很容易理解。这部分内容对怎样读懂简单的编织花样说明作了解释，同时也提供了收尾和缝合的介绍，最后这部分往往更需要技巧。

简单的编织花样说明

想根据说明编织第1件作品的初学者，最好从简单的小物件开始。枕套就是不错的练习，因为四边都是直边，最后的收尾也只有缝合而已。下面以条纹下针编织枕套为例，一步步进行说明。

1 多数编织说明的开始都会说明编织难度，使你有信心完成该作品。

2 查看成品尺寸。如果是像枕套这样的方形织物，你只需要增加或者减少针数和行数，很容易就能调整成品的大小。

3 尽量使用推荐的毛线，如果没有，根据21页的对照表，选择类似的毛线，并了解如何使用该毛线。

8 在正式编织之前，先织一块样品，根据需要变动棒针尺寸（见73页）。

9 任何编织说明都是从起多少针开始的，并说明应该使用几号棒针。如果全部使用一个型号的棒针和一种毛线，这里会省略不写。

10 如果有缩写，可参见43页的说明或编织说明中的详细注释，明白缩写所代表的含义。

14 枕套的后片有时与前片完全相同，这种情况下，为了让枕套花样更活泼，常常令背面条纹与正面错开。

15 完成编织后，按"收尾"（或"装饰"）完成最后的工作。

条纹枕套

难度
容易

成品尺寸
40.5cmx40.5cm

材料及工具
紫罗兰色（A线）和墨绿色（B线）纯羊毛线各3团，每团50g，大约125米

枕芯1个

4mm（美式6号）棒针2根或其他能达到密度要求的棒针

密度
10cmx10cm面积内:下针编织22针，30行。
为了节约时间，开始前要花时间检查密度。

前片
用4mm棒针和A线起88针。
从下针行开始，织下针编织，直到从起针行量起高14cm，下1行准备织正面行时结束。
剪断A线换B线。继续织，直到从起针行量起高26.5cm，下1行准备织正面行时结束。
剪断B线换A线。继续织，直到从起针行量起高40.5cm，下1行准备织正面行时结束。
收针。

后片
同前片，只是前片用B线的时候，后片用A线，反之亦然。

收尾
藏起所有松散的线尾。
在反面略微定型和熨烫，操作时参看毛线商标说明。
反面朝外，将前、后片三边缝合。把正面翻出来，塞入枕芯，再把最后一边缝合。

4 如果需要，可选择符合自己风格要求的颜色，这里的颜色说明仅供参考。

5 使用相似的毛线时，要购买跟说明相同的长度而不是相同重量的毛线。

6 作品中所需要的其他材料通常会列在"材料及工具"或者"其他物品"标题下面。

7 如果用推荐的棒针无法获得正确的尺寸，可以改换其他尺寸的棒针。

11 按照说明编织规定的行数和针数。

12 通常在正面行更换颜色，所以面对正面时结束上个颜色，准备换毛线。

13 如果收针方式没有具体说明，总是用下针的伏针收针。

16 见40页"藏起线尾"。

17 在熨烫任何织物前一定要查看毛线商标上的说明。商标上可能标示出该毛线不可熨烫或者只能冷熨烫（见75页"定型"建议）。

18 关于缝合，见76、77页，在织物缝合上要花点工夫。第一次缝合时，请有经验的编织者帮助你。

毛衣的编织图

多数毛衣的编织花样说明都以难度说明开始，然后是成品尺寸、材料及工具，最后是编织针法。如果你想成功编织一件毛衣，选择正确的尺寸和测量密度是其中最重要的两个环节。

提示

● 选对难度，要适合自己的经验和水平。你也许稍加练习就可以提升到更高水平。

● 如果你织第一件毛衣就选择白色毛线，每次开始编织前一定要洗手。在两次编织之间，将毛线和织好的部分放进袋子里，避免弄脏。

● 第一次织毛衣应避免使用黑色或其他深色毛线，因为不容易看清针目。

● 确定你所购买的毛线染缸编号一致。

● 如果你刚刚开始编织，买一套不同尺寸的棒针比较方便实用。当检查密度的时候（见下面），你手边需要备有其他尺寸的棒针以备更换。

● 按说明中所给的顺序织每个织片，这适用于所有类型的编织图，包括小物件和玩具。织毛衣时，通常先织后片，再织前片（开衫有两个前片），最后是袖子。如果有嵌入前片的口袋，要先织好口袋；如果像贴布那样缝上去的就最后织。

● 不要试图改变毛衣编织图。毛衣编织图是结合前、后片以及袖子进行专门设计的，彼此结合得恰到好处。如果你改变了袖窿的周长，袖子上端就无法刚好安上。毛衣长度和袖子长度有时候可以调整，但编织说明会规定某些部分的长度不可变动——例如靠近身体的袖窿之前和袖子上端的那些部位。

选择毛衣尺寸

选择要织的尺寸时，不管是胸围尺寸还是裙子尺寸，尽量不参照推荐尺寸编织，而是找到适合自己的实际尺寸。你可以在自己的衣橱里找一件厚度和外形都跟编织要求相近的、大小合适的毛衣。将这件毛衣摊平，测量它的宽度，然后在成品尺寸中选择与毛衣宽度最接近的——这就是适合你的尺寸。

选择完要织的尺寸后，将编织图影印下来，在上面圈出或者突出适合你尺寸的数字。然后开始购买毛线，决定后片起针数量、到袖窿处的长度等。最前面给出的是最小尺码的数字，越大的尺码，数字越排在后面。如果说明中只有一个数字——尺寸、行数或者针数——那就说明该尺寸为均码。开始正式编织前要检查密度。

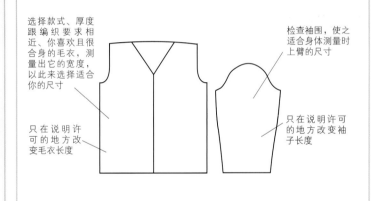

选择款式、厚度跟编织要求相近、你喜欢且很合身的毛衣，测量出它的宽度，以此来选择适合你的尺寸

检查袖围，使之适合身体测量时上臂的尺寸

只在说明许可的地方改变毛衣长度

只在说明许可的地方改变袖子长度

测量密度

在正式开始编织前一定要织一小块样品，用来确定你织出的密度是否跟要求一致。只有密度一致，完工后的织物才能符合你的尺寸要求。

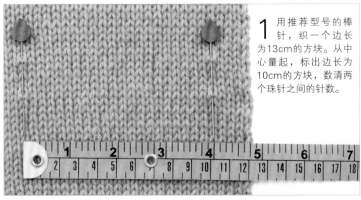

1 用推荐型号的棒针，织一个边长为13cm的方块。从中心量起，标出边长为10cm的方块，数清两个珠针之间的针数。

2 以同样方法数珠针之间的行数。如果针数或者行数少了，用细些的棒针再试一次；反之用粗些的针。针数刚好的就是正确的密度（符合宽度的针数比符合高度的行数更重要）。

收尾

编织作品中的最后一个环节就是收尾。这部分可能只是简单的藏起线尾（见40页）和熨烫，例如披肩和婴儿毯。其他收尾工作还包括增加边缘、缝合接缝、缝口袋和纽扣，以及制作扣襻等。增加边缘的时候需要沿着织物挑针，这是需要掌握的巧妙的收尾技术之一，因此这里会详细讲解。

沿着起针或者收针针目挑针

对着正面编织，将棒针插入第1针。留长而松的线尾，在棒针上绕线，从针目中挑出——像织下针一样。继续这样沿着边缘编织，在起针行或者收针行的每一针上都挑针1针。

沿着行边挑针

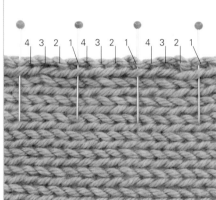

1 在细线或者中粗线的织物上挑针时，大约每4行挑起3针。首先在织物右侧的行末端做出标记，如图所示，每4行的第1行处放置一枚珠针。

4 3 2 1 4 3 2 1 4 3 2 1

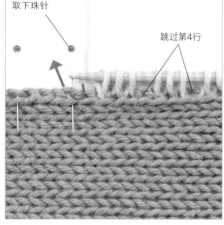

2 在边端针目的中心插入棒针，跟沿着起针针目挑针的方法一样，把毛线挑起来织下针。每逢第4行跳过去。

在挑针之前，取下珠针

跳过第4行

用钩针挑针

1 选择合适的钩针型号，使钩针刚好能轻松地插入要挑针的针目中。面对织物正面，在第1针中插入钩针，然后在织物的后面从左向右在钩针上挂线，再如图所示，把钩针拉出来。

线团侧的毛线

线尾

2 将钩针上的针目移到棒针上，并适当拉紧毛线，使针目大小适合棒针。依此方法继续挑针。

挑针的小技巧

● 为了清晰地演示操作过程，图中用了对比色毛线一步步地说明挑针的过程。但是你自己可以使用配色毛线挑针。如果想要对比鲜明的边缘，可以在边缘的第1行换成新线编织。

● 每次都对着正面挑针并编织，因为挑针会在反面形成脊状凸起。你的编织说明里会明确挑针用棒针的尺寸——通常比织物主体用针小一号。

● 挑完需要的针数后，按照编织图标示的方向织，不管是罗纹针、桂花针、起伏针，还是折边。

● 即使是有经验的编织者，也会发现很难沿着边缘均匀地挑针，所以完成后不要因为看起来不那么精美而耿耿于怀。先试试收针，看是否过松或者过紧。如果不合适，把边缘拆掉再试一次，调整挑针的数量，必要的话也可以用其他的办法将其展平。如果加上去的边看起来很松，用细一点的棒针试试看；如果过紧就用粗一点的棒针。

沿着曲线边缘挑针

1 当从袖窿或者领子边缘挑针的时候，你需要先沿着曲线边缘挑针。一般来说，你要按照编织图沿曲线挑针。每收1针的地方挑1针，在直线或稍弯曲部位每四行挑起3针，在曲线明显部位则沿着平滑曲线挑针，台阶形的转角略去不挑，防止形成直角折线。

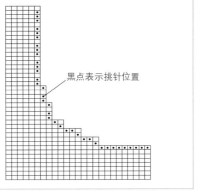

黑点表示挑针位置

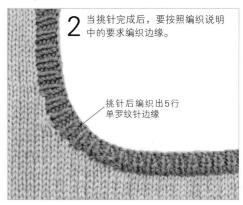

2 当挑针完成后，要按照编织说明中的要求编织边缘。

挑针后编织出5行单罗纹针边缘

制作扣襻

1 留短而松的线尾，将毛线缝针从扣襻的一端所在位置插入织物，从反面穿入正面，在扣襻的另一端所在位置，从正面插入反面。

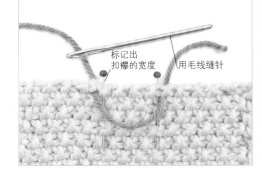

标记出扣襻的宽度　　用毛线缝针

2 将毛线缝针再次从第1次入针的位置由反面穿到正面。现在形成的双线环就是扣襻的基础。

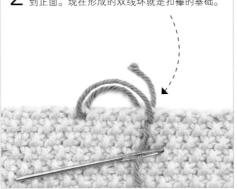

3 在双线环和短线尾上缝紧密的扣眼绣。到达末端后固定线尾，然后再将其从扣眼绣针迹的下面穿过，修剪线尾。

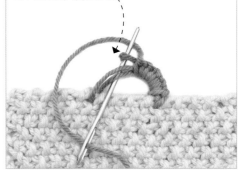

定型

定型之前要参考毛线的商标说明。用起伏针、罗纹针和麻花针等编织的有纹理的花样，都最好用冷定型或者蒸汽定型。非常轻柔地定型，不要把花纹熨平或者展开——这样花纹才不会被破坏。

冷定型

如果你的毛线说明上允许，冷定型是将织物定型的最好方法。用温水清洗织物或者只是简单地弄湿，然后挤掉织物中的水，平摊在干毛巾上。连同织物一起卷起毛巾，使其充分吸收织物中的水分。展开并轻扯织物，整理出形状，并用珠针固定在最上面覆盖单子的干毛巾上。让织物完全晾干。

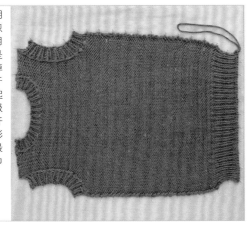

蒸汽定型

对于只能采用蒸汽定型的织物，整理好形状用珠针固定。将一块干净的、潮湿的棉布放到织物上面。然后用加热好的熨斗在棉布上移动，注意不要让热的熨斗直接接触织物。熨烫时轻轻提起熨斗，不要用力按压，还应避开起伏针和罗纹针部分。根据要熨烫的位置移动上面的棉布，必要时再次打湿棉布。在取下珠针之前，要确保织物完全晾干。

缝合

　　最流行的织物的缝合技法是无缝缝合、对边缝、回针缝和卷针缝，另外还有两种需要按花样缝合的方法被称为收针缝和嫁接缝。掌握了这些缝合方法，面对编织中遇到的任何接缝，你都将所向无敌。其他非常规的缝合方法会有另外的具体说明。

缝合提示

● 缝合前一定要对各个织片定型。缝合完成后，将两部分展平。如果允许的话，用蒸汽熨斗轻轻熨平。

● 任何接缝的缝合都要使用钝头针。尖头针会造成毛线被劈开，而且无法成功地将毛线从织物中拉过去。

● 为了显得更为清晰，这里用了对比色毛线缝合，实际缝合时请用配色线。

● 缝合前，用珠针每隔一定距离固定一下，在开始缝合的时候，前两三针用卷针缝把两织片固定。

● 缝合要结实但也不宜过紧，应该保持一定的弹性，跟织物本身的弹性相一致。

无缝缝合

1 无缝缝合效果上是隐形的，对罗纹针和下针编织的织物来说是最好的缝合方法。先把两织片的边缘对齐，正面对着编织者。

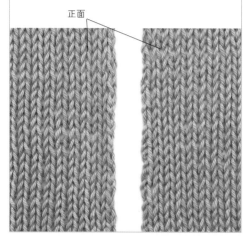

正面

2 从正面将毛线缝针插入其中一片织物的第1针中，向上从第2行第1针中穿过，然后在另一织片上重复同样的缝法。这样缝下去，每缝完1针后将两织片拉到一起。

对边缝

　　这种缝合方式适合多种情况。先将两织片的边对齐，反面对着编织者，把边端的每个小线结缝到一块。

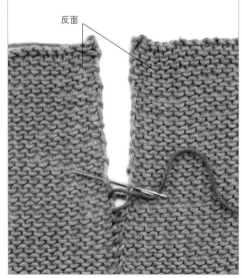

反面

回针缝

　　适用于几乎全部织物，只是超粗线的除外。两织片正面相对对齐。向前缝1针，再回到前1针开始的地方插入毛线缝针，尽可能贴近边缘缝合。

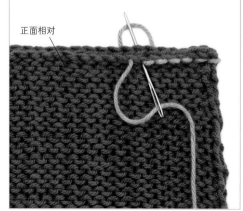

正面相对

卷针缝

　　又叫包缝，两织片正面相对。从后向前穿过两层织物，从边缘针目中穿出来，不要插到小线结上。

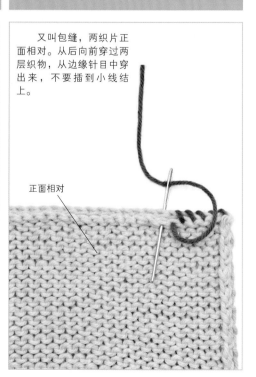

正面相对

收针缝

1 这种缝合可以正面朝外进行，最后形成一条装饰性的边缘，也可以在反面缝合。将要缝在一起的两条边对齐，反面相对。第3根棒针依次穿过第1根棒针和第2根棒针上的针目，将2针用下针织到一起。

2 像正常收针那样，继续将两根棒针上的针目织到一起。（这里用对比色毛线编织是为了看得更清楚。）

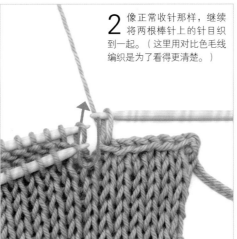

3 当把两织片展开时，你会看到沿着接缝形成一条凸起的锁链。

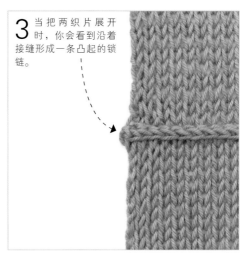

嫁接缝

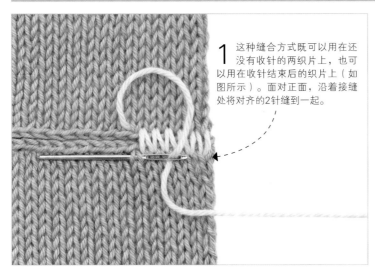

1 这种缝合方式既可以用在还没有收针的两织片上，也可以用在收针结束后的织片上（如图所示）。面对正面，沿着接缝处将对齐的2针缝到一起。

2 如图所示，用配色线缝合，接缝与织物完全融合在一起，看起来就像连续编织的一块织物。

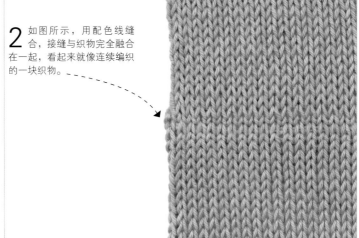

缝合饰边

1 用珠针把饰边固定在织物上，正面相对。

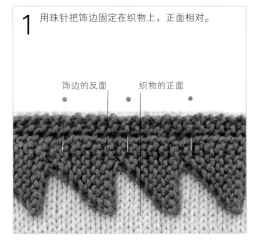

饰边的反面　织物的正面

2 用均匀细密的卷针缝将两边缘缝到一起。

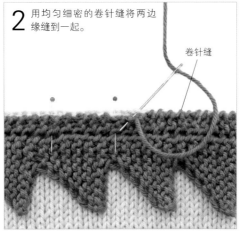

卷针缝

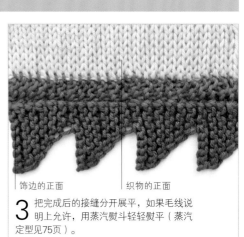

饰边的正面　织物的正面

3 把完成后的接缝分开展平，如果毛线说明上允许，用蒸汽熨斗轻轻熨平（蒸汽定型见75页）。

装饰编织物

EMBELLISHMENTS FOR KNITTING

普通的织物有时候需要一点小小的装饰。简单活泼的刺绣、恰到好处的珠饰或者饰边都是极好的装饰品。可以在口袋上或是衣领上设计一两幅刺绣图案，在罗纹针上装饰一排串珠，还可以在袖口或领口上缝制窄窄的饰边，所有这些都能让普通的衣服焕然一新。

在织物上刺绣

瑞士织补绣、绕线绣、雏菊绣和锁链绣都是常用在织物上的刺绣针法。任何时候都要使用与织物所用毛线相同或者稍微粗点的毛线在上面刺绣，绣的时候使用毛线缝针。尖头针容易把毛线劈开，且没办法把绣线拉到织物的另外一面。

瑞士织补绣图案

瑞士织补绣在下针编织织物的正面，模仿织物的针法并遮盖了原针目，你可以使用任何配色花样的编织图案（见68~71页）。（十字绣的书也是瑞士织补绣很好的图案来源。）完成后的刺绣图案看起来就像编织上去的一样。

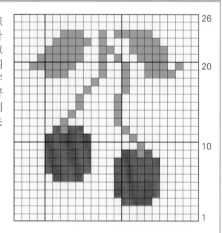

水平方向的瑞士织补绣

1 在下针编织织物的反面固定绣线，然后把绣线拉到正面，从针目中出针。接下来从右向左穿过上面针目（如图所示），把线拉出。

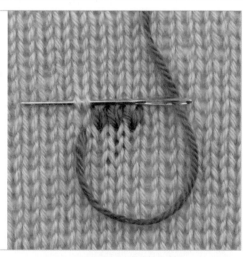

2 从右向左穿过下面针目，从左侧针目中出针，完成1针，如图所示。继续这种方式，沿着水平方向的针目绣。

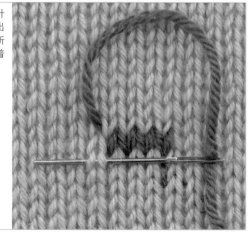

垂直方向的瑞士织补绣

1 在下针编织织物的反面固定绣线,然后把绣线拉到正面,从针目中出针。接下来从右向左穿过上面针目(如图所示),把线拉出。

2 从正面向反面入针,再从上面针迹的下方从正面出针,也就是从刚刚遮盖住的针目中心处出来,如图所示。继续这种方式,沿着纵向的针目绣。

绕线绣

　　开始绕线绣时,先在下针编织织物的反面固定绣线,从绕线绣图案的一端出针(起点)。在右侧距离起点一小段距离处入针,从针目后面穿行一小段回到起点出针。在针上靠近织物至少绕线六次,用手指按住绕线,把针小心地从绕线中拉出。完成这针后,再次把针从同一地方入针,如箭头所示。让针迹呈螺旋状布置,形成玫瑰形状,或者像这里图片显示的简单的星形或者花朵形。

雏菊绣

　　雏菊绣是在单个的锁链绣线圈末端用短针固定形成的,历来被用来制作花朵。开始绣时,先在下针编织织物的反面固定绣线,从花朵的中心出针。从起点再次入针,距离入针处一小段距离处出针,如图所示。用1针短针固定线圈。同样方法绣完全部花瓣,每个花瓣都从花中心开始。

条形锁链绣

　　用纵向的锁链绣能将编织的条形变成辫子形或者方形。一开始就从锁链绣的起点出针。从出针的地方入针,针尖向下经过一小段距离,把线圈压在针下,将针拉出。下1针时,把针插回到刚出针的孔洞中,针尖向下穿过一小段距离出针,如图所示。

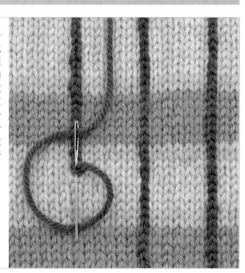

珠编

珠编有几种技术，这里介绍了其中两种最受欢迎和最容易的编织方法——滑针珠编和起伏针珠编。小心选择串珠——玻璃串珠在织物上看起来最漂亮，但是塑料串珠的选择更多，木质串珠也是很好的选择。检查你所选择的串珠，确保串珠上的孔足以穿过毛线。

把串珠穿到毛线上

　　在开始把串珠穿到毛线上之前，先确认是否选对了串珠，即考虑它们的大小和重量。如果你的织物要全部使用串珠，太大太重的串珠就不合适，因为会令织物下坠。在织物上增加小而轻的串珠能形成特别的装饰，尤其是用在优雅的披肩、围巾或者晚礼服上。

　　在开始编织之前穿珠。你的织物编织说明会告诉你，每团毛线需要多少串珠。如果串珠具有不同的颜色，要形成特别的彩色图案，说明也会介绍按照什么顺序穿什么颜色的串珠——最后一颗要使用的串珠会第一个被穿上去，第一个要用的串珠则会最后一个被穿上。

　　将一小段缝衣线对折，两末端一起剪断，穿过普通缝衣针的针眼。让毛线一端穿过缝衣线的线圈。把串珠穿到针上，滑过缝衣线到毛线上面。

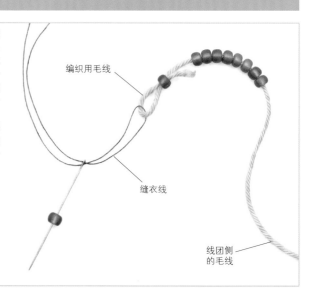

编织用毛线

缝衣线

线团侧
的毛线

滑针珠编

1 通常会有一个图，指明串珠在织物上所在的位置，除非只有几颗串珠要穿上去，这种情况下文字说明会指出串珠的位置。这里所展示的图说明了串珠是怎样交错排列的。串珠处使用滑针能够拉紧织物，改变串珠的编织位置，让它们在织物上均匀分布。

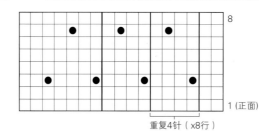

□ = 正面行织下针，反面行织上针

● = 放串珠，滑针

重复4针（x8行）

2 串珠要放在织物的下针行（正面）。编织到放串珠的位置时，把线从两棒针之间拉到织物前面（正面）。滑动一颗串珠到靠近织物的地方，上针方式把左棒针上的针目滑到右棒针上。

滑针（上针）

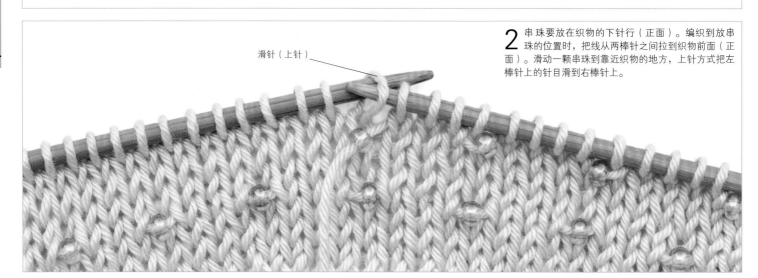

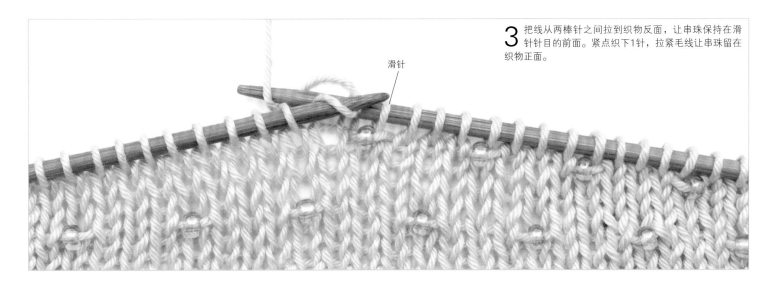

3 把线从两棒针之间拉到织物反面，让串珠保持在滑针针目的前面。紧点织下1针，拉紧毛线让串珠留在织物正面。

滑针

简单的起伏针珠编

1 这种方法可用来在织物边缘形成串珠带，或者间隔织入串珠形成条纹。从正面行开始，织入串珠前至少织3行起伏针。下1行（反面）边端织2针后再加入串珠。然后每织1针把串珠推上来一颗靠近织物。在一行快结束、左棒针上余2针时，增加最后一颗串珠，然后织最后2针。

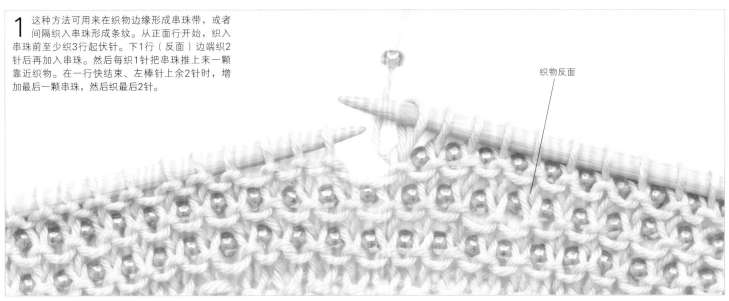

织物反面

2 下1行不织串珠。串珠行和普通行交替就形成了有一定宽度的串珠带。这种技术可以用来编织一个全部被串珠覆盖的小手袋，但如果制作大的衣物就会很重。

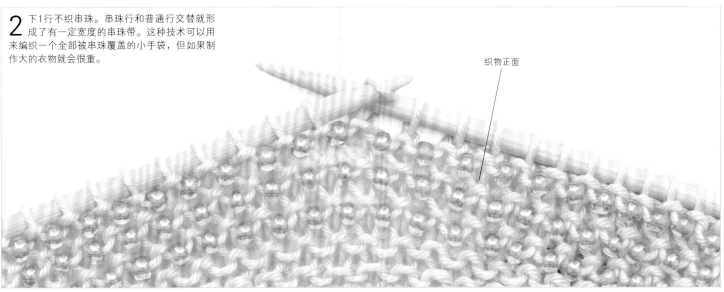

织物正面

简单的饰边

　　这里有几种简单易织的饰边花样，很快就能织好。它们中的大多数都是纵向织成的。纵向饰边很好织，因为你可以一直织，直到够长为止。如果在婴儿毯或者围巾上增加饰边，要在角处织长一点。当饰边达到需要的长度时，不要收针，把针目移到别针上，并把饰边缝到毯子四周。在收针之前，如果需要的话，可以再织几行。多数纵向的饰边都是每行针数有所变化的，因此应经常数数以确保棒针上的针目数量是正确的。

花瓣饰边

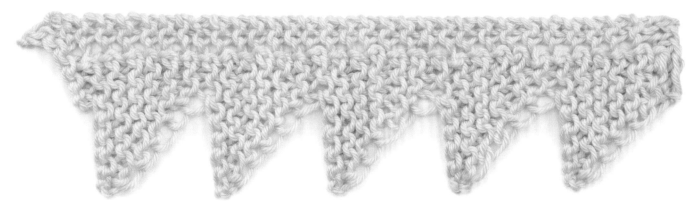

编织说明

起6针。

第1行（正面）：全下针。

第2行：挂针，2针下针，左上2针并1针（下针），挂针，2针下针。共7针。

第3行：全下针。

第4行：挂针，下针织到最后余4针，左上2针并1针（下针），挂针，2针下针。共8针。

第5~10行：第3、4行重复3次。共11针。

第11行：全下针。

第12行：下针的伏针收针松松地收5针，1针下针，左上2针并1针（下针），挂针，2针下针。共6针。

重复第1~12行，直到完成需要的长度，以第12行为最后1行。

下针的伏针收针。

山峰饰边

编织说明

起6针。

第1行和其他所有奇数行（正面）：全下针。

第2行：挂针，2针下针，左上2针并1针（下针），挂针，2针下针。共7针。

第4行：挂针，3针下针，左上2针并1针（下针），挂针，2针下针。共8针。

第6行：挂针，4针下针，左上2针并1针（下针），挂针，2针下针。共9针。

第8行：挂针，5针下针，左上2针并1针（下针），挂针，2针下针。共10针。

第10行：挂针，6针下针，左上2针并1针（下针），挂针，2针下针。共11针。

第12行：挂针，右上3针并1针（下针），左上2针并1针（下针），挂针，2针下针。共10针。

第14行：挂针，右上3针并1针（下针），3针下针，左上2针并1针（下针）。共9针。

第16行：挂针，右上3针并1针（下针），2针下针，左上

2针并1针（下针），挂针，2针下针。共8针。

第18行：挂针，右上3针并1针（下针），1针下针，左上2针并1针（下针），挂针，2针下针。共7针。

第20行：挂针，右上3针并1针（下针），左上2针并1针（下针），挂针，2针下针。共6针。

重复第1~20行，直到完成需要的长度，以第20行为最后1行。

下针的伏针收针。

教母饰边

编织说明

注意：偶数行的第1针织滑针（上针），然后把毛线从两棒针之间拉到织物的后面，准备下针织下1针。

起15针。

第1行（正面）：全下针。

第2行：1针滑针，2针下针，[挂针，左上2针并1针（下针）]重复5次，挂针，2针下针。共16针。

第3、5、7、9行（正面）：全下针。

第4行：1针滑针，5针下针，[挂针，左上2针并1针（下针）]重复4次，挂针，2针下针。共17针。

第6行：1针滑针，8针下针，[挂针，左上2针并1针（下针）]重复3次，挂针，2针下针。共18针。

第8行：1针滑针，11针下针，[挂针，左上2针并1针（下针）]重复2次，挂针，2针下针。共19针。

第10行：1针滑针，18针下针。

第11行：下针的伏针收针收4针，下针织到最后。共15针。

重复第2~11行，直到达到需要的长度，以第11行为最后1行。

下针的伏针收针。

流苏饰边

编织说明

注意：用2条毛线一起紧紧地编织。在第1行的末尾增加或者减少编织的针目数量，并在第2行的开始调整相应的上针数，来改变流苏饰边的长度。

起12针。

第1行（正面）：2针下针，挂针，左上2针并1针（上针），8针下针。

第2行：7针上针，2针下针，挂针，左上2针并1针（上针），1针下针。

重复第1行和第2行，直到完成需要的长度，以第2行作为结束行。

收针（正面）：下针的伏针收针收5针，剪断毛线，从右棒针的线圈里拉过去作为结束。然后把左棒针上的剩余6针脱下，把它们拆开形成流苏。把拆开的毛线捋顺，如果需要的话，用蒸汽把毛线烫直。然后剪开流苏末端的线圈。4条线一组，靠近织物边缘打结系在一起。略微修剪流苏末端，需要的话剪平。

狗牙褶皱饰边

编织说明

注意：这种饰边横向编织。起针数为奇数。

第1行（正面）：全下针。

第2行：全下针。

第3行：*左上2针并1针（下针），挂针；从*重复到最后余1针，1针下针。

第4~6行：全下针。

第7行：1针下针，*下1针织[1针下针，1针上针，1针下针，下1针织[1针下针，1针上针]；从*重复。

第8行：全上针。

第9行：全下针。

第10~13行：重复第8、9行2次。

第14行（反面）：全上针。

第15、16行：全下针。

按照下面说明沿着收针行织狗牙针。

狗牙针收针：*在左棒针上用下针起针法起2针。下针的伏针收针收5针。把针目从右棒针移到左棒针上；从*重复，最后按照要求把剩余针目收针。

洗礼仪式饰边

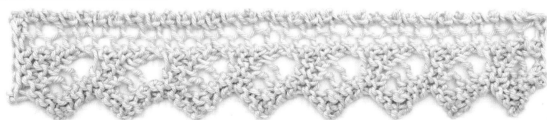

编织说明

起7针。

第1行（正面）：2针下针，挂针，左上2针并1针（下针），2针挂针，左上2针并1针（下针）。共8针。

第2行：3针下针，1针上针，2针下针，挂针，左上2针并1针（下针）。

第3行：2针下针，挂针，左上2针并1针（下针），1针下针，2针挂针，左上2针并1针（下针），1针下针。共9针。

第4行：3针下针，1针上针，3针下针，挂针，左上2针并1针（下针）。

第5行：2针下针，挂针，左上2针并1针（下针），2针下针，2针挂针，左上2针并1针（下针），1针下针。共10针。

第6行：3针下针，1针上针，4针下针，挂针，左上2针并1针（下针）。

第7行：2针下针，挂针，左上2针并1针（下针），6针下针。

第8行：下针的伏针收针收3针，4针下针，挂针，左上2针并1针（下针）。共7针。

重复第1~8行，直到完成需要的长度，以第8行作为最后1行。

下针的伏针收针。

环形编织 CIRCULAR KNITTING

　　环形编织就是用环形棒针或者一套四根或五根棒针编织。编织者总是面对织物正面，从中心开始，一圈圈地织出圆筒或者扁平的形状（例如奖章形）。初学者用环形棒针编织比较容易，如果要用双头棒针编织最好等到有一定经验以后。

编织筒状

　　对有些不喜欢缝合接缝的人来说，直接织出无缝的筒状无疑是优先之选。大的环形棒针可以织大的圆筒，例如上衣袖窿以下的身体部分、靠垫套或者手提袋；短的环形棒针可以用来织无缝的领子、袖子和帽子。有些物品，例如露指手套和袜子使用环形棒针太大了，最好还是用双头棒针。

用环形棒针编织

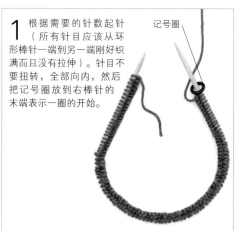

1 根据需要的针数起针（所有针目应该从环形棒针一端到另一端刚好织满而且没有拉伸）。针目不要扭转，全部向内，然后把记号圈放到右棒针的末端表示一圈的开始。

记号圈

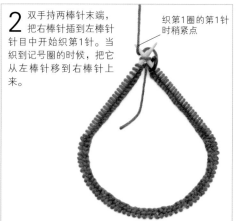

2 双手持两棒针末端，把右棒针插到左棒针针目中开始织第1针。当织到记号圈的时候，把它从左棒针移到右棒针上来。

织第1圈的第1针时稍紧点

3 如果你用环形棒针织下针编织的筒状织物，织物正面总是对着你，每一圈都织下针。

用四根双头棒针编织

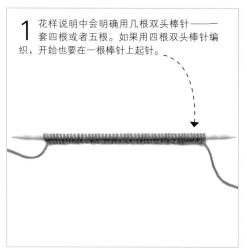

1 花样说明中会明确用几根双头棒针——一套四根或者五根。如果用四根双头棒针编织，开始也要在一根棒针上起针。

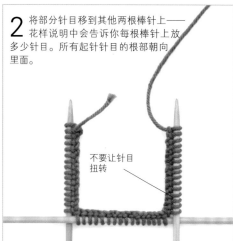

2 将部分针目移到其他两根棒针上——花样说明中会告诉你每根棒针上放多少针目。所有起针针目的根部朝向里面。

不要让针目扭转

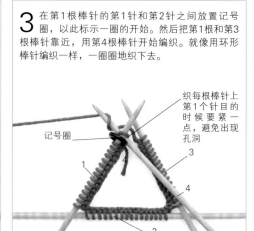

3 在第1根棒针的第1针和第2针之间放置记号圈，以此标示一圈的开始。然后把第1根和第3根棒针靠近，用第4根棒针开始编织。就像用环形棒针编织一样，一圈圈地织下去。

织每根棒针上第1个针目的时候要紧一点，避免出现孔洞

记号圈

用五根双头棒针编织

1 起针，跟用四根棒针织的方法一样，只是将针目分配到四根棒针上面，同样放置记号圈。

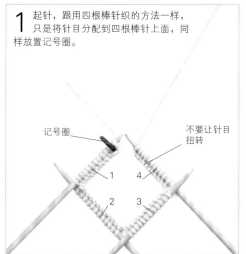

记号圈
不要让针目扭转
1 4
2 3

2 用第5根棒针编织。第1针织紧点，避免起针的第1和最后1针之间出现宽缝。

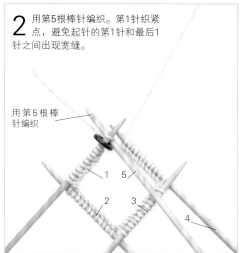

用第5根棒针编织
1 5
2 3
4

3 当第1根棒针上的所有针目都织到第5根棒针上以后，用空下来的这根棒针继续织第2根棒针上的针目。就这样一圈圈地织下去，每次织到记号圈的时候，都把它从左棒针移到右棒针上。

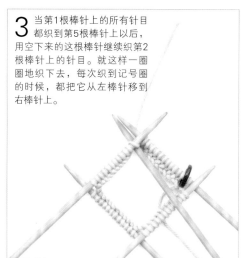

编织奖章形

奖章形是从中心向外编织而成的扁片，通常用四根或者五根棒针编织。下面展示的是正方形，但同样适用于编织圆形、六边形、八边形等（见86、87页）。

简单的正方形

1 在一根棒针上起8针，然后平均分到四根棒针上，每根上面2针。用第5根棒针编织。四根棒针上每个针目都从后侧线圈织下针（见42页）。

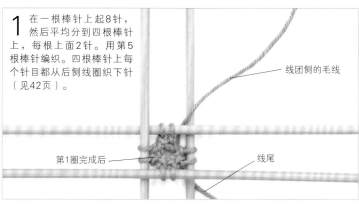

线团侧的毛线
第1圈完成后
线尾

2 织第2圈，每一针目都从前、后侧线圈分别织下针（见44页）。现在四根棒针上共有16针——每根棒针上面有4针。

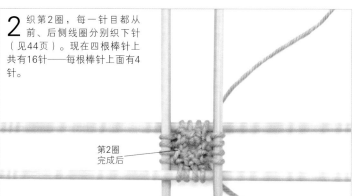

第2圈完成后

3 第3圈每针都织下针。第4圈，每根棒针上的第1针和最后1针都从前、后侧线圈分别织下针。第5~8圈，重复第3、4圈2次。

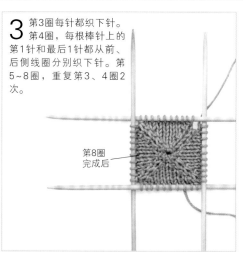

第8圈完成后

4 继续按照这种方法织，每隔一圈加8针，直到达到自己需要的尺寸。

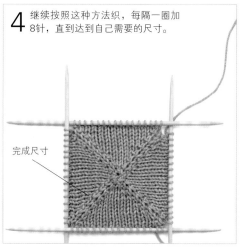

完成尺寸

5 正常方式收针，留长线尾。把线尾穿入毛线缝针，从第1针收针的头部下面穿过，再穿回到收针针目的中心。在织物的反面藏线尾，必要时用线尾把织物中心拉紧来掩饰小洞。

简单的奖章形

这些简单的奖章形可以像阿富汗方块（见160页）那样，织到一起形成一件大的织物，例如围巾、手提袋、靠垫套等，也可以织成简单的一件大尺寸作品成为靠垫套或者桌布。方形和圆形还能成为收纳筐（见97页）的底。将不同形状的织片组合成创意围巾的方法可参考拼布、贴布和绗缝部分（见289~379页）。例如，织出不同颜色、不同风格的奖章形织片，然后通过各种设计将其拼成简单的图案。

简单的圆形

编织说明

在一根棒针上起8针，平均分到四根双头棒针上，每根棒针上面2针。然后用第5根棒针按照下面步骤编织。

第1圈： 四根棒针上每一针目均从后侧线圈织1针下针。

第2圈： 四根棒针上每一针目均从前、后侧线圈分别织下针。共16针。

第3~5圈： 全下针。

第6圈： 四根棒针上每一针目均从前、后侧线圈分别织下针。共32针。

第7~11圈： 全下针。

第12圈： 重复第6圈。共64针。

第13~19圈： 全下针。

第20圈： 四根棒针上每隔1针均从前、后侧线圈分别织下针。共96针。

第21~25圈： 全下针。

第26圈： 四根棒针上每隔2针均从前、后侧线圈分别织下针。共128针。

第27~31圈： 全下针。

第32圈： 四根棒针上每隔3针均从前、后侧线圈分别织下针。共160针。

按这种方法继续织，每6圈加32针，每次织到加针圈的时候，要每隔4针、每隔5针、每隔6针这样逐渐增加相隔的针数，一直到完成所需要的圆形尺寸。

下针的伏针收针。

简单的正方形

编织说明

在一根棒针上起8针，平均分到四根双头棒针上，每根棒针上面2针。然后用第5根棒针按照下面步骤编织。

第1圈： 四根棒针上每一针目均从后侧线圈织1针下针。

第2圈： 四根棒针上每一针目均从前、后侧线圈分别织下针。共16针。

第3圈： 全下针。

第4圈： 四根棒针上均织下针，每根棒针上的第1针和最后1针都从前、后侧线圈分别织下针。共24针。

重复第3、4圈（每隔1圈增加8针），直到获得合乎尺寸要求的正方形。

下针的伏针收针。

有漩涡的正方形

编织说明

在一根棒针上起8针，平均分到四根双头棒针上，每根棒针上面2针。然后用第5根棒针按照下面步骤编织。

第1圈： 四根棒针上每一针目均从后侧线圈织1针下针。

第2圈： 四根棒针上均织下针，每根棒针上的第1针之前织1针挂针。共12针。

重复第2圈（每1圈增加4针），直到获得合乎尺寸要求的正方形。

下针的伏针收针。

特殊说明

● 所有这些奖章形都是用一套四根或者五根棒针（见22、23页）编织而成的。

● 你可以用两种或者多种颜色毛线编织条纹状的简单的圆形、方形或者八边形。也可以根据需要用窄条纹或者宽条纹随意编织，也可以按一定规律重复花样。

● 编织奖章形时可以使用计行器，随时了解自己织到花样的哪个部分，或者在一张纸上写下每行结束时的针目数量，不要在织到一行中间时停下。

镂空递进的正方形

编织说明

在一根棒针上起8针，平均分到四根双头棒针上，每根棒针上面2针。然后用第5根棒针按照下面步骤编织。

第1圈： 四根棒针上每一针目均从后侧线圈织1针下针。

第2圈： 四根棒针上均织挂针，1针下针，挂针，1针下针。共16针。

第3圈： 全下针。

第4圈： 四根棒针上均织挂针，2针下针，挂针，2针下针。共24针。

第5圈： 全下针。

第6圈： 四根棒针上均织挂针，下针织到最后余1针，挂针，1针下针。共32针。

重复第5、6圈（每隔1圈增加8针），直到获得合乎尺寸要求的正方形。

下针的伏针收针。

六边形

编织说明

在一根棒针上起12针，平均分到三根双头棒针上，每根棒针上面4针。然后用第4根棒针按照下面步骤编织。

第1圈： 三根棒针上每一针目均从后侧线圈织1针下针。

第2圈： 三根棒针上均织挂针，2针下针，挂针，2针下针。共18针。

第3圈： 全下针。

第4圈： 三根棒针上均织挂针，3针下针，挂针，3针下针。共24针。

第5圈： 全下针。

第6圈： 三根棒针上均织挂针，该棒针上一半的针目织下针，挂针，下针织到最后。共30针。

重复第5、6圈（每隔1圈增加6针），直到获得合乎尺寸要求的六边形。

下针的伏针收针。

简单的八边形

编织说明

在一根棒针上起8针，平均分到四根双头棒针上，每根棒针上面2针。然后用第5根棒针按照下面步骤编织。

第1圈： 四根棒针上每一针目均从后侧线圈织1针下针。

第2圈： 四根棒针上每一针目均从前、后侧线圈分别织下针。共16针。

第3圈和其他所有奇数圈： 全下针。

第4圈： 四根棒针上均织1针下针，从前、后侧线圈分别织下针，1针下针，从前、后侧线圈分别织下针。共24针。

第6圈： 四根棒针上均织2针下针，从前、后侧线圈分别织下针，2针下针，从前、后侧线圈分别织下针。共32针。

第8圈： 四根棒针上均织3针下针，从前、后侧线圈分别织下针，3针下针，从前、后侧线圈分别织下针。共40针。

第10圈： 四根棒针上均织4针下针，从前、后侧线圈分别织下针，4针下针，从前、后侧线圈分别织下针。共48针。

第12圈： 四根棒针上均织5针下针，从前、后侧线圈分别织下针，5针下针，从前、后侧线圈分别织下针。共56针。

继续这样织（每隔1圈增加8针），直到获得合乎尺寸要求的八边形。

下针的伏针收针。

编织玩具 KNITTED TOYS

编织玩具总是让人心情愉快。如果你从来不曾编织过玩具，就试试这个超级简单的条纹猴子吧！编织玩具的过程可以参照步骤说明，很多关于完成编织玩具所需要的填充、组合以及怎样缝出面部特征的建议也包含在内。玩具编织说明见394页。

制作玩具

用一对棒针即可，不需要环形编织。玩具猴子很简单，即便对新手而言也是这样。编织说明为了容易理解而经过特别设计。请按照步骤编织每片织片，学习制作玩具的技巧。

选择材料

毛线
你需要六种颜色的少量细线或者中粗线（见21页），如下图所示。

棒针
一对比毛线说明上推荐使用的棒针小一号或者两号的棒针。

其他
黑色6股棉质绣线，用于制作眉毛、鼻子和嘴巴。
两颗黑色纽扣（直径10mm）（或是专用于玩具的黑色安全扣）用来制作眼睛，还有结实的纽扣线。
玩具填充棉。

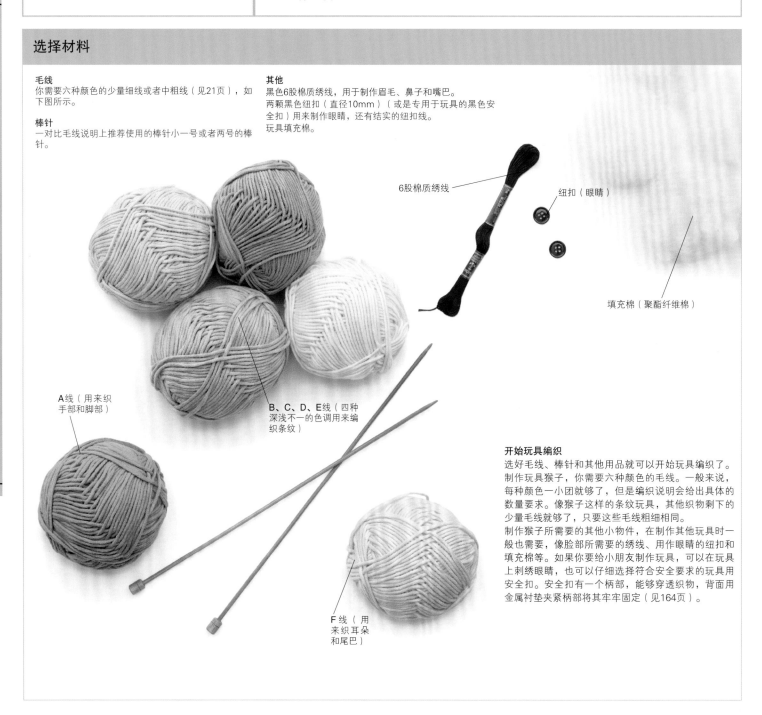

6股棉质绣线

纽扣（眼睛）

填充棉（聚酯纤维棉）

A线（用来织手部和脚部）

B、C、D、E线（四种深浅不一的色调用来编织条纹）

F线（用来织耳朵和尾巴）

开始玩具编织
选好毛线、棒针和其他用品就可以开始玩具编织了。制作玩具猴子，你需要六种颜色的毛线。一般来说，每种颜色一小团就够了，但是编织说明会给出具体的数量要求。像猴子这样的条纹玩具，其他织物剩下的少量毛线就够了，只要这些毛线粗细相同。
制作猴子所需要的其他小物件，在制作其他玩具时一般也需要，像脸部所需的绣线、用作眼睛的纽扣和填充棉等。如果你要给小朋友制作玩具，可以在玩具上刺绣眼睛，也可以仔细选择符合安全要求的玩具用安全扣。安全扣有一个柄部，能够穿透织物，背面用金属衬垫夹紧柄部将其牢牢固定（见164页）。

编织身体和头部

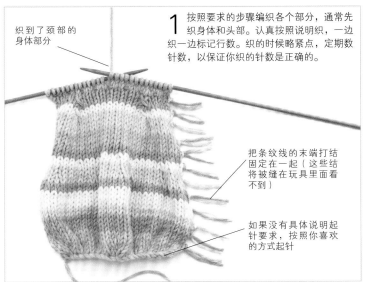

织到了颈部的身体部分

1 按照要求的步骤编织各个部分，通常先织身体和头部。认真按照说明织，一边织一边标记行数。织的时候略紧点，定期数针数，以保证你织的针数是正确的。

把条纹线的末端打结固定在一起（这些结将被缝在玩具里面看不到）

如果没有具体说明起针要求，按照你喜欢的方式起针

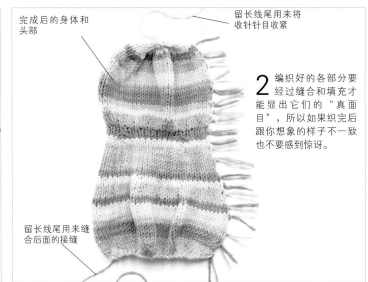

完成后的身体和头部

留长线尾用来将收针针目收紧

2 编织好的各部分要经过缝合和填充才能显出它们的"真面目"，所以如果织完后跟你想象的样子不一致也不要感到惊讶。

留长线尾用来缝合后面的接缝

编织腿部和胳膊

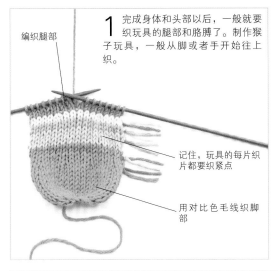

编织腿部

1 完成身体和头部以后，一般就要织玩具的腿部和胳膊了。制作猴子玩具，一般从脚或者手开始往上织。

记住，玩具的每片织片都要织紧点

用对比色毛线织脚部

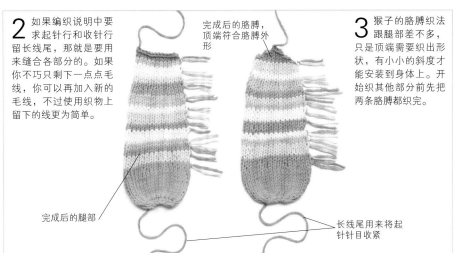

2 如果编织说明中要求起针行和收针行留长线尾，那就是要用来缝合各部分的。如果你不巧只剩下一点点毛线，你可以再加入新的毛线，不过使用织物上留下的线更为简单。

完成后的腿部

完成后的胳膊，顶端符合胳膊外形

3 猴子的胳膊织法跟腿部差不多，只是顶端需要织出形状，有小小的斜度才能安装到身体上。开始织其他部分前先把两条胳膊都织完。

长线尾用来将起针针目收紧

编织身体的其他部分

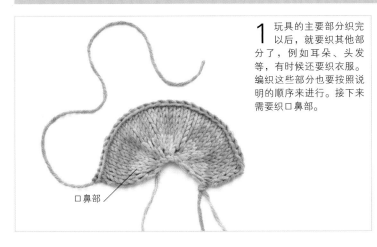

1 玩具的主要部分织完以后，就要织其他部分了，例如耳朵、头发等，有时候还要织衣服。编织这些部分也要按照说明的顺序来进行。接下来需要织口鼻部。

口鼻部

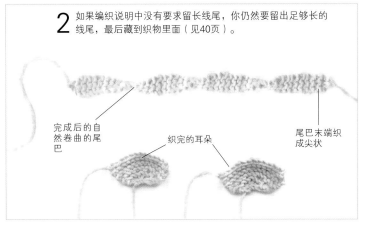

2 如果编织说明中没有要求留长线尾，你仍然要留出足够长的线尾，最后藏到织物里面（见40页）。

完成后的自然卷曲的尾巴

织完的耳朵

尾巴末端织成尖状

完成玩具

最终成功地把各部分组合起来才是编织玩具中最困难的一步，需要花心思仔细缝合。有些地方缝得不满意，你可以拆开重做，这点不用担心。编织猴子的经验也同样适用于其他玩具中。

填充和缝合主要部分

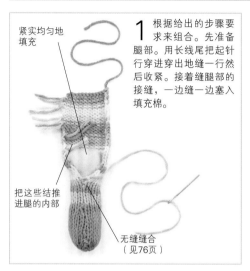

1 根据给出的步骤要求来组合。先准备腿部。用长线尾把起针行穿进穿出地缝一行然后收紧。接着缝腿部的接缝，一边缝一边塞入填充棉。

紧实均匀地填充

把这些结推进腿的内部

无缝缝合（见76页）

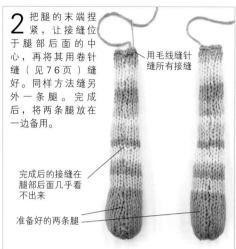

2 把腿的末端捏紧，让接缝位于腿部后面的中心，再将其用卷针缝（见76页）缝好。同样方法缝另外一条腿。完成后，将两条腿放在一边备用。

用毛线缝针缝所有接缝

完成后的接缝在腿部后面几乎看不出来

准备好的两条腿

3 准备缝身体部分的接缝之前，最好先把纽扣（眼睛）缝好（或者粘好玩具用安全扣）。两只眼睛的位置大约距头部中心3针或4针远，距离头顶11行。用结实的纽扣线和普通的缝衣针固定。

眼睛

结实的纽扣线

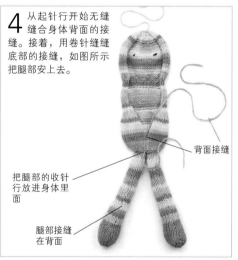

4 从起针行开始无缝缝合身体背面的接缝。接着，用卷针缝缝底部的接缝，如图所示把腿部安上去。

把腿部的收针行放进身体里面

背面接缝

腿部接缝在背面

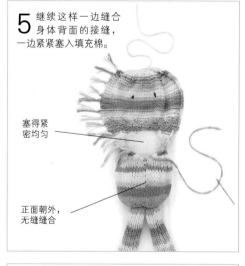

5 继续这样一边缝合身体背面的接缝，一边紧紧塞入填充棉。

塞得紧密均匀

正面朝外，无缝缝合

6 把接缝一直缝到头部后面，在完成接缝之前，一定要确认头部的棉花塞得紧密均匀。最后缝两三针短短的针把末端固定。

一直到头部顶端，填充棉都应该紧密均匀

头部的背面

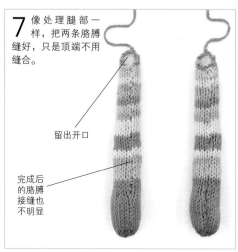

7 像处理腿部一样，把两条胳膊缝好，只是顶端不用缝合。

留出开口

完成后的胳膊接缝也不明显

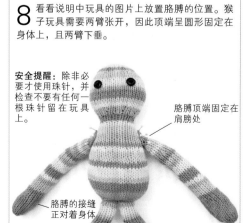

8 看看说明中玩具的图片上放置胳膊的位置。猴子玩具需要两臂张开，因此顶端呈圆形固定在身体上，且两臂下垂。

安全提醒： 除非必要才使用珠针，并检查不要有任何一根珠针留在玩具上。

胳膊顶端固定在肩膀处

胳膊的接缝正对着身体

9 往身体上缝胳膊时，要把胳膊的边缘折向里侧。一边缝，一边取下珠针。

加上身体的小部件和面部表情特征

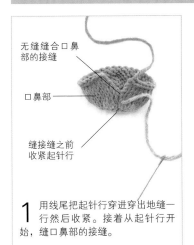

无缝缝合口鼻部的接缝
口鼻部
缝接缝之前收紧起针行

1 用线尾把起针行穿进穿出地缝一行然后收紧。接着从起针行开始，缝口鼻部的接缝。

紧密且均匀地塞满填充棉

2 接缝处的毛线剪短至5cm左右，塞入口鼻部的内部，然后塞满填充棉。

3 用珠针把口鼻部固定到脸部，位于眼睛的下面，在脸部大约占10针宽、12行高的面积，呈椭圆形。用细密的卷针缝将口鼻部固定。

口鼻部接缝位于底部正中的位置

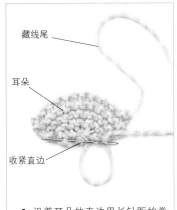

藏线尾
耳朵
收紧直边

4 沿着耳朵的直边用长针距的卷针缝缝一行，收紧后使耳朵形成勺状。

5 用收紧耳朵的那条线，把耳朵固定到头部侧边。要根据编织说明中玩具图片的要求来固定耳朵。

拉紧针迹就看不到了

6 把尾巴缝到身体臀下正中位置，藏起尾巴收针行的线尾。

用长线尾缝合固定玩具的小部件

向下斜的眉毛让猴子看起来更加天真无邪、自然

7 用毛线缝针和6股绣线缝面部表情特征。沿着口鼻部的中心用回针缝缝出嘴巴。缝脸部特征要仔细，必要时拆开重新缝。

缝脸部特征用的线要够粗，才能让针迹显现出来

8 缝鼻孔的时候，在同一处缝2针，让第2针重叠到第1针的上面。如图所示，两鼻孔下面靠近一点。

9 缝两条眉毛时，在同一处缝2针，让第2针重叠到第1针的上面。两条眉毛略斜一点，让猴子看起来更有特色。如果还想让你的玩具更具个性，可以改变眼睛的位置和大小，还有嘴巴和眉毛的形状，甚至改变耳朵的位置也能让你的玩具与众不同。

缩绒编织 FELTED KNITTING

缩绒后编织物会收紧，不可能控制准确的缩小率。幸运的是，你要缩绒的编织物有很多都不需要准确的尺寸，无论是靠垫套，还是简单的手提袋。缩绒后裁剪的图案还可以用来制作胸针或者其他编织物的装饰品。

缩绒基础

如果你是初学者，在没有掌握制作小件缩绒作品之前，先不要尝试对衣服进行缩绒。开始编织一件作品前，要把下面所有关于缩绒的内容都通读一遍，找找对自己有益的建议。

选择毛线

100%羊毛的超细线能形成厚度均匀的缩绒织物

羊绒与马海毛混纺的中粗线因为有马海毛的成分很容易缩绒

100%羊毛的粗线和超粗线缩绒后的织物很厚

　　用于缩绒最好的线就是100%羊毛线和其他动物毛线，纺线的时候这类毛线不那么紧。一般来说，毛线的纤维越长，缩绒就越容易。避免使用标示有"可机洗"的毛线。

准备缩绒试验的样品

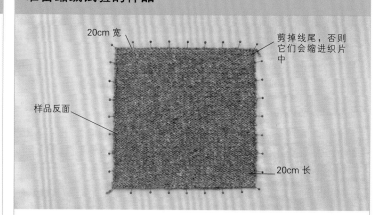

20cm 宽

剪掉线尾，否则它们会缩进织片中

样品反面

20cm 长

　　通过检验毛线样品，你就知道缩绒后成品有多大了。但是要记住，缩绒的结果并非一成不变——洗衣机的搅动、水温、洗涤剂类型、毛线纤维成分、纺织方式以及颜色，都会影响缩绒效果。

　　编织至少20cm×20cm的下针编织样品，太小的样品无法获得比较准确的缩小率，因为它会比正常织物缩得更多。小心定型样品。如果没有定型，由于织物的卷边，边缘会缩得很厚。

手工缩绒

　　在整体放到洗衣机里缩绒之前，通过预先手洗来检测毛线是很有用的办法。首先，手工检验毛线，看是否容易缩绒。将90cm长的毛线缠成一团。喷一点洗涤剂在上面。然后把毛线放在手掌上，在上面倒点热水，双手揉捏挤压毛线大约2分钟。重复淋热水。如果毛线收缩得很难拉开，那种毛线就是缩绒织物的很好备选。如果根本不能缩在一起，就不适合缩绒。

　　接着，编织10cm×10cm的样品，然后定型。把样品浸入热的肥皂水里，轻轻地揉捏挤压，不断搅动并continued加热水，持续30分钟。漂洗后把水挤出（不要扭绞）。然后把样品放到毛巾上，卷起来，挤出剩余水分。把样品正面向上，拉成长方形固定，经过一夜自然晾干。如果毛线成功地缩绒，你可以用更大的样品和洗衣机来检查缩绒情况。

洗衣机缩绒

　　如上文一样准备样品，将样品放入洗衣机里，再放一条大浴巾进去。（大浴巾能增强搅动，促进缩绒过程，任何缩绒都应该放进去一条浴巾）比正常满量衣服洗涤所需要的洗涤剂减少一半。含有马海毛的毛线，水温大约在40℃；100%羊毛线，水温大约在60℃。用最长清洗时间和最大轮速洗样品。如果你的洗衣机是开盖式的，可以中途检查缩绒情况。

　　晾前往不同的方向轻轻拉织物，然后正面向上放在熨衣板上，拉成长方形固定。放在那里自然晾干——只有完全干燥才能完成收缩。如果需要，用新的样品多做几次检测。改变不同的温度和洗涤时，对你的检测结果做出记录，列出密度、针的型号、洗涤剂的类型和数量。

缩绒提示

● 如果第一次尝试缩绒，不妨用不同粗细的毛线多做几个样品用相同的洗衣模式进行检测。用这种方法你能体会到缩绒织物的不同厚度。

● 同一块织物上使用了对比强烈的颜色，而进行缩绒时，或是把颜色对比强烈的织物放在一起缩绒时，要在洗衣机里放入拾色剂，它能吸收脱下来的颜色，防止互相染色。

● 缩绒时，因为高温和洗涤剂的关系，羊毛线会轻微地掉色，但是这恰好给缩绒织物带来了独特的魅力。

● 缩绒后要用潮湿的抹布清洁洗衣机，去除细碎的毛线纤维。

缩绒前和缩绒后

缩绒后织物的外观发生了改变，一般来说，纵向的软化和收缩程度比横向更大。编织条纹或者刺绣图案在缩绒后都取得了整体的装饰效果。

100%羊毛线： 样品的毛线是细线，绞线很松。经过60℃洗涤缩绒。

长度=20cm　宽度=20cm　宽度=18cm　长度=15cm

缩绒前的样品　　缩绒后的同一样品

马海毛混纺线的条纹织物： 条纹图案的样品用中粗马海毛混纺线，含70%羊毛，26%幼马海毛，4%尼龙。在40℃的水温下缩绒。在缩绒过程中条纹略微混在一起。当编织条纹图案用于缩绒处理时，每次都要把旧线剪断再加入新线。然后线尾打结，放在织物的边缘。靠近织物修剪线尾，这样线尾不会缩进织物里面。

长度=20cm　宽度=20cm　宽度=16.5cm　长度=15cm

缩绒前的样品　　缩绒后的同一样品

有刺绣图案的织物： 样品用与上面条纹样品一样的中粗马海毛混纺线编织而成，缩绒环境也相同。缩绒前，我们能看到刺绣使用了与底色色调一致的毛线，用的是回针绣。缩绒后，刺绣图案看起来更漂亮。（注意，回针绣会令样品在横向上比一般情况收缩得更厉害。）该技术可用来将刺绣图案变成你想要的风格。为什么不试试回针绣的心形、平针绣的漩涡形，或是锁链绣的环形呢？

长度=20cm　宽度=20cm　宽度=14.5cm　长度=15cm

缩绒前的样品　　缩绒后的同一样品

棒针编织

缩绒装饰

缩绒织物是很多手工刺绣的基础，因为缩绒织物结实厚密。第一件完美的缩绒作品应该选择单色的缩绒靠垫套，你可以在上面用细小的针迹刺绣，还可以用缩绒的撞色编织图案作为贴布。裁剪好的图案也可以用来做编织帽子的理想装饰，或者用来制作独具魅力的胸针。

在缩绒织物上刺绣

简单的星星针很容易刺绣，在缩绒织物上醒目而美丽。试试在100%细羊毛线编织的下针编织方块上刺绣该针法（或其他针法），按照92页的说明去缩绒。

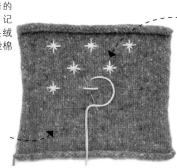

1 绣星星针时，先在需要绣的位置用珠针做记号，然后用尖头绒线绣针和撞色6股棉质绣线绣。

2 绣长十字绣（针迹2cm左右）作为基础，然后在上面绣短十字绣（针迹1.5cm左右）。

3 完成样品为你设计自己的靠垫套提供了很好的开端。

裁剪缩绒织物制作装饰品

要制作一个简单的花朵，需要编织两个20cmx20cm的下针编织方块——一个是条纹图案的，另外一个是单色的——并按照92页的说明去缩绒。用中粗毛线混合一些马海毛线就能构成很好的结实的缩绒贴布材料。

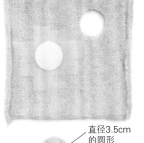

1 制作一片花瓣纸样和一片圆形纸样。在条纹织物的反面用胶带贴上花瓣纸样，圆形纸样用胶带贴到单色织物上。

4.5cm高的花瓣

直径3.5cm的圆形

2 用非常尖利的剪刀把图形剪下来，剪的时候要连着胶带一块剪。用这种方法把所有花瓣和两片圆形都剪好。

4 仍然将花瓣反面向上，把第2片圆形放在花瓣中心，正面向上，与下面的圆形相对。用卷针缝把第2片圆形缝上去。

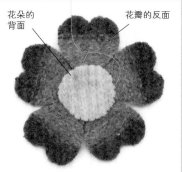
花朵的背面
花瓣的反面

3 将一片圆形反面向上，把花瓣放在上面中心对齐，用珠针固定。用与圆形配色的毛线和尖头缝衣针，把花瓣和下面的圆形用平针缝缝到一起，每一针都要缝到圆形上，但不要穿透圆形。

花瓣的反面

5 把花瓣翻过来，正面向上。用串珠装饰，如图所示，或者用撞色刺绣针迹装饰。

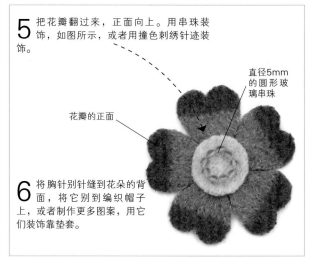
直径5mm的圆形玻璃串珠
花瓣的正面

6 将胸针别针缝到花朵的背面，将它别到编织帽子上，或者制作更多图案，用它们装饰靠垫套。

非常规线 UNUSUAL YARNS

如果你了解到自己的编织居然还有助于环保，一定会觉得更有趣。不再穿的旧毛衣和重复使用的毛线就是回收再利用的最好材料。不过你还可以尝试用其他的非常规线——布条、塑料条、绳索线——进行你的经济型编织。

回收毛线

不会再穿的毛衣就是再利用的最佳选择，手工编织或者机器编织的皆可。毛线粗细没有关系，因为如果线很细你可以用两条或者三条直到足够粗再进行编织。

准备回收毛线

1 小心拆开毛衣的接缝处。某些机器编织的毛衣拆起来很容易，因为拉开后就能看到一连串的缝合线。用锋利的剪刀小心地一针针剪断就行了。

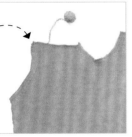

2 拆毛衣时，要从一片的顶部开始，一边拆一边把毛线绕成线团。如果毛线断了，只需要简单地把两段毛线的末端打结连接起来即可。

用杂色回收线编织

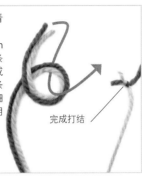

1 为了使旧毛线看起来更有活力，将其剪成30~61cm长，不同颜色的两条毛线的末端打结连成一条，就产生了一条杂色线。毛线的粗细要相近，必要时使用两条细线。

完成打结

2 当你把毛线的末端打结连接到一起以后，需要把这条线缠成线团。

3 用这团毛线做你自己的作品。用起伏针织一条围巾最能展示杂色线的特色。线结也成为独特的装饰，所以要注意让线结分布在织物的正反两面。

布条编织

旧衬衫、棉质衫和拼布剩下的布料都可以成为布条编织的好材料。手工编织质地较厚的布条会比较费力，但质地轻薄的布条在编织过程中容易断裂。

1 要制作出你需要的布条，首先要修剪布块，将四周修成直边。熨平布块后，剪掉粗糙的边缘。如果是一件衣服，要剪掉所有接缝，再把布块熨平整。

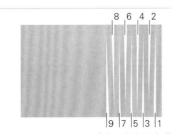

8 6 4 2

9 7 5 3 1

2 把布块剪开或者撕开成为不间断的条状，如图所示，同一侧的两剪痕之间宽度为2.5cm，每次剪到距离布边1.5cm处为止。

3 一边剪连续的布条一边将其绕成线团状，接着剪同颜色的下一条时，把前后两条打结连接起来。让布块的颜色分开，这样你就可以用不同色调的布条进行编织图案的设计了。

棒针编织

开始编织

1 最容易的针法是起伏针。要想编织与拼布用布厚度差不多、2.5cm宽的布条，需要使用10mm（美式15号）的棒针。

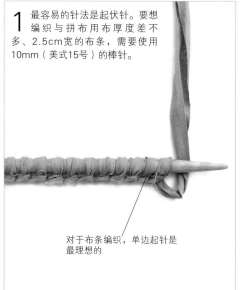

对于布条编织，单边起针是最理想的

2 用不同颜色的布条编织能增加趣味性。换不同颜色的布条时，运用95页的技巧打结。让结尽可能靠近织物的边缘。

线尾修剪为3cm

3 当完成编织后，下针的伏针收针（见38页）。

4 你可以用布条编织一条小毯子，也可以织手提袋。如果要织手提袋，需要编织出一个长方形织片，对折后用缝线缝合。然后再加上提手。

塑料条编织

我们多数人家里都积攒了一些塑料购物袋。将它们剪成条状用于编织，是将它们再利用的绝佳办法。因为塑料条弹性好，比布条更容易编织。

1 选择薄塑料袋，因为它们比厚塑料袋更容易编织，织好后也更有弹性。把塑料袋剪成条状以前，要先将它抚平，然后纵向对折。

折叠线

2 再次抚平塑料袋，第2次纵向对折，然后第3次、第4次对折，如图所示，每次折完都要抚平塑料袋。

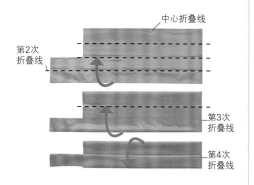

中心折叠线

第2次折叠线

第3次折叠线

第4次折叠线

3 把折叠后的袋子底边和提手部分修剪掉，剪成3cm宽的小段，每段展开后就是一个塑料环。需要的时候再把塑料环打开。

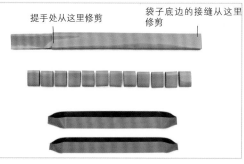

提手处从这里修剪

袋子底边的接缝从这里修剪

4 将塑料环连起来的时候，将一个环横向放在桌子上，另一个环纵向挨着它，然后把第1个环从第2个环的顶部穿出来一段，再将第2个环的尾端从第1个环的中心穿出来。拉紧第2个环的尾端，就与第1个环打成一个结。

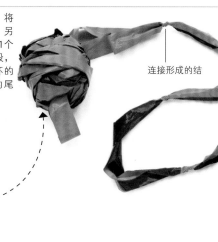

连接形成的结

5 继续用同样的方法把塑料环连到一起，并把连续不断的塑料条缠绕成团。当线团大到不方便使用的时候再另外缠绕一个线团。

开始编织

1 塑料条很容易织成筒状，可用来做各种大小的手提袋。按照96页的说明准备好一些塑料条，在9mm（美式13号）环形棒针上起你需要的针数。每圈都织下针（见84页）。

2 在筒状织物的顶部几圈交替织上、下针，形成起伏针的边缘。（如果想织出提手，需要在前两圈收针和起针，才能在手提袋的两侧形成开口。）毛线缝针穿入塑料条做卷针缝，把底边的接缝缝合。

绳索线编织

如果你家的架子上或者抽屉里还剩有几团绳索线，为什么不用它们织点有用的家居收纳品呢？绳索线相对比较结实，用来制作收纳筐真是再好不过了。

设计收纳筐

选择中等粗细的绳索线。颜色艳丽的绳索线用来缝接缝以形成鲜明的对比。用能够产生非常硬挺的织物的棒针，先织一小块样品测试密度，计算你想要的收纳筐需要起多少针。

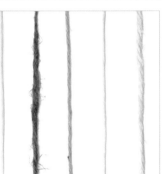

编织收纳筐

1 编织收纳筐的筐身时先织2行起伏针，这样边缘就不会卷起来。然后做下针编织，并在正面用下针的伏针收针。

2 当收纳筐的筐身（四片）全部织完后，用下针编织完成筐底，四边要与筐身的四个织片的边长一致。

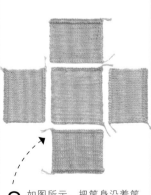

3 如图所示，把筐身沿着筐底四周摆放好。

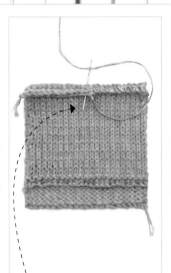

4 用对比色绳索线和毛线缝针缝合接缝。反面相对，将一片筐身缝到筐底上，用卷针缝缝合，保持一定针距。

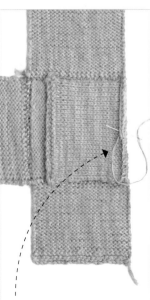

5 同样方法依次将其他三片缝上去。

6 同样方法把筐身缝合。

钩针编织 CROCHET

钩针编织的所有作品——包括毯子、毛衣、披肩、围巾、小物件以及
玩具等，所需要的基本针法和技巧，全部涵盖于本章中。

工具和材料 TOOLS AND MATERIALS

开始钩编之前，先看看可以使用的各种各样的漂亮毛线。钩针编织能创造出令人拍案叫绝的花样，既有适用于外套的厚实花样，也有精致优雅的蕾丝花样。钩针编织只需要很少的工具，因此可称为最经济的手工艺术。

毛线	所有适用于棒针编织的毛线都适用于钩针编织。通常用于钩编出精致花样的毛线需要搭配细些的钩针，这样形成的花样无论略松还是略紧，都能保持不变形。

光滑的毛线

<<不同粗细的羊毛线
极细羊毛线、细羊毛线和中粗羊毛线最适合钩编衣物，更粗的羊毛线适合钩编毯子。（21页有更全面的介绍。）

人造毛线
腈纶等人造毛线或者人造毛线与天然纤维混纺的毛线，是纯羊毛线的极好替代品。所以如果你想买不那么贵的毛线代替羊毛线，就试试人造毛线吧。虽然它们不像羊毛线那么有质感，但是容易打理。

光滑的棉线

细棉线 >>
这种细线更适合钩编衣服和小物件，因为能清晰地展现出花样。

钩针编织用棉线>>
传统的钩针编织都使用棉线，因为适合钩蕾丝花样。现在人们仍然用棉线钩饰边和方网格。（见150~155页和126~129页）。

彩色毛线

袜子线
袜子线是按照一定的距离经过精心染色、专门用来织袜子的线——织袜子的过程中袜子线颜色随着高度的变化会形成花样。袜子线中的细线就可以用于钩针编织，会产生有趣的效果。

<<幻彩线
用不同颜色的细线或者被染成不同颜色的一股线沿中间一股线环形缠绕，就形成了这种效果的幻彩线。钩编中不需要换线或者更换颜色。

花式毛线和新奇毛线

<< 金属线
细细的金属线适用于镂空织物，是钩编围巾和披肩的理想用线。

细马海毛线 >>
这种毛线会产生独特的质感，尤其适合轮廓不清的钩编物。

花式新奇毛线
纹理丰富的毛线，例如毛圈花式线和蓬松的"毛"线很难用钩针编织，因此如果必须用这类线钩编时，一定要使用简单的短针。这样的线能遮住针目，作品看上去满是线的纹理。

非常规线

<< 彩色金属线
细到直径0.3mm的金属线具有足够的弹性，可以用来钩编饰品（见169页）。

绳索线 >>
钩编手提袋或收纳筐等的理想用线，绳索线具有多种天然色彩和不同的粗细型号。

布条 ∧
布条适合用来钩编家居物品或者小物件。

<< 塑料条
非常规线，例如塑料袋剪开、结成的条形带子，也可以钩编作品，但是要用简单的短针（见171页）。

钩针

如果你是新手，要从品质优良的标准金属钩针开始学习。当你掌握了怎样用细羊毛线和4.5mm（美式7号）钩针钩基础针法以后，就可以小试身手，尝试使用其他型号的钩针，找到最适合自己的型号。

标准金属钩针

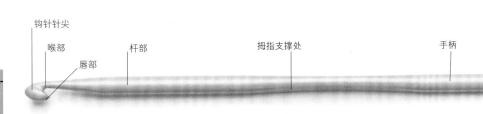

钩针针尖
喉部
唇部
杆部
拇指支撑处
手柄

钩针的构成 ∨
钩针针尖能钩住毛线形成线圈，杆部的粗细决定了针目的大小。钩针的手柄增加重量并便于手持。

不同种类的钩针手柄

舒服的手柄 >>
如果你觉得标准的钩针手柄不舒服，是因为它太窄了，实际上钩针有各种手柄。右图这种钩针有很好的设计，特别舒服，很方便手持。

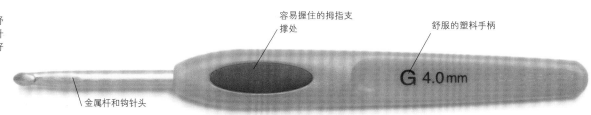

容易握住的拇指支撑处
舒服的塑料手柄
金属杆和钩针头
G 4.0 mm

钩针类型

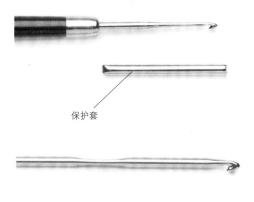

保护套

<< 蕾丝钩针
因为蕾丝钩针太细了，规格在0.6~1.75mm范围内，所以一般用金属制成。钩针不使用时，前部也需要用保护套，避免伤害到人。

超大号钩针 ∧
这类钩针直径为10~20mm，塑料制成。它们被用来快速钩编厚重织物。

<< 金属钩针
很多铝制钩针都色彩鲜艳——不同的颜色代表不同的尺寸，一眼就能分辨出需要的尺寸。

<< 木制和竹制钩针
木制和竹制钩针比金属钩针更漂亮，重量也更轻。钩编过程中钩针拿得更稳，避免手指在钩针上滑动。

<<塑料钩针
塑料钩针制作得不像金属和木制、竹制钩针那么精致，但是胜在颜色丰富，钩起来更令人赏心悦目。

钩针型号

钩针有各种尺寸（按直径算），参见103页的尺寸对照表。以毫米为单位的数字表示钩针杆部的直径，它决定了针目的大小。

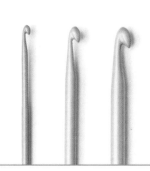

中等粗细的钩针从2mm到9mm不等，也是最常用的，更细和更粗的钩针在钩蕾丝作品和厚织物的时候最受欢迎。不同粗细的线需要配不同尺寸的钩针，参见21页。

钩针尺寸、型号对照表

本表提供了不同制式标准下的钩针尺寸。不能完全精确地相同，只能说非常相近。

欧式尺寸（直径）	美式型号	旧英式型号
0.6mm	14（不锈钢）	
0.75mm	12（不锈钢）	
1mm	11（不锈钢）	
1.25mm	7（不锈钢）	
1.5mm	6（不锈钢）	
1.75mm	5（不锈钢）	
2mm		14
2.25mm	B-1	
2.5mm		12
2.75mm	C-2	
3mm		10
3.25mm	D-3	
3.5mm	E-4	9
3.75mm	F-5	
4mm	G-6	8
4.5mm	7	7
5mm	H-8	6
5.5mm	I-9	5
6mm	J-10	4
6.5mm	K-10$\frac{1}{2}$	3
7mm		2
8mm	L-11	
9mm	M-13	
10mm	N-15	
12mm	P	
15mm	Q（16mm）	
20mm	S（19mm）	

其他工具

你只需要一支钩针和一根毛线缝针就可以开始钩编，不过你的缝纫工具篮里的其他工具也能派上用场。

基本工具

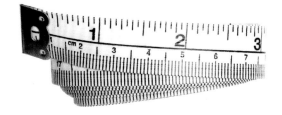

软尺 ⌃
在检查密度和测量织物尺寸时，手边有个软尺会很方便。

珠针 ⌃
有塑料头或者大头的珠针用于缝合接缝或者定型（见146页）。

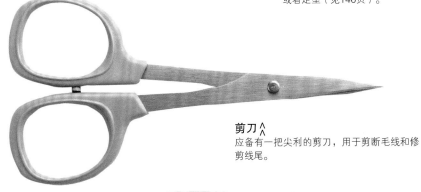

剪刀 ⌃
应备有一把尖利的剪刀，用于剪断毛线和修剪线尾。

毛线缝针 ⌃
这类针用于缝合接缝和藏线尾，注意针眼要足够大，能够穿入毛线。

其他有用的小工具

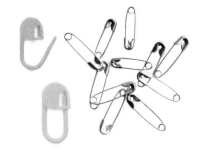

记号圈 ⌃
挂在某一行或者某行中某一针上，用来标记特殊的位置，也可以用来标记正面。

计行器 ⌄
在钩编过程中能有效地跟进钩编的位置。每钩完一行就改变一次计行器上的数字。

缠线板 ⌃
钩编提花（见134页）织物时用缠线板整理一小段毛线很有用。

基础针法 BASIC STITCHES

学习钩针编织比棒针编织需要的时间略长，因为有几种基本的针法需要先掌握。但也没有必要一次全都学会。即使只用锁针和短针，你也可以按照自己的设计，用漂亮的毛线钩出惹人喜爱的条纹毯子和靠垫套。

准备开始

在开始打活结（见105页）之前，应先了解钩针和怎样拿钩针。首先回顾一下102页上对钩针各部分的介绍，然后试试各种钩针以及毛线。学习怎样钩锁针的时候，看看下文关于拿针方法的介绍。如果你小时候就学习过怎样钩编，不管是拿铅笔姿势还是拿餐刀姿势，都可以继续使用。

怎样拿钩针

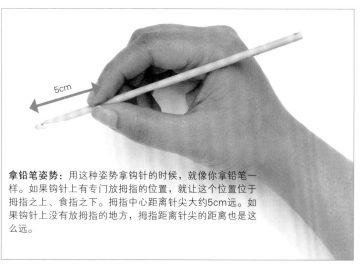

拿铅笔姿势：用这种姿势拿钩针的时候，就像你拿铅笔一样。如果钩针上有专门放拇指的位置，就让这个位置位于拇指之上、食指之下。拇指中心距离针尖大约5cm远。如果钩针上没有放拇指的地方，拇指距离针尖的距离也是这么远。

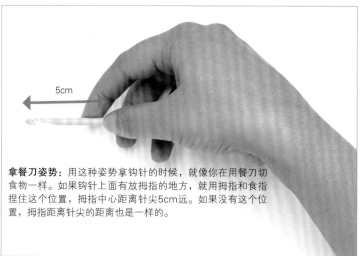

拿餐刀姿势：用这种姿势拿钩针的时候，就像你在用餐刀切食物一样。如果钩针上面有放拇指的地方，就用拇指和食指捏住这个位置，拇指中心距离针尖5cm远。如果没有这个位置，拇指距离针尖的距离也是一样的。

控制毛线

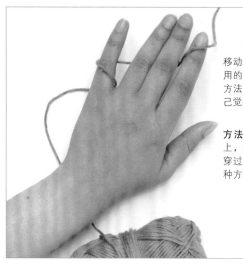

为了控制毛线在钩针上的移动，你需要将毛线缠绕在不用的手指上。这里显示的两种方法只是建议，你可以使用自己觉得舒服的方式。

方法一：先把毛线绕在小指上，然后从中间两个手指下方穿过，从食指上面绕过来。这种方法要用食指控制毛线。

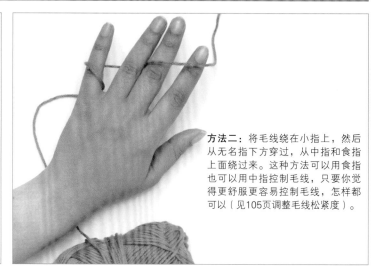

方法二：将毛线绕在小指上，然后从无名指下方穿过，从中指和食指上面绕过来。这种方法可以用食指也可以用中指控制毛线，只要你觉得更舒服更容易控制毛线，怎样都可以（见105页调整毛线松紧度）。

打活结

1 要在钩针上形成第1个线圈（即活结），先把线团侧的毛线绕在线尾上面，形成一个圆环。

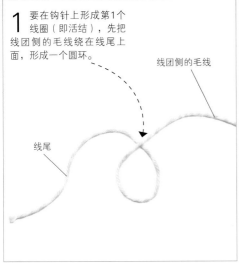

线团侧的毛线

线尾

2 将针尖插入圆环。

3 用针尖钩住线团侧的毛线，并从圆环中拉出来。

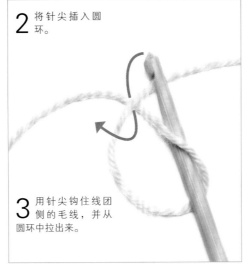

4 这样便在钩针上形成一个线圈，线圈下面是一个松松的开放式的结。

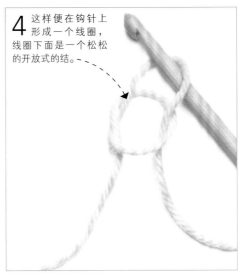

5 拉紧毛线的两端，活结和钩针上的线圈就会收紧。

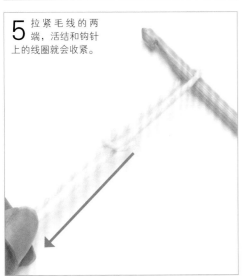

6 完成后的活结要足够紧，线圈才不会从钩针上脱落，但是也不要紧到在钩针上面滑不动。

线圈要足够紧但能滑动

线团侧的毛线

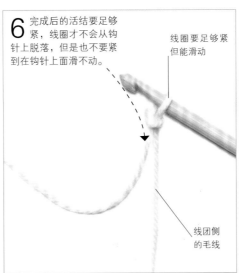

7 活结上的线尾长度至少要有15cm，以备穿入毛线缝针藏线尾用。但是，编织花样说明中可能会要求特别的长度（被称为长线尾），用于缝合或其他。

长线尾

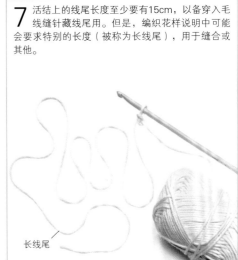

调整毛线松紧度

1 用钩针上的活结练习控制毛线的技术。将毛线绕在小指上，再按要求绕到其他手指上，最后从食指（或者食指和中指）上出来。

线团侧的毛线

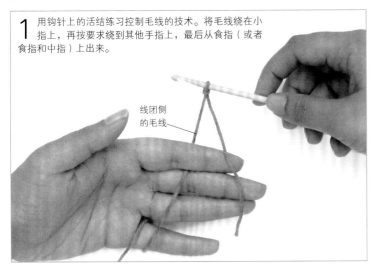

2 开始钩编的时候，用小指和无名指紧紧钩住毛线，钩完针目后再松开。用食指或者中指固定毛线，同时固定住靠近钩针的织物，以便钩针从线圈中拉出。

线团侧的毛线

紧紧固定住靠近钩针的织物

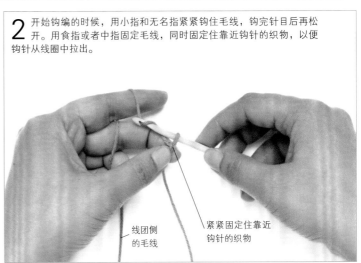

锁针（ch）

锁针是首先要学习的针法，因为它是其他针法以及立针（见114页）的基础，因而又被称作基础锁针。锁针与其他基础针法灵活组合可创造出各种各样变化无穷的钩编花样，既包括密集的，也包括镂空的。应练习锁针的钩编，直到你能自如地拿针和控制线的松紧。

怎样钩锁针

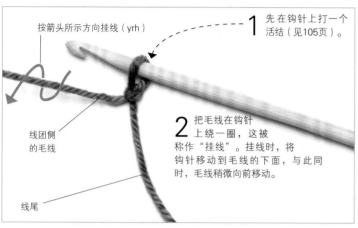

按箭头所示方向挂线（yrh）

线团侧的毛线

线尾

1 先在钩针上打一个活结（见105页）。

2 把毛线在钩针上绕一圈，这被称作"挂线"。挂线时，将钩针移动到毛线的下面，与此同时，毛线稍微向前移动。

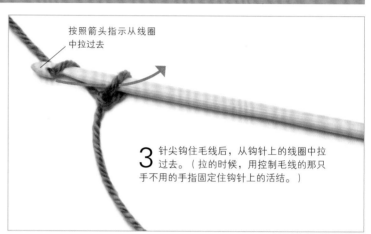

按照箭头指示从线圈中拉过去

3 针尖钩住毛线后，从钩针上的线圈中拉过去。（拉的时候，用控制毛线的那只手不用的手指固定住钩针上的活结。）

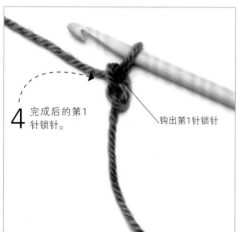

4 完成后的第1针锁针。

钩出第1针锁针

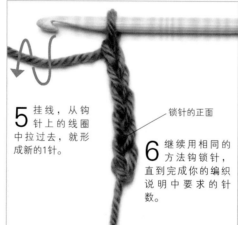

5 挂线，从钩针上的线圈中拉过去，就形成新的1针。

锁针的正面

6 继续用相同的方法钩锁针，直到完成你的编织说明中要求的针数。

锁针的反面

7 锁针的反面如图所示有小小的凸起。

数锁针

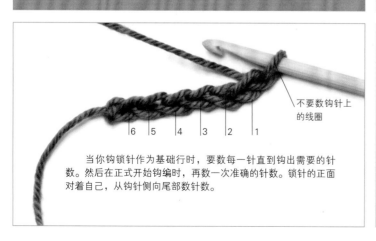

不要数钩针上的线圈

6　5　4　3　2　1

当你钩锁针作为基础行时，要数每一针直到钩出需要的针数。然后在正式开始钩编时，再数一次准确的针数。锁针的正面对着自己，从钩针侧向尾部数针数。

简单的锁针项链

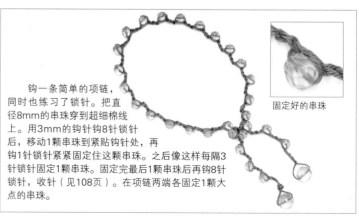

固定好的串珠

钩一条简单的项链，同时也练习了锁针。把直径8mm的串珠穿到超细棉线上。用3mm的钩针钩8针锁针后，移动1颗串珠到紧贴钩针处，再钩1针锁针紧紧固定住这颗串珠。之后像这样每隔3针锁针固定1颗串珠。固定完最后1颗串珠后再钩8针锁针，收针（见108页）。在项链两端各固定1颗大点的串珠。

引拔针 (ss)

引拔针是所有钩编针法中最短的。尽管也能成行地钩，但钩出来的织物会过紧，只适用于钩编袋子的提手。但在钩编物中，引拔针的使用频率很高——接入新毛线（见113页），沿着一行的顶端钩编移动到新的位置（见143页台阶式减针），以及在环形钩编中将首尾连在一起。

怎样钩引拔针

1 钩锁针至需要的长度。开始钩第1针引拔针之前，把钩针插入从钩针侧数起的第2个针目里，钩针挑起锁针的1根线。然后在钩针上挂线。

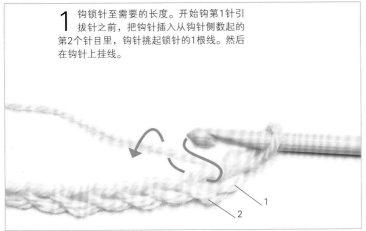

2 用左手手指牢牢固定住锁针的根部，并调整毛线的松紧度（见105页），把钩针从锁针和钩针上的线圈中拉出来，如图中箭头所示。

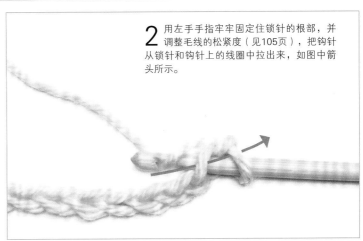

3 继续用相同的方法在每针锁针中钩引拔针，把基础锁针行钩完。不管你钩引拔针是为了做什么，都要松点钩。

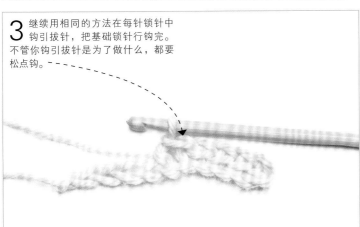

4 钩完最后1针时，如果你还想钩下1行，需要把钩编的织物转向，让毛线在织物的右侧，以便开始钩第2行。

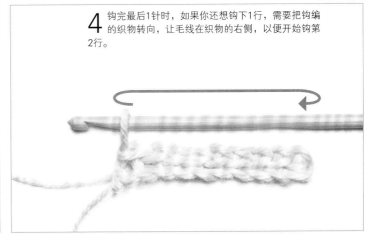

5 准备钩第2行引拔针之前，先钩1针锁针，这针锁针叫作立针。

开始下1行之前先钩1针锁针

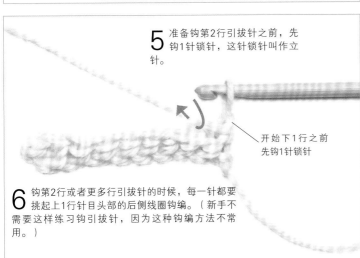

6 钩第2行或者更多行引拔针的时候，每一针都要挑起上1行针目头部的后侧线圈钩编。（新手不需要这样练习钩引拔针，因为这种钩编方法不常用。）

用引拔针形成基础圆环

引拔针也被用于环形钩编中以形成基础圆环（见156页）。先钩出圆环所需要的锁针，然后把钩针插入第1个锁针针目中，在钩针上挂线，从针目和钩针上的线圈中将线拉出，就形成了一个封闭的圆环。

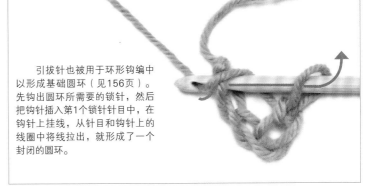

锁针和引拔针的收针

钩编完成后的结束工作称作收针。因为钩针上只有一个线圈，所以这个过程非常简单，比棒针编织中的收针简单得多。这里有锁针和引拔针怎样收针的图片说明。其方法也适用于其他各种针法的收针。

锁针的收针

1 从钩针上将线圈脱下。

2 把线圈拉大，令其不会缠绕扭结。

3 剪断毛线，把线尾从线圈中穿过，拉紧线圈。确定线尾足够长，以便于之后把线尾藏起来。

引拔针的收针

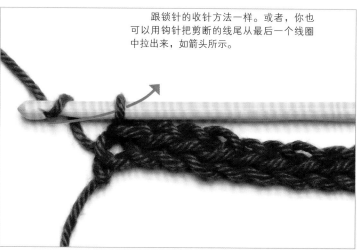

跟锁针的收针方法一样。或者，你也可以用钩针把剪断的线尾从最后一个线圈中拉出来，如箭头所示。

短针（dc）

　　短针是最容易学习也是使用频率最高的针法，有时单独使用，有时跟其他针法混合使用。应花时间学习和练习该针法，因为一旦你熟悉了钩编短针，其他的长针也很容易学会。短针能形成非常紧密的织物，适合多种类型的衣饰和物品。玩具和收纳物品的钩编也多使用短针，因为该针法紧密，能形成坚固结实的质地。

如果是往返钩编，两面的花纹就会一样。如果是环形钩编，就会在正反面形成不同的花纹，参见156页。

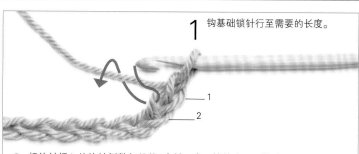

1 钩基础锁针行至需要的长度。

2 把钩针插入从钩针侧数起的第2个针目中，按箭头所示挂线。（你可以用钩针挑起1根线或者2根线。这里挑起1根线，是最简单的做法。）

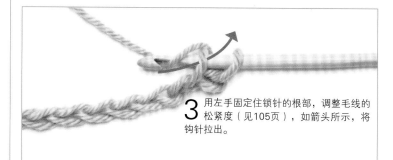

3 用左手固定住锁针的根部，调整毛线的松紧度（见105页），如箭头所示，将钩针拉出。

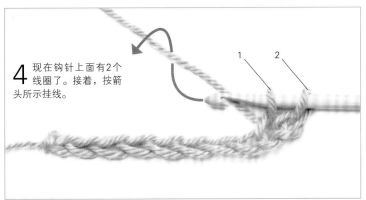

4 现在钩针上面有2个线圈了。接着，按箭头所示挂线。

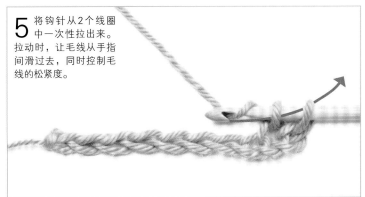

5 将钩针从2个线圈中一次性拉出来。拉动时，让毛线从手指间滑过去，同时控制毛线的松紧度。

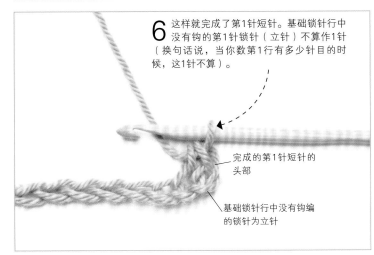

6 这样就完成了第1针短针。基础锁针行中没有钩的第1针锁针（立针）不算作1针（换句话说，当你数第1行有多少针目的时候，这1针不算）。

完成的第1针短针的头部

基础锁针行中没有钩编的锁针为立针

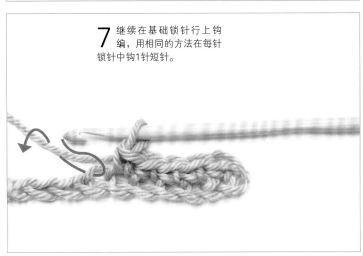

7 继续在基础锁针行上钩编，用相同的方法在每针锁针中钩1针短针。

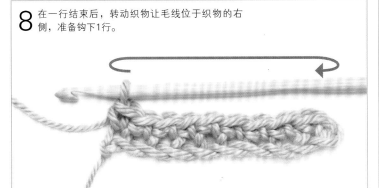

8 在一行结束后，转动织物让毛线位于织物的右侧，准备钩下1行。

9 开始钩第2行的时候，先钩1针锁针（立针），它让钩针达到短针行所需要的高度。

这针锁针（立针）不计入这一行的针数

10 在上1行的第1针头部钩第1针短针。接着在上1行的每针短针头部都钩1针短针。

用钩针挑起针目头部的2根线

11 在一行结束时，在上1行最后1针短针的头部钩最后1针。跟钩第2行一样继续钩编。

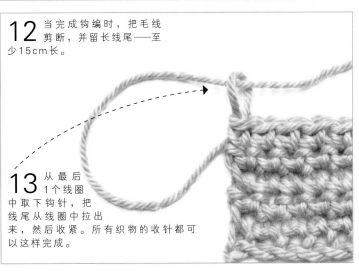

12 当完成钩编时，把毛线剪断，并留长线尾——至少15cm长。

13 从最后1个线圈中取下钩针，把线尾从线圈中拉出来，然后收紧。所有织物的收针都可以这样完成。

中长针（htr）

继引拔针和短针之后，按照针目的高度（见114页）排序就应该是中长针了。它像短针一样硬挺，也相对紧密，但是花纹略松散，很适合给幼儿钩编保暖的衣服。在熟练掌握钩编短针以后再尝试学习钩编中长针。

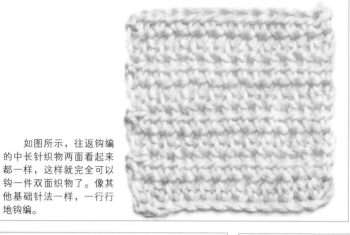

如图所示，往返钩编的中长针织物两面看起来都一样，这样就完全可以钩一件双面织物了。像其他基础针法一样，一行行地钩编。

1 钩基础锁针行至需要的长度（见106页）。开始钩第1针中长针之前，在钩针上挂线。

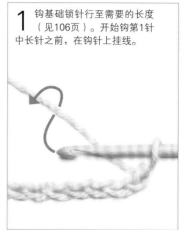

2 把钩针插入从钩针侧数起的第3个针目中，再挂线1次（如箭头所示），从锁针中拉出。

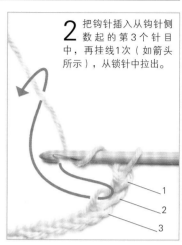

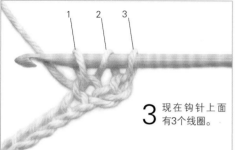

3 现在钩针上面有3个线圈。

4 挂线，从钩针上的3个线圈中拉出，如箭头所示。（这个动作会越练越熟。）

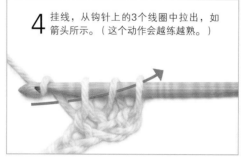

5 这样就完成了第1针中长针。（跳过的2针锁针为立针，不计入这行的针数。）

完成的第1针中长针

基础锁针行中跳过的2针锁针

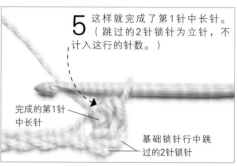

6 用相同的方法在每针锁针中钩1针中长针。

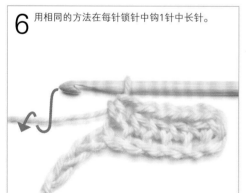

7 在最后1针锁针中钩1针中长针之后，转动织物，令毛线位于织物右侧，准备钩第2行。

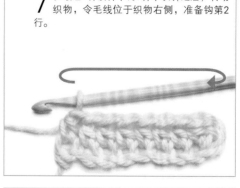

8 开始钩第2行的时候，先钩2针锁针（立针），它让钩针达到整行中长针所需的高度。

2针锁针不计入这行的针数

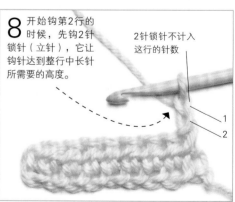

9 挂线，在上1行的第1针头部钩第1针中长针。

用钩针挑起针目头部的2根线

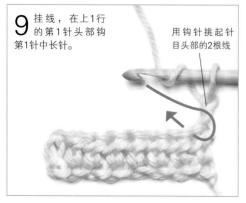

10 接着在上1行的每针中长针的头部都钩1针中长针。如钩第2行一样钩后面每一行。

上1行最后1针中长针的头部

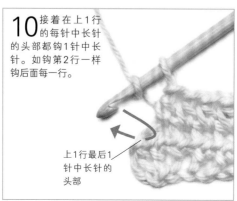

11 全部钩完时，剪断毛线。从最后1个线圈中取下钩针，把线尾从线圈中拉出来，然后收紧藏好。

留至少15cm长的线尾，以便随后收紧藏好

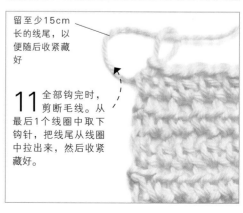

长针（tr）

长针钩出来的织物比短针和中长针的织物有更多镂空，也更柔软。长针因为比较高，所以钩编进度很快，也是所有钩编针法中最受欢迎的一种方法。

往返钩编的长针织物，正面和反面是相同的。

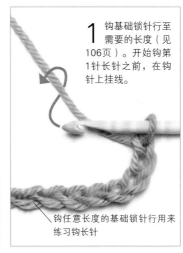

1 钩基础锁针行至需要的长度（见106页）。开始钩第1针长针之前，在钩针上挂线。

钩任意长度的基础锁针行用来练习钩长针

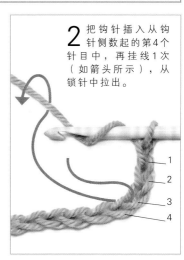

2 把钩针插入从钩针侧数起的第4个针目中，再挂线1次（如箭头所示），从锁针中拉出。

1
2
3
4

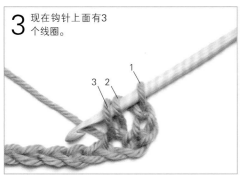

3 现在钩针上面有3个线圈。

3 2 1

4 挂线，从钩针上的前2个线圈中拉出。

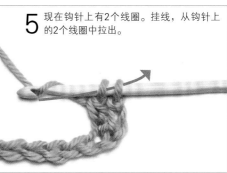

5 现在钩针上有2个线圈。挂线，从钩针上的2个线圈中拉出。

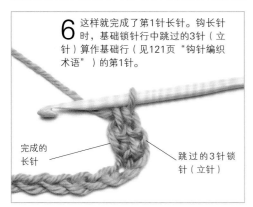

6 这样就完成了第1针长针。钩长针时，基础锁针行中跳过的3针（立针）算作基础行（见121页"钩针编织术语"）的第1针。

完成的长针

跳过的3针锁针（立针）

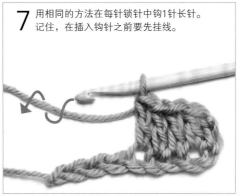

7 用相同的方法在每针锁针中钩1针长针。记住，在插入钩针之前要先挂线。

8 完成一行的最后1针后，转动织物，令毛线位于织物右侧，准备钩第2行。

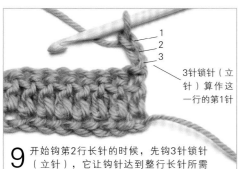

9 开始钩第2行长针的时候，先钩3针锁针（立针），它让钩针达到整行长针所需要的高度。

1
2
3

3针锁针（立针）算作这一行的第1针

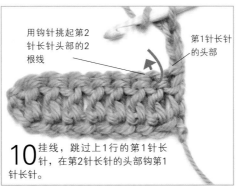

10 挂线，跳过上1行的第1针长针，在第2针长针的头部钩第1针长针。

用钩针挑起第2针长针头部的2根线

第1针长针的头部

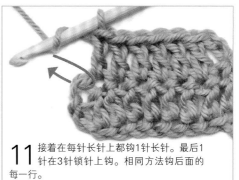

11 接着在每针长针上都钩1针长针。最后1针在3针锁针上钩。相同方法钩后面的每一行。

长长针 (dtr)

跟长针的方法非常相似，长长针比长针差不多高出1针锁针的长度，因为这种针法一开始就挂线2次而不是1次。长长针常用于钩编镂空花样（见130~132页）及奖章形织物（见160、161页）。

往返钩编的长长针织物正反面一样，比长针织物更加柔软。因为该针的高度很高，虽然钩起来有点慢，但是织物的钩编进度很快。

1 钩基础锁针行，在钩针上挂线2次，把钩针插入从钩针侧数起的第5个针目中。

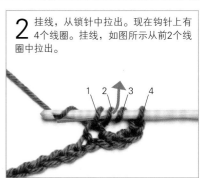

2 挂线，从锁针中拉出。现在钩针上有4个线圈。挂线，如图所示从前2个线圈中拉出。

3 现在钩针上有3个线圈。挂线，从钩针上的前2个线圈中拉出。

4 现在钩针上有2个线圈。挂线，从钩针上的2个线圈中拉出。

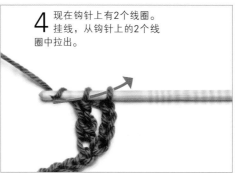

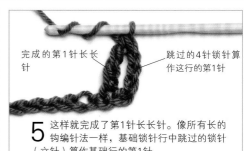

完成的第1针长长针　　跳过的4针锁针算作这行的第1针

5 这样就完成了第1针长长针。像所有长的钩编针法一样，基础锁针行中跳过的锁针（立针）算作基础行的第1针。

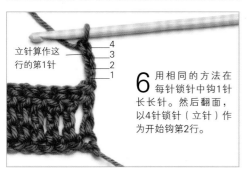

立针算作这行的第1针

6 用相同的方法在每针锁针中钩1针长长针。然后翻面，以4针锁针（立针）作为开始钩第2行。

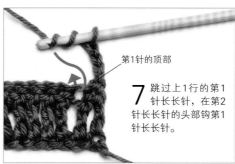

第1针的顶部

7 跳过上1行的第1针长长针，在第2针长长针的头部钩第1针长长针。

8 接着在每针长长针上都钩1针长长针。

9 最后1针在4针锁针上钩。相同方法钩后面的每一行。

三卷长针 (trtr)

三卷长针的高度大于长长针，但钩法跟长长针相同，只是开始时的挂线要多绕1圈，立针也需要多1针锁针。当你能很容易地钩三卷长针的时候，你就可以不费力气地钩四卷长针和五卷长针了。

往返钩编的三卷长针织物正反面相同。注意，因为每针都很高，所以这种针法钩出的织物是镂空的。

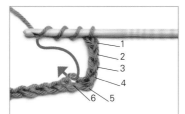

1 在钩针上挂线3次，将钩针插入从钩针侧数起的第6个针目中。

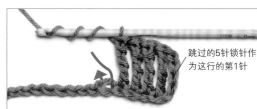

跳过的5针锁针作为这行的第1针

2 像钩长长针一样，每次穿过钩针上的2个线圈。记住在开始每针之前，要在钩针上挂线3次。用5针锁针（立针）开始后面的每一行。

初学者必备的小技巧

学会怎样数针目非常重要，这样你才能确定钩编的过程中针数保持正确。这里还示范了怎样接入新毛线和当钩编完成后怎样藏起线尾。

数针目

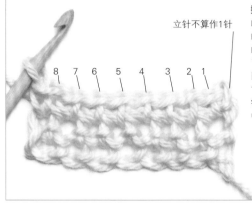

立针不算作1针

8 7 6 5 4 3 2 1

数短针： 面对刚刚织完的一行的前面，数每针的头部。如果随着织物的逐行增加，你发现少了几针，那么很可能是因为没有钩上1行的最后1针；而如果你多钩了几针，则可能在某一针目中重复钩了。

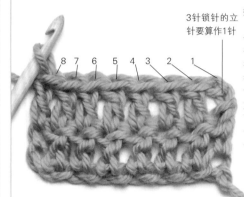

3针锁针的立针要算作1针

8 7 6 5 4 3 2 1

数长针： 面对刚刚织完的一行的前面，立针算作1针，然后数长针的头部。如果随着织物的逐行增加，你发现少了几针，那么很可能是因为没有钩立针的头部；而如果你多钩了几针，则可能钩了上1行的第1针长针头部，而没有跳过去。

接入新毛线

方法一： 尽可能在一行的开始接入新毛线。垂下旧线，把新线从钩针上的线圈里拉过去，然后按正常方法钩。最后再把线尾藏起来。

新线

旧线

方法二： 该方法适合所有条纹花样或者没有花样的织物。首先用旧线收针，然后新线在钩针上打一活结，把钩针插入该行的第1针，把新线从这针头部和钩针上的线圈里拉出来。

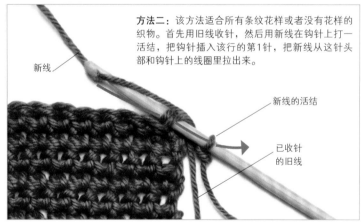

新线

新线的活结

已收针的旧线

藏线尾

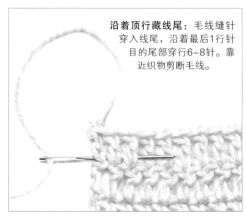

沿着顶行藏线尾： 毛线缝针穿入线尾，沿着最后1行针目的头部穿行6~8针。靠近织物剪断毛线。

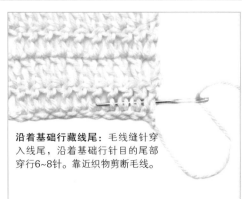

沿着基础行藏线尾： 毛线缝针穿入线尾，沿着基础行针目的尾部穿行6~8针。靠近织物剪断毛线。

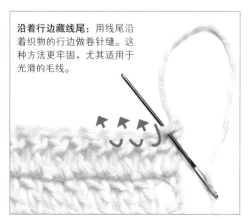

沿着行边藏线尾： 用线尾沿着织物的行边做卷针缝。这种方法更牢固，尤其适用于光滑的毛线。

用符号和缩写表示基础针法

钩针编织说明中常用缩写或者符号来表示各种针法。在120页"怎样读懂文字说明"中给出了更具体的解释，这里则介绍基础针法的符号和缩写，为怎样用基础针法钩出织物提供了钩编知识和参考。

针目的高度

下图用符号和文字显示了所有基础针目并列在一起所进行的高度比较。短针相当于1针锁针的高度，中长针相当于2针锁针的高度，长针相当于3针锁针的高度，等等。这些针目的高度决定了立针的长度，针法不同，在一行的开始立针需要的锁针数不等。对于第1针应该在基础锁针行的哪针里钩，这里也给出了参考。

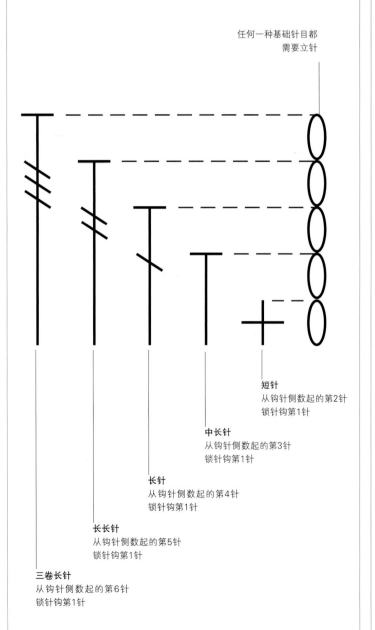

任何一种基础针目都
需要立针

短针
从钩针侧数起的第2针
锁针钩第1针

中长针
从钩针侧数起的第3针
锁针钩第1针

长针
从钩针侧数起的第4针
锁针钩第1针

长长针
从钩针侧数起的第5针
锁针钩第1针

三卷长针
从钩针侧数起的第6针
锁针钩第1针

短针编织说明

短针符号，即使对于初学者来说，也是很容易理解的。短针的符号大概模仿了其长度与外形，从编织图的底部向上读。要想更好地理解简单的编织说明，试着按照文字说明和图示钩短针（缩写见121页），然后再尝试其他基础针法。

短针织物的编织说明
钩任何数目的锁针。
第1行： 从钩针侧数起的第2针锁针钩1针短针，其他的针目全部钩短针，直到最后，翻面。
第2行： 1针锁针（不算作1针），其他的针目全部钩短针，直到最后，翻面。
重复第2行形成纯短针织物。

3 如箭头所示，按图从左向右钩编。

4 翻面后继续钩编，根据需要行数钩编。

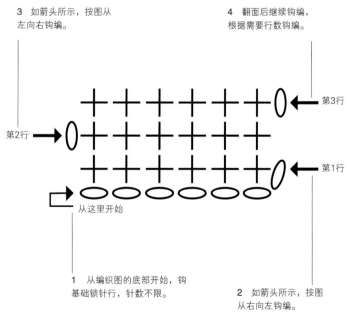

第3行
第2行
第1行
从这里开始

1 从编织图的底部开始，钩基础锁针行，针数不限。

2 如箭头所示，按图从右向左钩编。

中长针编织说明

　　中长针的符号是一条竖线，顶上加一条水平的短横线，高度大约相当于短针符号高度的两倍，而实际钩编中，中长针也大约是短针的两倍长度。看下面文字说明，同时对照编织图（箭头的方向表示从左向右读还是从右向左读）钩编。

中长针织物的编织说明
钩任何数目的锁针。
第1行： 从钩针侧数起的第3针锁针钩1针中长针，其他的针目全部钩中长针，直到最后，翻面。
第2行： 2针锁针（不算作1针），其他的针目全部钩中长针，直到最后，翻面。
重复第2行形成中长针织物。

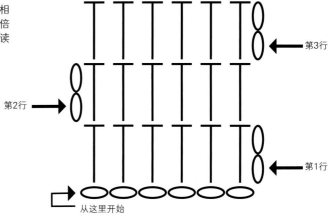

长针编织说明

　　长针的符号是一条竖线中间有一条小斜线，顶上有一条水平的短横线，从图中能清楚地看到，立针由3针锁针构成，算作1针。

长针织物的编织说明
钩任何数目的锁针。
第1行： 从钩针侧数起的第4针锁针钩1针长针，其他的针目全部钩长针，直到最后，翻面。
第2行： 3针锁针（算作1针），跳过第1针长针，*下1针长针钩1针长针；从*重复，最后在3针锁针的顶部钩1针长针，翻面。
重复第2行形成长针织物。

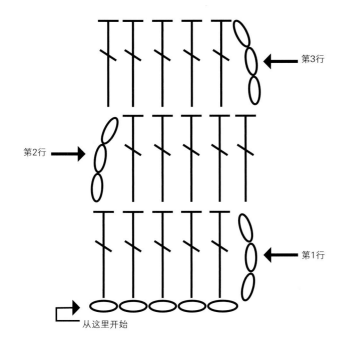

长长针编织说明

　　长长针的符号与长针相似，只是竖线更长，中间有两条小斜线，正好呼应了该针法本身所含的2次挂线。

长长针织物的编织说明
钩任何数目的锁针。
第1行： 从钩针侧数起的第5针锁针钩1针长长针，其他的针目全部钩长长针，直到最后，翻面。
第2行： 4针锁针（算作1针），跳过第1针长长针，*下1针长长针钩1针长长针；从*重复，最后在4针锁针的顶部钩1针长长针，翻面。
重复第2行形成长长针织物。

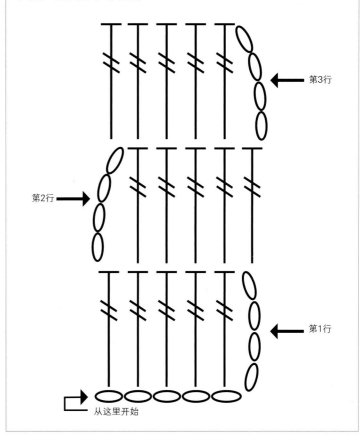

钩编技术 STITCH TECHNIQUES

　　基础针法以各种方式组合到一起就形成了各式各样的花样和起伏不平的花纹。这里并未讲非常多的钩编针法，只是详细说明了怎样使用最常用的针法。你在练习122~124页上的花样时，可回到本节参考详细的步骤说明。

钩针编织

简单的花纹

那些最简单、精巧的花纹就是在上1行针目的某一部分或者两部分之间钩编而成的。在尝试这些技巧之前，先了解针目的各部分构成，让自己能够很容易地认出来。

针目的组成部分

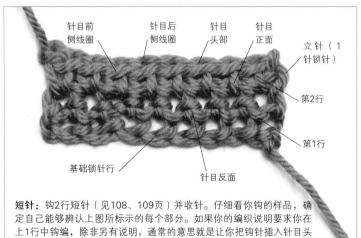

针目前侧线圈　针目后侧线圈　针目头部　针目正面　立针（1针锁针）　第2行　第1行　基础锁针行　针目反面

短针：钩2行短针（见108、109页）并收针。仔细看你钩的样品，确定自己能够辨认上图所标示的每个部分。如果你的编织说明要求你在上1行中钩编，除非另有说明，通常的意思就是让你钩针插入针目头部的2根线中（前、后侧线圈），就像109页步骤10解释的那样。

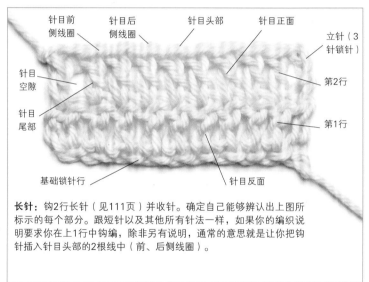

针目前侧线圈　针目后侧线圈　针目头部　针目正面　立针（3针锁针）　针目空隙　第2行　针目尾部　第1行　基础锁针行　针目反面

长针：钩2行长针（见111页）并收针。确定自己能够辨认出上图所标示的每个部分。跟短针以及其他所有针法一样，如果你的编织说明要求你在上1行中钩编，除非另有说明，通常的意思就是让你把钩针插入针目头部的2根线中（前、后侧线圈）。

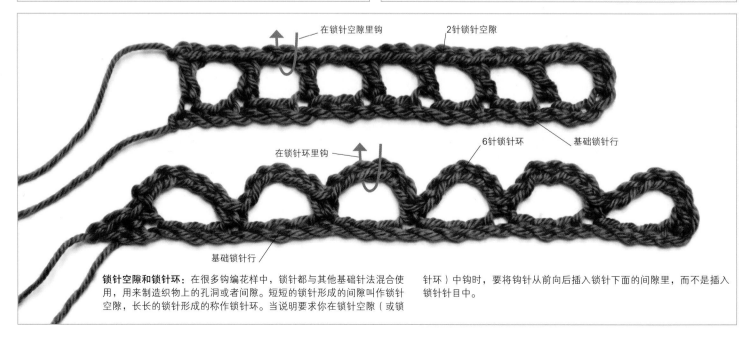

在锁针空隙里钩　2针锁针空隙　6针锁针环　基础锁针行　在锁针环里钩　基础锁针行　基础锁针行

锁针空隙和锁针环：在很多钩编花样中，锁针都与其他基础针法混合使用，用来制造织物上的孔洞或者间隙。短短的锁针形成的间隙叫作锁针空隙，长长的锁针形成的称作锁针环。当说明要求你在锁针空隙（或锁针环）中钩时，要将钩针从前向后插入锁针下面的间隙里，而不是插入锁针针目中。

在短针后侧线圈里钩

只在每行短针的后侧线圈里钩，就会形成深深的沟脊状花纹。凸起的脊状是由没有钩到的线圈形成的。

在短针前侧线圈里钩

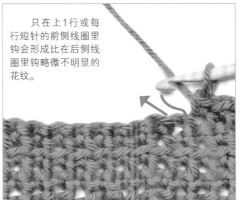

只在上1行或每行短针的前侧线圈里钩会形成比在后侧线圈里钩略微不明显的花纹。

在长针后侧线圈里钩

像在短针的前侧或者后侧线圈里钩一样，这样的技术也可以用于其他针法中，都能形成脊状花纹。用这种钩法钩出来的织物正反面相同。

在针目中间钩

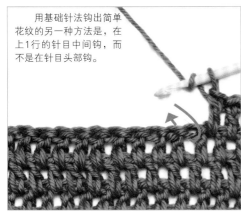

用基础针法钩出简单花纹的另一种方法是，在上1行的针目中间钩，而不是在针目头部钩。

在锁针空隙里钩

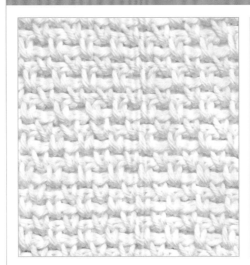

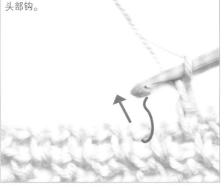

粗花呢针（Tweed stitch）是在锁针空隙里钩短针而形成的最简单的花纹。如图中所示，在上1行的1针锁针空隙里钩短针，而不是在针目头部钩。

粗花呢针花样

因为这种花样大受欢迎，也是基础短针的完美变身，这里特别详细地介绍出来。以偶数锁针开始。

第1行： 从钩针侧数起的第2针锁针钩1针短针，*1针锁针，跳过1针锁针，下1针锁针钩1针短针；从*重复到最后，翻面。

第2行： 1针锁针（不算作1针），第1针短针钩1针短针，下个1针锁针空隙里钩1针短针，*1针锁针，下个1针锁针空隙里钩1针短针；从*重复到最后余1针短针，钩1针短针，翻面。

第3行： 1针锁针（不算作1针），第1针短针钩1针短针，*1针锁针，下个1针锁针空隙里钩1针短针；从*重复到最后余2针短针，1针锁针，跳过1针短针，最后1针短针钩1针短针，翻面。

重复第2、3行形成新的花样。

立体花纹

这些容易学习并组合的针法产生了非常引人注目的立体花纹，它们可用来钩非常厚密的织物，也可以用来钩镂空花样（见130~132页）。

长针的正拉针

拉针的效果有点类似棒针编织的单罗纹针（见35页），但是如果只用这种针法连续按行钩，能产生脊状的花纹效果。

立针（2针锁针）

1 先钩1行长针。钩第2行时，先钩2针锁针，挂线，把钩针从前面插入，绕过第2针长针的尾部穿出。

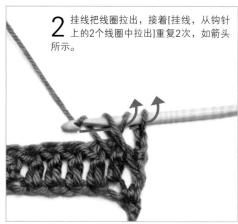

2 挂线把线圈拉出，接着[挂线，从钩针上的2个线圈中拉出]重复2次，如箭头所示。

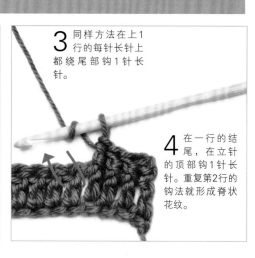

3 同样方法在上1行的每针长针上都绕尾部钩1针长针。

4 在一行的结尾，在立针的顶部钩1针长针。重复第2行的钩法就形成脊状花纹。

长针的反拉针

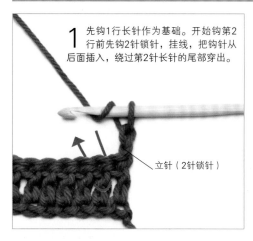

1 先钩1行长针作为基础。开始钩第2行前先钩2针锁针，挂线，把钩针从后面插入，绕过第2针长针的尾部穿出。

立针（2针锁针）

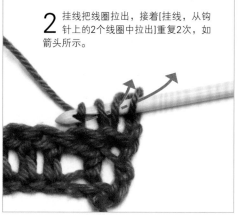

2 挂线把线圈拉出，接着[挂线，从钩针上的2个线圈中拉出]重复2次，如箭头所示。

3 同样方法在上1行的每针长针上都绕尾部钩1针长针。接着按照上面步骤4的方法继续钩。

贝壳针

贝壳针（4针长针）：在所有的钩编花样针法中，贝壳针是最常用的。通常由长针组成，是在同一针目或者间隙里钩几针而形成的。这里显示的是在同一锁针里钩4针长针而形成的贝壳针。

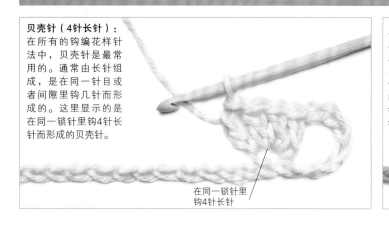

在同一锁针里钩4针长针

贝壳针（5针长针）：这里的贝壳针是在同一锁针里钩5针长针而形成的。贝壳针可以用任何数目的长针钩成，但是最常用到的有2、3、4、5、6针长针。贝壳针也可以用中长针或者更长的针目钩。

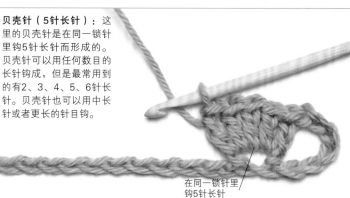

在同一锁针里钩5针长针

变化的枣形针

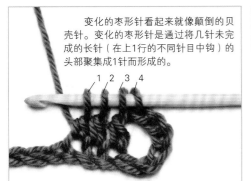

变化的枣形针看起来就像颠倒的贝壳针。变化的枣形针是通过将几针未完成的长针（在上1行的不同针目中钩）的头部聚集成1针而形成的。

1 以3针长针的变化的枣形针为例。钩长针到最后一次挂线即将完成时为止，然后在下2个针目中再分别钩1针未完成的长针，现在钩针上有4个线圈。

2 挂线，从钩针上的4个线圈中拉出。

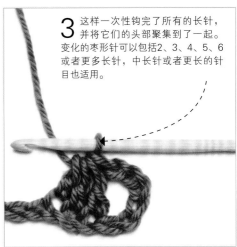

3 这样一次性钩完了所有的长针，并将它们的头部聚集到了一起。变化的枣形针可以包括2、3、4、5、6或者更多长针，中长针或者更长的针目也适用。

球形针

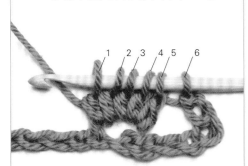

球形针跟贝壳针和变化的枣形针的方法是一样的，只是在头部和底部都聚集成1针。

1 以5针长针的球形针为例。在同一针目中（同贝壳针）钩5针未完成的长针（跟变化的枣形针相同）。现在钩针上有6个线圈。

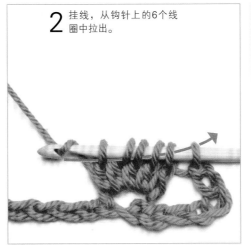

2 挂线，从钩针上的6个线圈中拉出。

3 这样一次性钩完了所有的长针，并将它们的头部聚集到了一起。有些球形需要再多加1针锁针才能完成，如图中箭头所示。球形针通常用3、4、5针长针钩成，用中长针钩出来的叫泡芙针。

爆米花针

1 爆米花针的开始跟贝壳针相同。例如钩5针长针的爆米花针，在同一针目中钩5针长针。

2 将钩针从线圈中取下，插入5针长针中第1针长针的头部。把刚刚脱下的线圈从钩针上的线圈中拉出，如箭头所示。

3 这样钩完后，针目头部聚集到了一起，形成了球的形状。但因为钩编方法的不同，跟球形针的顶部不同，爆米花针的顶部向前突出。爆米花针通常用3、4、5针长针钩成。

钩针编织

按照简单的编织说明钩编

新手第一次按照编织说明钩一件作品可能感觉很难，尤其是在身边没有一个有经验的人指导的时候。最好先用简单的技术钩各种花样的长方形，作为准备练习。下文是对文字说明和图表符号的详细介绍。

怎样读懂文字说明

只要你懂得基础针法，能够钩出114、115页上的简单花纹，并浏览过116~119页上的钩编技术，你就能毫不困难地钩出122~124页上的简单花样。121页上对各种针法的缩写给出了对照表。

按需要的数目钩出基础锁针行，在这之前先根据你所选择的毛线选择合适的钩针，这点参见21页。钩一块样品，只用重复几次就可以测试出花样是否正确。（如果你决定稍后用该花样钩毯子或者靠垫套，你在开始之前需要调整钩针的型号以获得所需要的织物弹性。）

一旦开始正式钩编，要慢慢地钩出花样的每一行，通过对比线的颜色，在织物的正面做出记号（如果区分正反面的话）。还有一个好的建议就是，每当你完成一行就在编织图上打个对号或者在下面放置一个贴纸说明，这样就不会找不到花样的位置。如果你真的找不到自己钩到哪里了，那就把所有行拆开，从基础锁针行重新开始吧。

怎样读懂编织图

钩针的编织说明也可以用图的方式表现出来。这些图通常比缩写的文字说明更直观，因为它们表现出来的视觉效果几乎就是完成后的针法所显现的样子。图中，每一基础针都有一个与其样子相似的符号。每一针的符号底部都表明了这一针是从上1行的哪个针目或者间隙中插入钩针的。如果符号在底部聚集在一起，就表示这几针都在上1行的同一位置钩编。

图中会标记出基础锁针行开始的位置。按照图上箭头的指示从右向左读或者从左向右读。当然你也可以同时以文字说明作为参考，看基础锁针行需要钩多少锁针，某针法在一行中需要重复多少次（或者某行需要重复

多少次）。当你习惯阅读图以后，你会很容易地根据图钩出作品。但是开始的时候，还是应该一边看文字说明，一边看图作为直观上的帮助。在你完成最初几行的钩编以后，你就可能将文字说明烂熟于心，接下去只需要看图就可以了。如果针法很容易，很快你就能不需要看任何说明而娴熟地钩编了。

下面这个镂空贝壳针（见130页），是按照编织图钩编的好例子。从图的底部开始，逐行按照图示和数字提醒钩编。

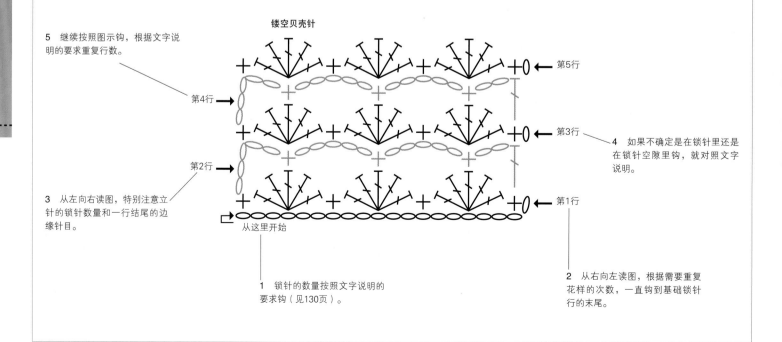

镂空贝壳针

5 继续按照图示钩，根据文字说明的要求重复行数。

第4行

第2行

3 从左向右读图，特别注意针的锁针数量和一行结尾的边缘针目。

从这里开始

1 锁针的数量按照文字说明的要求钩（见130页）。

第5行

第3行

4 如果不确定是在锁针里还是在锁针空隙里钩，就对照文字说明。

第1行

2 从右向左读图，根据需要重复花样的次数，一直钩到基础锁针行的末尾。

钩针编织中的缩写

下面这些缩写是钩针编织中最常用到的。基础针法的缩写列在前面，然后是钩编花样中的其他缩写。在花样中出现的特殊缩写在编织说明中会有具体的解释。

基础针法缩写
注意：英式缩写和美式缩写稍有不同。本书将美式缩写标注在括号内，使用时请注意对照。

ch	锁针
ss	引拔针
dc（sc）	短针
htr（hdc）	中长针
tr（dc）	长针
dtr（tr）	长长针
trtr（dtr）	三卷长针
qtr（trtr）	四卷长针
quintr（quadtr）	五卷长针

其他缩写

alt	或者
beg	开始
cm	厘米
cont	继续
dc2tog	2针短针并1针
dc3tog	3针短针并1针
dec	减针
foll	接着
g	克
htr2tog	2针中长针并1针
htr3tog	3针中长针并1针
in	英寸
inc	加针
m	米
mm	毫米
oz	盎司
patt	花样

rem	剩余的
rep	重复
RS	正面
sp	空隙
st	针目
tog	一起
tr2tog	2针长针并1针
tr3tog	3针长针并1针
WS	反面
yd	码
yrh	挂线
[ ]	按照要求重复[ ]里的操作
*	按照要求从*开始重复或者重复两*之间的操作

钩针编织术语

下面这些术语是钩针编织中常见的。关于如何钩编下文提到的加针、减针以及其他针法，请参阅所标注的页码。

球形针（bobble）：在上1行的同一针目中钩几针未完成的长针后，将这几针的头部聚集到一起就成为球形针（见119页）。

变化的枣形针（cluster）：在上1行的不同针目中钩几针（未完成状态）后，将这几针的头部聚集到一起而成为变化的枣形针（见119页）。

2针短针并1针（dc2tog）：见142页。

3针短针并1针（dc3tog）：[将钩针插入下1个针目中，挂线并拉出]重复3次，挂线，从钩针上的4个线圈中拉出——减少2针。（美式缩写为sc3tog）

收针（fasten off）：剪断毛线，把线尾从钩针上的最后1个线圈中拉出来。（见108页）

基础锁针行（foundation chain）：以锁针钩成的行，在它基础上继续钩编。

基础行（foundation row）：织物的第1行（在基础锁针行上钩出来的）。

2针中长针并1针（htr2tog）：[挂线，将钩针插入下1个针目中，挂线并拉出]重复2次，挂线，从钩针上的5个线圈中一次性拉出——减少1针。（美式缩写为hdc2tog）

3针中长针并1针（htr3tog）：[挂线，将钩针插入下1个针目中，挂线并拉出]重复3次，挂线，从钩针上的7个线圈中一次性拉出——减少2针。（美式缩写为hdc3tog）

跳过1针（miss a stitch）：这一针不钩，从它的下1针中钩。

贝壳针（shell）：在上1行的同一针目或者锁针空隙中钩几针长针或其他合适的针目。（见118页）

菠萝针（pineapple）：用中长针钩出的球形针，也叫泡芙针。

爆米花针（popcorn）：一种球形的针法。（见119页）

泡芙针（puff stitch）：见菠萝针。

2针长针并1针（tr2tog）：见143页，美式缩写为dc2tog。

3针长针并1针（tr3tog）：[挂线，将钩针插入下1个针目中，挂线并拉出，挂线并从钩针上的2个线圈中拉出]重复3次，挂线，从钩针上的4个线圈中一次性拉出——减少2针。（美式缩写为dc3tog）

立针（turning chain）：在一行的开始所钩的锁针，锁针数取决于针目的高度。（见114页）

钩针编织中的符号

本书中用这些符号表示针法，但是这些符号并不是全球通用的，所以需要参考相关的符号说明。

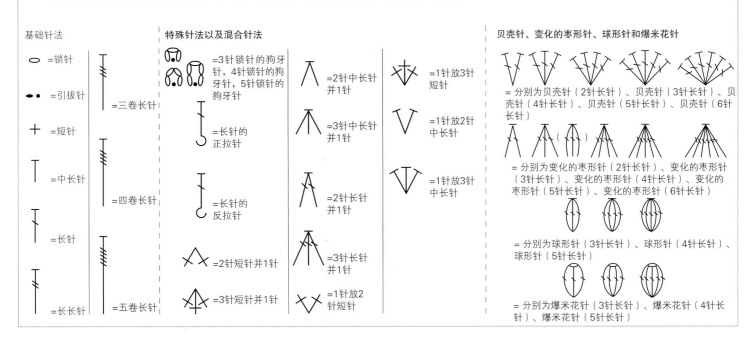

简单的花样

这里展现给大家的这些花样极容易钩编，而且图案丰富，其中有部分使用了116~119页介绍的技术。虽然我们常常根据织物上镂空的蕾丝图案而判断为钩针编织，但实际上钩针也能钩出很多紧密的图案。下面这些花样钩过几行后，很快就能熟悉而且也容易记住，可以用来钩靠垫套、婴儿毯或者围巾。这些织物两面都很好看，可以双面使用（见123页特别提醒）。

钩针编织

罗纹针
CROCHET RIB STITCH

编织图

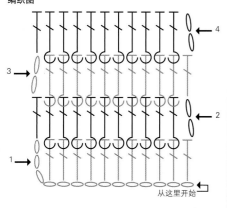

从这里开始

编织说明

锁针起针数为2的倍数。

第1行： 从钩针侧数起的第4针锁针钩1针长针，余下的每针锁针钩1针长针，翻面。

第2行： 2针锁针（算作第1针），跳过第1针长针，*下1针长针钩1针长针的正拉针，下1针长针钩1针长针的反拉针；从*重复，最后在立针的顶部钩1针长针。

重复第2行形成新的花样。

简单的交叉针
SIMPLE CROSSED STITCH

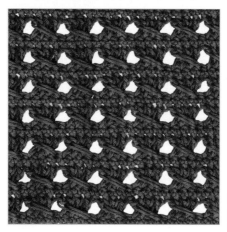

编织图

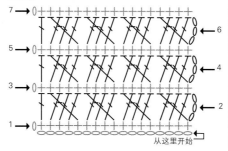

从这里开始

编织说明

锁针起针数为4的倍数加2针。

第1行： 从钩针侧数起的第2针锁针钩1针短针，余下的每针锁针均钩1针短针，翻面。

第2行（正面）： 3针锁针（算作第1针），跳过第1针短针，后面3针短针每针均钩1针长针，挂线，把钩针从前向后插入第1针短针（跳过的那针短针），挂线并拉出长长的线圈（到达正在钩的地方，不要让刚刚钩的那3针长针皱缩），[挂线，从钩针上的2个线圈中拉出]重复2次——这被称作拉长的长针（long tr），*跳过下1针短针，后面3针短针每针均钩1针长针，刚才跳过的短针钩拉长的长针；从*重复到最后余1针短针，钩1针长针，翻面。

第3行： 1针锁针（不算作1针），每针长针均钩1针短针直到最后（在3针锁针的立针顶部不用钩短针），翻面。

重复第2、3行形成新的花样。

紧致贝壳针
CLOSE SHELLS STITCH

编织图

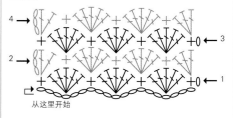

从这里开始

编织说明

锁针起针数为6的倍数加2针。

第1行： 从钩针侧数起的第2针锁针钩1针短针，*跳过2针锁针，下1针锁针钩1针贝壳针（5针长针），跳过2针锁针，下1针锁针钩1针短针；从*重复到最后，翻面。

第2行： 3针锁针（算作第1针），第1针短针钩2针长针，*下个贝壳针的中间长针钩1针短针，2个贝壳针中间的1针短针钩1针贝壳针；从*重复，最后1次重复时用3针长针代替5针长针，翻面。

第3行： 1针锁针（不算作1针），第1针长针钩1针短针，*2个贝壳针中间的1针短针钩1针贝壳针，下个贝壳针的中间长针钩1针短针；从*重复，最后1针短针在3针锁针的顶部钩，翻面。

重复第2、3行形成新的花样。

特别提醒

● 所有的简单的花样都给出了文字说明和符号说明。开始时，初学者应该按文字说明钩前几行，然后对照符号说明确认。如果编织图中用到了特殊的符号，会给予说明。对于如何看编织图在120页有详细的解释。

● 在说明中没有正面或者反面标注，是因为两面看起来完全相同。罗纹针和紧致贝壳针（见122页）就是这样的例子——正反面看起来一样。

简单的球形针
SIMPLE BOBBLE STITCH

编织图

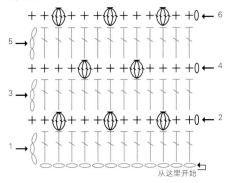

编织说明

注意：球形针=[挂线，把钩针插入指定针目中，挂线并拉出，挂线，从钩针上的前2个线圈中拉出]在同一针目中重复4次（现在钩针上有5个线圈），挂线，从钩针上的5个线圈中拉出。

锁针起针数为4的倍数加3针。

第1行（反面）：从钩针侧数起的第4针锁针钩1针长针，余下的每针锁针均钩1针长针，翻面。

第2行（正面）：1针锁针（不算作1针），下2针长针每钩均钩1针长针，下1针长针钩1针球形针，下3针长针每针均钩1针短针；从*重复到最后余2针长针，倒数第2针长针钩1针球形针，最后1针长针钩1针短针，然后在3针锁针的顶部钩1针短针，翻面。

第3行：3针锁针（算作第1针），跳过第1针短针，后面每针均钩1针长针，翻面。

第4行：1针锁针（不算作1针），下4针长针每针均钩1针短针，*下1针长针钩1针球形针，下3针长针每针均钩1针短针；从*重复，最后在3针锁针的顶部钩1针短针，翻面。

第5行：重复第3行。

重复第2~5行形成新的花样，以第5行作为结束。

变化的枣形针和贝壳针
CLUSTER AND SHELL STITCH

编织图

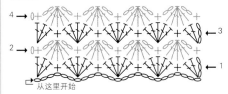

编织说明

注意：变化的枣形针=在5针（包括2针长针、1针短针、2针长针）头部分别[挂线，把钩针插入针目中，挂线并拉出，挂线，从钩针上的前2个线圈中拉出]（现在钩针上有6个线圈），挂线，从钩针上的6个线圈中拉出。

锁针起针数为6的倍数加4针。

第1行（正面）：从钩针侧数起的第4针锁针钩2针长针，跳过2针锁针，下1针锁针钩1针短针，*跳过2针锁针，下1针锁针钩1针贝壳针（5针长针），跳过2针锁针，下1针锁针钩1针短针；从*重复到最后余3针锁针，跳过2针锁针，最后1针锁针钩3针长针，翻面。

第2行：1针锁针（不算作1针），第1针长针钩1针短针，*2针锁针，下5针钩1针变化的枣形针，2针锁针，下个贝壳针的中间长针钩1针短针；从*重复，最后1次重复时在3针锁针的顶部钩1针短针，翻面。

第3行：3针锁针（算作第1针），第1针短针钩2针长针，跳过2针锁针，第1针变化的枣形针的头部钩1针短针，*下1针短针钩1针贝壳针，下1针变化的枣形针的头部钩1针短针；从*重复，最后1针短针钩3针长针，翻面。

重复第2、3行形成新的花样。

贝壳针（中间为锁针）
SHELLS AND CHAINS

编织图

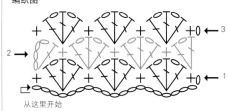

编织说明

锁针起针数为6的倍数加2针。

第1行（正面）：从钩针侧数起的第2针锁针钩1针短针，*跳过2针锁针，下1针锁针钩1针贝壳针（1针长针，1针锁针，1针长针，1针锁针，1针长针），跳过2针锁针，下1针锁针钩1针短针；从*重复到最后，翻面。

第2行：4针锁针（算作第1针和1针锁针空隙），第1针短针钩1针长针，第1个贝壳针的中间长针钩1针短针，*2个贝壳针中间的1针短针钩1针长针，下个贝壳针的中间长针钩1针短针；从*重复，最后1针短针钩[1针长针，1针锁针，1针长针]，翻面。

第3行：1针锁针（不算作1针），第1针长针钩1针短针，*下1针短针钩1针贝壳针，下个贝壳针的中间长针钩1针短针；从*重复，最后1针短针在4针锁针中的第3针上钩，翻面。

重复第2、3行形成新的花样。

钩针编织

特别提醒

● 参见121页钩针编织术语和常用针法符号的解释。文字说明中包含了要起多少锁针和重复多少行才形成花样。所以如果按照编织图钩编，一定要先从文字开始读。

● 在用下面这些花样钩靠垫套、婴儿毯、围巾等物品之前，先按照你所选择的花样钩一块样品，使用不同的毛线看哪种符合自己的要求。质地紧密的毛线更适合展现这些花样的纹理效果。记住，越是细密的花样越需要硬挺的毛线。如果你的样品不够柔软和柔韧，试试用粗一号的钩针再钩一块样品，让织物稍微松软一点。如果要钩婴儿毯，用超细棉线或者可水洗的羊毛线更适合。

爆米花针
POPCORN PATTERN STITCH

编织图

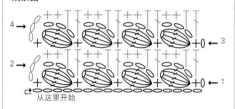

从这里开始

编织说明

注意：爆米花针（5针长针）见119页。
锁针起针数为4的倍数加2。
第1行（正面）：从钩针侧数起的第2针锁针钩1针短针，*3针锁针，在钩前1针短针的地方钩1针爆米花针，跳过3针锁针，下1针锁针钩1针短针；从*重复到最后，翻面。
第2行：3针锁针（算作第1针），*在下个3针锁针空隙中钩[2针短针，1针中长针]，下1针短针钩1针长针；从*重复到最后，翻面。
第3行：1针锁针（不算作第1针），第1针长针钩1针短针，*3针锁针，在钩前1针短针的地方钩1针爆米花针，跳过3针，下1针长针钩1针短针；从*重复，最后1次重复时在3针锁针的顶部钩1针短针，翻面。
重复第2、3行形成新的花样。

简单的泡芙针
SIMPLE PUFF STITCH

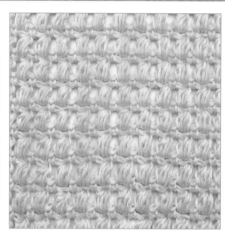

编织图

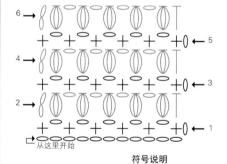

从这里开始

符号说明

 4针中长针
的泡芙针

编织说明

注意：泡芙针=在同一针目［挂线，钩针插入针目中挂线并拉出］重复4次（现在钩针上有9个线圈），挂线并从钩针上的9个线圈中拉出，完成4针中长针的泡芙针。
锁针起针数为2的倍数。
第1行（正面）：从钩针侧数起的第2针锁针钩1针短针，*1针锁针，跳过1针锁针，下1针锁针钩1针短针；从*重复到最后，翻面。
第2行：2针锁针（算作第1针），在第1个1针锁针空隙里钩1针泡芙针，*1针锁针，下个1针锁针空隙里钩1针泡芙针；从*重复，最后1针短针钩1针中长针，翻面。
第3行：1针锁针（不算作第1针），第1针中长针钩1针短针，*1针锁针，在下个1针锁针空隙里钩1针短针；从*重复，最后1次重复时在2针锁针的顶部钩1针短针，翻面。
重复第2、3行形成新的花样。

简单的纹理针
SIMPLE TEXTURE STITCH

编织图

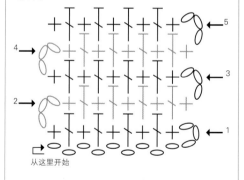

从这里开始

编织说明

锁针起针数为2的倍数。
第1行（正面）：从钩针侧数起的第4针锁针钩1针短针，*下1针锁针钩1针长针，下1针锁针钩1针短针；从*重复到最后，翻面。
第2行：3针锁针（算作第1针），跳过第1针，*下1针长针钩1针短针，下1针短针钩1针长针；从*重复，在最后3针锁针的顶部钩1针短针，翻面。
重复第2行形成新的花样。

镂空钩编 OPENWORK

　　无论是细线钩出的蕾丝领、枕套边、桌布，还是用软羊毛线钩出的披肩、头巾、围巾，钩针编织出来的镂空花样总具有无限的吸引力。本页和下页介绍了简单的蕾丝钩编技术。美丽的蕾丝花样是在锁针空隙和基础针之间的锁针环中钩编而成的。

简单的蕾丝钩编技术	在这里讲解了130~132页镂空花样所常用的几种钩编技术——锁针环网眼、贝壳网眼和狗牙网眼等。按照步骤操作时请参考针法说明。

锁针环网眼

1 按照说明（见130页），在基础锁针行上钩第1行锁针环，下1行的5针锁针环从上1行的锁针环里钩，用1针短针将它们连接起来，如图所示。

2 记住每行的最后1针短针要在上1行开始的立针内部钩。如果忘了这一点，你的花样就会越来越窄。

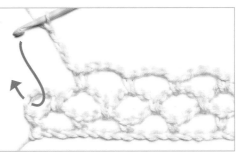

贝壳网眼

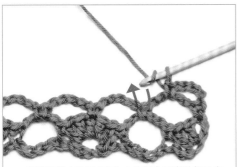

1 这种花样（见131页）中的每个贝壳针都是在锁针环中钩短针开始的。然后如图所示，在短针头部钩贝壳针本身的所有长针。

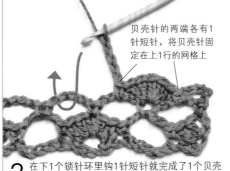

贝壳针的两端各有1针短针，将贝壳针固定在上1行的网格上

2 在下1个锁针环里钩1针短针就完成了1个贝壳针。然后钩1个锁针环，并将它与下1个锁针环用1针短针连在一起，如图所示。

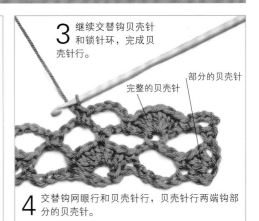

3 继续交替钩贝壳针和锁针环，完成贝壳针行。

部分的贝壳针

完整的贝壳针

4 交替钩网眼行和贝壳针行，贝壳针行两端钩部分的贝壳针。

狗牙网眼

1 在这个花样（见130页）中，每个狗牙钩4针锁针。为了让狗牙靠得紧密，从钩针侧数起的第4针锁针钩引拔针，如图所示。

2 在狗牙针行中，2个狗牙之间钩3针短针，如图所示。

3 狗牙针行结束后，在每个狗牙上面钩2针锁针形成空隙，在2个狗牙之间钩1针长针，如图所示。

方网格

方网格是所有镂空针法中最简单的，一旦你掌握了如何钩编结构简单的镂空网格和封闭网格，接下来你需要做的就是按照简单的编织图重复花样。

简单的方网格

钩简单的方网格先钩基础锁针行，不需要精确的针数，只要钩长些的锁针行，当全部完工后把多余的锁针拆开就可以了。

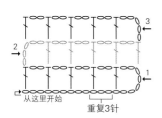

从这里开始
重复3针

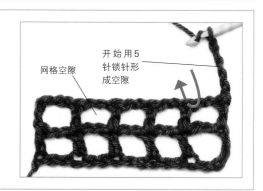

网格空隙

开始用5针锁针形成空隙

按照编织图和文字说明钩方网格： 编织图非常清晰地展示了怎样钩方网格。如果有不清楚的地方，按照下面的文字说明钩。

锁针起针数为3的倍数（每个方网格需要3针），另外加5针（形成第1行第1个网格的右侧立针和顶边）。

第1行： 从钩针侧数起的第8针锁针钩1针长针，*2针锁针，跳过2针锁针，下1针锁针钩1针长针；从*重复到最后。

第2行： 5针锁针，跳过第1针长针，下1针长针钩1针长针，*2针锁针，下1针长针钩1针长针；从*重复，最后1针长针在立针的第3针锁针头部钩。

网格方块

这种花样是由某些网格填充为方块，其他网格保持镂空而形成的。换句话说，这些设计就是镂空网格和封闭网格的组合。学会了钩方网格后，了解怎样填充为方块就很容易了。

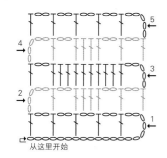

从这里开始

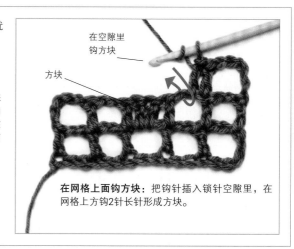

在空隙里钩方块

方块

按照编织图钩网格方块： 编织图说明了方块是怎么钩出来的——用2针长针代替2针锁针填充网格。每个方块包含两边的2针长针和中间的2针长针。如果在网格上面钩1个方块，就在2针锁针空隙里钩2针长针。如果在方块上面再钩方块，下面的每针长针都钩1针长针。

在网格上面钩方块： 把钩针插入锁针空隙里，在网格上方钩2针长针形成方块。

怎样读网格针的编织图

右侧的编织图和网格方块的编织图显示的花样是一样的。虽然实际的方网格编织图要更大，而且还有更具装饰性的花样（见127~129页），但基本原则与这个小编织图是一样的。编织图中的每个小格子代表1个网格或者方块。

按照编织图钩编以前，沿着编织图的最底行每个小格子钩3针锁针，另外加5针。（亦可根据需要按照编织图重复自己需要的次数。）按照编织图从底部往上钩，钩出图上的方块和网格，从右往左读所有的奇数行，从左往右读所有的偶数行。

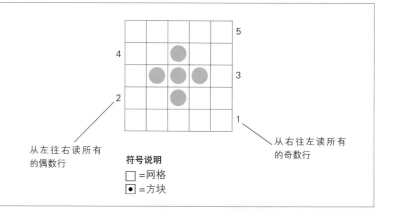

从左往右读所有的偶数行

从右往左读所有的奇数行

符号说明
□ =网格
▣ =方块

方网格构成的花样

根据126页的说明，按照下面这些编织图钩网格针。最适用于这种针法的毛线是超细棉线，并搭配使用合适的钩针（见21页推荐的钩针尺寸）。因为网格针是两面相同的，所以非常适合做窗帘。这种针法也适用于在枕套和毛巾的两端钩编边缘或者嵌入式装饰。

特别提醒和符号说明

● 根据宽度重复花样的钩编次数，按行钩直到完成编织图。想要向上继续重复这些花样，再次从第1行开始。

符号说明
□ = 网格
⊡ = 方块

花朵和圆环
FLOWERS AND CIRCLES

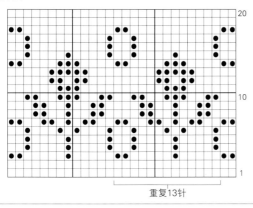

编织图

重复13针

钻石边
DIAMONDS BORDER

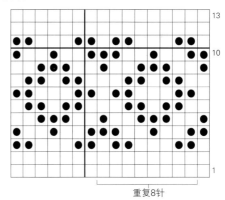

编织图

重复8针

波浪边
ZIGZAG BORDER

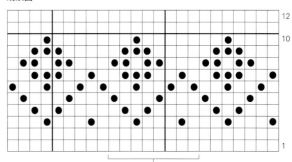

编织图

重复8针

钩针编织

花朵
BLOOM

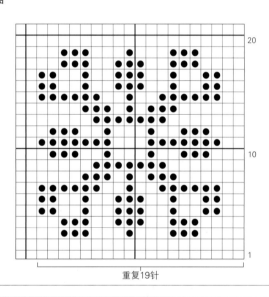

编织图

重复19针

苹果
APPLE

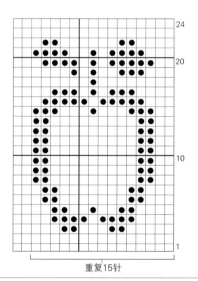

编织图

重复15针

十字边
CROSSES BORDER

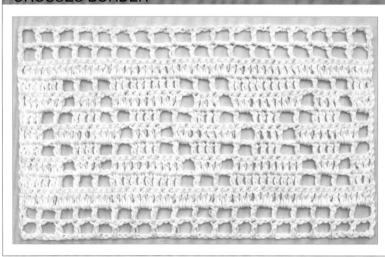

编织图

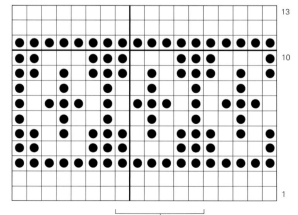

重复6针

心形
HEART

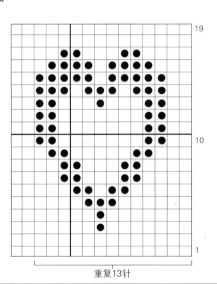

编织图

19

10

1

重复13针

狗
DOG

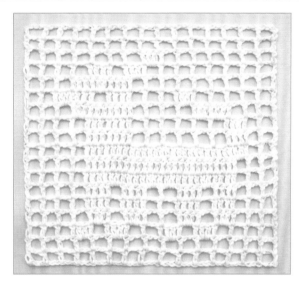

编织图

18

10

1

鸟
BIRD

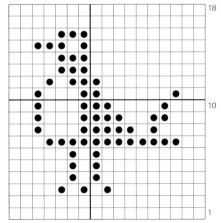

编织图

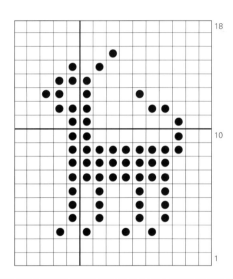

18

10

1

简单的镂空花样

镂空花样总是格外受欢迎，因为它们有着蕾丝的"美貌"，而且也比密闭的花样钩起来更快。镂空作品具有轻盈梦幻的结构，能优雅地垂下来。下面这些容易钩的花样中，任何一个都可以选来钩漂亮的围巾或者披肩。为什么不钩块样品试试看呢？然后选择你最喜欢的那种毛线钩出你最喜欢的花样（见132页特殊说明）。只要看一眼编织图，就能了解所需要的基础针法和简单的技术。

锁针环网眼
CHAIN LOOP MESH

编织图

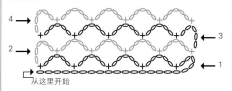

从这里开始

编织说明

锁针起针数为4的倍数加2针。

第1行： 从钩针侧数起的第6针锁针钩1针短针，*5针锁针，跳过3针锁针，下1针锁针钩1针短针；从*重复到最后，翻面。

第2行： *5针锁针，下个5针锁针环正中间钩1针短针；从*重复到最后，翻面。

重复第2行形成新的花样。

狗牙网眼
PICOT NET STITCH

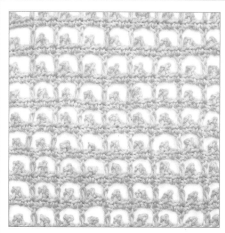

编织图

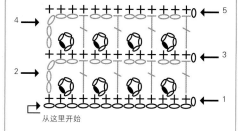

从这里开始

编织说明

锁针起针数为3的倍数加2针。

第1行（正面）： 从钩针侧数起的第2针锁针钩1针短针，下1针锁针钩1针短针，*4针锁针，从钩针侧数起的第4针锁针钩1针引拔针，这就是狗牙针。下3针锁针针每针均钩1针短针；从*重复，最后1次重复时省略1针短针，翻面。

第2行： 5针锁针（算作第1针和2针锁针空隙），跳过3针锁针（包括狗牙针前面的2针短针和狗牙针后面的1针短针），下1针短针钩1针长针，*2针锁针，跳过2针锁针（狗牙针前、后各1针），下1针短针钩1针长针；从*重复到最后，翻面。

第3行： 1针锁针（不算作1针），第1针长针钩1针短针，*下个2针锁针空隙里钩[1针短针，1针狗牙针，1针短针]，下1针长针钩1针短针；从*重复，最后1次重复时在立针的第3针锁针头部钩1针短针。

重复第2、3行形成新的花样。

镂空贝壳针
OPEN SHELL STITCH

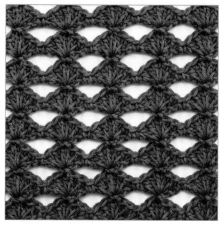

编织图

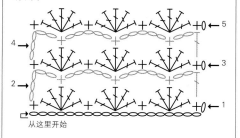

从这里开始

编织说明

锁针起针数为6的倍数加2针。

第1行（正面）： 从钩针侧数起的第2针锁针钩1针短针，*跳过2针锁针，下1针锁针钩1针贝壳针（5针长针），跳过2针锁针，下1针锁针钩1针短针；从*重复到最后，翻面。

第2行： 5针锁针（算作第1针和2针锁针空隙），第1个贝壳针的中间长针钩1针短针，*5针锁针，下个贝壳针的中间长针钩1针短针；从*重复，结尾钩2针锁针，最后1针长针钩1针长针，翻面。

第3行： 1针锁针（不算作1针），第1针长针钩1针短针，*下1针短针钩1针贝壳针，下个5针锁针环中间钩1针短针；从*重复，最后1次重复时，在立针的第3针锁针头部钩1针短针，翻面。

重复第2、3行形成新的花样。

特别提醒

● 所有的简单镂空花样都同时提供了文字说明和编织图。初学者在钩前几行的时候需要看文字说明，同时对照编织图，以便更清楚更明白。见121页基础针法符号。怎样阅读编织图在120页上有完整具体的解释。

● 文字说明解释了开始时需要起多少锁针。所以如果根据编织图钩编，基础锁针行的具体针数须看文字说明。钩非常宽的织物时，例如毯子，很难数清楚到底钩了多少锁针，这种情况下，需要钩比正确宽度长几厘米的锁针行，之后再把多余的锁针拆掉。

拱形网眼针
ARCHED MESH STITCH

编织图

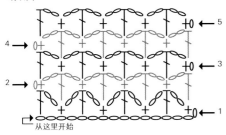

从这里开始

编织说明

锁针起针数为4的倍数。

第1行： 从钩针侧数起的第2针锁针钩1针短针，2针锁针，跳过1针锁针，下1针锁针钩1针长针，*2针锁针，跳过1针锁针，下1针锁针钩1针短针，2针锁针，跳过1针锁针，下1针锁针钩1针长针；从*重复到最后，翻面。

第2行： 1针锁针（不算作1针），第1针长针钩1针短针，2针锁针，下1针短针钩1针长针，*2针锁针，下1针长针钩1针短针，2针锁针，下1针短针钩1针长针；从*重复到最后，翻面。

重复第2行形成新的花样。

加横栏的网格
BANDED NET STITCH

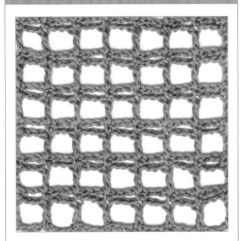

编织图

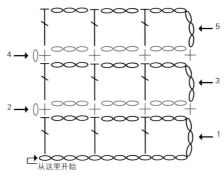

从这里开始

编织说明

锁针起针数为4的倍数加2针。

第1行（正面）： 从钩针侧数起的第10针锁针钩1针长针，*3针锁针，跳过3针锁针，下1针锁针钩1针长针；从*重复到最后，翻面。

第2行： 1针锁针（不算作1针），第1针长针钩1针短针，*3针锁针，下1针长针钩1针短针；从*重复，结尾3针锁针，跳过3针锁针，下1针锁针钩1针短针，翻面。

第3行： 6针锁针（算作第1针和3针锁针空隙），跳过第1针短针和3针锁针空隙，下1针短针钩1针长针，*3针锁针，下1针锁针钩1针长针；从*重复到最后，翻面。

重复第2、3行形成新的花样。

贝壳网眼
SHELL MESH STITCH

编织图

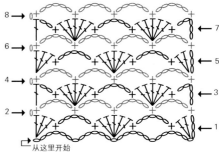

从这里开始

编织说明

锁针起针数为12的倍数加4针。

第1行（正面）： 从钩针侧数起的第4针锁针钩2针长针，*跳过2针锁针，下1针锁针钩1针短针，5针锁针，跳过5针锁针，下1针锁针钩1针短针，跳过2针锁针，下1针锁针钩1针贝壳针（5针长针）；从*重复，最后1次重复时，最后1针锁针钩3针长针，翻面。

第2行： 1针锁针（不算作1针），第1针长针钩1针短针，5针锁针，下个5针锁针环里钩1针短针，5针锁针，下个贝壳针的中间长针钩1针短针；从*重复，最后1次重复时，在结尾3针锁针的顶部钩1针短针，翻面。

第3行： *5针锁针，下个5针锁针环里钩1针短针，下1针短针钩1针贝壳针，下个5针锁针环里钩1针短针；从*重复，结尾钩2针锁针，最后1针短针钩1针长针，翻面。

第4行： 1针锁针（不算作1针），第1针长针钩1针短针，*5针锁针，下个贝壳针的中间长针钩1针短针，5针锁针，下个5针锁针环里钩1针短针；从*重复到最后，翻面。

第5行： 3针锁针（算作第1针），第1针短针钩2针长针，*下个5针锁针环里钩1针短针，5针锁针，下个5针锁针环里钩1针短针，下1针短针钩1针贝壳针；从*重复，最后1次重复时，最后1针短针钩3针长针，翻面。

重复第2~5行形成新的花样。

特殊说明

● 蕾丝花样的围巾和披肩最用用各种质地的超细线或者细线钩编。选定某种镂空花样以后，在开始正式钩编之前，最好用你选好的线钩一块样品。细马海毛线可以使用非常简单的针法，但是如果想看清楚精致的蕾丝花样，最好用光滑、紧致的羊毛线或者棉线。

● 请注意，用编织图显示出的花样通常比文字说明更清楚，便于让钩编者具体地了解到钩编多行以后的效果。像下面这些简单的镂空花样，当你完成编织图所显示的这些行以后，你就会记住花样不需要再看说明了。

方块蕾丝
BLOCKS LACE

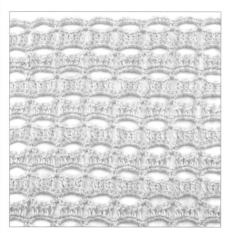

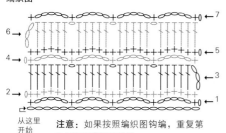

从这里开始　　**注意**：如果按照编织图钩编，重复第2~7行形成新的花样。

编织说明

锁针起针数为5的倍数加2针。
第1行（正面）：从钩针侧数起的第2针锁针钩1针短针，*5针锁针，跳过4针锁针，下1针锁针钩1针短针；从*重复到最后，翻面。
第2行：1针锁针（不算作1针），第1针短针钩1针短针，*下个5针锁针环里钩5针短针，下1针锁针钩1针短针；从*重复到最后，翻面。
第3行：3针锁针（算作第1针），跳过第1针短针，后面5针短针每针均钩1针长针，*1针锁针，跳过1针短针，后面5针短针每针均钩1针长针；从*重复到最后余1针短针，钩1针长针，翻面。
第4行：1针锁针（不算作1针），第1针长针钩1针短针，*5针锁针，下个1针锁针空隙里钩1针短针；从*重复，最后1次重复时，在结尾3针锁针的顶部钩1针短针，翻面。
重复第2~4行形成新的花样。

扇形针
FANS STITCH

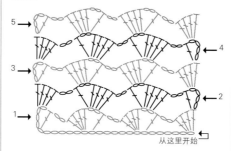

从这里开始

编织说明

锁针起针数为7的倍数加4针。
第1行：从钩针侧数起的第5针锁针钩1针长针，2针锁针，跳过5针锁针，下1针锁针钩4针长针，*2针锁针，下1针锁针钩1针长针，2针锁针，跳过5针锁针，下1针锁针钩4针长针；从*重复到最后，翻面。
第2行：4针锁针，第1针长针钩1针长针，*2针锁针，跳过2针锁针空隙，下个2针锁针空隙里钩[4针长针，2针锁针，1针长针]；从*重复至最后1个2针锁针空隙，跳过，在结尾4针锁针环里钩4针长针，翻面。
重复第1、2行形成新的花样。

冠状蕾丝
TIARA LACE

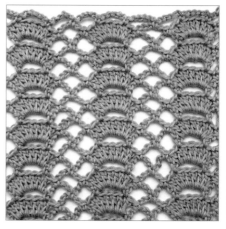

从这里开始

编织说明

锁针起针数为12的倍数。
第1行（反面）：从钩针侧数起的第2针锁针钩1针短针，*5针锁针，跳过3针锁针，下1针锁针钩1针短针；从*重复到最后余2针锁针，2针锁针，跳过1针锁针，最后1针锁针钩1针长针，翻面。
第2行（正面）：1针锁针（不算作1针），第1针长针钩1针短针，下个5针锁针环里钩1针贝壳针（7针长针），下个5针锁针环里钩1针短针，*5针锁针，下个5针锁针环里钩1针短针，下个5针锁针环里钩1针贝壳针，下个5针锁针环里钩1针短针；从*重复，结尾钩2针锁针，最后1针短针钩1针长长针，翻面。
第3行：1针锁针（不算作1针），第1针长长针钩1针短针，5针锁针，下个贝壳针的第2针钩1针短针，5针锁针，同一贝壳针的第6针钩1针短针，*5针锁针，下个5针锁针环里钩1针短针，5针锁针，下个贝壳针的第2针钩1针短针，5针锁针，同一贝壳针的第6针钩1针短针；从*重复，结尾钩2针锁针，最后1针短针钩1针长长针，翻面。
重复第2、3行形成新的花样。

配色钩编 COLOURWORK

纯色的织物虽然有自己的魅力，但是如果能将自己的创意和色彩融合到一起，则更有挑战性和成就感。所有的配色钩编技巧都很容易掌握，而且值得尝试。这部分内容包含配色条纹、提花和嵌花的配色（见134页）、配色花样（见135～137页）等。

简单的配色条纹

用基础针法钩编条纹能产生出乎编织者意料的效果。你唯一需要掌握的技术就是怎样和什么时候换线，以便开始钩编另外一种颜色的条纹，以及换线时怎样沿织物的边缘渡线。

换线

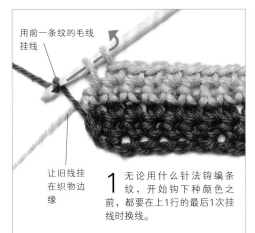

用前一条纹的毛线挂线

让旧线挂在织物边缘

1 无论用什么针法钩编条纹，开始钩下种颜色之前，都要在上1行的最后1次挂线时换线。

新线钩下1行的立针

2 把本行的最后1次挂线拉过来完成这一行。新线现在在钩针上准备钩下1行的条纹了，即下个条纹的立针是用新线钩的。

沿边缘渡线

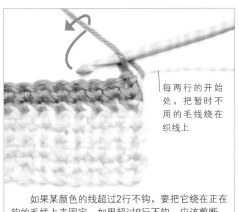

每两行的开始处，把暂时不用的毛线绕在织线上

如果某颜色的线超过2行不钩，要把它绕在正在钩的毛线上来固定。如果超过8行不钩，应该剪断，用的时候再接。

混合条纹

用光滑的羊毛线和毛茸茸的马海毛线钩条纹： 用光滑的羊毛线钩2行短针，再用毛茸茸的马海毛线钩2行短针，这样轮流交替钩，不用的毛线挂在织物边缘，用的时候再拉起来。

三色条纹： 三种颜色的毛线轮流钩短针，其中任意一种颜色多次重复。钩的时候把前一种颜色的毛线绕过去再挂线钩，这样不钩的毛线才能紧紧贴在织物边缘。换线时注意把新线拉紧，但也不要过紧，否则会把织物拉皱。

长短针条纹： 在该花样中，每个条纹都由2行构成，2行短针或2行长针。增加2行长针以后，织物就变得柔软了。

提花和嵌花的配色钩编

提花和嵌花的配色钩编都是用短针完成的。提花通常在一行中只有两种颜色，不用的毛线一直保持在下面行的顶部，所有正在钩的针目把这条线包住。如果某种颜色的毛线只用在某个区域而不是一整行的话，就需要嵌花技术，每种颜色部分所需要的毛线长度不一。

配色编织图

钩针的编织图能够显示出应该使用什么技术——提花还是嵌花。如果编织图上显示的花样是两种颜色在水平上整行重复，那么用的就是提花技术。用颜色线单独钩一块图案用的是嵌花技术。编织图中的每个小方格代表1针短针。

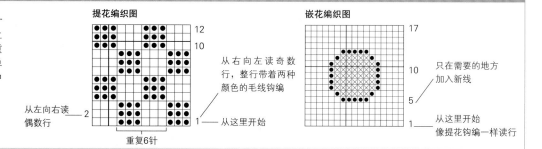

提花编织图

12
10

从左向右读偶数行 2

从右向左读奇数行，整行带着两种颜色的毛线钩编

从这里开始

重复6针

嵌花编织图

17

10

5

1

只在需要的地方加入新线

从这里开始像提花钩编一样读行

提花技术

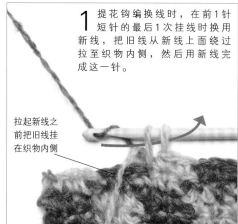

1 提花钩编换线时，在前1针短针的最后1次挂线时换用新线，把旧线从新线上面绕过拉至织物内侧，然后用新线完成这一针。

拉起新线之前把旧线挂在织物内侧

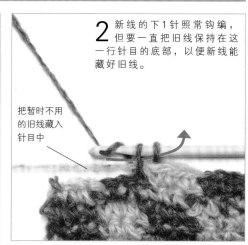

2 新线的下1针照常钩编，但要一直把旧线保持在这一行针目的底部，以便新线能藏好旧线。

把暂时不用的旧线藏入针目中

嵌花技术

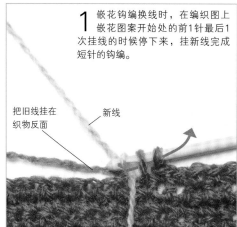

1 嵌花钩编换线时，在编织图上嵌花图案开始处的前1针最后1次挂线的时候停下来，挂新线完成短针的钩编。

把旧线挂在织物反面

新线

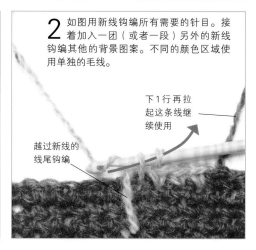

2 如图用新线钩编所有需要的针目。接着加入一团（或者一段）另外的新线钩编其他的背景图案。不同的颜色区域使用单独的毛线。

越过新线的线尾钩编

下1行再拉起这条线继续使用

简单的配色花样

　　钩编配色花样乐趣多多，本部分包括各种针法、容易钩编的令人眼花缭乱的花样，你肯定能遇到一见钟情的那款。虽然有些针法分正反面，但织物的正反面看起来很相似。正反两用是织物最好的特性。如果你想用这些针法钩编披肩、围巾、婴儿毯、床罩或者靠垫套等，你要花时间选择合适的颜色组合（见137页的特别提醒）。另外请参考121页的符号说明。特殊的符号会在编织图下给出说明。

简单的波浪针
SIMPLE ZIGZAG STITCH

编织图

4→
2→
从这里开始

注意：按照编织图钩编的时候，重复第2、3行以完成针法花样。

编织说明
这个花样需要三种颜色的线（A、B、C线）。
用A线起针，锁针起针数为16的倍数加2针。
第1行（正面）：用A线，从钩针侧数起的第2针锁针钩1针短针钩2针短针，*下7针锁针每针均钩1针短针，跳过1针锁针，下7针锁针每针均钩1针短针，下1针锁针钩3针短针；从*重复到最后，最后1针锁针钩2针短针而不是3针短针，翻面。
第2行：用B线，1针锁针（不算作1针），第1针短针钩2针短针，*下7针短针每针均钩1针短针，跳过2针短针，下7针短针每针均钩1针短针，下1针锁针钩3针短针；从*重复到最后，最后1针锁针钩2针短针而不是3针短针，翻面。
第3行：用B线重复第2行。
第4、5行：用C线重复第2行2次。
第6、7行：用A线重复第2行2次。
重复第2~7行形成新的花样。

彩色粗花呢针
COLOURED TWEED STITCH

编织图

6→　　　　　　　　　　←7
　　　　　　　　　　　←5
4→　　　　　　　　　　
　　　　　　　　　　　←3
2→　　　　　　　　　　←1
从这里开始

编织说明
这个花样需要三种颜色的线（A、B、C线）。
用A线起针，锁针起针数为2的倍数。
第1行：用A线，从钩针侧数起的第2针锁针钩1针短针，*1针锁针，跳过1针锁针，下1针锁针钩1针短针；从*重复到最后，翻面。
第2行：用B线，1针锁针（不算作1针），第1针短针钩1针短针，1针锁针空隙里钩1针短针，*1针锁针，下个1针锁针空隙里钩1针短针；从*重复到最后余1针短针，钩1针短针，翻面。
第3行：用C线，1针锁针（不算作1针），第1针短针钩1针短针，*1针锁针，下个1针锁针空隙里钩1针短针；从*重复到最后余2针短针，1针锁针，跳过1针锁针，最后1针短针钩1针短针，翻面。
第4行：用A线重复第2行。
第5行：用B线重复第3行。
第6行：用C线重复第2行。
第7行：用A线重复第3行。
重复第2~7行形成新的花样。

宝石针
GEM STITCH

编织图

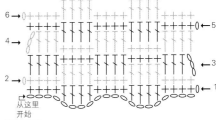

6→　　　　　　　　　　←5
4→　　　　　　　　　　
　　　　　　　　　　　←3
2→　　　　　　　　　　←1
从这里
开始

编织说明
这个花样需要两种颜色的线（A、B线）。
用A线起针，锁针起针数为8的倍数加5针。
第1行（正面）：用A线，从钩针侧数起的第2针锁针钩1针短针，下3针锁针每针均钩1针短针，*下4针锁针每针均钩1针长针，下4针锁针每针均钩1针短针；从*重复到最后，翻面。
第2行：用A线，1针锁针（不算作1针），前4针短针每针均钩1针短针，*下4针长针每针均钩1针长针，下4针短针每针均钩1针短针；从*重复到最后，翻面。
第3行：用B线，3针锁针（算作第1针），跳过第1针短针，下3针短针每针均钩1针长针，*下4针长针每针均钩1针短针，下4针短针每针均钩1针长针；从*重复到最后，翻面。
第4行：用B线，3针锁针（算作第1针），跳过第1针长针，下3针长针每针均钩1针长针，*下4针短针每针均钩1针短针，下4针长针每针均钩1针长针；从*重复，最后1次重复时，在结尾的3针锁针顶部钩1针短针，翻面。
第5行：用A线，1针锁针（不算作1针），前4针长针每针均钩1针短针，*下4针短针每针均钩1针长针，下4针长针每针均钩1针短针；从*重复，最后1次重复时，在结尾的3针锁针顶部钩1针短针，翻面。
重复第2~5行形成新的花样。

条形麦穗针
SPIKE STITCH STRIPES

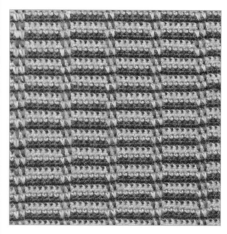

编织图

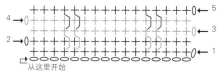

从这里开始

符号说明

麦穗针在下1针对应的上1行针目的头部钩编

编织说明

注意：麦穗针=不在下1针头部钩，而是在下1针对应的上1行针目头部，从前向后插入钩针，挂线并拉出，将线圈拉到与本行的高度平齐（遮盖住跳过的针目），挂线，从钩针上的2个线圈中拉出，完成加长的短针。

这个花样需要两种颜色的线（A、B线）。
用A线起针，锁针起针数为8的倍数加1针。

第1行（正面）：用A线，从钩针侧数起的第2针锁针钩1针短针，余下每针锁针均钩1针短针，翻面。

第2行：用A线，1针锁针（不算作1针），每针短针均钩1针短针直到最后，翻面。

第3行：用B线，1针锁针（不算作1针），*前3针短针每针均钩1针短针，下2针短针分别钩1针麦穗针，下3针短针每针均钩1针短针；从*重复到最后，翻面。

第4行：用B线重复第2行。

第5行：用A线重复第3行。

重复第2~5行形成新的花样。

双层波浪针
DOUBLE ZIGZAG STITCH

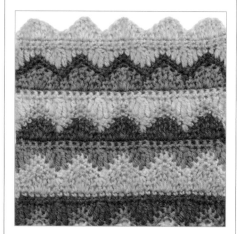

编织图

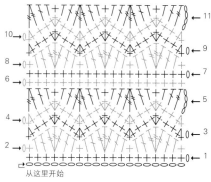

从这里开始

编织说明

注意：变化的枣形针（3针长长针）=[挂线2次，钩针插入下1个针目里，挂线并拉出，（挂线，从钩针上的前2个线圈中拉出）重复2次]重复3次（即3针未完成的长长针），挂线从钩针上的4个线圈中拉出。

2针长长针并1针=下2针针目分别钩1针未完成的长长针，挂线，从钩针上的3个线圈中拉出。

这个花样需要四种颜色的线（A、B、C、D线）。
用A线起针，锁针起针数为6的倍数加2针。

条纹的顺序为：2行A线，2行B线，2行C线，2行D线。

第1行（正面）：用A线，从钩针侧数起的第2针锁针钩1针短针，余下每针锁针均钩1针短针，翻面。

第2行：1针锁针（不算作1针），第1针短针钩1针短针，*下2针短针分别钩1针中长针、1针长针，下1针短针钩3针长长针，下3针短针分别钩1针长针、1针中长针、1针短针；从*重复到最后，翻面。

第3行：1针锁针（不算作1针），前2针钩2针短针并1针，下2针各钩1针短针，*下1针钩3针短针，下2针各钩1针短针，下3针钩3针短针，下2针各钩1针短针；从*重复到最后余5针，第1针钩3针短针，下2针各钩1针短针，最后2针钩2针短针并1针，翻面。

第4行：重复第3行。

第5行：4针锁针，跳过第1针，下6针短针分别钩1针长长针、1针长针、1针中长针、1针短针、1针中长针、1针长针，*下3针钩1针变化的枣形针，下5针短针分别钩1针长针、1针中长针、1针短针、1针中长针、1针长针；从*重复，最后2针钩2针长长针并1针，翻面。

第6行：1针锁针（不算作1针），每针均钩1针短针（最后在4针锁针的顶部钩），翻面。

第7行：1针锁针（不算作1针），每针均钩1针短针，翻面。

重复第2~7行形成新的花样，按照条纹的颜色顺序钩编。

球形条纹
BOBBLE STRIPE

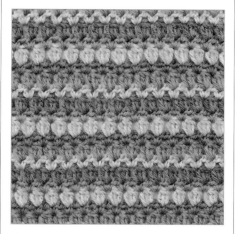

编织图

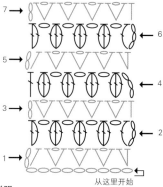

从这里开始

编织说明

注意：球形针=[挂线，把钩针插入同一针目里，挂线并拉出，挂线，从钩针上的前2个线圈中拉出]重复3次（现在钩针上有4个线圈），挂线，从钩针上的4个线圈中拉出。

这个花样需要三种颜色的线（A、B、C线）。
用A线起针，锁针起针数为2的倍数加1针。

条纹的顺序为：1行A线，1行B线，1行C线。

第1行（反面）：从钩针侧数起的第3针锁针钩1针中长针，*跳过1针锁针，下1针锁针钩[1针中长针、1针锁针、1针中长针]；从*重复到最后余2针，跳过1针锁针，最后1针锁针钩2针中长针，翻面。

第2行（正面）：3针锁针（算作第1针），第1针中长针钩1针长针，*1针锁针，下个1针锁针空隙里钩1针球形针；从*重复，最后1针锁针，在2针锁针的顶部钩2针未完成的长针（现在钩针上有3个线圈），挂线，从钩针上的3个线圈中拉出，翻面。

第3行：2针锁针（算作第1针），*在下个1针锁针空隙里钩[1针中长针、1针锁针、1针中长针]；从*重复，最后在3针锁针的顶部钩1针中长针，翻面。

第4行：3针锁针（算作第1针），下个1针锁针空隙里钩1针球形针，*1针锁针，下个1针锁针空隙里钩1针球形针；从*重复，最后在2针锁针的顶部钩1针长针，翻面。

第5行：2针锁针（算作第1针），第1针长针钩1针中长针，*在下个1针锁针空隙里钩[1针中长针、1针锁针、1针中长针]；从*重复，最后在3针锁针的顶部钩2针中长针，翻面。

重复第2~5行形成新的花样，按照条纹的颜色顺序钩编。

三角形麦穗
TRIANGLES SPIKE STITCH

编织图

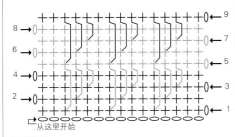

8 → 7 ←
6 → 5 ←
4 → 3 ←
2 → 1 ←
9

从这里开始

符号说明

麦穗针1：在下1针对应的上1行针目的头部钩编

麦穗针2：在下1针对应的上2行针目的头部钩编

麦穗针3：在下1针对应的上3行针目的头部钩编

编织说明

注意：麦穗针=不在下1针头部钩，而是在下1针对应的上1行、上2行或者上3行的针目头部，从前往后插入钩针，挂线并拉出，将线圈拉长到与本行的高度平齐（遮盖住跳过的针目），挂线，从钩针上的2个线圈中钩出，完成加长的短针。

这个花样需要两种颜色的线（A、B线）。

用A线起针，锁针起针数为4的倍数加4针。

第1行（正面）： 用A线，从钩针侧数起的第2锁针钩1针短针，余下每针锁针均钩1针短针，翻面。

第2行： 用A线，1针锁针（不算作1针），每针短针均钩1针短针直到最后，翻面。

第3、4行： 用A线，重复第2行2次。

第5行（正面）： 用B线，1针锁针（不算作1针），第1针短针钩1针短针，*下1针短针钩1针短针，下1针短针钩1针麦穗针1，下1针短针钩1针麦穗针2，下1针短针钩1针麦穗针3；从*重复到最后余2针短针，分别钩1针短针，翻面。

第6～8行： 用B线，重复第2行3次。

第9行（正面）： 用A线，重复第5行。

重复第2～9行形成新的花样，最后以第5行或者第9行结束。

变化的枣形针和贝壳针的配色花样
COLOURED CLUSTER AND SHELL STITCH

编织说明

这个花样需要两种颜色的线（A、B线）。

按照下面说明钩编，贝壳针参见118页，变化的枣形针参见119页。

用A线钩编基础锁针行，然后按照条纹花样，按顺序重复——2行A线，2行B线。

彩色紧致贝壳针
COLOURED CLOSE SHELLS STITCH

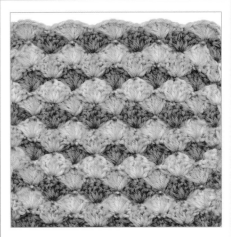

编织说明

这个花样需要三种颜色的线（A、B、C线）。

按照下面说明钩编，紧致贝壳针参见122页，用A线钩编基础锁针行，然后按照条纹花样，按顺序重复——1行A线，1行B线，1行C线。

特别提醒

● 按照编织图钩编的时候，依照文字说明使用颜色。编织图的不同色度表示行数的变化，不表示毛线的色彩变化（除了麦穗针以外）。基础针法符号见121页。

● 谨慎选择毛线。开始只买一团毛线，检查色彩搭配是否满意。成功的搭配就是色彩之间无论是色度还是色调都分得很清楚。在做最后的决定之前，尤其是钩大块作品之前，最好先试钩几块样品。用珠针把样品拼起来，往后退几步看看——好的设计会让你一见钟情。

按照花样钩编

FOLLOWING A CROCHET PATTERN

按照花样的编织说明一步步慢慢地钩编，并不像织物看上去那么难。这里以简单的小物件和衣服为例给出很多实用的技巧，也适用于实践你的第1件花样作品——包括能形成织物外形的简单的加针和减针、收尾（例如饰边和扣襻）、定型和缝合等。

简单的小物件编织说明

入门者应该选择简单的小物件作为第1件钩编作品。例如这里介绍的条形花样的靠垫套就是不错的选择。按照数字标明的顺序让自己了解简单编织说明的各个部分。

1 大多数编织说明的开始都会提供该织物的难度。在钩编中等难度织物之前先钩几件简单的。

2 检查完工后成品的尺码。像靠垫套这样简单的方块，你可以通过增加或者减少针数与行数，很容易地调节尺寸大小。

3 如果需要，可根据自己的眼光选择不同的颜色。此处的颜色仅供参考。

8 开始钩编之前，制作样品检验密度（见139页），如有必要，可以改换其他尺寸的钩针。

9 任何作品钩编的开始都说明了基础锁针行所需要锁针的数量，用什么毛线或者多大尺寸的钩针。

10 如编织说明中出现了缩写，可对照缩写表（见121页），看懂缩写的含义。

14 靠垫套的后片有时候跟前片完全相同，有时候也用布料制作。条纹要与前片错开，以产生变化。

15 当整个作品都钩完以后，按照编织说明的收尾要求做。

条形花样的靠垫套

难度
容易

成品尺寸
40.5cm×40.5cm

材料及工具
草绿色苏格兰绞纱4股毛线7团，每团25g（110米）（A线）；天蓝色苏格兰绞纱4股毛线4团，每团25g（110米）（B线）
3.5mm钩针
与成品靠垫套尺寸相配的靠垫芯

密度
10cm×10cm面积内24行，每行22针短针，用3.5mm钩针或者能取得相同密度的钩针。为了节约时间，需要先花时间检验密度。

前片
用3.5mm钩针和A线钩89针锁针。
第1行：从钩针侧数起的第2针锁针钩1针短针，余下每针锁针均钩1针短针，翻面。共88针。
第2行：1针锁针（不算作1针），每针短针均钩1针短针直到最后，翻面。
重复第2行，形成短针织物。
任何时候要换新的颜色都要在上1行最后1针最后1次挂线时换线。按照下面顺序钩条纹：
用A线钩26行，B线钩8行，[8行A线，8行B线]重复2次，28行A线。
收针。

后片
跟前片一样，但是用B线代替前片的A线，A线代替B线。

收尾
藏起所有线尾。
按照毛线的商标说明，从反面轻轻地定型和熨烫。反面朝外，把前片和后片三条边缝在一起。将正面翻出来，塞入靠垫芯，缝合。

4 购买毛线量的依据是总长度，而不是重量。

5 最好用要求使用的毛线。但是如果没有买到相同的，可根据21页的对照表购买相近的。

6 如果用推荐的钩针不能得到相符的密度，可以改换钩针型号。

7 作品中需要的其他材料通常在"材料及工具"栏或者"其他物品"栏内说明。

11 按照编织说明的要求钩编，看清楚是行数还是厘米数。

12 条纹的颜色线总是在上1行的末尾更换，也就是新条纹的立针就已经是新线了（见133页）。

13 将完成后的作品收针。

16 藏线尾的方法见113页。

17 在熨烫织物之前，确定你已经看过毛线的商标说明。商标上可能会说明毛线不能熨烫或者需要冷定型（定型见146页）。

18 参见146页和147页缝合部分。花时间练习缝合技术。当第1次缝接缝的时候，找一个有经验的人帮助你。

衣服编织说明

衣服的编织说明通常会从难度开始，紧接着是尺寸、材料及工具，最后是钩编要点。令衣服或者其他作品（例如帽子、连指手套、分指手套和袜子）大小合适的最重要因素是选择正确的尺寸和制作用来检测密度的样品。

提示

● 选择难度适合你的钩编经验的作品。如果有所怀疑或者你还没有多年的钩编经验，还是先尝试简单或者入门难度的比较合适，直到你有自信可以尝试更高难度的作品。

● 如果你是第1次钩编毛衣，白色是个不错的选择。但是如果你选择了白色毛线，一定要在每次钩编之前先洗手；停下来不钩的时候，把毛线和毛衣放在袋子里保持干净。

● 第1次钩编毛衣应该避开黑色和其他深色毛线，因为针目很难看清楚，就算对于有丰富经验的编织者也是如此。

● 购买的同色毛线应该是同一染缸号码的（见20页）。

● 如果你打算钩编毛衣，手头要备有一套钩针。当检查密度的时候，你可能需要其他尺寸的钩针，以便在必要时更换。

● 无论你钩编衣服、物品还是玩具，均应按照说明中的顺序按片钩编。钩编衣服时，通常先钩后片，然后钩前片（如果是对襟的或者夹克，就需要两片前片），最后钩袖子。如果有嵌入到前片上的口袋，可以在钩前片之前钩完；如果是缝上去的，可以最后钩编。

● 不建议更改毛衣的钩编尺寸。前、后片以及袖子都经过专门设计，彼此结合得恰到好处。如果你改变了袖窿的周长，袖子上端就无法刚好缝合。毛衣长度和袖子长度有时候可以调整，但在编织说明中指定的某些部分不可以——例如靠近身体的袖窿前端和袖子上端的那些部位。

选择衣服的尺寸

关于毛衣的尺寸，通常在编织说明里会详细列出胸围尺寸或者大致地分出小号、中号和大号。最好的建议是不要严格按照这些标准选择你的尺寸，而是看看你想要衣服怎样贴近你的身体——刚好贴身还是松松的。如果你要钩一件毛衣，就在衣柜里找一件舒适又合身的、厚度和外形都跟你想要钩的比较相近的毛衣。将这件毛衣摊平，测量它的宽度，然后在编织说明中选择毛衣宽度最接近的——这就是适合你的尺寸。

选择完要钩编的尺寸后，将花样影印下来，在上面圈出或者突出适合你的尺寸的数字。先购买毛线，再决定后片起针数目、袖窿的周长等。说明中最前面给出的是最小尺码的数字，尺码越大，排得越靠后。如果说明中只有一个数字——尺寸、行数或者针数——那就说明该尺寸为均码。开始正式钩编前要检查密度。

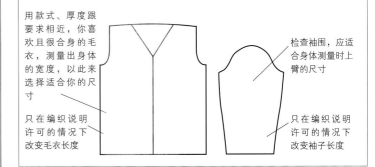

用款式、厚度跟要求相近，你喜欢且很合身的毛衣，测量出身体的宽度，以此来选择适合你的尺寸

只在编织说明许可的情况下改变毛衣长度

检查袖围，应适合身体测量时上臂的尺寸

只在编织说明许可的情况下改变袖子长度

测量密度

在正式开始钩编前一定要织一小块样品，并非每个人钩编出来的织物松紧度都是一样的，所以你需要用不同型号的钩针试验一下，以获得编织说明中要求的密度。

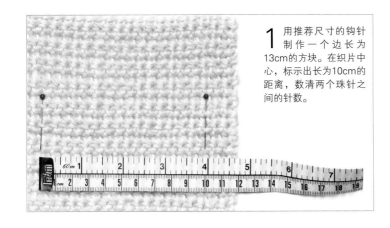

1 用推荐尺寸的钩针制作一个边长为13cm的方块。在织片中心，标示出长为10cm的距离，数清两个珠针之间的针数。

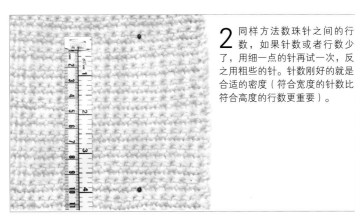

2 同样方法数珠针之间的行数，如果针数或者行数少了，用细一点的针再试一次，反之用粗些的针。针数刚好的就是合适的密度（符合宽度的针数比符合高度的行数更重要）。

改变织物的形状

要想改变简单的正方形和长方形，钩编者需要了解怎样加针和减针来形成不同形状的织物。这里列举了最常用的简单改变外形的方法。

短针加针

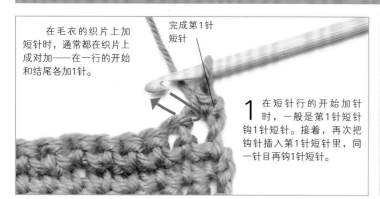

在毛衣的织片上加短针时，通常都在织片上成对加——在一行的开始和结尾各加1针。

完成第1针短针

1 在短针行的开始加针时，一般是第1针短针钩1针短针。接着，再次把钩针插入第1针短针里，同一针目再钩1针短针。

2 这样就完成了加针。继续钩编，正常在每针短针头部钩1针短针。

同一针目钩2针短针

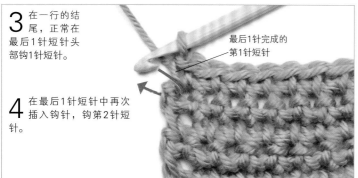

3 在一行的结尾，正常在最后1针短针头部钩1针短针。

最后1针完成的第1针短针

4 在最后1针短针中再次插入钩针，钩第2针短针。

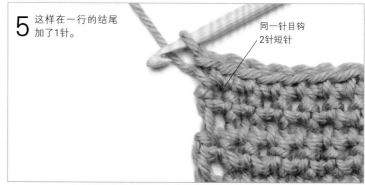

5 这样在一行的结尾加了1针。

同一针目钩2针短针

长针加针

在毛衣的织片上加长针时，跟短针加针的方法相同。同样地，最常用的就是成对加针——在一行的开始和结尾各加1针。

上1行的第1针长针钩第1针长针，而不是跳过去

1 在长针行的开始加针时，先钩立针，然后在上1行的第1针长针头部钩第1针长针。因为上1行的第1针长针通常是要跳过去不钩的，所以这样就相当于在一行的开始加了1针。

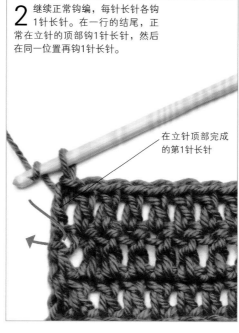

2 继续正常钩编，每针长针各钩1针长针。在一行的结尾，正常在立针的顶部钩1针长针，然后在同一位置再钩1针长针。

在立针顶部完成的第1针长针

3 如图所示，在一行结尾完成加针。

同一针目钩2针长针

在一行开始的台阶式加针

1 钩编中常常需要加几针，令边缘形成小台阶。例如，要加一个3针短针的台阶，就要在短针行的开始钩4针锁针，如图所示。（锁针的数目要比需要的短针数目多1针。）

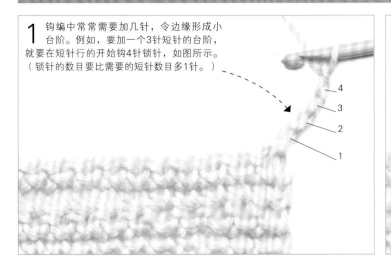

2 从钩针侧数起的第2针锁针钩第1针短针，下2针锁针各钩1针短针。这样就在一行的开始加了3针短针。

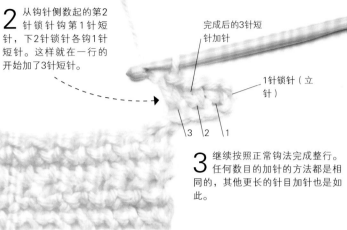

3 继续按照正常钩法完成整行。任何数目的加针的方法都是相同的，其他更长的针目加针也是如此。

在一行末尾的台阶式加针

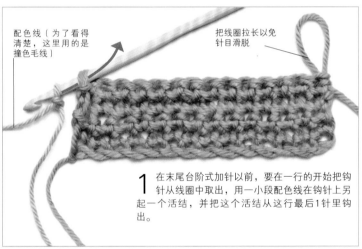

1 在末尾台阶式加针以前，要在一行的开始把钩针从线圈中取出，用一小段配色线在钩针上另起一个活结，并把这个活结从这行最后1针里钩出。

2 现在钩针上有1个线圈——这样在这行的末尾形成了第1针锁针，继续钩锁针（根据需要加针的数目钩）。

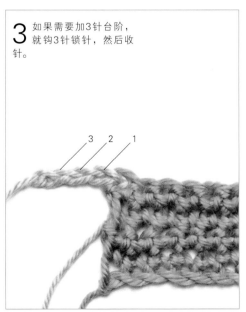

3 如果需要加3针台阶，就钩3针锁针，然后收针。

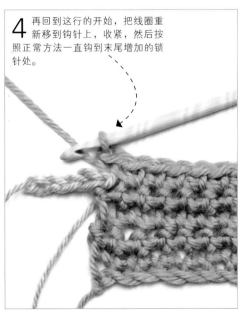

4 再回到这行的开始，把线圈重新移到钩针上，收紧，然后按照正常方法一直钩到末尾增加的锁针处。

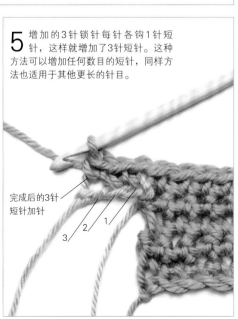

5 增加的3针锁针每针各钩1针短针，这样就增加了3针短针。这种方法可以增加任何数目的短针，同样方法也适用于其他更长的针目。

2针短针并1针 (dc2tog)

在织片上减针，就像加针一样，最常用的就是成对减针——在一行的开始和末尾各减少1针。

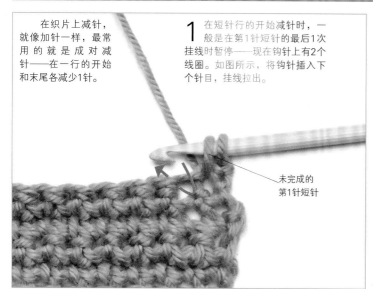

1 在短针行的开始减针时，一般是在第1针短针的最后1次挂线时暂停——现在钩针上有2个线圈。如图所示，将钩针插入下个针目，挂线拉出。

未完成的第1针短针

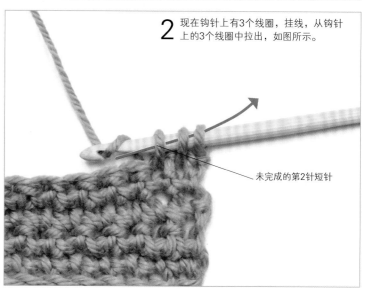

2 现在钩针上有3个线圈，挂线，从钩针上的3个线圈中拉出，如图所示。

未完成的第2针短针

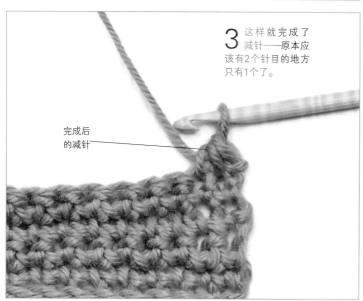

3 这样就完成了减针——原本应该有2个针目的地方只有1个了。

完成后的减针

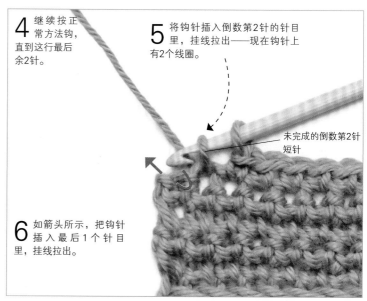

4 继续按正常方法钩，直到这行最后余2针。

5 将钩针插入倒数第2针的针目里，挂线拉出——现在钩针上有2个线圈。

未完成的倒数第2针短针

6 如箭头所示，把钩针插入最后1个针目里，挂线拉出。

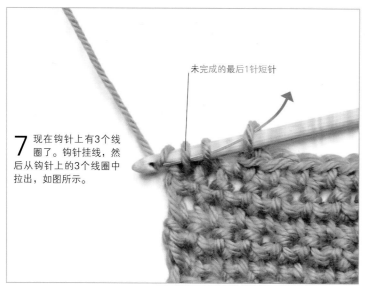

7 现在钩针上有3个线圈了。钩针挂线，然后从钩针上的3个线圈中拉出，如图所示。

未完成的最后1针短针

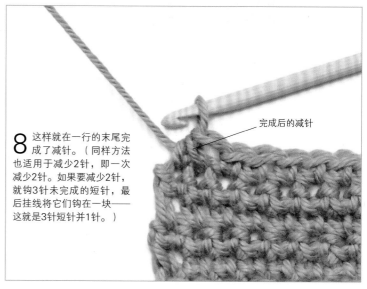

8 这样就在一行的末尾完成了减针。（同样方法也适用于减少2针，即一次减少2针。如果要减少2针，就钩3针未完成的短针，最后挂线将它们钩在一块——这就是3针短针并1针。）

完成后的减针

2针长针并1针 (tr2tog)

1 在长针行的开始减1针，先钩立针，跳过第1针长针，下2针长针各钩1针未完成的长针。再如图所示，挂线一次性从钩针上的3个线圈中拉出。

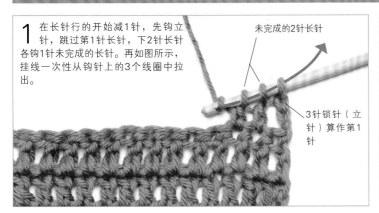

未完成的2针长针

3针锁针（立针）算作第1针

2 这样就完成了减针——原本应该有2个针目的地方只有1个了。

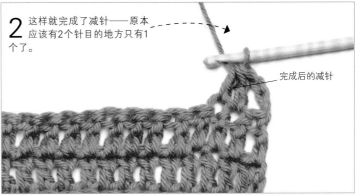

完成后的减针

3 继续按正常方法钩，直到最后余1针长针。最后1针长针钩1针未完成的长针。在钩针上挂线，将钩针插入上1行立针的顶部，如图所示。

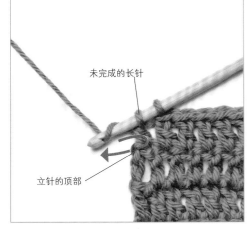

未完成的长针

立针的顶部

4 在立针的顶部钩1针未完成的长针。现在钩针上有3个线圈了。挂线，然后从钩针上的3个线圈中拉出，如图所示。

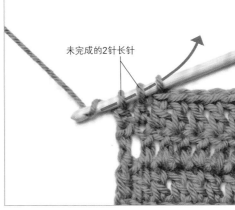

未完成的2针长针

5 这样就在一行的末尾完成了减针。（同样方法也适用于减少2针，即一次减少2针。如果要减少2针，就钩3针未完成的长针，最后挂线将它们钩在一块——这就是3针长针并1针。）

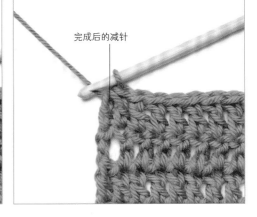

完成后的减针

台阶式减针

在一行的开始减： 减针就像加针一样，也是要钩成像小台阶一样的边缘。例如要在短针行的开始钩1个减少3针的台阶，就先钩1针锁针，然后前4针每针各钩1针引拔针。再钩1针锁针，接着在与最后1针引拔针相同的位置钩短针。

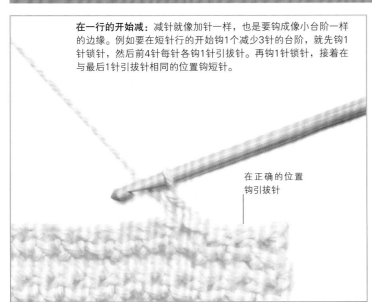

在正确的位置钩引拔针

在一行的末尾减： 例如在一行的末尾形成减少3针的台阶，只要钩到这行最后余3针的位置，翻面，留3针不钩就行了。这个方法适用于各种针法。

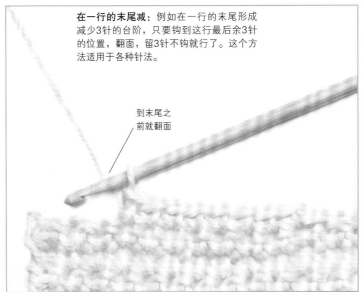

到末尾之前就翻面

收尾

对于钩编者来说，收尾往往比钩编过程难度更大。这里讲解了一些常常用到的技术。花时间练习各种收尾，在对你的大作品收尾之前，先在一些小样品上练习。

短针的边缘编织

在织物的顶部或者底部：增加1行简单的短针是很好的方式，令织物的边缘很整洁。沿顶部或者底部钩短针的时候，第1个针目钩引拔针加入新线，然后钩1针锁针，钩引拔针的针目再钩1针短针，接着沿边缘每一针钩1针短针。

沿织物的行边：在织物行边钩编跟在顶部钩编是一样的方法，只是边缘不容易钩得均匀。要想效果完美，就要试试看每个行边需要钩多少针：如果完成后的边缘看起来向外展开，那就少钩几针；如果收紧起皱了，就要再增加几针。

直接在边缘上面增加饰边

以1行短针为开始的任何饰边都能很容易地在织物上直接钩出来。

1 用撞色线钩饰边。先钩1行短针，然后翻面钩下1行（这里钩的是151页上的简洁的贝壳饰边的第2行）。

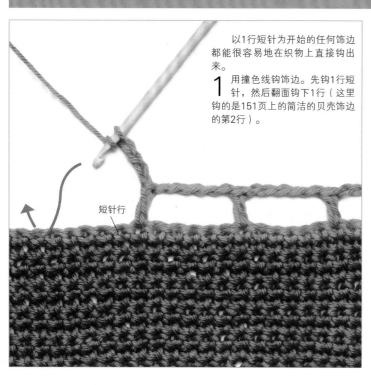

短针行

2 在第2行的末尾，翻面钩饰边的其余部分（这里钩的是简洁的贝壳饰边的第3行）。

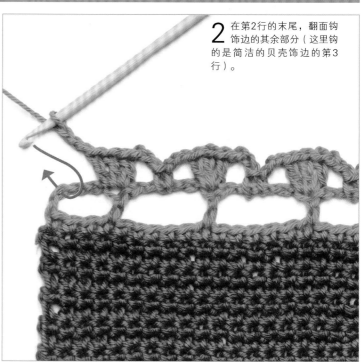

圆形纽扣

要钩编跟织物相配的圆形纽扣，要先用不同的毛线和钩针进行尝试，找到大小最合适的纽扣。这里示范的纽扣是用超细毛线和2mm（美式5号或者B-1号）钩针钩编出来的，直径大约1.5cm。

1 按照如下步骤钩编每颗纽扣：

钩4针锁针，第1针锁针钩1针引拔针形成圆环。

第1圈（正面）：1针锁针，在圆环中钩8针短针（钩短针的时候绕着线尾钩），第1针短针钩1针引拔针连接。在一圈的结尾不要翻面，一直对着正面钩。

第2圈：1针锁针，刚刚钩引拔针的短针钩1针短针，下1针短针钩2针短针，[下1针短针钩1针短针，下1针短针钩2针短针]重复3次，第1针短针钩1针引拔针连接。共12针短针。

第3圈：1针锁针，每针短针均钩1针短针直到最后，第1针短针钩1针引拔针连接。

第4圈：1针锁针，刚刚钩引拔针的短针钩1针短针，[下2针短针并1针，下1针短针钩1针短针]重复3次，最后2针短针并1针，第1针短针钩1针引拔针连接。共8针短针。

把线圈从钩针上取下，拉长线尾防止脱线，然后把线尾从第1圈拉进纽扣里面，再用填充棉填满。

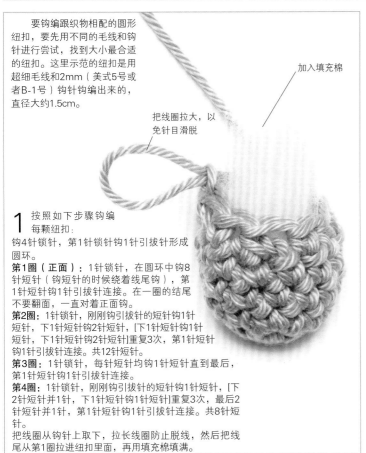

把线圈拉大，以免针目滑脱

加入填充棉

2 把线圈重新挂在钩针上，收紧。然后按照下面步骤钩：

第5圈：1针锁针，前2针短针（刚刚钩引拔针的短针和下1针短针）并1针，[下2针短针并1针]重复3次，第1针短针钩1针引拔针连接。共4针短针。

收针，留长线尾（至少20cm长）。

如果需要的话，放入更多填充棉。接着用毛线缝针和长线尾把纽扣背面的开口缝合。

3 不要剪断线尾，以便用来缝纽扣。

保留长线尾用来缝纽扣

扣襻

沿着靠垫套、开襟毛衫或者婴儿毯的边缘钩编扣襻非常容易。

1 沿着扣襻所在的边缘钩短针。根据纽扣的大小钩两三针或者更多针锁针。

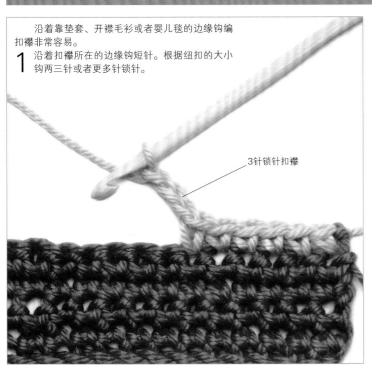

3针锁针扣襻

2 在边缘上跳过相同数目的针目，下1针钩短针。检验一下完成的第1个扣襻跟纽扣是否搭配。需要的话，调整锁针的数目。

3 继续沿着边缘钩短针和扣襻，直到完成整个边缘。要让扣襻更结实，可以沿着第1行再钩1行短针，在每个扣襻处短针数目跟锁针数目相同。

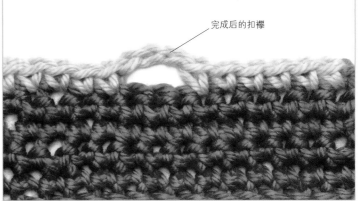

完成后的扣襻

定型和缝合

往往用毛线缝针和配色线缝合接缝（这里用撞色线是为了更清楚地显示缝合的技法），并按照编织说明中要求的顺序缝合。但是在缝合之前，每块织片都要先仔细定型。织物全部缝好后要在反面轻轻地冷烫接缝。

冷定型

如果毛线说明中允许的话，冷定型是让织物变平整的最好方式。把织物放在温水中浸泡，然后把水拧出去，再用毛巾把织物卷起，把多余的水分吸干。在干毛巾上覆盖一层床单，织物正面向下平铺到床单上，用珠针按一定间距固定。尽可能多用珠针固定，以保持形状。在织物完全干燥以前，不要移动织物。

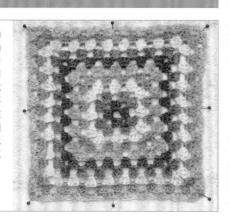

蒸汽定型

如果希望快点定型可以采用蒸汽定型（如果毛线商标上的说明允许的话）。首先，用珠针把织物正面向下固定成正确的形状。然后用干净潮湿的布覆盖在织物上，用蒸汽熨斗轻轻熨烫，熨斗尽可能不要碰到织物。不要用熨斗重压织物，否则会把花纹烫平。蒸汽熨烫过的织物放置不动，直到完全干燥再取下珠针。

回针缝

回针缝的接缝非常结实，在织物和物品的缝合中常常被推荐使用。

1 织片正面相对，边缘对齐，在开始处缝两三针卷针缝加以固定。然后把针插入靠近边缘的位置，1针向前1针向后地缝接缝。

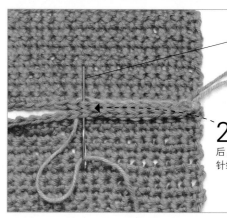

用毛线缝针缝

2 向后缝的时候，针要插入前1针结束的位置。完成缝合后，跟开始处一样，缝两三针卷针缝加以固定。

卷针缝

简单的卷针缝：织片正面相对，边缘对齐，像回针缝一样，在开始处缝两三针卷针缝加以固定。然后把针插入靠近边缘的位置，确定每针都穿透两层，如图所示。

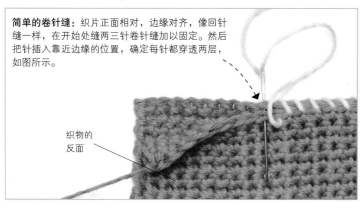

织物的反面

织物的正面

把缝线拉紧，让接缝的针迹不明显

平整的卷针缝：沿着织物的针目头部平整地卷针缝时，要把织片正面向上平放，边对边放齐。像简单的卷针缝一样缝合，但是缝针仅挑起针目的后侧线圈。

边对边缝合

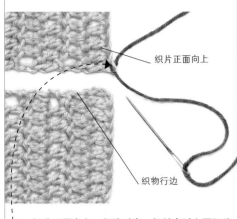

这种缝合方法让接缝非常干净整洁，既可以用在长针织物中，也可以用在其他针法的织物中。

1 织片正面向上，行边对齐。把针穿过上面织片的一角，留长线尾。

织片正面向上
织物行边

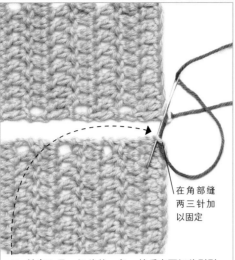

2 针穿入另一织片的一角，然后在两织片刚刚穿针的位置插入缝针，拉紧缝线。

在角部缝两三针加以固定

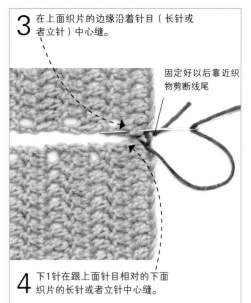

3 在上面织片的边缘沿着针目（长针或者立针）中心缝。

固定好以后靠近织物剪断线尾

4 下1针在跟上面针目相对的下面织片的长针或者立针中心缝。

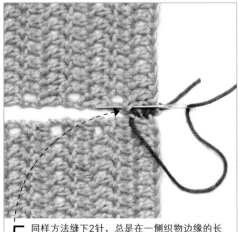

5 同样方法缝下2针，总是在一侧织物边缘的长针或立针中心缝完后，再在对侧边缘缝。

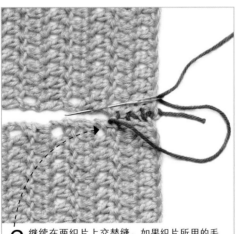

6 继续在两织片上交替缝。如果织片所用的毛线比较粗，缝合的针迹要短一点。

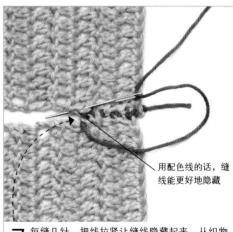

7 每缝几针，把线拉紧让缝线隐藏起来，从织物的正面应看不到针迹。

用配色线的话，缝线能更好地隐藏

引拔针缝合

1 不用毛线缝针而用钩针快速缝合。虽然接缝也可以用短针缝，但是引拔针看起来没那么粗大。开始先在钩针上打个活结。

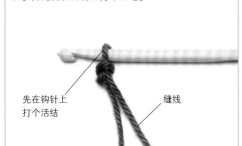

先在钩针上打个活结
缝线

2 两织片正面相对，边缘对齐。

3 将带有活结的钩针在接缝起始端插入，穿透两层织片，在钩针上挂线，从两层织片和钩针上的线圈中拉出。

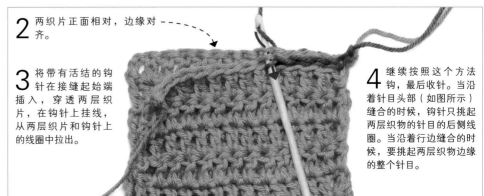

4 继续按照这个方法钩，最后收针。当沿着针目头部（如图所示）缝合的时候，钩针只挑起两层织物的针目的后侧线圈。当沿着行边缝合的时候，要挑起两层织物边缘的整个针目。

装饰钩编物

EMBELLISHMENTS FOR CROCHET

　　装饰钩编物的方法有很多种，装饰品有的微小，有的醒目。虽然有些细节可能看起来不重要，但当纽扣列在用品清单上的时候，则需要仔细挑选，最好把完成后的钩编物也带着，试试看是否合适再购买。其他的可用在钩编物上的装饰品还有串珠、丝带、毛球、饰边、流苏、绣片等。

珠编	如果你只想在钩编好的织物上加少量的串珠，可以缝上去。但如果想要均匀分布的效果，在钩编的过程中就要把串珠钩进去。珠编最常用的技术就是短针。

短针珠编

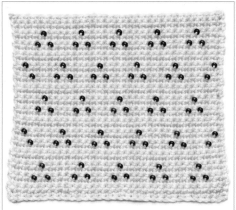

　　珠编适合简单的均匀分布几何图案的织物。但注意不要在织物上放太多串珠，串珠太大也不合适，因为这会给织物增加太多重量，导致织物变形。

1 珠编通常按照编织图所标示的位置放置串珠。编织图的读法跟134页配色编织图的读法是相同的，编织图中标示出哪里钩一般的短针，哪里钩带串珠的短针。

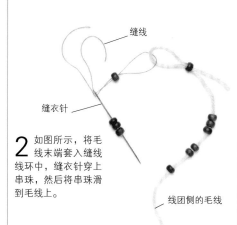

缝线
缝衣针
线团侧的毛线

2 如图所示，将毛线末端套入缝线线环中，缝衣针穿上串珠，然后将串珠滑到毛线上。

3 根据编织图所示，要用到串珠的时候，把串珠沿着毛线滑过去。串珠总是在反面行钩编。钩串珠时，钩下1针短针至最后1次挂线——现在钩针上有2个线圈，滑1颗串珠到织物处，再挂线继续钩编。

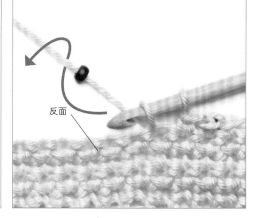

反面

4 挂线，从2个线圈中拉出即完成了这针短针。

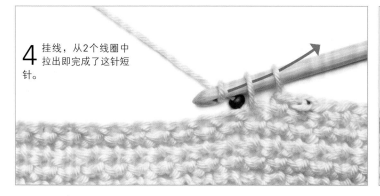

5 钩紧这针短针，令串珠紧贴在织物的正面。

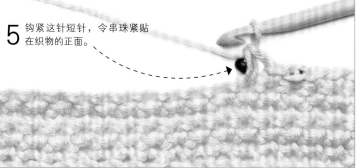

刺绣装饰

因为短针钩编出来的织物紧密硬朗，所以在上面刺绣图案很容易。许多刺绣针迹都适用于钩编物，这里展示了几种最为流行的。刺绣用的毛线应该与钩编用的毛线相同，或者略微粗一点，这样图案才能更清晰。无论什么针迹都要用缝合接缝所用的毛线缝针绣。

锁边绣

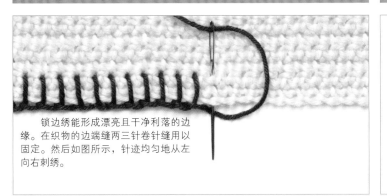

锁边绣能形成漂亮且干净利落的边缘。在织物的边端缝两三针卷针缝用以固定。然后如图所示，针迹均匀地从左向右刺绣。

锁链绣

锁链绣最适合于刺绣曲线形图案。将毛线挂在织物的反面，用钩针把线圈拉到正面。收针时，把线尾拉到正面并从最后1个线圈中穿过，再拉回到反面。在反面藏线尾。

十字绣

1 在每针短针上面都单独绣1针十字绣。绣好完整的1针十字绣之后再绣下1针。每针都保持略松，这样才不会将织物抽紧。

2 在纯短针织物上面增加一行行的十字绣，是形成格子图案的最有效方法。这个技术也极好地装饰了纯短针织物。

钩编物的饰边

150~155页介绍了一些饰边的样式，它们都是用在织物上的最棒的简单装饰。有些饰边可以直接在织物上钩出来（见144页），也有些是另外钩好再缝上去的。

缝合饰边

把饰边缝到织物上的时候，要用跟织物主体一样的毛线和毛线缝针。先用两三针卷针缝在接缝开始端固定毛线，然后如图所示，用卷针缝把织物边缘和饰边均匀地缝到一起。

简单的饰边

在平淡无奇的织物上增加饰边会令其焕然一新，增加些许雅致的感觉。这里展示了多种简单的饰边，但都是横向钩编的，所以当你准备给自己的作品增加饰边的时候，要根据想要的长度钩适量的锁针。这些饰边很适合新手演练，用在毛巾、围巾、婴儿毯、领口和披肩上也是极好的装饰。注意，给毯子周围加饰边的时候，要在转角处加针，这样饰边也可以自然地聚集以便转角顺畅。可先用一小段饰边做试验，看看在每个转角处需要加多少针。

锁链流苏

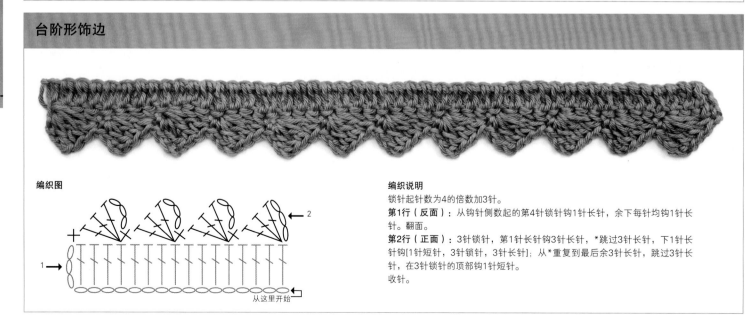

编织图

每一圈流苏需要29针锁针

从这里开始

编织说明

注意：这款饰边以短针行为基础行。每条流苏的长度可以通过调整锁针数目而改变。开始钩流苏之前，在需要的短针数基础上再加1针作为基础锁针行的针目数。

第1行（反面）：从钩针侧数起的第2针锁针钩1针短针，余下每针均钩1针短针。翻面。

第2行（正面）：1针锁针，第1针短针钩［1针短针，29针锁针，1针短针］，*下1针短针钩［1针短针，29针锁针，1针短针］；从*重复到最后。

收针。

台阶形饰边

编织图

从这里开始

编织说明

锁针起针数为4的倍数加3针。

第1行（反面）：从钩针侧数起的第4针锁针钩1针长针，余下每针均钩1针长针。翻面。

第2行（正面）：3针锁针，第1针长针钩3针长针，*跳过3针长针，下1针长针钩[1针短针，3针锁针，3针长针]；从*重复到最后余3针长针，跳过3针长针，在3针锁针的顶部钩1针短针。

收针。

3针狗牙饰边

编织图

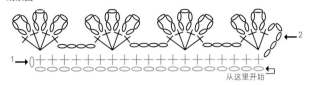

从这里开始

编织说明

锁针起针数为6的倍数加2针。

第1行（反面）： 从钩针侧数起的第2针锁针钩1针短针，余卜每针均钩1针短针。翻面。

第2行（正面）： 5针锁针，第1针短针钩1针短针，〔5针锁针，1针短针〕重复2次］，*4针锁针，跳过5针短针，下1针短针钩[1针短针，〔5针锁针，1针短针〕重复3次]；从*重复到最后。

收针。

扇形狗牙饰边

编织图

从这里开始

编织说明

锁针起针数为4的倍数加2针。

第1行（反面）： 从钩针侧数起的第2针锁针钩1针短针，*5针锁针，跳过3针锁针，下1针锁针钩1针短针；从*重复到最后。翻面。

第2行（正面）： 1针锁针，*下个5针锁针环中钩[4针短针，3针锁针，4针短针]；从*重复到最后。

收针。

简洁的贝壳饰边

编织图

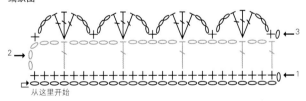

从这里开始

编织说明

锁针起针数为6的倍数加2针。

第1行（正面）： 从钩针侧数起的第2针锁针钩1针短针，余下每针均钩1针短针。翻面。

第2行： 5针锁针，跳过前3针短针，下1针短针钩1针长针，*5针锁针，跳过5针短针，下1针短针钩1针长针；从*重复到最后余3针短针，2针锁针，跳过2针短针，最后1针短针钩1针长针。翻面。

第3行： 1针锁针，第1针长针钩1针短针，3针锁针，下1针长针钩3针长针，*3针锁针，下个5针锁针环中钩1针短针，3针锁针，下1针长针钩3针长针；从*重复，最后钩3针锁针，在最后1个5针锁针环的中间锁针钩1针短针。

收针。

大网眼饰边

编织图

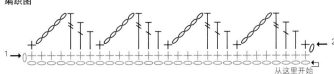

从这里开始

编织说明

锁针起针数为7的倍数加2针。

第1行（反面）： 从钩针侧数起的第2针锁针钩1针短针，余下每针均钩1针短针。翻面。

第2行（正面）： 1针锁针，前4针短针分别钩1针短针、1针中长针、1针长针、1针长长针，*5针锁针，跳过3针短针，下4针短针分别钩1针短针、1针中长针、1针长针、1针长长针；从*重复到最后余4针短针，5针锁针，跳过3针短针，最后1针短针钩1针短针。

收针。

廊柱形饰边

编织图

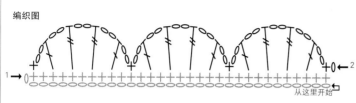

从这里开始

编织说明

锁针起针数为10的倍数加2针。

第1行（反面）： 从钩针侧数起的第2针锁针钩1针短针，余下每针均钩1针短针。翻面。

第2行（正面）： 1针锁针，第1针短针钩1针短针，*2针锁针，跳过1针短针，下1针短针钩1针长长针，[2针锁针，跳过1针短针，下1针短针钩1针长长针]重复2次，2针锁针，跳过1针短针，下1针短针钩1针长针，2针锁针，跳过1针短针，下1针短针钩1针短针；从*重复到最后。

收针。

双环饰边

编织图

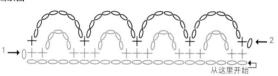

从这里开始

编织说明

锁针起针数为5的倍数加2针。

第1行（反面）： 从钩针侧数起的第2针锁针钩1针短针，下1针锁针钩1针短针，*5针锁针，跳过2针锁针，下3针锁针每针均钩1针短针；从*重复到最后余4针锁针，5针锁针，跳过2针锁针，下2针锁针各钩1针短针。翻面。

第2行（正面）： 1针锁针，第1针短针钩1针短针，*8针锁针，下1组3针短针（5针锁针环的旁边）的中间那针钩1针短针；从*重复到最后，第1行的最后1针短针钩1针短针。

收针。

卷曲流苏

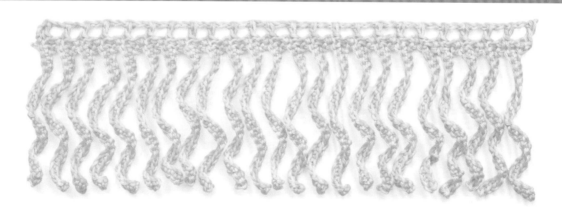

编织图

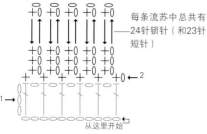

每条流苏中总共有
24针锁针（和23针
短针）

从这里开始

编织说明

注意： 流苏会自然卷曲，不要烫平。

锁针起针数为2的倍数。

第1行（反面）： 从钩针侧数起的第4针锁针钩1针长针，*1针锁针，跳过1针锁针，下1针锁针钩1针长针；从*重复到最后。翻面。

第2行（正面）： 1针锁针，第1针长针钩1针短针，*24针锁针，从钩针侧数起的第2针锁针钩1针短针，接下来的22针锁针每针均钩1针短针，下1针长针钩1针短针；从*重复到最后。

收针。

变化的枣形针的扇形饰边

编织图

从这里开始

编织说明

变化的枣形针（3针长针）见119页。

锁针起针数为8的倍数加2针。

第1行（正面）：从钩针侧数起的第2针锁针钩1针短针，余下每针均钩1针短针。翻面。

第2行：1针锁针，前3针短针各钩1针短针，*6针锁针，跳过3针短针，下5针短针各钩1针短针；从*重复到最后余6针，6针锁针，跳过3针短针，余下的3针短针各钩1针短针。翻面。

第3行：3针锁针，在下个6针锁针环中钩1针变化的枣形针，*4针锁针，在同一锁针环里钩1针变化的枣形针，4针锁针，同一锁针环里钩1针未完成的变化的枣形针（钩针上留4个线圈），下个6针锁针环里钩1针未完成的变化的枣形针，一起并针，即一次从钩针上的7个线圈中将线拉出；从*重复到最后1个6针锁针环，[4针锁针，同一锁针环中钩1针变化的枣形针]重复2次，最后1针短针钩1针长针。

收针。

变化的枣形针与贝壳针的组合饰边

编织图

从这里开始

编织说明

锁针起针数为8的倍数加4针。

第1行（反面）：从钩针侧数起的第4针锁针钩1针长针，*跳过3针锁针，下1针锁针钩1针贝壳针（6针长针），跳过3针锁针，下1针锁针钩[1针长针，1针锁针，1针长针]；从*重复到最后余8针锁针，跳过3针锁针，下1针锁针钩1针贝壳针，跳过3针锁针，最后1针锁针钩2针长针。翻面。

第2行：1针锁针，跳过第1针长针，下1针长针钩1针短针，*4针锁针，下个贝壳针钩1针变化的枣形针（6针长针），6针锁针，在刚刚完成的变化的枣形针的头部钩1针引拔针，4针锁针，下个1针锁针空隙（2针长针之间）里钩1针短针；从*重复到最后，最后1次重复时在3针锁针的顶部钩1针短针。

收针。

光滑扇形饰边

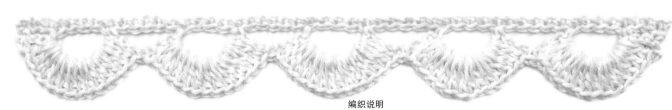

编织图

从这里开始

编织说明

锁针起针数为10的倍数加2针。

第1行（正面）：从钩针侧数起的第2针锁针钩1针短针，余下每针均钩1针短针。翻面。

第2行：1针锁针，第1针短针钩1针短针，2针锁针，跳过2针短针，下1针短针钩1针短针，7针锁针，跳过3针短针，下1针短针钩1针短针，*6针锁针，跳过5针短针，下1针短针钩1针短针，7针锁针，跳过3针短针，下1针短针钩1针短针；从*重复到最后余3针短针，2针锁针，跳过2针短针，最后1针短针钩1针短针。翻面。

第3行：1针锁针，第1针短针钩1针短针，下个7针锁针环里钩14针长针（图中为13针，原书有误），*下个6针锁针里钩1针短针，下个7针锁针环里钩14针长针；从*重复，结尾时最后1针短针钩1针短针。

收针。

长环饰边

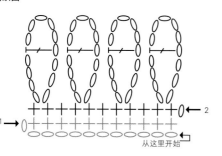

编织图

从这里开始

编织说明
锁针起针数为3的倍数。
第1行（反面）：从钩针侧数起的第2针锁针钩1针短针，余下每针均钩1针短针。翻面。
第2行（正面）：1针锁针，第1针短针钩1针短针，9针锁针，从钩针侧数起的第6针锁针钩1针长针，4针锁针，*下3针短针各钩1针短针，9针锁针，从钩针侧数起的第6针锁针钩1针长针，4针锁针；从*重复到最后余1针短针，钩1针短针。
收针。

钻石饰边

编织图

从这里开始

编织说明
锁针起针数为6的倍数加2针。
第1行（正面）：从钩针侧数起的第2针锁针钩1针短针，*4针锁针，挂线2次，将钩针插入钩前1针短针的针目中，[挂线并从钩针上的前2个线圈中拉出]重复2次，挂线2次，跳过5针锁针，将钩针插入下1针锁针里，[挂线并从钩针上的前2个线圈中拉出]重复2次，挂线，从钩针上的3个线圈中拉出（即2针长长针并1针），4针锁针，上1针长长针同一位置钩1针短针；从*重复到最后。翻面。
第2行：5针锁针，第1针长长针并针钩［1针长长针，4针锁针，1针短针］，*4针锁针，上1行第1针和第2针长长针并针钩2针长长针并1针，4针锁针，钩前1针长长针的针目钩1针短针；从*重复，结尾时，4针锁针，钩前1针长长针的针目钩1针未完成的长长针，上1行最后1针短针钩1针未完成的三卷长针（见112页），挂线，从钩针上的3个线圈中拉出。
收针。

双扇形饰边

编织图

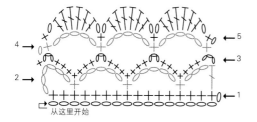

从这里开始

编织说明
锁针起针数为5的倍数加2针。
第1行（正面）：从钩针侧数起的第2针锁针钩1针短针，余下每针各钩1针短针。翻面。
第2行：6针锁针，跳过2针短针，下1针短针钩1针短针，*5针锁针，跳过4针短针，下1针短针钩1针短针；从*重复到最后余3针短针，3针锁针，跳过2针短针，最后1针短针钩1针长针。翻面。
第3行：3针锁针，下个3针锁针环里钩3针短针，下1针短针（两环中间）钩1针短针，*下个5针锁针环里钩[3针短针，3针锁针，3针短针]，下1针短针钩1针短针；从*重复，最后在6针锁针环里钩[3针短针，3针锁针，1针短针]。翻面。
第4行：1针锁针，下个3针锁针狗牙钩1针短针，*5针锁针，下个3针锁针狗牙钩1针短针；从*重复到最后。翻面。
第5行：1针锁针，第1针短针钩1针短针，*1针锁针，下个5针锁针环里钩6针长针，1针锁针，下1针短针钩1针短针；从*重复到最后。
收针。

简单的多种针法饰边

编织图

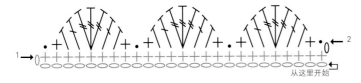

从这里开始

编织说明

锁针起针数为8的倍数加2针。

第1行（反面）： 从钩针侧数起的第2针锁针钩1针短针，余下每针均钩1针短针。翻面。

第2行（正面）： 1针锁针，下1针短针钩1针引拔针，*下3针短针分别钩1针短针、1针中长针、1针长针，下1针短针钩3针长长针，下4针短针分别钩1针长针、1针中长针、1针短针、1针引拔针；从*重复到最后。

收针。

花瓣形饰边

编织图

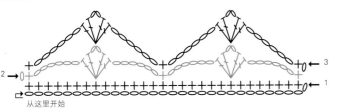

从这里开始

编织说明

锁针起针数为14的倍数加2针。

第1行（正面）： 从钩针侧数起的第2针锁针钩1针短针，余下每针均钩1针短针，翻面。

第2行： 1针锁针，下1针短针钩1针短针，*6针锁针，跳过6针短针，下1针短针钩[2针长针，2针锁针，2针长针]，6针锁针，跳过6针短针，下1针短针钩1针短针；从*重复到最后。翻面。

第3行： 1针锁针，下1针短针钩1针短针，*6针锁针，下个2针锁针空隙中钩[2针长针，2针锁针，2针长针]，6针锁针，下1针短针钩1针短针；从*重复到最后。

收针。

注意： 定型的时候，用珠针固定住所有尖端的2针锁针空隙，以取得正确的形状。

环形饰边

编织图

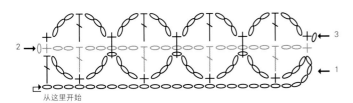

从这里开始

编织说明

锁针起针数为6的倍数。

第1行（正面）： 从钩针侧数起的第9针锁针钩1针短针，*7针锁针，跳过5针锁针，下1针锁针钩1针短针；从*重复到最后余3针，3针锁针，跳过2针锁针，最后1针锁针钩1针长针，翻面。

第2行： 1针锁针，第1针长针钩1针短针，2针锁针，下1针短针钩1针长针，*5针锁针，下1针短针钩1针长针；从*重复，最后钩2针锁针，上1行从最后1针短针数起的第4针锁针钩1针短针。翻面。

第3行： 1针锁针，第1针短针钩1针短针，*3针锁针，下1针长针钩1针长针，3针锁针，第1行的7针锁针环里钩1针短针（同时也钩住了第2行的5针锁针环）；从*重复，最后1次重复时，第2行的最后1针短针钩1针短针。

收针。

环形钩编 CIRCULAR CROCHET

除了按行往返钩编外，还可以一圈一圈地钩编形成筒形或者从中心向四周钩编形成片状（又叫奖章形）。环形钩编的基本技法是很容易学的，即使是初学者也不会觉得困难。所以当受人欢迎的小物件，包括小花、无缝玩具、帽子、露指手套、收纳桶、手提袋等，用环形钩编的方法在你手中完成时，不用太惊讶哦！

筒形钩编物

筒形钩编物是从长长的基础锁针行开始的，先将基础锁针行两端连接而成为环，再沿着环一圈圈地钩编。最简单的圆筒形就是不用立针，直接用短针进行螺旋形钩编。

开始钩编筒形

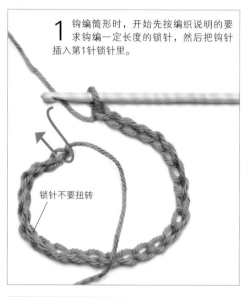

1 钩编筒形时，开始先按编织说明的要求钩编一定长度的锁针，然后把钩针插入第1针锁针里。

锁针不要扭转

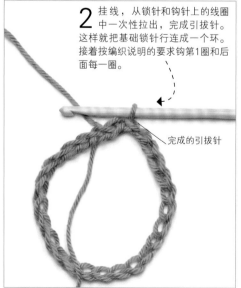

2 挂线，从锁针和钩针上的线圈中一次性拉出，完成引拔针。这样就把基础锁针行连成一个环。接着按编织说明的要求钩第1圈和后面每一圈。

完成的引拔针

短针筒形

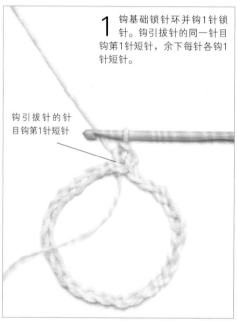

1 钩基础锁针环并钩1针锁针。钩引拔针的同一针目钩第1针短针，余下每针各钩1针短针。

钩引拔针的针目钩第1针短针

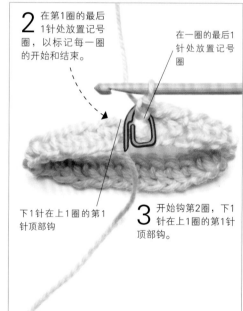

2 在第1圈的最后1针处放置记号圈，以标记每一圈的开始和结束。

在一圈的最后1针处放置记号圈

下1针在上1圈的第1针顶部钩

3 开始钩第2圈，下1针在上1圈的第1针顶部钩。

把记号圈向上移到新的一圈的结尾

4 第2圈在第1圈的每针短针顶部钩1针短针。

5 把记号圈向上移到当前圈的最后1针处。（随着螺旋上升，每一圈的起始处会逐渐向右偏移。）

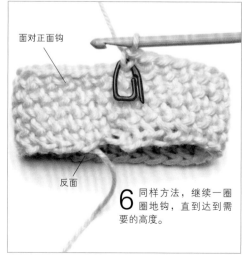

面对正面钩

反面

6 同样方法，继续一圈圈地钩，直到达到需要的高度。

不用翻面钩编的长针筒形

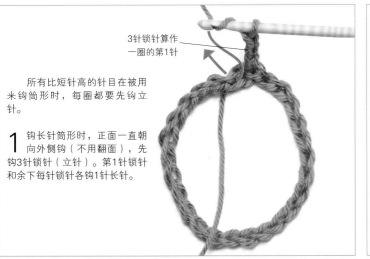

3针锁针算作
一圈的第1针

所有比短针高的针目在被用
米钩筒形时，每圈都要先钩立
针。

1 钩长针筒形时，正面一直朝
向外侧钩（不用翻面），先
钩3针锁针（立针）。第1针锁针
和余下每针锁针各钩1针长针。

2 一圈结束时，最
后1针在这圈开
始处的立针顶部，即
3针锁针的第3针头部
钩1针引拔针。

在3针锁针的
顶部钩引拔针
连接成一圈。

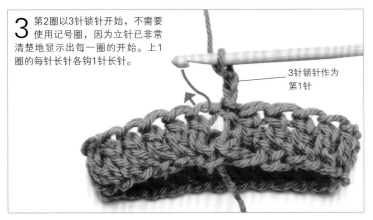

3 第2圈以3针锁针开始，不需要
使用记号圈，因为立针已非常
清楚地显示出每一圈的开始。上1
圈的每针长针各钩1针长针。

3针锁针作为
第1针

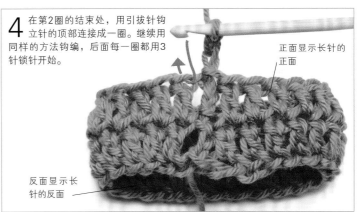

4 在第2圈的结束处，用引拔针钩
立针的顶部连接成一圈。继续用
同样的方法钩编，后面每一圈都用3
针锁针开始。

正面显示长针的
正面

反面显示长
针的反面

需要翻面钩编的长针筒形

如果织物的其他部分往返钩编，筒形部分就
需要与其相配而在一圈的结尾翻面钩编。

1 跟上文中的第1圈钩法相同。接下来翻面，
如图所示钩3针锁针，完成这圈。

筒形织物翻
面以开始新
的一圈

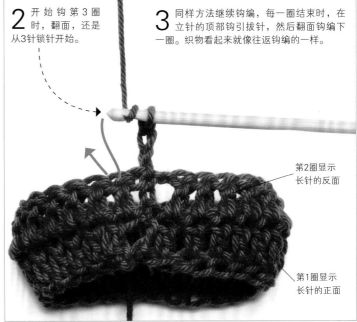

2 开始钩第3圈
时，翻面，还是
从3针锁针开始。

3 同样方法继续钩编，每一圈结束时，在
立针的顶部钩引拔针，然后翻面钩编下
一圈。织物看起来就像往返钩编的一样。

第2圈显示
长针的反面

第1圈显示
长针的正面

钩针编织

圆形钩编物

环形钩编中，奖章形比筒形稍微难一点。通过钩编一个简单的圆形，就能了解其他的奖章形是怎样开始又是怎样从中心向四周一圈圈地钩编的。圆形和筒形连接起来就能成为一个收纳桶（见168页）或玩具的一部分（见165页），因此需要好好练习。

钩编一个圆形

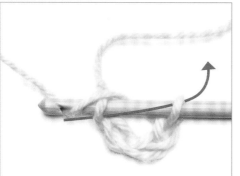

1 第1次钩编简单的圆形时，要按照步骤钩编。圆形是从圆心向四周一圈圈钩编出来的。先钩4针锁针，然后第1针锁针钩1针引拔针，如箭头所示。

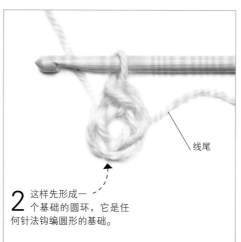

2 这样先形成一个基础的圆环，它是任何针法钩编圆形的基础。

线尾

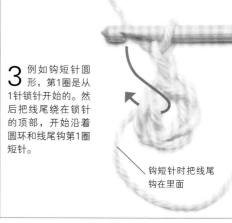

3 例如钩短针圆形，第1圈是从1针锁针开始的。然后把线尾绕在锁针的顶部，开始沿着圆环和线尾钩第1圈短针。

钩短针时把线尾钩在里面

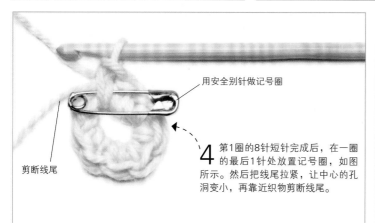

用安全别针做记号圈

剪断线尾

4 第1圈的8针短针完成后，在一圈的最后1针处放置记号圈，如图所示。然后把线尾拉紧，让中心的孔洞变小，再靠近织物剪断线尾。

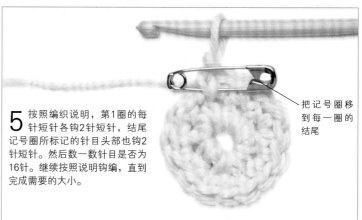

5 按照编织说明，第1圈的每针短针各钩2针短针，结尾记号圈所标记的针目头部也钩2针短针。然后数一数针目是否为16针。继续按照说明钩编，直到完成需要的大小。

把记号圈移到每一圈的结尾

简单的11圈圆奖章

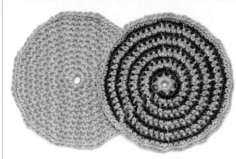

这个花样很简单，是经典的圆形。

注意：用一种颜色线或者两种颜色线（A线和B线）钩编都可以。如果是两种颜色的圆形，第1圈用A线钩基础圆环，然后B线和A线交替钩编，每圈的最后1针短针挂线时就更换成下1圈要用的线，并把两种颜色的线都挂在圆形的反面。

钩4针锁针，第1针锁针钩1针引拔针连成环。

第1圈（正面）：1针锁针，圆环中钩8针短针。每圈都对着正面钩编。

注意：第1圈的最后1针处放置记号圈，不断移动记号圈，标记出新完成的一圈的最后1针。

第2圈：每针短针钩2针短针。共16针。

第3圈：*下1针短针钩1针短针，下1针短针钩2针短针；从*重复。共24针。

第4圈：每针短针钩1针短针。

第5圈：*下1针短针钩1针短针，下1针短针钩2针短针；从*重复。共36针。

第6圈：重复第4圈。

第7圈：*下2针短针各钩1针短针，下1针短针钩2针短针；从*重复。共48针。

第8圈：重复第4圈。

第9圈：*下3针短针各钩1针短针，下1针短针钩2针短针；从*重复。共60针。

第10圈：重复第4圈。

第11圈：前2针短针各钩1针短针，下1针短针钩2针短针，*下4针短针各钩1针短针，下1针短针钩2针短针；从*重复，最后2针短针各钩1针短针。共72针。

下1针短针钩1针引拔针，收针。

如果要钩更大的圆形，继续按照这种方法钩编，每隔1圈增加12针短针，在每个加针圈，要改变第1针加针的位置。

钩编奖章形的要点

任何奖章形的开始和环形钩编的方法，与钩编简单的圆形是相同的。简单的花朵（见162、163页），都可以用这些技法钩编。如果你觉得没有足够的勇气让很多针都在小小的圆环里钩编（见158页），那么试试下面这种环形起针吧。还有两个非常实用的技巧告诉你，怎样接入其他颜色的毛线和如何将花样组合在一起。

线环式起针

1 线环式起针是开始钩圆形的快捷方式，你可以根据需要调整线环的松紧度。开始时就像打活结（见105页）一样，让线绕成一个环，再把线从环中拉出。

2 让环保持开放状态。然后开始钩短针圈。先钩1针锁针。

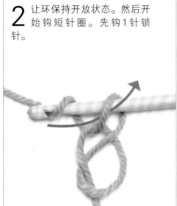

3 绕过线尾在环里钩一圈短针，如箭头所示。

4 当完成需要的针数后，拉动线尾收紧线环。然后按照编织说明的要求继续钩编。

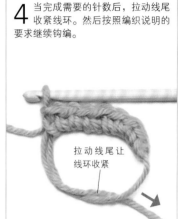

拉动线尾让线环收紧

接入其他颜色的毛线

当沿着奖章形钩编其他颜色毛线时，你可以在上1圈的最后1针最后1次挂线时换新线，也可以在上1圈结束时收针，新的一圈从引拔针开始换新线。

新线　活结　旧线

1 钩1针引拔针加入新线。将新线打活结，从钩针上取下。然后把钩针从指定位置插入，把活结拉过来。

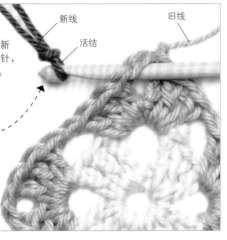

2 开始钩新的一圈，按照说明要求的锁针数量钩，把第1针锁针从活结里拉过去。整圈绕着线尾（新线和旧线）钩，这样之后就不用藏那么多线尾了。

绕着线尾钩

把奖章形组合在一起

正面朝上

平整的引拔针缝合：用钩针缝合是把奖章形组合在一起最快的方法。钩引拔针时，把两个奖章形边与边对齐。只挑起每个奖章形针目头部的后侧线圈钩。（用比钩奖章形稍细一点的钩针，但是钩的时候松一些。）

正面相对

短针缝合：这种方法缝合起来也很快，但是会形成一条脊，因此最好在反面钩。把两个奖章形正面相对摆放整齐，然后挑起针目头部的单侧线圈（上面奖章形靠近你的线圈，下面奖章形远离你的线圈）钩短针。

简单的奖章形

钩编奖章形是充分利用零碎线头的最好方法，这也很可能是它们如此受欢迎的原因。你可以将奖章形组合到一起形成一个小物件，例如手提袋或者靠垫套；也可以组成大的作品，例如围巾或者婴儿毯等。组合好的奖章形也能用来做很棒的披肩和斗篷，尤其用轻盈的马海毛线钩编时。但如果你是初学者，还是不要使用毛茸茸的线，因为用光滑的标准细线和中粗羊毛线会更容易练习和掌握技术，钩编作品也更容易些。

传统的阿富汗方块

编织图

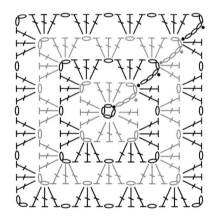

编织说明

这个方块是由四种颜色（A、B、C、D）线钩成的，一圈一种颜色。
用A线钩4针锁针，用引拔针连成环。
第1圈（正面）： A线，5针锁针（算作第1针和2针锁针空隙），[环里钩3针长针，2针锁针（这2针锁针形成角处的空隙）]重复3次，环里钩2针长针，钩1针引拔针与5针锁针中的第3针连在一起。收针。
第2圈： B线，在角处空隙里钩1针引拔针，5针锁针，同一空隙里钩3针长针，*1针锁针，在下个角处空隙里钩[3针长针，2针锁针，3针长针]；从*重复2次，1针锁针，在最开始的角处空隙里钩2针长针，钩1针引拔针与5针锁针中的第3针连在一起。收针。
第3圈： C线，在角处空隙里钩1针引拔针，5针锁针，同一空隙里钩3针长针，*1针锁针，下个1针锁针空隙里钩3针长针，1针锁针，下个角处空隙里钩[3针长针，2针锁针，3针长针]；从*重复2次，1针锁针，下个1针锁针空隙里钩3针长针，1针锁针，在最开始的角处空隙里钩2针长针，钩1针引拔针与5针锁针中的第3针连在一起。收针。
第4圈： D线，在角处空隙里钩1针引拔针，5针锁针，同一空隙里钩3针长针，*[1针锁针，下个1针锁针空隙里钩3针长针]重复2次，1针锁针，下个角处空隙里钩[3针长针，2针锁针，3针长针]；从*重复2次，[1针锁针，下个1针锁针空隙里钩3针长针]重复2次，1针锁针，在最开始的角处空隙里钩2针长针，钩1针引拔针与5针锁针中的第3针连在一起。
收针。

平纹方块

编织图

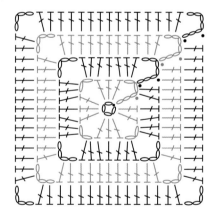

编织说明

这个方块是由三种颜色（A、B、C）线钩成的。
用A线钩4针锁针，用引拔针连成环。
第1圈（正面）： A线，5针锁针（算作第1针和2针锁针空隙），[环里钩3针长针，2针锁针]重复3次，环里钩2针长针，钩1针引拔针与5针锁针中的第3针连在一起。收针。
第2圈： A线，在角处空隙里钩1针引拔针，7针锁针（算作第1针和4针锁针空隙），同一空隙里钩2针长针，*下3针长针各钩1针长针，在下个角处空隙里钩[2针长针，4针锁针，2针长针]；从*重复2次，下3针各钩1针长针（最后1针长针在上1圈的立针顶部钩），在最开始的角处空隙里钩1针长针，钩1针引拔针与7针锁针中的第3针连在一起。收针。
第3圈： B线，在角处空隙里钩1针引拔针，7针锁针，同一空隙里钩2针长针，*这条边每针长针各钩1针长针，在下个角处空隙里钩[2针长针，4针锁针，2针长针]；从*重复2次，最后一边每针长针各钩1针长针（最后1针长针在上1圈的立针顶部钩），在最开始的角处空隙里钩1针长针，钩1针引拔针与7针锁针中的第3针连在一起。收针。
第4圈： C线，重复第3圈。
收针。

特别提醒

- 看编织图钩编时，要按照文字说明换颜色线。符号的深浅色能表现出行的变化，但是不能显示出是什么颜色。
- 按照159页的说明接入新线。
- 没有特地要求的话，在一圈结束时不要翻面，一直对着正面钩编。

三色六边形

编织图

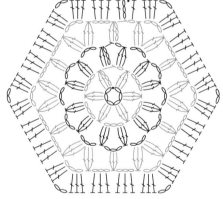

编织说明

注意： 变化的枣形针（3针长针）见119页，这里不同的是在同一空隙里入针。

这个六边形是由三种颜色（A、B、C）线钩成的。

用A线钩6针锁针，用引拔针连成环。

第1圈（正面）： A线，3针锁针，2针长针并1针（算作第1针变化的枣形针），[3针锁针，环里钩1针变化的枣形针]重复5次，1针锁针，在第1针变化的枣形针的头部钩1针中长针连成一圈。

第2圈： A线，3针锁针，在1针中长针形成的空隙里钩2针长针并1针，*3针锁针，下个3针锁针空隙里钩[1针变化的枣形针，3针锁针，1针变化的枣形针]；从*重复4次，3针锁针，下个1针锁针空隙里钩1针变化的枣形针，1针锁针，在第1针变化的枣形针的头部钩1针中长针连成一圈，中长针最后1次挂线时换B线。剪断A线。

第3圈： B线，3针锁针，在1针中长针形成的空隙里钩2针长针并1针，*3针锁针，下个3针锁针空隙里钩[1针变化的枣形针，3针锁针，1针变化的枣形针]，3针锁针，下个3针锁针空隙里钩1针变化的枣形针；从*重复4次，3针锁针，下个3针锁针空隙里钩[1针变化的枣形针，3针锁针，1针变化的枣形针]，1针锁针，在第1针变化的枣形针的头部钩1针中长针连成一圈，中长针最后1次挂线时换C线。剪断B线。

第4圈： C线，3针锁针，在1针中长针形成的空隙里钩1针长针，*下个3针锁针空隙里钩3针长针，下个3针锁针空隙里钩[3针长针，2针锁针，3针长针]，下个3针锁针空隙里钩3针长针；从*重复4次，下个3针锁针空隙里钩3针长针，下个3针锁针空隙里钩[3针长针，2针锁针，3针长针]，下个1针锁针空隙里钩1针长针，最开始的3针锁针的第3针钩1针引拔针连成一圈。

收针。

双色六边形

编织图

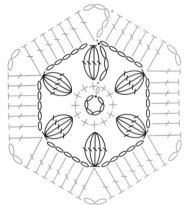

编织说明

注意： 球形针（5针长针）见119页。

这个六边形是由两种颜色（A、B）线钩成的。

用A线钩6针锁针，用引拔针连成环。

第1圈（正面）： A线，1针锁针，在环里钩12针短针，第1针短针钩1针引拔针连成一圈。

第2圈： A线，3针锁针，上1圈第1针短针钩1针球形针（4针长针），*5针锁针，跳过1针短针，下1针短针钩1针球形针（5针长针）；从*重复4次，5针锁针，第1针球形针钩1针引拔针连成一圈。收针。

第3圈： B线，在第1针球形针头部钩1针引拔针连接，5针锁针（算作第1针和2针锁针空隙），钩引拔针的同一地方钩1针长针，*下个5针锁针环里钩5针长针，下个球形针的头部钩［1针长针，2针锁针，1针长针］；从*重复4次，下个5针锁针环里钩5针长针，最开始的5针锁针的第3针钩1针引拔针连成一圈。

收针。

简单的花朵和叶子

钩编的花朵非常惹人喜爱——即使下面这些最简单的也是，都很容易钩编，也能很快完成。你也许想立刻尝试，但是要想想钩完以后用来做什么。它们可以用来制作单个的胸针，同时也是极好的礼物。可以在花朵的后面缝一个安全别针，或者在花朵中心缝一颗纽扣或者一颗人造珍珠。花朵和叶子还可以用来装饰手编的帽子、围巾的两端、手套腕部或者手提袋。在靠垫套上不均匀地缝一些花朵，将会成为房间里独特的风景。

短花瓣花朵

编织图

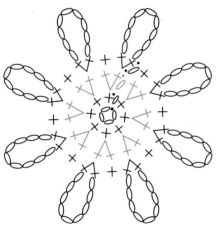

编织说明

这朵花是用两种颜色（A、B）线钩编出来的。
用A线钩4针锁针，第1针锁针钩1针引拔针连成环。
第1圈（正面）：A线，1针锁针（不算作1针），环里钩8针短针，第1针短针钩1针引拔针连成一圈。收针。
第2圈：A线，1针锁针（不算作1针），钩引拔针的地方钩2针短针，*下1针短针钩2针短针；从*重复到最后，第1针短针钩1针引拔针连成一圈。共16针短针。收针。
第3圈：B线，第1针短针钩1针引拔针，1针锁针，钩引拔针的地方钩[1针短针，9针锁针，1针短针]，下1针短针钩1针短针，*下1针短针钩[1针短针，9针锁针，1针短针]，下1针短针钩1针短针；从*重复6次，第1针短针钩1针引拔针连成一圈。
收针。

长花瓣花朵

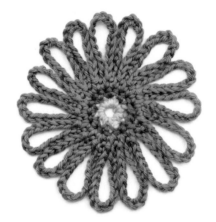

编织图

每片花瓣共
17针锁针

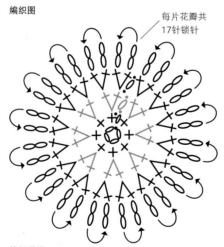

编织说明

这朵花是用三种颜色（A、B、C）线钩编出来的。
用A线钩4针锁针，第1针锁针钩1针引拔针连成环。
第1圈（正面）：A线，1针锁针（不算作1针），环里钩8针短针，第1针短针钩1针引拔针连成一圈。收针。
第2圈：B线，第1针短针钩1针引拔针，1针锁针（不算作1针），钩引拔针的地方钩2针短针，*下1针短针钩2针短针；从*重复到最后，第1针短针钩1针引拔针连成一圈。共16针短针。收针。
第3圈：C线，第1针短针钩1针引拔针，1针锁针，钩引拔针的地方钩[1针短针，17针锁针，1针短针]，*下1针短针钩[1针短针，17针锁针，1针短针]；从*重复14次，第1针短针钩1针引拔针连成一圈。
收针。

带纽扣的花朵

编织图

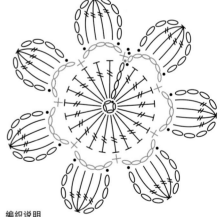

编织说明

这朵花是用两种颜色（A、B）线钩编出来的。
用A线钩4针锁针，第1针锁针钩1针引拔针连成环。
第1圈（正面）：A线，4针锁针（算作第1针），环里钩20针长长针，4针锁针的第4针钩1针引拔针连成一圈。收针。
第2圈：B线，上1圈4针锁针的顶部钩1针引拔针。1针锁针（不算作1针），钩引拔针的地方钩1针短针，[5针锁针，跳过下2针长长针，下1针长长针钩1针短针]重复6次，5针锁针，第1针短针钩1针引拔针连成一圈。
第3圈：B线，*在下个5针锁针环里钩[1针短针，4针锁针，1针变化的枣形针（4针长针），4针锁针，1针引拔针]；从*重复6次，第2圈第1针短针钩1针引拔针连成一圈。
收针。
在花朵中心缝1颗纽扣。

特别提醒

- 看编织图钩编时，要按照文字说明换颜色线。符号的深浅色能表现出行的变化，但是不能显示出是什么颜色。
- 按照159页的说明接入新线。
- 没有特地要求的话，在一圈结束时不要翻面，一直对着正面钩编。

五瓣花朵

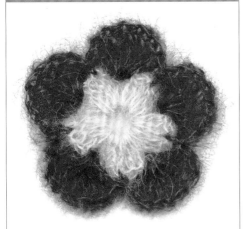

编织图

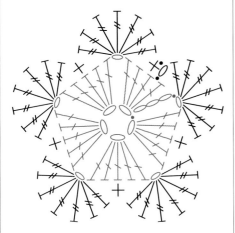

编织说明

这朵花是用两种颜色（A、B）线钩编出来的。
用A线钩5针锁针，第1针锁针钩1针引拔针连成环。
第1圈（正面）：A线，3针锁针（算作第1针），在环里钩4针长针，在环里钩[1针锁针，5针长针]重复4次，1针锁针，在开始的3针锁针顶部钩1针引拔针连成一圈。收针。
第2圈：B线，上1圈第2针长针钩1针引拔针，1针锁针，钩引拔针的地方钩1针短针，[下个1针锁针空隙里钩7针长长针，下组5针长针的中心长针钩1针短针]重复4次，下个1针锁针空隙里钩7针长长针，第1针短针钩1针引拔针连成一圈。
收针。

方形花瓣花朵

编织图

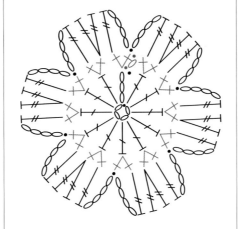

编织说明

这朵花是用三种颜色（A、B、C）线钩编出来的。
用A线钩4针锁针，第1针锁针钩1针引拔针连成环。
第1圈（正面）：A线，3针锁针（算作第1针），在环里钩11针长针，在开始的3针锁针顶部钩1针引拔针连成一圈。收针。
第2圈：B线，上1圈3针锁针顶部钩1针引拔针，1针锁针（不算1针），钩引拔针的地方钩2针短针，每针长针各钩2针短针，第1针短针钩1针引拔针连成一圈。共24针。收针。
第3圈：C线，第1针短针钩1针引拔针，*4针锁针，下1针短针钩1针长长针，下1针短针钩2针长长针，下1针短针钩1针长长针，4针锁针，下1针短针钩1针引拔针；从*重复5次，钩第1针引拔针的地方钩最后1针引拔针。
收针。

简单的叶子

编织图

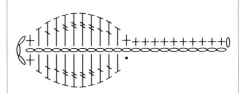

编织说明

注意：叶子是先钩1行锁针，再钩编两侧的。
钩编叶子和叶柄之前先钩23针锁针。
第1行（正面）：从钩针侧数起的第2针锁针钩1针短针，仅挑起针目头部的单侧线圈，下10针锁针各钩1针短针（形成叶柄），下1针锁针钩1针中长针，下2针锁针各钩1针长针，下4针锁针各钩1针长长针，下2针锁针各钩1针长针，下1针锁针钩1针中长针，下1针锁针钩1针短针（这是最后1针锁针），3针锁针，然后继续在基础锁针行另一侧钩，挑起针目头部的剩余线圈。第1针锁针钩1针短针，下1针锁针钩1针中长针，下2针锁针各钩1针长针，下4针锁针各钩1针长长针，下2针锁针各钩1针长针，下1针锁针钩1针中长针，下1针锁针钩1针引拔针。
收针。
然后把叶柄熨平。

钩编玩具 CROCHETED TOYS

用钩针编织玩具看起来难，其实很容易，也能很快完成。钩编玩具的步骤说明中对怎样钩各部分、填充、缝合、增加面部表情等都有详细的建议，详细的编织说明见395页。

## 制作玩具	这只条纹小狗设计成容易钩编的样式，编织说明见395页，经过特别编写，非常容易按步骤操作。因为有详细的步骤说明，所以是理想的试手作品。在填充之前就能看到织片是什么样子，这会让你对钩编出来的作品将来的形状充满信心。步骤说明中的小建议也适用于其他同类作品。

制作玩具所需要的材料

毛线
你需要两团A线为主色线，用细线或者中粗线（见21页），其他颜色的毛线各1团。

钩针
比所选毛线推荐使用的钩针型号细一两号

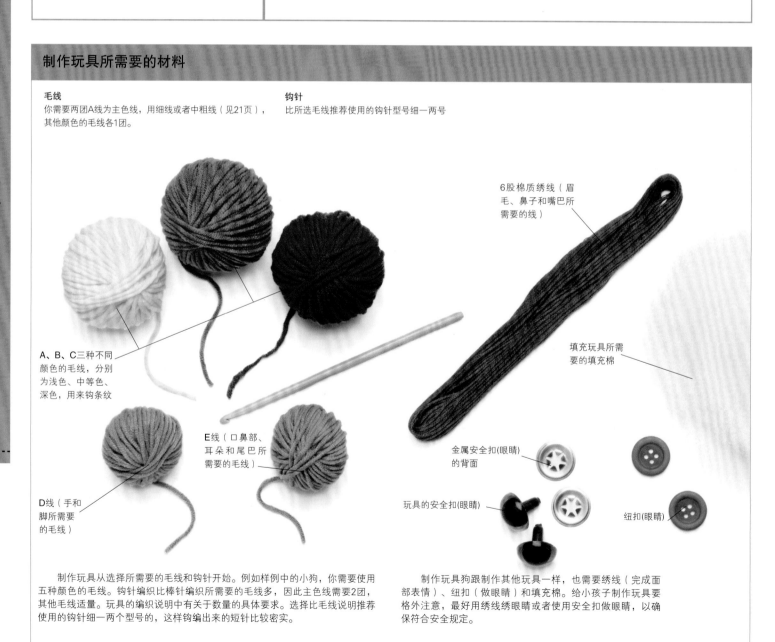

6股棉质绣线（眉毛、鼻子和嘴巴所需要的线）

A、B、C三种不同颜色的毛线，分别为浅色、中等色、深色，用来钩条纹

填充玩具所需要的填充棉

E线（口鼻部、耳朵和尾巴所需要的毛线）

D线（手和脚所需要的毛线）

金属安全扣(眼睛)的背面

玩具的安全扣(眼睛)

纽扣(眼睛)

制作玩具从选择所需要的毛线和钩针开始。例如样例中的小狗，你需要使用五种颜色的毛线。钩针编织比棒针编织所需要的毛线多，因此主色线需要2团，其他毛线适量。玩具的编织说明中有关于数量的具体要求。选择比毛线说明推荐使用的钩针细一两个型号的，这样钩编出来的短针比较密实。

制作玩具狗跟制作其他玩具一样，也需要绣线（完成面部表情）、纽扣（做眼睛）和填充棉。给小孩子制作玩具要格外注意，最好用绣线绣眼睛或者使用安全扣做眼睛，以确保符合安全规定。

钩编身体和头部

C线
A线
B线
每圈的最后1针短针处做记号
用短针织条纹时会形成小台阶
钩编11圈后的身体

1 开始钩编各个部分之前，先阅读跟编织说明列在一起的所有特殊说明。然后按照建议的顺序钩编每个部分，身体和头部通常是最先完成的。认真阅读编织说明，钩编的时候略紧点，定期数数针目。

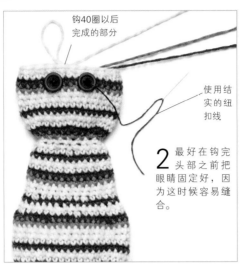

钩40圈以后完成的部分

使用结实的纽扣线

2 最好在钩完头部之前把眼睛固定好，因为这时候容易缝合。

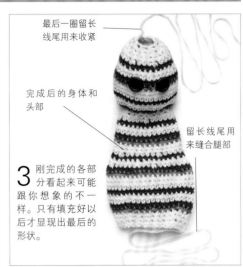

最后一圈留长线尾用来收紧

完成后的身体和头部

留长线尾用来缝合腿部

3 刚完成的各部分看起来可能跟你想象的不一样。只有填充好以后才显现出最后的形状。

钩编腿部和胳膊

已完成11圈的腿部

1 钩完身体和头部后，接下来通常钩编腿部和胳膊。通常使用短针，而且是从末端，即手或脚的位置开始向上钩编。钩编玩具时用安全别针代替记号圈更加方便。（见156页环形钩编）

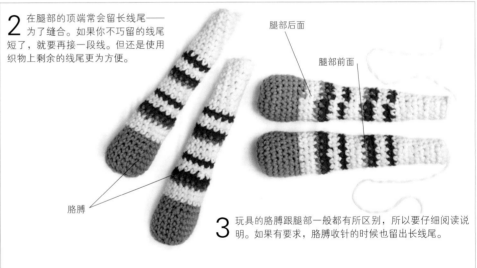

腿部后面
腿部前面
胳膊

2 在腿部的顶端常会留长线尾——为了缝合。如果你不巧留的线尾短了，就要再接一段线。但还是使用织物上剩余的线尾更为方便。

3 玩具的胳膊跟腿部一般都有所区别，所以要仔细阅读说明。如果有要求，胳膊收针的时候也留出长线尾。

钩编身体其他部分

1 在钩完玩具的主体以后，还有其他小部件要钩编，例如耳朵、头发和衣服。其他小部件按照在身体上出现的顺序钩编。例如钩编小狗的时候，要先钩编口鼻部。

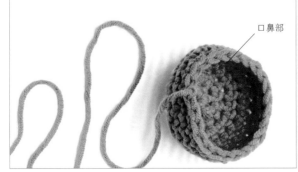

口鼻部

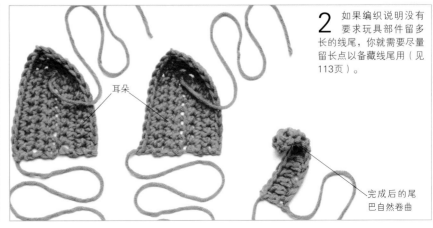

耳朵

完成后的尾巴自然卷曲

2 如果编织说明没有要求玩具部件留多长的线尾，你就需要尽量留长点以备藏线尾用（见113页）。

完成玩具

当你完成玩具的各个部分以后，就要花心思组合了。玩具的编织说明里通常会给出大概的说明，但下面这个小狗的组合步骤适用于所有的玩具。慢慢地缝合，刺绣面部表情，尽你所能做到最好。需要拆开重新制作时不要犹豫，直到它们达到最完美为止——每次尝试都会让你的针艺水平得到提高。

填充和组合玩具各部分

1 按照提供的说明操作。制作小狗时，先用毛线缝针和头部的长线尾把最后1圈8针短针收紧，闭合小洞口。然后把线尾藏到看不见的地方，固定好。

用长线尾把8针短针穿起来，收紧、闭合洞口

2 在身体和头部均匀地塞满填充棉。填充身体之前要先填充好头部。让填充棉均匀分布不要出现结块，必要时再补充一点。玩具所需的填充棉比你想象的要多。

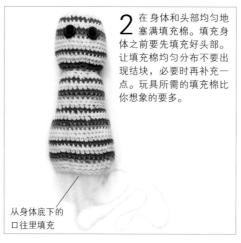

从身体底下的口往里填充

3 通常接下来要填充玩具的四肢。把填充棉从腿的顶部往下推，直到脚部。要让填充棉结实而且均匀。

用钩针的末端来帮助填充

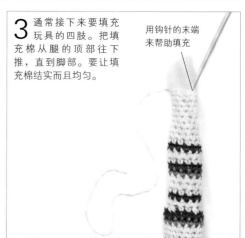

胳膊和腿部留长线尾用于缝合

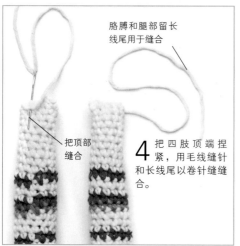

把顶部缝合

4 把四肢顶端捏紧，用毛线缝针和长线尾以卷针缝缝合。

5 把身体下边的前后部分捏紧，在中心用珠针固定。卷针缝缝合两腿之间的下底边。然后把腿固定好。

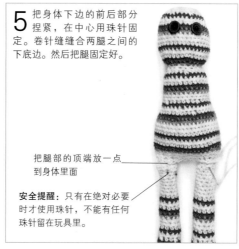

把腿部的顶端放一点到身体里面

安全提醒：只有在绝对必要时才使用珠针，不能有任何珠针留在玩具里。

6 看图片研究完成后胳膊的位置。用卷针缝把胳膊结实地缝到身体上。记住在玩具上缝所有针迹都要用毛线缝针。

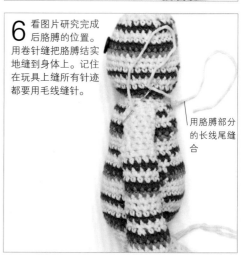

用胳膊部分的长线尾缝合

7 当身体的主要部分都固定好时，编织说明会让你添加小部件。制作小狗的话，接下来要添加尾巴。先在小狗尾巴的一端藏线尾，另一端用卷针缝把尾巴固定到身体上。

尾巴

8 接下来缝合口鼻部。先用玩具填充棉填满，保持好形状。

玩具填充棉

9 把口鼻部用珠针固定到小狗头部，紧挨着眼睛放在下面，呈椭圆形，大概盖住下面7行（每行10针）的区域。用长线尾做卷针缝固定。

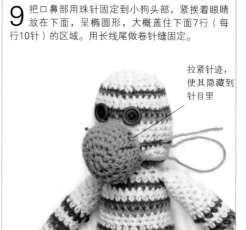

拉紧针迹，使其隐藏到针目里

增加面部表情

1 当在玩具上刺绣的时候，先看看玩具的图片，把你想要的复印下来。绣线必须足够粗，绣出来的表情才清晰。必要时使用6股绣线双线。用缎面绣绣出小狗的鼻尖。

2 绣长嘴巴的最好针法就是这里所显示的回针绣。

让嘴巴的中心位于口鼻部的中心孔洞上

3 眼睛、鼻子和嘴巴都确定好位置之后，添加玩具的耳朵。制作小狗时，先把每只耳朵上的基础锁针行的线尾藏起来。然后用长线尾（收针后剩下的）把耳朵根部收紧，略微呈勺形。

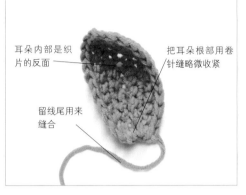

耳朵内部是织片的反面

把耳朵根部用卷针缝略微收紧

留线尾用来缝合

4 把耳朵按照玩具图上显示的位置缝上去。小狗的耳朵略倾斜，固定好以后往里折进去一点。为了让耳朵保持正确的形状，你要用蒸汽熨斗熨烫（见146页）。

5 眉毛留到最后绣。眉毛会让你的玩具显示出与众不同的表情。绣小狗的眉毛时，要在同一位置绣两道针迹，上下重叠。

不同的倾斜角度能带来不同的表情

6 玩具完成后检查所有的部分缝得是否够结实，面部表情是否令你满意。任何时候你都可以拆开重新缝上去，直到你满意为止。

非常规线 UNUSUAL YARNS

如果你不想用千篇一律的羊毛线钩编，不妨试试某些非常规线。绳子、金属线、布条和塑料条，都是很有趣的材料，这些也是环保再利用的材料。下面所展示的速成品都是用这些"线"钩编的，能让你尽快掌握这些技术。不建议用非常规线学习钩编，因此在使用这些材料之前，你应当已熟练掌握了短针的钩编技术。

绳子钩编	把绳子钩得紧点就会形成结实的织物，适合用作收纳。因为园艺麻绳通常不会太粗也不会太细，是首次钩编者的很好选择。这种麻绳既容易获得，钩好后外形也能保持得不错。

钩圆形收纳桶

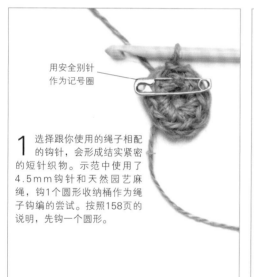

用安全别针作为记号圈

1 选择跟你使用的绳子相配的钩针，会形成结实紧密的短针织物。示范中使用了4.5mm钩针和天然园艺麻绳，钩1个圆形收纳桶作为绳子钩编的尝试。按照158页的说明，先钩一个圆形。

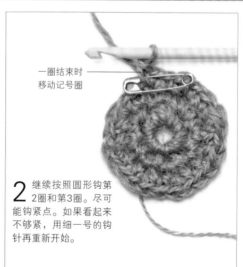

一圈结束时移动记号圈

2 继续按照圆形钩第2圈和第3圈。尽可能钩紧点。如果看起来不够紧，用细一号的钩针再重新开始。

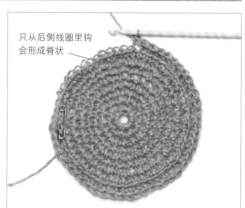

只从后侧线圈里钩会形成脊状

3 继续钩圆形，直到作为收纳桶的底部足够大为止。然后钩侧边，下一圈如图所示只从上1圈针目的后侧线圈里钩，每针各钩1针短针。这样形成脊状边缘。

4 剩下所有圈，都是在上1圈的每针针目头部各钩1针短针而形成的。跟正常钩一样，挑起上1圈针目头部的2根线钩编，这样会形成筒形（见156页短针筒形的说明）。继续钩下去，直到达到理想的高度。

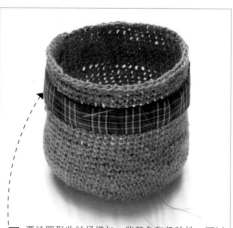

5 要给圆形收纳桶增加一些颜色和趣味性，可以增加饰边，例如彩带。把彩带用缝针和配色线缝上去。

6 当你的第一个绳钩圆形收纳桶完成后，多钩编一些不同尺寸的。当然，大的收纳桶需要更粗的线和钩针。

金属线钩编

只要金属线足够细，就很容易进行钩编，只是要想钩出均匀的针目，需要花时间练习。跟绳子钩编一样，最好用简单的短针钩编金属线 —— 很多花式针法在柔软、镂空的金属线圈里很难分辨。金属线钩编中如果加上串珠也是提升活泼度的极好方法，能变身为简单的装饰品，就像这里展示的容易制作的柔软手镯一样。

用串珠和金属线钩编手镯

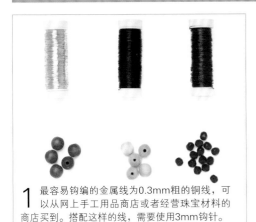

1 最容易钩编的金属线为0.3mm粗的铜线，可以从网上手工用品商店或者经营珠宝材料的商店买到。搭配这样的线，需要使用3mm钩针。

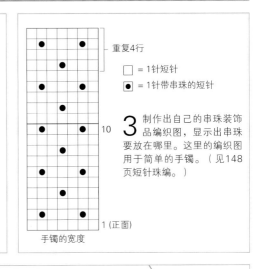

2 钩编前，把所有的串珠都穿到线上。这里的手镯大约需要27颗玻璃珠（直径6~7mm），但是最好比需要的数量多10颗，以防数错。

重复4行

☐ = 1针短针

⦿ = 1针带串珠的短针

3 制作出自己的串珠装饰品编织图，显示出串珠要放在哪里。这里的编织图用于简单的手镯。（见148页短针珠编。）

10

1（正面）

手镯的宽度

4 用有串珠的金属线钩8针锁针作为开始。然后按照编织图松松地钩编。无论什么时候钩到加串珠的地方（总在反面），便在该针最后1次挂线的时候，让串珠滑到织物处，完成这针。经常数针目，确定针数始终是正确的。

反面

5 钩编手镯到需要的长度。最后，以正面（没有串珠那面）行结束，把手镯另一端的第1行弯过来放在结束行的下面（这样，交叠处的两个相邻行都是有串珠的反面行），将钩针同时插入下面那层基础锁针行，把两行钩到一起，如图所示。

反面

正面

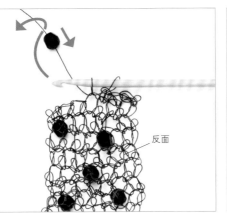

6 完成短针缝合后，将金属线剪断并收针，线尾沿着接缝藏起来。用毛线缝针把金属线绕着织物边缘缠绕几次。然后把剩余的金属线靠近手镯剪断。把手镯正面翻出来。

纽扣手镯

你也可以用金属线钩编普通的手镯后，用纽扣装饰。这个手镯就是先钩成平面没有串珠的样子。纽扣沿着手镯的中线用明亮的撞色丝线缝上去。

布条钩编

布条钩编的最大优势是不限制颜色。"毛线"可以用任何薄厚的棉质T恤剪成。作为尝试，我们用布条钩编两片圆形制作一个手提包吧。

准备布条

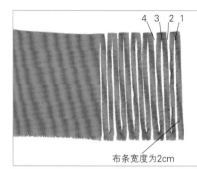

布条宽度为2cm

1 要制作连续不断的2cm宽的布条，可以从一条边剪到另一条边，每次剪（或者撕）到距离边缘1.5cm处停止。

2 当你剪好布条后，将布条缠绕成团。布条钩编要用到很多。开始你的作品之前，你要准备不同颜色的布条，需要时还要制作更多。

钩两片圆形做手提包

1 如果想要硬挺的钩编物，可以使用10mm钩针和2cm宽的贴布布料厚度的棉质布条。简单的短针是布条钩编的最好针法。开始钩编手提包之前，先钩一个圆环，见158页，但在织物反面留长线尾，不要绕着它钩编。

大的回形针是布条钩编的最好记号圈

2 继续环形钩编，根据需要加入别的颜色的布条，直到达到需要的手提包正面的尺寸。钩编同样大小的第2片圆形。用钩针把线尾在反面穿过几针针目，固定好并修剪末端。

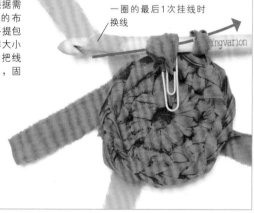

一圈的最后1次挂线时换线

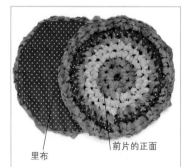

里布　　前片的正面

3 用颜色协调的印花布给两片圆形做里布。（里布的边缘应该达到最后1行短针的头部。）

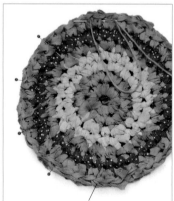

留出包口

4 前、后片反面相对，对齐。用缝针和配色线或者细棉线，沿着最后1圈短针头部稍下的位置缝合，留出包口。

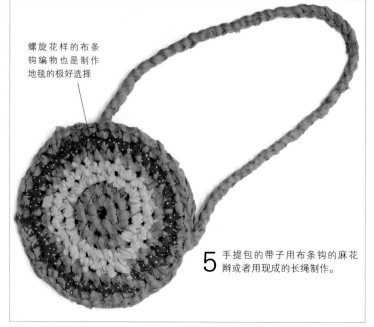

螺旋花样的布条钩编物也是制作地毯的极好选择

5 手提包的带子用布条钩的麻花辫或者用现成的长绳制作。

塑料条钩编

彩色塑料袋再次利用是很好的环保方式。你可以像这里展示的那样，用迅速裁剪技术将塑料袋裁成条。然后尝试用塑料条钩编简单的手提袋。

准备塑料条

1 将薄的塑料袋裁成条状。要从塑料袋上剪下连续不断的塑料条，需要先将塑料袋平放，抚平。剪掉底边接缝和上面提手。

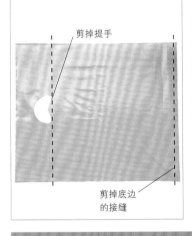
剪掉提手

剪掉底边
的接缝

2 将筒形塑料袋对折，底部折边比顶部边缘低3cm。

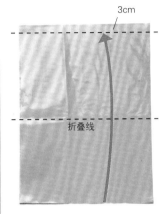
3cm

折叠线

3 再折两次，每次底部折边都比顶部边缘低3cm。

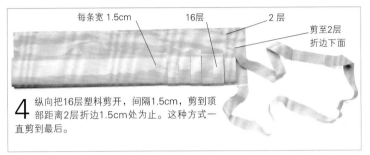
每条宽 1.5cm　　16层　　2层

剪至2层
折边下面

4 纵向把16层塑料剪开，间隔1.5cm，剪到顶部距离2层折边1.5cm处为止。这种方式一直剪到最后。

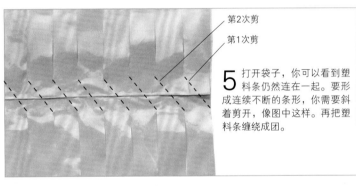
第2次剪
第1次剪

5 打开袋子，你可以看到塑料条仍然连在一起。要形成连续不断的条形，你需要斜着剪开，像图中这样。再把塑料条缠绕成团。

用塑料条钩编化妆包

1 用5mm的钩针钩编上面准备好的塑料条。要制作一个小化妆包，可用短针钩编筒形（见156页）。

如果塑料条断了，只要末端打结连接就好

2 要想在化妆包的顶部增加一个环形提手，可以另外钩一条锁针绳。

用作提手的锁针绳

3 下1圈，沿着增加的作为提手的锁针绳钩短针。换撞色塑料条钩最后1圈并收针。

撞色塑料条
环形提手

4 沿着底边缝合，用撞色塑料条把两层用短针钩到一起。用配色线和缝针把对齐的两层提手边缘缝到一块，其他地方不缝，形成开放的环形。用配色的布料做里布，缝上拉链。

这里缝合

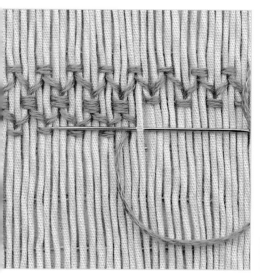
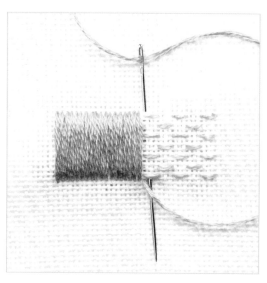
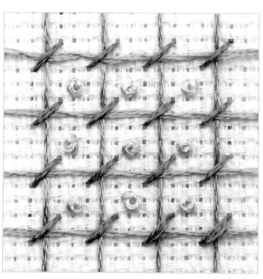

刺绣 EMBROIDERY

　　这里主要介绍浮面装饰绣、镂空绣、褶皱绣和珠绣等常用技法。适当的刺绣针迹更具有装饰性，能够令衣物、饰品或者家居物品具有别样的魅力。

工具和材料 TOOLS AND MATERIALS

刺绣所需要的基本工具和材料是非常简单的，也很容易获取。也有几种比较复杂精细的工具（像某些高级技法需要的绣架）和部分布料、丝线只能通过专门的销售商才能买到。

刺绣

布料

布料种类繁多，刺绣十字布尤其适合刺绣。大多数平纹布，无论是精细的真丝布还是斜纹棉布，都可以用来做刺绣的背景布。刺绣十字布常按照一定的长宽距离用亚麻线或者棉纱线织成。平纹布是自由刺绣的理想用布。

刺绣十字布

<< 双线Binca布
与双线Aida布相似，双线Binca布有各种颜色和纹理可供挑选。

<< 双线Aida布
双线Aida布质地硬挺，广泛用于十字绣和其他计数刺绣针法中。双线Aida布因为很容易就能数清楚线的数量，所以用起来很方便。

单线棉（亚麻）布
单线棉布或者亚麻布主要用于抽线绣和仿抽线绣。

纱线支数
单线或者双线的平纹布有不同的规格，主要在于纱线支数。单位面积内线的支数越多，布纹就越细密。

平纹布

棉布 >>
棉布容易刺绣，且价格便宜。当你不需要数格子又想让针距精确均匀的时候，棉布通常是很好的选择。

真丝布 >>
真丝布是刺绣作品的传统选择，也是丝线刺绣的极佳布料。

亚麻布>>
亚麻布更为厚重，布纹松，容易刺绣，进行刺绣设计时能提供很稳固的支撑。

绣绷和绣架

绣绷和绣架用于将布料撑紧，使布纹变得笔直，线迹才会均匀。绣绷由两个细圈组成，布料被两层细圈夹在中间。绣架是直边的。这两种工具都能被固定在地板或者桌面上，空出双手用来刺绣。

使用绣绷和绣架

绣绷由木头、竹子或者塑料制成，可能是圆形的，也可能是椭圆形的。内圈的大小是固定的，外圈上面有螺钉或者夹子用来调节松紧度。它们都非常适合用在平纹布或者细密的刺绣十字布的刺绣中。

绣架又称作滚轴绣架和撑架，传统上由木头制作而成，主要用途是把刺绣十字布和绒绣用的十字布撑得平整。滚轴绣架是可调节的（见下图），但撑架不可调节，布料需要跟绣架的内缘大小相配。

新型绣架有种塑料管式的，适用于珠绣，但也适用于大多数其他类型的刺绣。这种有直角的绣架叫夹式塑料绣架（Q-Snap），分为大小不同的尺寸。

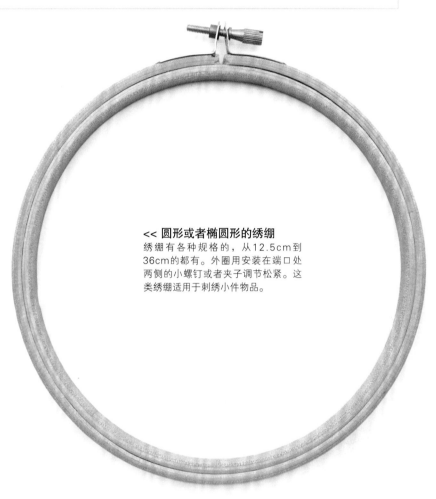

<< 圆形或者椭圆形的绣绷
绣绷有各种规格的，从12.5cm到36cm的都有。外圈用安装在端口处两侧的小螺钉或者夹子调节松紧。这类绣绷适用于刺绣小件物品。

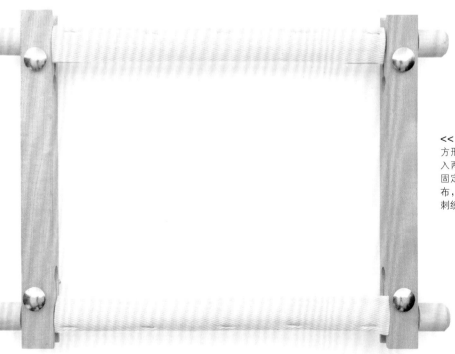

<< 方形滚轴绣架
方形滚轴绣架由两个圆柱形滚轴插入两个长方体的支柱中构成。布带固定到圆柱形滚轴上，用来固定绣布，滚轴根据需要可以滚动，把要刺绣的那部分绣布露出来。

刺绣

绣针

有几种适合刺绣的针，每种都有专门的用途。所有绣针都有不同的粗细和长度。选择能顺利穿透布料的绣针，针眼也应该足够大，很容易把需要的绣线穿过去。

长眼绣针 ︿
针尖很细，针眼被专门设计成能穿过比正常线更粗的绣线，适用于平纹布上的绝大多数浮面装饰绣。

绳绒线绣针 ︿
针尖细，针眼更粗，能带着很粗的绣线通过厚实的布料。

挂毯线绣针（毛线绣针） ︿
钝头，总是用在刺绣十字布上，避免把布料上的纱线劈开。

珠绣针 ︿
细而长，很容易穿过串珠孔。

绣线

绣线有粗有细，通常由棉、丝、羊毛、亚麻或人造纤维构成。有的线是单股的，也有些是多股扭绞而成、还能再拆分成单股的：股数越少，刺绣的针迹就越细。

棉线

<< 分股棉线
6股线松松地扭在一起，很容易分成单股线。

<< 珠光棉线
非常结实地扭绞而成，不能拆分成单股。外表有光泽，不用扭就能很好地保持形状。

棉线的选择
棉线有很多种粗细和外观的选择，从高档线到亚光线，适合各种刺绣要求。

花线：单股细棉线，外表没有光泽，很适合十字绣。

软棉线：柔软、没有光泽，做半十字绣和长针绣都很合适，也用在挂毯刺绣中。

彩虹棉线：纯棉线，富有光泽，纱线扭绞得很紧，通常用在白绣中。

丝线

<< 分股丝线
质地柔软，线很容易拆分成单股，形成更细的线。

<< 扭绞丝线
扭绞丝线有非常漂亮的光泽，用在精细绣布上效果很好。

<< 扣眼丝线
这种线非常结实，粗细跟珠光棉线差不多。

<< 人造丝
比较便宜，但质地柔软，光泽度很好。

羊毛线

双股羊毛线 ∨
由2股细羊毛线构成，也用在挂毯刺绣中。还有一种叫波斯线的绣线，松松地扭绞在一起，很容易拆分成单股用于刺绣。

常用工具

几乎所有你需要的刺绣工具都可以在储备齐全的缝纫篮内找到：锋利的大、小剪刀（用于剪开布料和剪断绣线），记号笔和铅笔，测量工具。如果你需要的话，还要有个顶针和针插。这样你就可以准备开工了。

顶针 ∧
顶针能防止刺绣过程中意外弄破手指，把绣布弄脏。

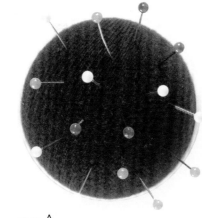

针插 ∧
手边很有用的小物件，刺绣结束或者缝纫时都能用到。

卷尺和直尺 >>
手边必备的测量工具，用来检查绣品的尺寸和线的支数。

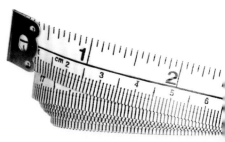

拆线器 >>
挑开接缝或者修正错误时使用。

气消笔和水消笔 ∨
用于直接把设计图画在绣布上，当设计图被绣完以后可以消去笔迹。

小绣花剪 ∧
是剪断绣线的主要工具。为了线头整洁，要保持剪刀尖部锋利。

细尖HB铅笔 ∧
用铅笔描图令其转印到绣布上。

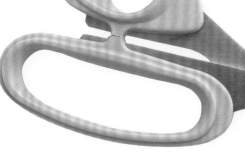

手柄弯曲的布剪 ∧
使用大而锋利的剪刀剪开布料，使大小尺寸跟绣架相匹配。

描图纸 ∨
描图和移图时最有用的工具。

裁缝专用复写纸 >>
把设计图转印到绣布上时最有用的工具。

刺绣基础 EMBROIDERY BASICS

在开始刺绣之前，你需要准备好绣布、设计图和绣线，并找到适合自己的绣绷或者绣架，把绣布撑好。选定好图纸、移图后，你就应该安排绣线，必要时多准备几束。

使用绣绷和绣架

在开始使用绣绷和绣架之前，你要先准备好绣布，并在绣绷或者绣架上撑好，用棉质织带把绣绷的内圈缠起来，这样既能保护绣布，也有利于绷紧。绣布应该比绣绷大，如果可能的话，让绣绷比刺绣的区域大一些。如果要将绣布固定到绣架上面，需要把绣布的边缘折边或者滚边缝好，再用人字绣（见196页）固定。

缠绕绣绷

把棉质织带的一端固定在绣绷内圈的内侧，然后沿着内圈缠绕，缠的过程中后圈要压住前圈，最后缝几针把末端固定。

把绣布绷到绣绷上

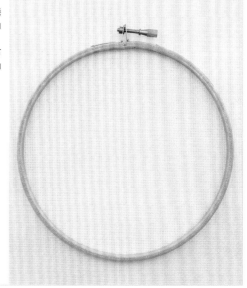

1 把绣布蒙在缠好的绣绷内圈上，让绣布的中心位于绣绷的圆心处，再把外圈套在上面。绣布经过折边或者滚边会有助于防止磨损。

2 把外圈套在内圈上，慢慢调紧螺钉，让两层紧紧地靠在一起，让绣布均匀地绷起来。在调紧之前，把任何细小的褶皱拉平。

转印设计图或者花样

刺绣用的设计图或者花样无所不在——在自然界中，在几何图形中，在你的想象里——把它们转印到绣布上并不困难。许多物品，例如靠垫套、桌布等，都可以用画好的设计图进行刺绣。杂志和书籍也是图案的极好来源，当然你也可以自己绘制。

直接描图

适用于薄薄的浅色绣布。把图在工作台上摆放好，绣布覆盖在图案上，用胶带或者图钉固定，用细铅笔或者水消笔描绘图案。

使用灯箱

还有一个转印图案到浅色平纹布上的好办法：把图案放在灯箱上，绣布覆盖在图案上，用细铅笔或者水消笔描绘图案。

裁缝专用复写纸

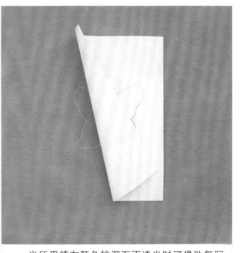

当所用绣布颜色较深而不透光时可借助复写纸。把绣布正面向上铺好，复写纸放在绣布上面，再把图案放在复写纸上，用细铅笔描绘图案。

疏缝撕除法

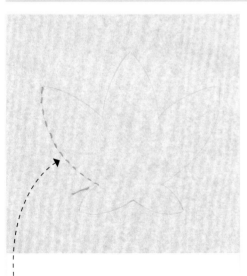

1　这种方法适用于厚实的绣布，例如羊毛布料或者粗斜纹布（牛仔布）。先把图案描到纸巾上，再用珠针把纸巾固定到绣布上。线结露在上面，以短小的平针沿着图案的轮廓疏缝。最后用2针回针缝固定线尾。

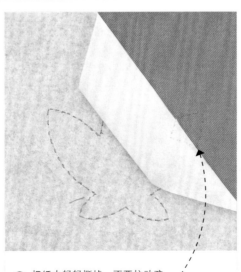

2　把纸巾轻轻撕掉，不要拉动疏缝针迹。必要时可以用针尖沿记号线划刻弄破纸巾。

用熨斗转印图案

根据生产商的商标说明转印图案。

准备绣线

开始刺绣前了解一些窍门是很有用的，例如怎样把整束线分开，以及如何把几股绣线分开等。多数绣线都是卷状或者束状的，方便使用，但是仍然需要特别处理一下，以免绣线缠绕打结。

环形束状

不要拆开束状绣线上的商标，例如束状棉线。线头就在线束的一端里面。拿住另外一头，轻轻把线头拉出。

扭绞束状

打开扭在一起的束状线，例如珠光棉线。把线松成圆圈，从中间剪断。得到的线的长度刚好适合使用。把商标往后移动，把线松松地系个结。

分股

多股棉线和丝线，例如珠光棉线和波斯羊毛线都能拆分成股。拉出需要的长度剪断，捏紧一端，轻轻地从聚合在一起的线中一股股地抽出细线。将所需数量的细线对齐即可使用。

穿针

一般用一段不超过50cm的线绣制，除非针法中要求更长的线。多数绣线比普通的缝线粗，尽管长眼绣针和挂毯线绣针的针眼很大，有时候还是不容易把绣线穿进去。细线可以用穿针器帮助穿针，这里的折线穿针法则可帮助粗线穿针。

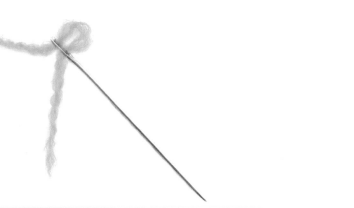

把线对折放到针眼端，捏紧线圈。在针的末端滑动线圈，直到进入针眼里。

开始和收尾

多数刺绣中不需要有线结，因为线结会在绣布下面形成一个凸起，有时候还能凸出到绣布上面。刺绣有独特的方式固定开始和结束的针迹，你可以根据绣线、绣布、图案和你所使用的针法来选择不同的方法。

留出线尾

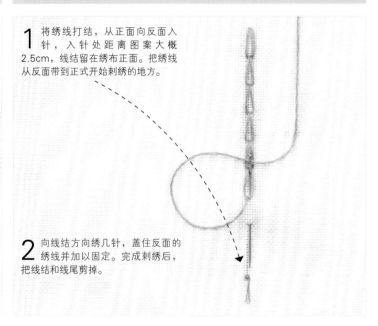

当你开始绣的时候，要在绣布反面留出5cm长的线尾，并藏到完成后的针迹里面（见下文的收尾）。

丢线结法

1 将绣线打结，从正面向反面入针，入针处距离图案大概2.5cm，线结留在绣布正面。把绣线从反面带到正式开始刺绣的地方。

2 向线结方向绣几针，盖住反面的绣线并加以固定。完成刺绣后，把线结和线尾剪掉。

回针法

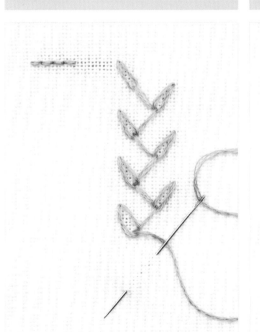

距离开始绣的地方2.5cm处，从正面向反面入针，留5cm线尾。开始绣之前缝两三针回针，完成刺绣后，挑开回针缝的部分，把线尾藏入反面第1针下面。

平针法

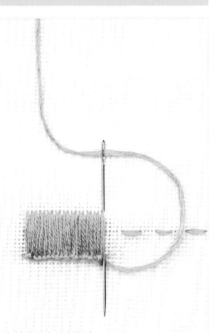

在针迹紧密的刺绣中，可以从一短行平针开始，绣的过程中把平针针迹完全盖住。留长线尾，完成后把绣线剪断藏在反面。

收尾

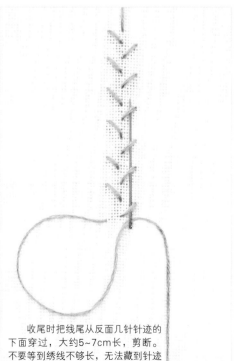

收尾时把线尾从反面几针针迹的下面穿过，大约5~7cm长，剪断。不要等到绣线不够长，无法藏到针迹下面时再收尾。

刺绣针法图汇 STITCH GALLERY

这里直观而形象地展示了本章所有的刺绣针法。每一种都呈现出最终的刺绣效果，以便你能很快找到适当的针法去完成作品。针法都按类型进行了分类，为的是清楚展现针法的各种可能和多种选择。

十字绣

浮面装饰绣

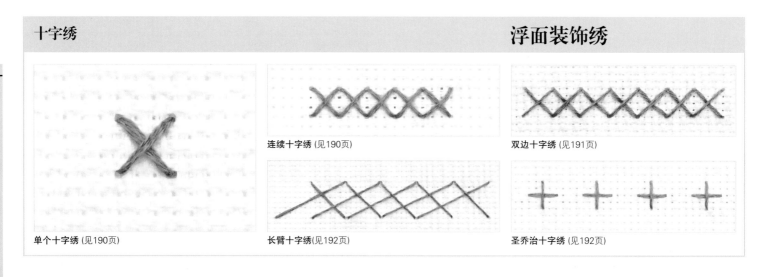

单个十字绣 (见190页)

连续十字绣 (见190页)

长臂十字绣(见192页)

双边十字绣 (见191页)

圣乔治十字绣 (见192页)

平面绣

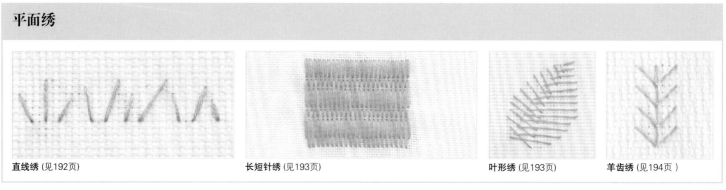

直线绣 (见192页)

长短针绣 (见193页)

叶形绣 (见193页)

羊齿绣 (见194页)

轮廓绣

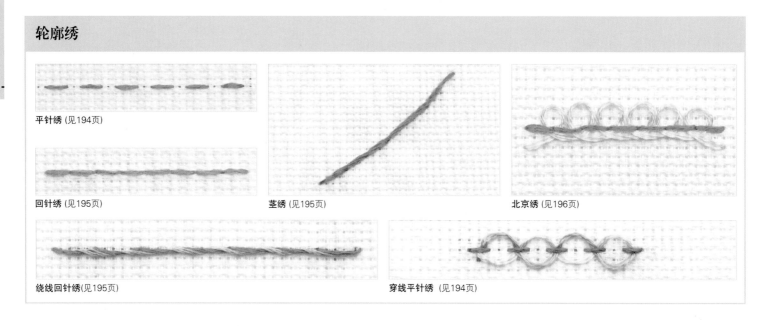

平针绣 (见194页)

回针绣 (见195页)

茎绣 (见195页)

北京绣 (见196页)

绕线回针绣 (见195页)

穿线平针绣 (见194页)

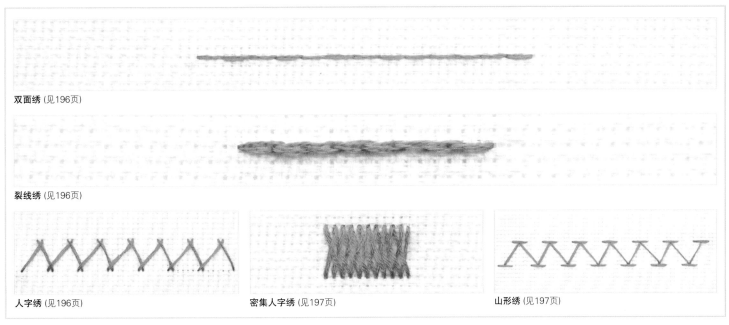

双面绣 (见196页)

裂线绣 (见196页)

人字绣 (见196页)

密集人字绣 (见197页)

山形绣 (见197页)

填充绣

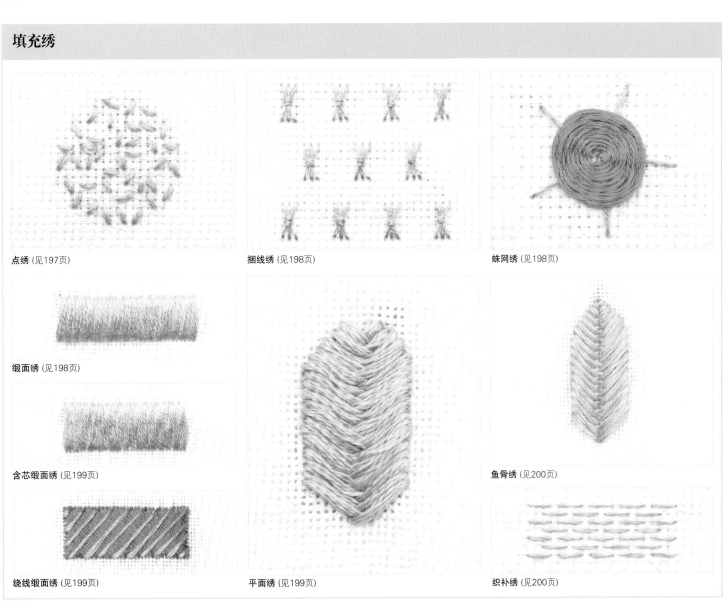

点绣 (见197页)

捆线绣 (见198页)

蛛网绣 (见198页)

缎面绣 (见198页)

含芯缎面绣 (见199页)

鱼骨绣 (见200页)

绕线缎面绣 (见199页)

平面绣 (见199页)

织补绣 (见200页)

圈形绣

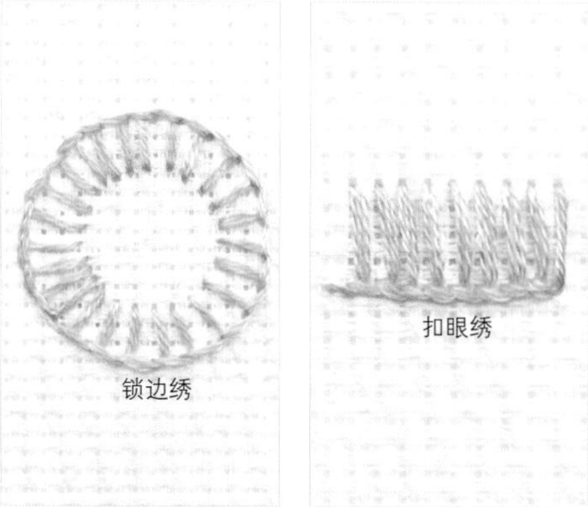

锁边绣

扣眼绣

锁边绣和扣眼绣(见200页)

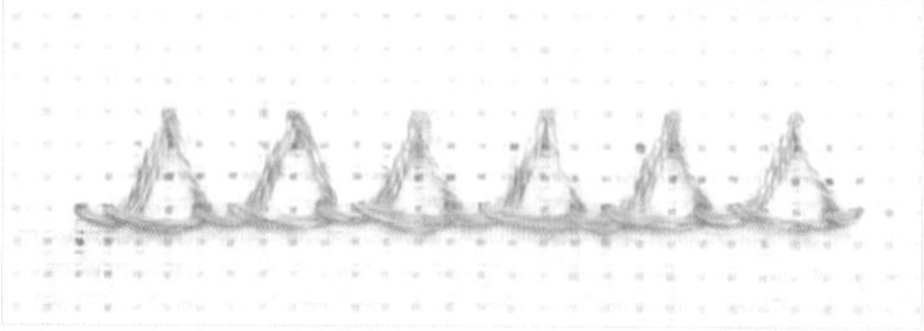

闭锁扣眼绣(见201页)

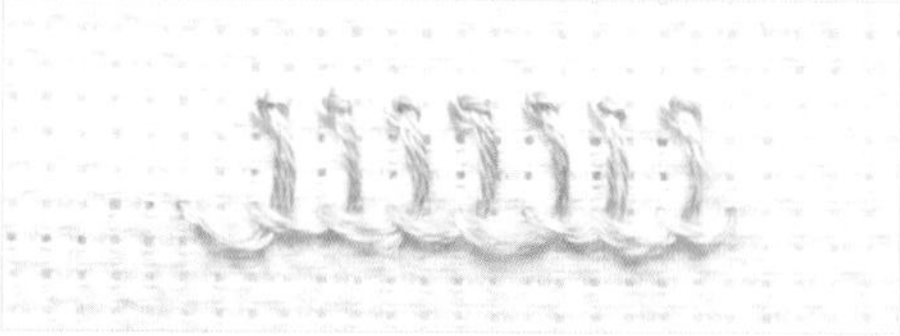

结粒扣眼绣(见201页)

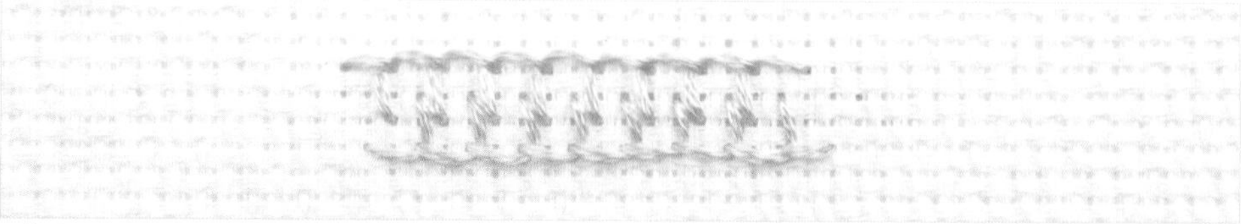

双扣眼绣(见201页)

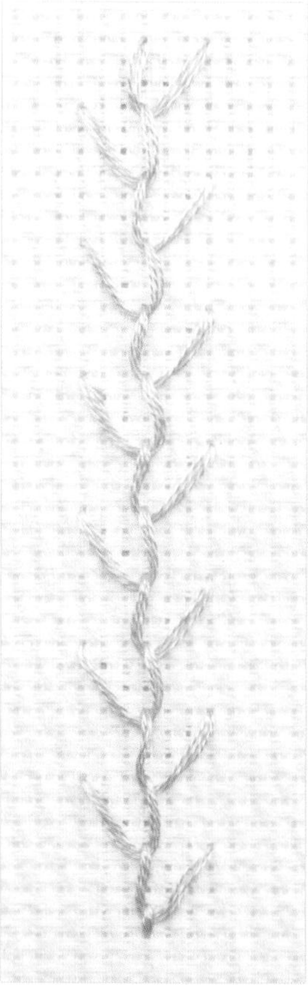

羽毛绣(见202页)

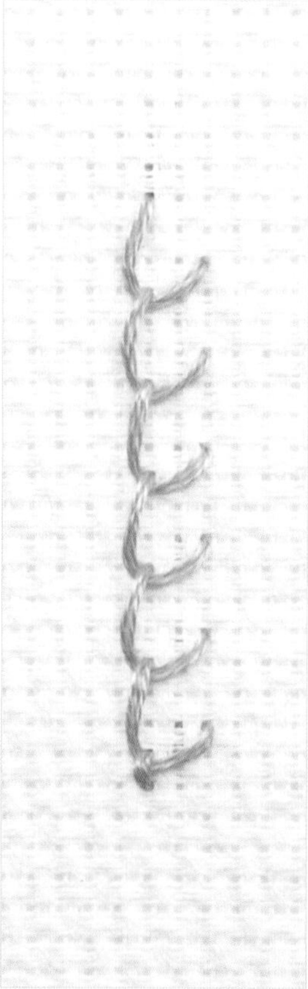

单羽毛绣(见202页)

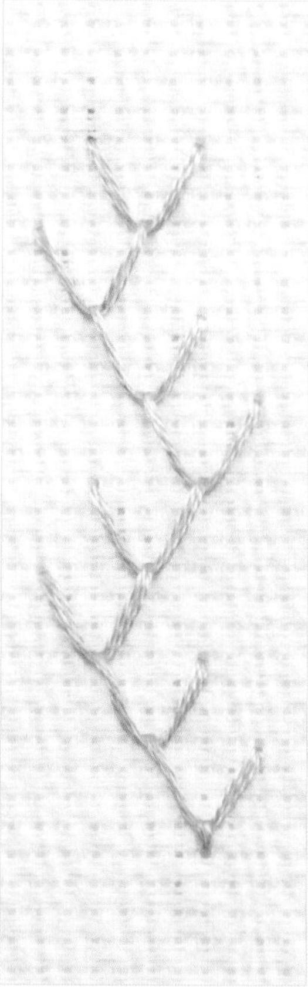

双羽毛绣(见202页)

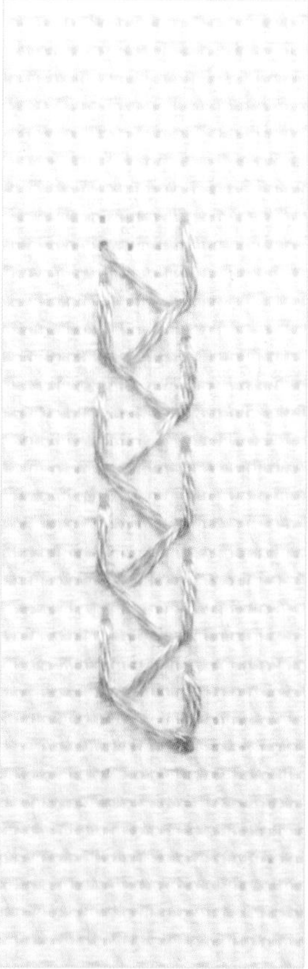

闭锁羽毛绣(见202页)

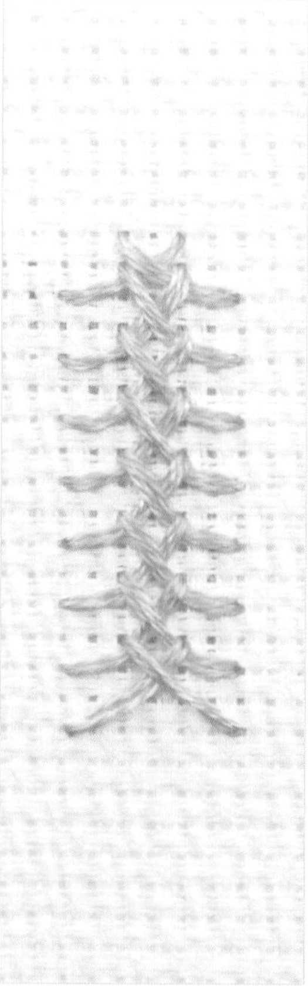

锯齿羽毛绣(见203页)

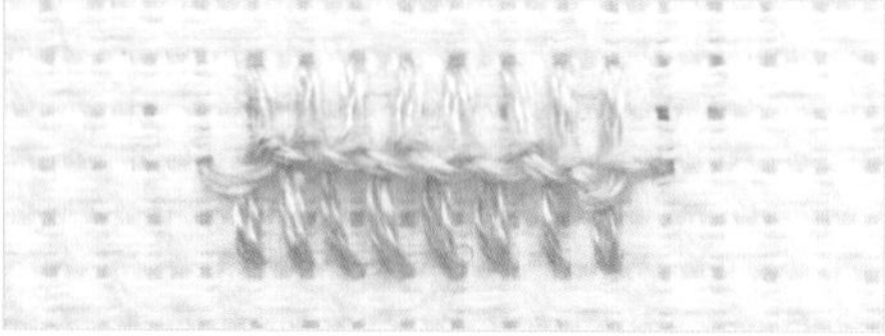

圈形绣(见203页)

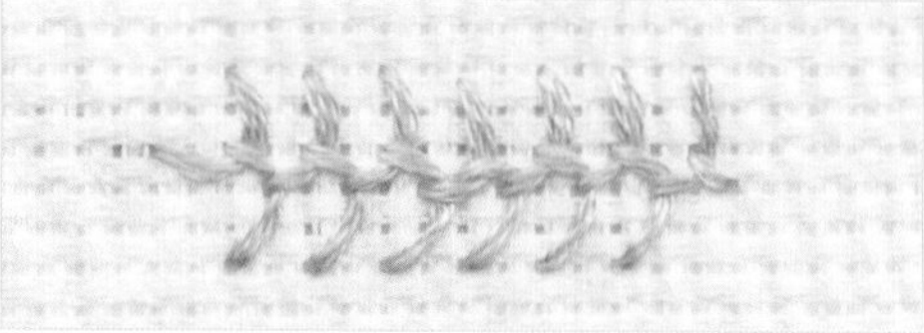

克里特岛绣(见204页)

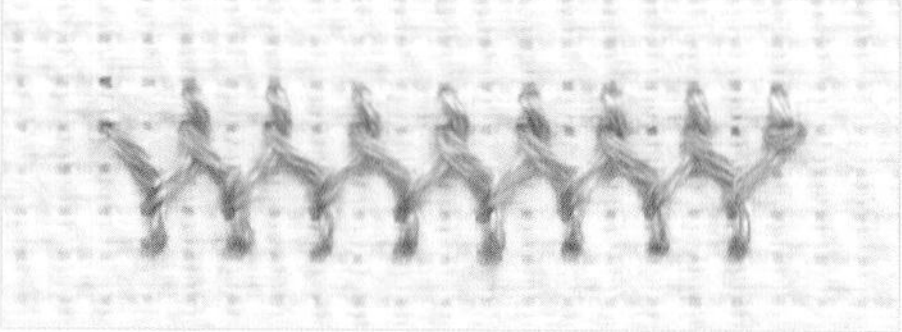

开口克里特岛绣(见204页)

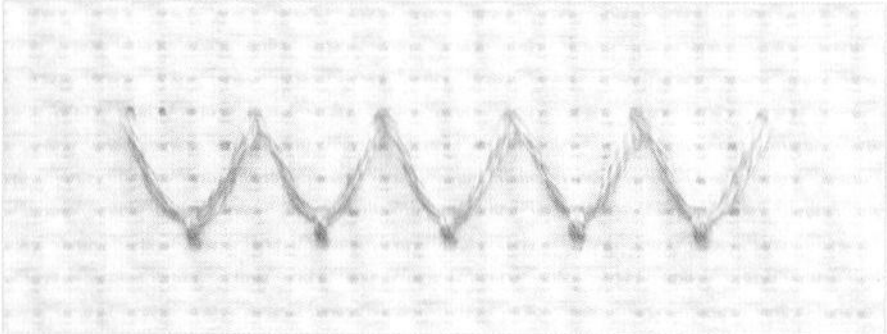

飞鸟绣(见204页)

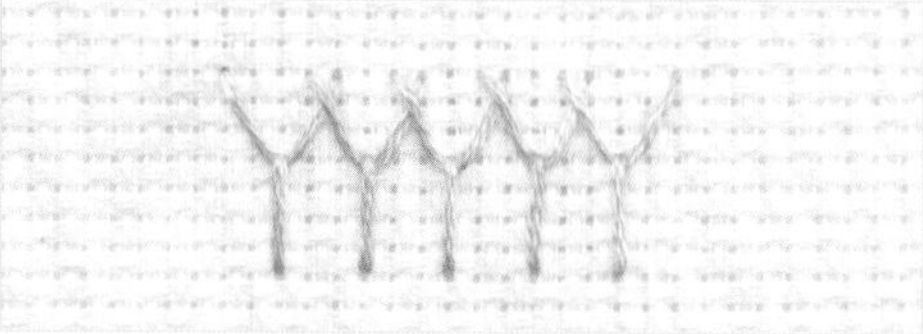

辫状飞鸟绣(见205页)

梯形绣(见205页)

刺绣

锁链绣

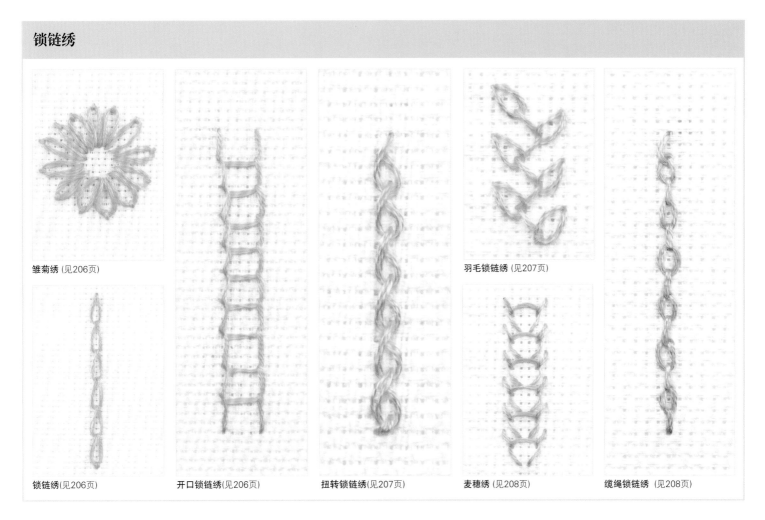

雏菊绣 (见206页)

羽毛锁链绣 (见207页)

锁链绣 (见206页)

开口锁链绣 (见206页)

扭转锁链绣 (见207页)

麦穗绣 (见208页)

缆绳锁链绣 (见208页)

结粒绣

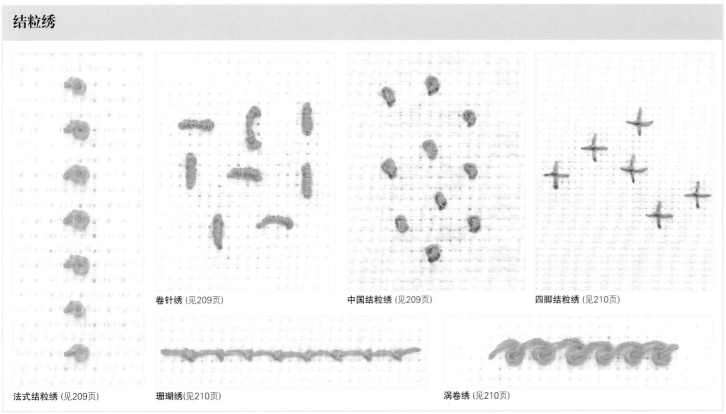

卷针绣 (见209页)

中国结粒绣 (见209页)

四脚结粒绣 (见210页)

法式结粒绣 (见209页)

珊瑚绣 (见210页)

涡卷绣 (见210页)

刺绣

钉线绣

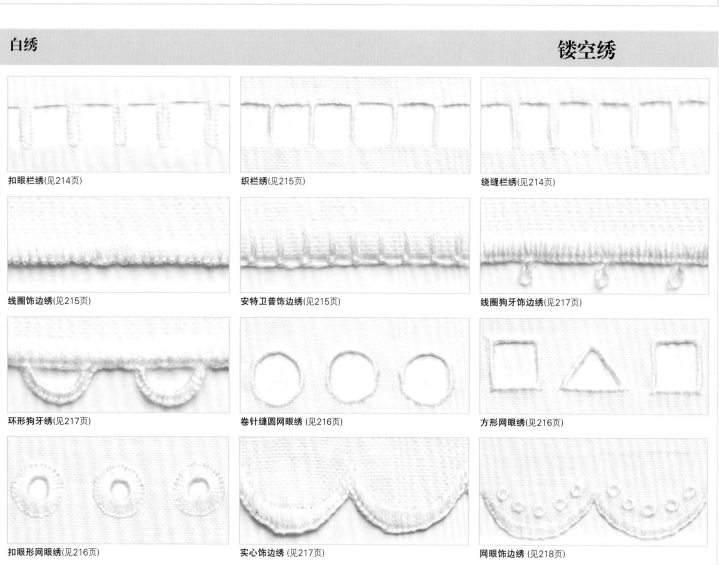

钉线绣(见211页)

绕缝装饰绣(见211页)

罗马尼亚钉线绣 (见212页)

布哈拉钉线绣(见213页)

雅各宾网格绣(见213页)

荆棘绣 (见211页)

白绣

镂空绣

扣眼栏绣(见214页)

织栏绣(见215页)

绕缝栏绣(见214页)

线圈饰边绣(见215页)

安特卫普饰边绣(见215页)

线圈狗牙饰边绣(见217页)

环形狗牙绣(见217页)

卷针缝圆网眼绣 (见216页)

方形网眼绣(见216页)

扣眼形网眼绣(见216页)

实心饰边绣 (见217页)

网眼饰边绣 (见218页)

仿抽线绣

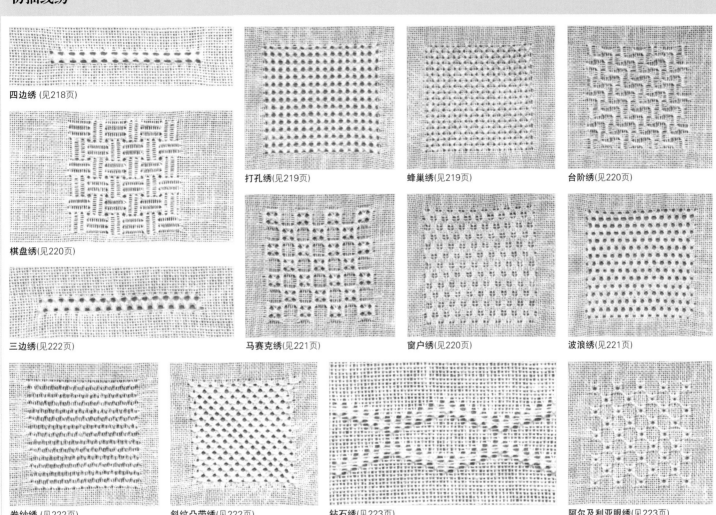

四边绣 (见218页)

棋盘绣 (见220页)

三边绣 (见222页)

打孔绣 (见219页)

马赛克绣 (见221页)

蜂巢绣 (见219页)

窗户绣 (见220页)

台阶绣 (见220页)

波浪绣 (见221页)

卷纱绣 (见222页)

斜纹凸带绣 (见222页)

钻石绣 (见223页)

阿尔及利亚眼绣 (见223页)

抽线绣

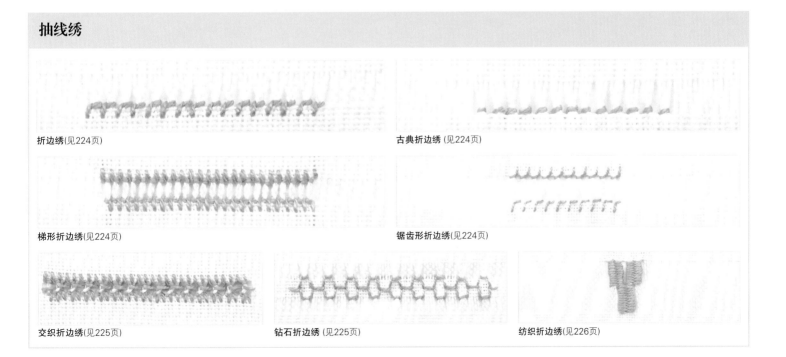

折边绣 (见224页)

梯形折边绣 (见224页)

交织折边绣 (见225页)

古典折边绣 (见224页)

锯齿形折边绣 (见224页)

钻石折边绣 (见225页)

纺织折边绣 (见226页)

刺绣

嵌入绣

扣眼针嵌入绣(见226页)

结粒嵌入绣(见227页)

扭转嵌入绣(见227页)

蕾丝嵌入绣(见227页)

基础褶皱绣

褶皱绣

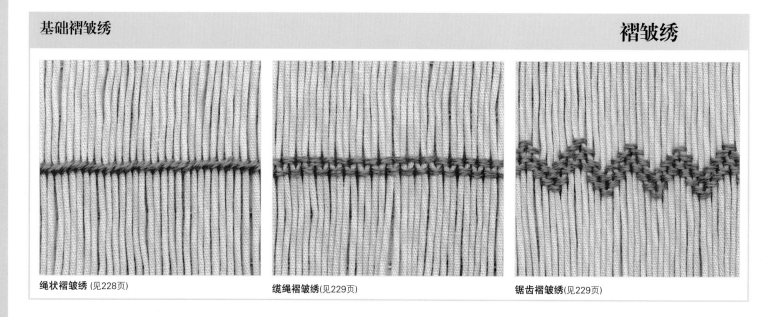

绳状褶皱绣 (见228页)

缆绳褶皱绣(见229页)

锯齿褶皱绣(见229页)

蜂巢褶皱绣

闭锁式蜂巢褶皱绣 (见229页)

开放式蜂巢褶皱绣(见230页)

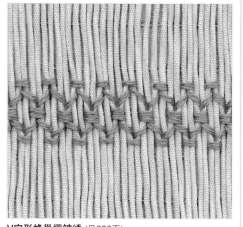

V字形蜂巢褶皱绣 (见230页)

串珠绣 珠绣

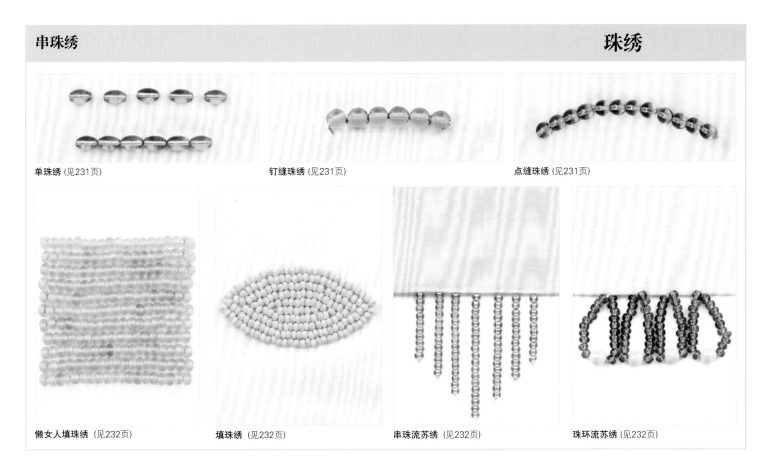

单珠绣 (见231页)

钉缝珠绣 (见231页)

点缝珠绣 (见231页)

懒女人填珠绣 (见232页)

填珠绣 (见232页)

串珠流苏绣 (见232页)

珠环流苏绣 (见232页)

亮片绣

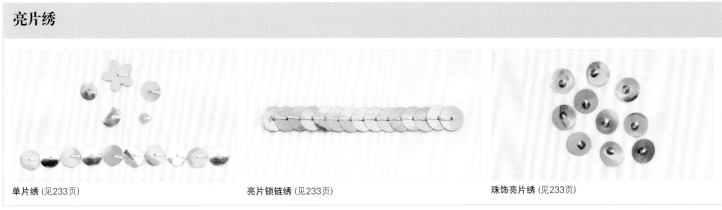

单片绣 (见233页)

亮片锁链绣 (见233页)

珠饰亮片绣 (见233页)

镜绣

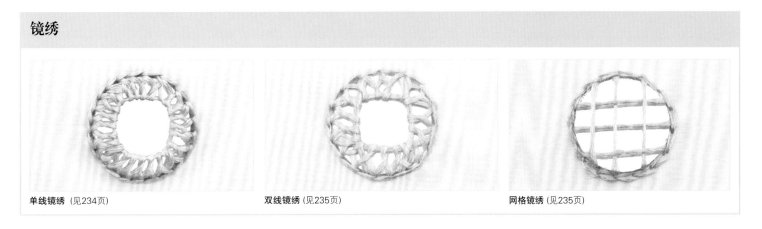

单线镜绣 (见234页)

双线镜绣 (见235页)

网格镜绣 (见235页)

浮面装饰绣 SURFACE EMBROIDERY

用刺绣装饰布料是让作品变得独一无二的最好方法，就这样为你的家创作一个绣品或者小物件吧。在绣布的表面刺绣，无论简单的还是复杂的花纹，都能增加装饰性和趣味性，而且可用于任何绣布。平纹布或者普通纺织的布是外表装饰时最常使用的，但是有些家居布艺或者小物品也可能由已经刺绣过的平纹布制成。

十字绣

既可以绣成单个十字，也可以绣成行。成行绣的时候，先从右向左完成整行斜向的针迹，再完成相反方向的针迹。

单个十字绣

单个十字绣由2针以一定的角度交叉而成。

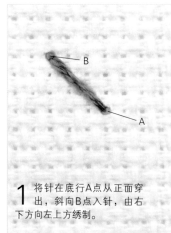

1 将针在底行A点从正面穿出，斜向B点入针，由右下方向左上方绣制。

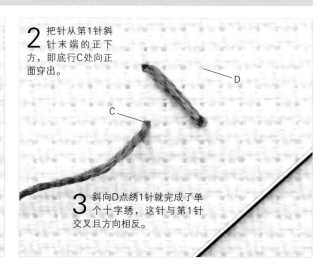

2 把针从第1针斜针末端的正下方，即底行C处向正面穿出。

3 斜向D点绣1针就完成了单个十字绣，这针与第1针交叉且方向相反。

连续十字绣

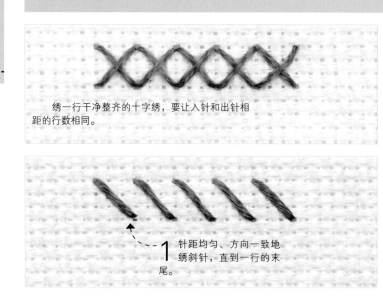

绣一行干净整齐的十字绣，要让入针和出针相距的行数相同。

1 针距均匀、方向一致地绣斜针，直到一行的末尾。

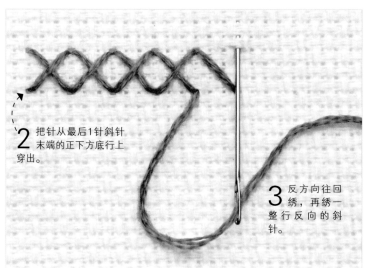

2 把针从最后1针斜针末端的正下方底行上穿出。

3 反方向往回绣，再绣一整行反向的斜针。

双边十字绣

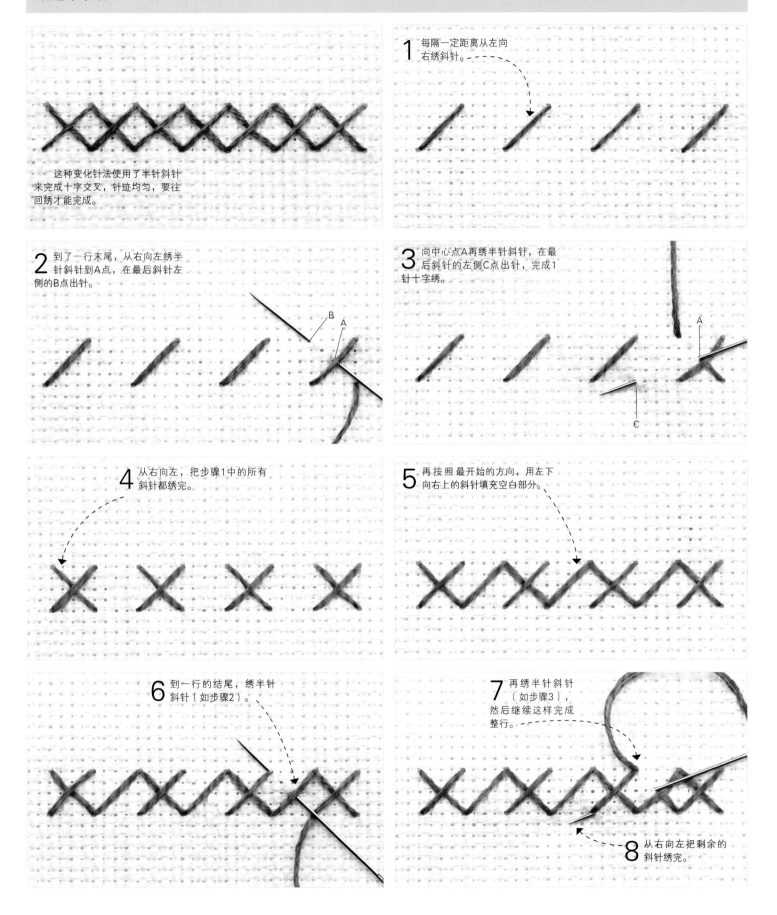

这种变化针法使用了半针斜针来完成十字交叉，针迹均匀，要往回绣才能完成。

1 每隔一定距离从左向右绣斜针。

2 到了一行末尾，从右向左绣半针斜针到A点，在最后斜针左侧的B点出针。

3 向中心点A再绣半针斜针，在最后斜针的左侧C点出针，完成1针十字绣。

4 从右向左，把步骤1中的所有斜针都绣完。

5 再按照最开始的方向，用左下向右上的斜针填充空白部分。

6 到一行的结尾，绣半针斜针（如步骤2）。

7 再绣半针斜针（如步骤3），然后继续这样完成整行。

8 从右向左把剩余的斜针绣完。

刺绣

长臂十字绣

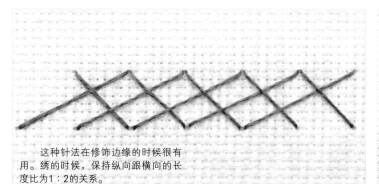

这种针法在修饰边缘的时候很有用。绣的时候，保持纵向跟横向的长度比为1：2的关系。

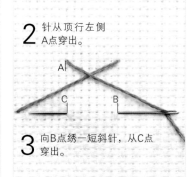

1 从左向右绣一长斜针，纵向针距为偶数格，水平针距为纵向针距的2倍。

2 针从顶行左侧A点穿出。

3 向B点绣一短斜针，从C点穿出。

圣乔治十字绣

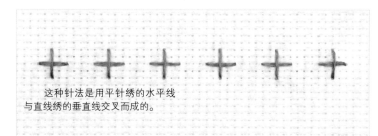

这种针法是用平针绣的水平线与直线绣的垂直线交叉而成的。

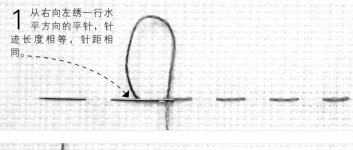

1 从右向左绣一行水平方向的平针，针迹长度相等，针距相同。

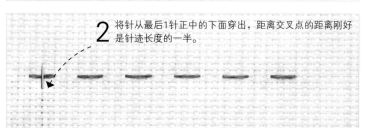

2 将针从最后1针正中的下面穿出，距离交叉点的距离刚好是针迹长度的一半。

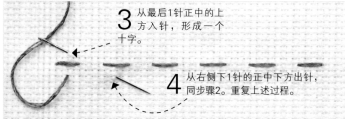

3 从最后1针正中的上方入针，形成一个十字。

4 从右侧下1针的正中下方出针，同步骤2。重复上述过程。

平面绣

平面绣拥有近乎平整的花纹。也有一些填充绣针法（见197~200页）跟平面绣相似，但是图案更有立体感。这里所展示的平面绣都是以直线绣为基础的。

直线绣

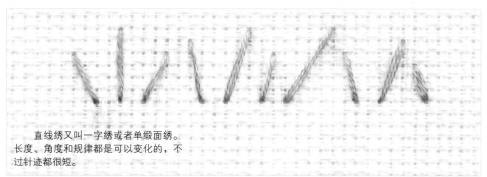

直线绣又叫一字绣或者单缎面绣。长度、角度和规律都是可以变化的，不过针迹都很短。

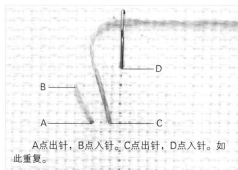

A点出针，B点入针。C点出针，D点入针。如此重复。

长短针绣

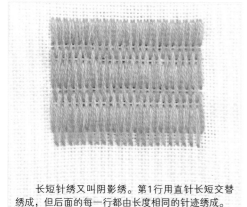

长短针绣又叫阴影绣。第1行用直针长短交替绣成，但后面的每一行都由长度相同的针迹绣成。

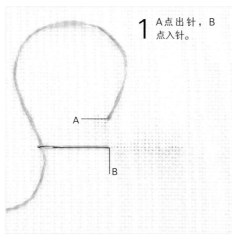

1 A点出针，B点入针。

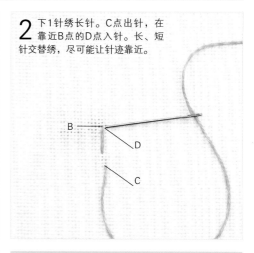

2 下1针绣长针。C点出针，在靠近B点的D点入针。长、短针交替绣，尽可能让针迹靠近。

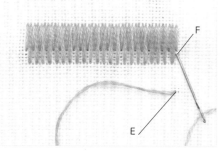

3 绣下一行的时候，从位于短针正下方的E点出针，接着在F点入针，紧挨着上面的绣线。

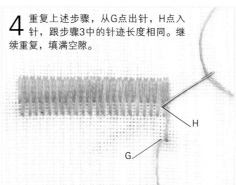

4 重复上述步骤，从G点出针，H点入针，跟步骤3中的针迹长度相同。继续重复，填满空隙。

渐变的彩色

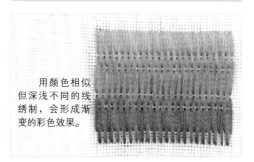

用颜色相似但深浅不同的线绣制，会形成渐变的彩色效果。

叶形绣

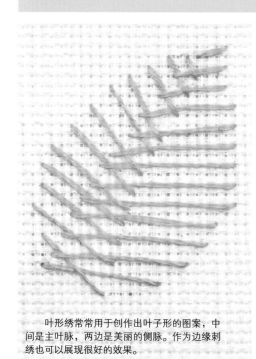

叶形绣常常用于创作出叶子形的图案，中间是主叶脉，两边是美丽的侧脉。作为边缘刺绣也可以展现很好的效果。

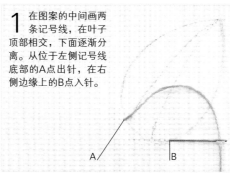

1 在图案的中间画两条记号线，在叶子顶部相交，下面逐渐分离。从位于左侧记号线底部的A点出针，在右侧边缘上的B点入针。

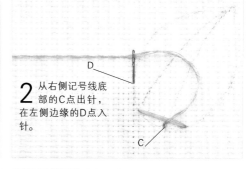

2 从右侧记号线底部的C点出针，在左侧边缘的D点入针。

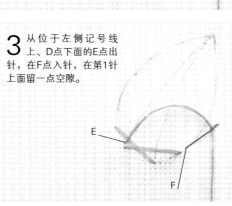

3 从位于左侧记号线上、D点下面的E点出针，在F点入针，在第1针上面留一点空隙。

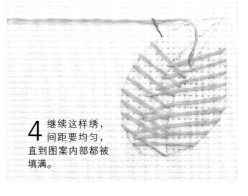

4 继续这样绣，间距要均匀，直到图案内部都被填满。

刺绣

羊齿绣

这个简单的图案是由3针直针构成的,看似每针都从相同的点发出。每次都在记号线上入针,绣品的反面会很整洁。

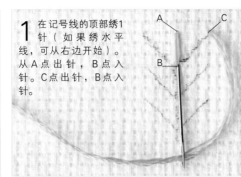

1 在记号线的顶部绣1针(如果绣水平线,可从右边开始)。从A点出针,B点入针。C点出针,B点入针。

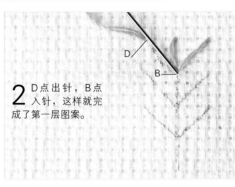

2 D点出针,B点入针,这样就完成了第一层图案。

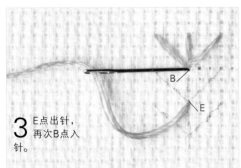

3 E点出针,再次B点入针。

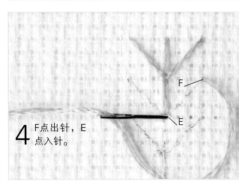

4 F点出针,E点入针。

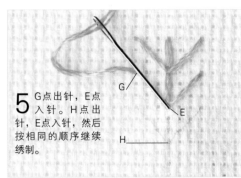

5 G点出针,E点入针。H点出针,E点入针,然后按相同的顺序继续绣制。

轮廓绣

就像名字所表示的那样,轮廓绣用来勾勒图案的边缘。轮廓绣可以简单也可以复杂,但都是一直向前绣制。

平针绣

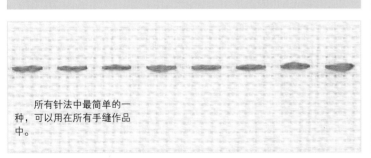

所有针法中最简单的一种,可以用在所有手缝作品中。

穿线平针绣

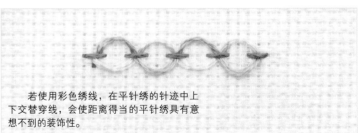

若使用彩色绣线,在平针绣的针迹中上下交替穿线,会使距离得当的平针绣具有意想不到的装饰性。

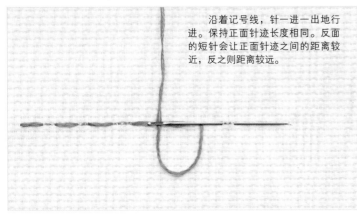

沿着记号线,针一进一出地行进。保持正面针迹长度相同。反面的短针会让正面针迹之间的距离较近,反之则距离较远。

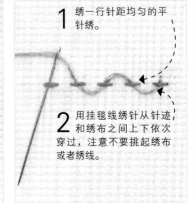

1 绣一行针距均匀的平针绣。

2 用挂毯线绣针从针迹和绣布之间上下依次穿过,注意不要挑起绣布或者绣线。

3 如果你愿意,还可以再加一种颜色线往相反的方向绣。

茎绣

茎绣又叫南肯辛顿绣或双线绣。这种针法能够形成一条线，作为边缘或填充针法使用。针的角度决定了轮廓的宽度。

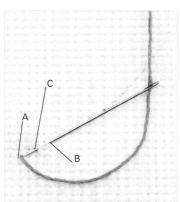

1 从左向右绣，让绣线保持在记号线的下方。A点出针，B点入针，C点出针，C点大约在AB的中点。

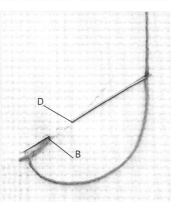

2 D点入针，B点出针，保持均匀的针迹长度。

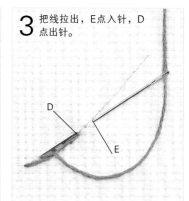

3 把线拉出，E点入针，D点出针。

4 继续这样重复，保持针迹长度一致。

回针绣

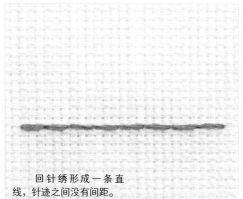

回针绣形成一条直线，针迹之间没有间距。

1 从右向左绣制。A点出针，A点距离记号线的右端B点为1针的距离。

2 B点入针，C点出针，距离A点为1针的距离。

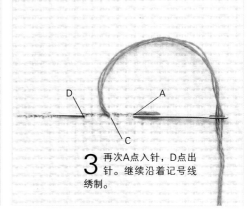

3 再次A点入针，D点出针。继续沿着记号线绣制。

绕线回针绣

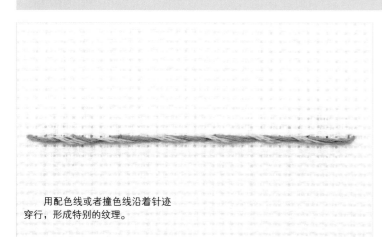

用配色线或者撞色线沿着针迹穿行，形成特别的纹理。

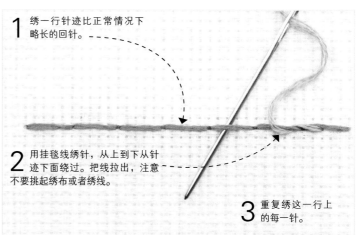

1 绣一行针迹比正常情况下略长的回针。

2 用挂毯线绣针，从上到下从针迹下面绕过。把线拉出，注意不要挑起绣布或者绣线。

3 重复绣这一行上的每一针。

刺绣

北京绣

北京绣又叫作禁针，是在中国古代刺绣作品上发现的。特别适用于真丝绣线或者金属线的刺绣。

1 绣一行回针。接着从左向右，挂毯线绣针穿入穿梭绕行的绣线，从A点出针，从第2针针迹下面穿过到达B点。

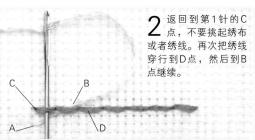

2 返回到第1针的C点，不要挑起绣布或者绣线。再次把绣线穿行到D点，然后到B点继续。

双面绣

双面绣又叫双平针绣。在平纹布上进行双面绣，作品看起来更整洁。通常用单色线绣制，这里为了更清楚，在返回绣的时候用了撞色线。

1 绣一行间距均匀的平针。

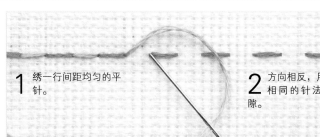

2 方向相反，用跟之前相同的针法填满空隙。

裂线绣

用细针和偶数股棉线或者柔软的双股羊毛线绣制才能显现良好的效果。

1 从左向右绣，从A点出针，B点入针。再从C点出针，将第1针针迹从中间劈开。

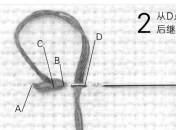

2 从D点入针，然后继续重复。

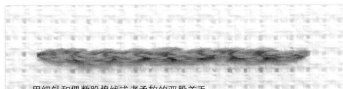

人字绣

人字绣是基本的轮廓针迹，修饰边缘时效果很好。如果你在平纹布上绣制，需要画两条平行的记号线。

1 从底部记号线开始，A点出针。

2 向顶部记号线绣斜针，B点入针，绣一短针，C点出针。

3 向底部记号线反向绣斜针，D点入针，E点出针。

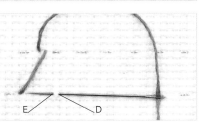

4 重复上述步骤。

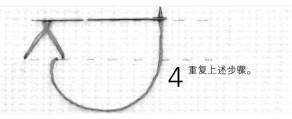

密集人字绣

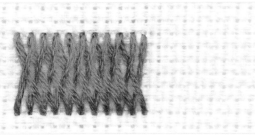

当只在正面绣的时候，这种针法又叫作双回针绣。这种针法花纹比较厚实，适合用作饰边。

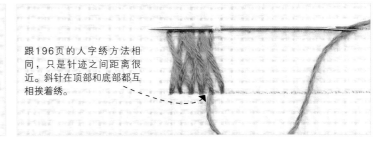

跟196页的人字绣方法相同，只是针迹之间距离很近。斜针在顶部和底部都互相挨着绣。

山形绣

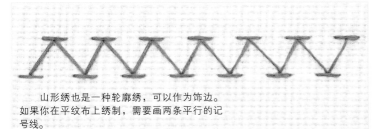

山形绣也是一种轮廓绣，可以作为饰边。如果你在平纹布上绣制，需要画两条平行的记号线。

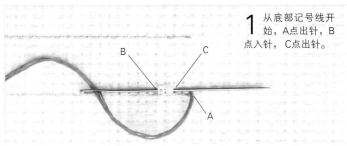

1 从底部记号线开始，A点出针，B点入针，C点出针。

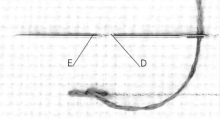

2 在顶部记号线上的D点入针，向左侧绣一短针，E点出针。沿顶部记号线绣水平方向的针迹。

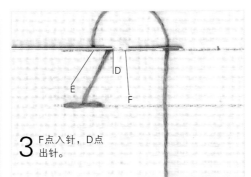

3 F点入针，D点出针。

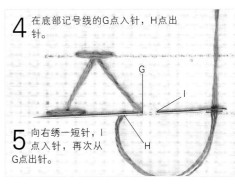

4 在底部记号线的G点入针，H点出针。

5 向右绣一短针，I点入针，再次从G点出针。

填充绣

几乎所有的针法都可以用来填充背景，但是有些效果更好，用起来更方便。填充绣可以绣成实心的，例如缎面绣；也可以绣成稀疏的，例如点绣。这取决于你想要得到的效果。

点绣

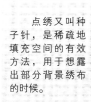

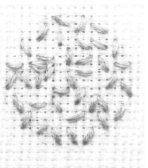

点绣又叫种子针，是稀疏地填充空间的有效方法，用于想露出部分背景绣布的时候。

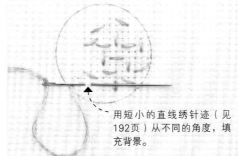

用短小的直线绣针迹（见192页）从不同的角度，填充背景。

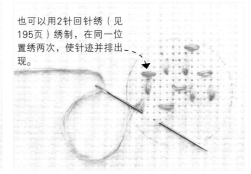

也可以用2针回针绣（见195页）绣制，在同一位置绣两次，使针迹并排出现。

刺绣

捆线绣

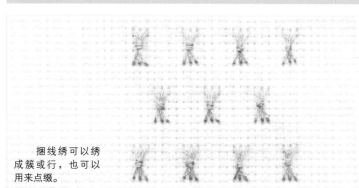

捆线绣可以绣成簇或行，也可以用来点缀。

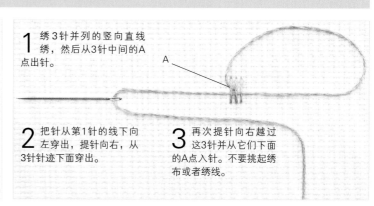

1 绣3针并列的竖向直线绣，然后从3针中间的A点出针。

2 把针从第1针的线下向左穿出，提针向右，从3针针迹下面穿出。

3 再次提针向右越过这3针并从它们下面的A点入针。不要挑起绣布或者绣线。

蛛网绣

先用间距相同的奇数针构成蛛网的轮辐，再用绣线上下交替穿过轮辐而形成蛛网。

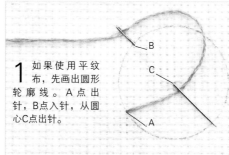

1 如果使用平纹布，先画出圆形轮廓线。A点出针，B点入针，从圆心C点出针。

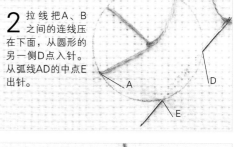

2 拉线把A、B之间的连线压在下面，从圆形的另一侧D点入针。从弧线AD的中点E出针。

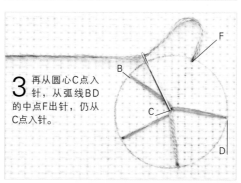

3 再从圆心C点入针，从弧线BD的中点F出针，仍从C点入针。

4 把绣线拉到正面，用挂毯线绣针沿着轮辐一针上一针下地穿过，填满圆圈。注意不要挑起绣布或者劈开绣线。

缎面绣

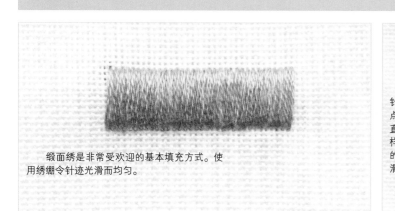

缎面绣是非常受欢迎的基本填充方式。使用绣绷令针迹光滑而均匀。

A点出针，B点入针，然后紧贴着A点在C点出针，把线在反面拉直，D点入针。继续这样，让正、反面和边缘的针迹都保持均匀光滑。

含芯缎面绣

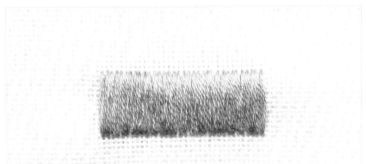

如果想让缎面绣有凸起的效果，就需要用平针绣作为基础以增加刺绣的厚度。在创作雅致的字母绣的时候尤为重要。

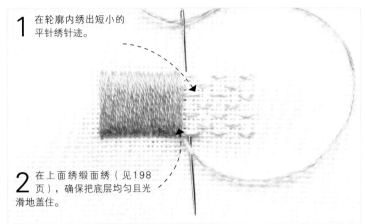

1 在轮廓内绣出短小的平针绣针迹。

2 在上面绣缎面绣（见198页），确保把底层均匀且光滑地盖住。

绕线缎面绣

绕线缎面绣所增加的纹饰跟平坦的缎面绣形成对比。

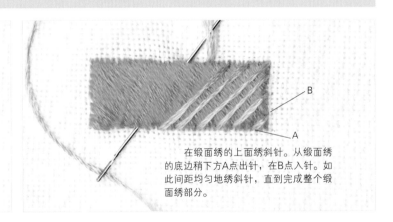

在缎面绣的上面绣斜针。从缎面绣的底边稍下方A点出针，在B点入针。如此间距均匀地绣斜针，直到完成整个缎面绣部分。

平面绣

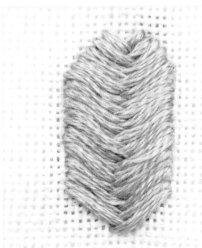

平面绣针迹紧密，应该在绣绷或者绣架上绣制。平面绣是绣叶子或者花朵的理想针法。

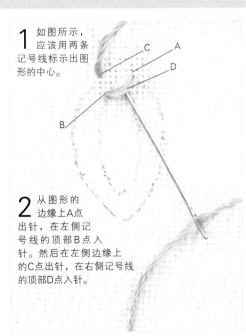

1 如图所示，应该用两条记号线标示出图形的中心。

2 从图形的边缘上A点出针，在左侧记号线的顶部B点入针。然后在左侧边缘上的C点出针，在右侧记号线的顶部D点入针。

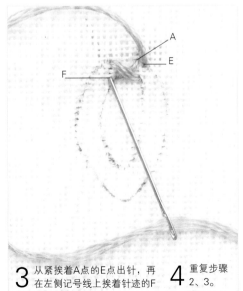

3 从紧挨着A点的E点出针，再在左侧记号线上挨着针迹的F点入针，形成交叉针迹。

4 重复步骤2、3。

刺绣

鱼骨绣

平面绣的变化针法，沿着一条记号线交叠，形成角度比较大的斜向针迹。

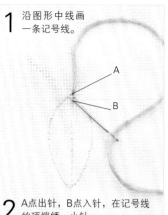

1 沿图形中线画一条记号线。

2 A点出针，B点入针，在记号线的顶端绣一小针。

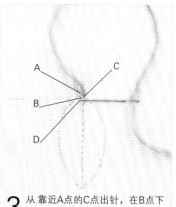

3 从靠近A点的C点出针，在B点下面的记号线上的D点入针。

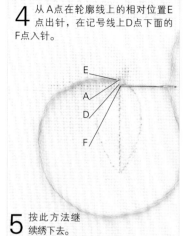

4 从A点在轮廓线上的相对位置E点出针，在记号线上D点下面的F点入针。

5 按此方法继续绣下去。

织补绣

这是平针绣的变化针法，有规律地改变某些行上的针距就可以了。织补绣适合制作饰边和填充背景。

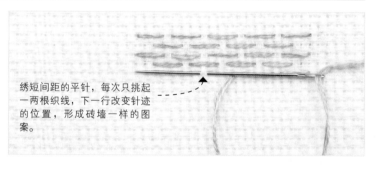

绣短间距的平针，每次只挑起一两根织线，下一行改变针迹的位置，形成砖墙一样的图案。

圈形绣

圈形绣都是在固定针迹之前先在针上挂线而形成的。圈形绣多用于勾勒轮廓或者锁边，或是用于填充图形和点缀。

锁边绣和扣眼绣

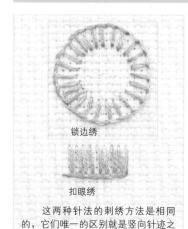

锁边绣

扣眼绣

这两种针法的刺绣方法是相同的，它们唯一的区别就是竖向针迹之间的距离不同。

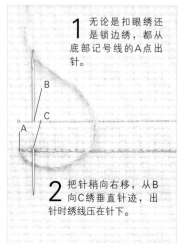

1 无论是扣眼绣还是锁边绣，都从底部记号线的A点出针。

2 把针稍向右移，从B向C绣垂直针迹，出针时绣线压在针下。

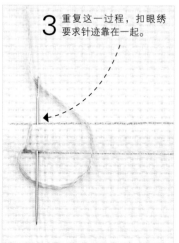

3 重复这一过程，扣眼绣要求针迹靠在一起。

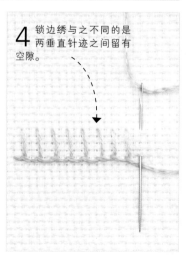

4 锁边绣与之不同的是两垂直针迹之间留有空隙。

闭锁扣眼绣

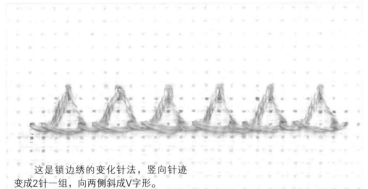

这是锁边绣的变化针法，竖向针迹变成2针一组，向两侧斜成V字形。

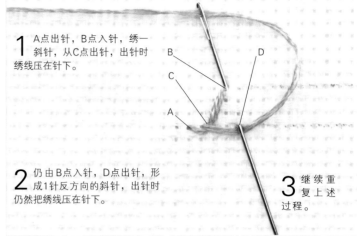

1 A点出针，B点入针，绣一斜针，从C点出针，出针时绣线压在针下。

2 仍由B点入针，D点出针，形成1针反方向的斜针，出针时仍然把绣线压在针下。

3 继续重复上述过程。

结粒扣眼绣

这种变化针法在每一竖向针迹的顶部形成一个装饰性结粒。

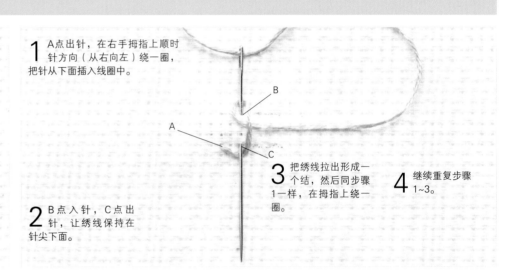

1 A点出针，在右手拇指上顺时针方向（从右向左）绕一圈，把针从下面插入线圈中。

2 B点入针，C点出针，让绣线保持在针尖下面。

3 把绣线拉出形成一个结，然后同步骤1一样，在拇指上绕一圈。

4 继续重复步骤1~3。

双扣眼绣

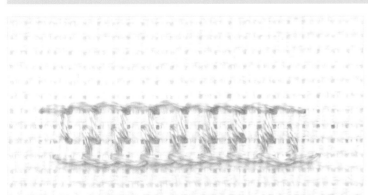

这种变化针法能形成双层针迹，是很有用的钩边方法，尤其适合作为饰边。

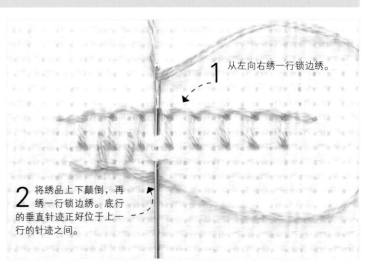

1 从左向右绣一行锁边绣。

2 将绣品上下颠倒，再绣一行锁边绣。底行的垂直针迹正好位于上一行的针迹之间。

刺绣

羽毛绣

羽毛绣又叫欧石南绣或者珊瑚绣，常用于疯狂拼布中的接缝装饰中，也可以用来装饰贴布的轮廓以及形成刺绣中的羽毛图案。

1 在布上画一条记号线——可以是直的，也可以是弯曲的。

2 从顶部向底部绣，在记号线的顶端A点出针，不拿针的拇指固定绣线。

3 在A点右侧同一水平位置的B点入针。绣斜针到C点，出针时绣线压在针下。

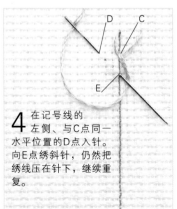

4 在记号线的左侧、与C点同一水平位置的D点入针。向E点绣斜针，仍然把绣线压在针下，继续重复。

单羽毛绣

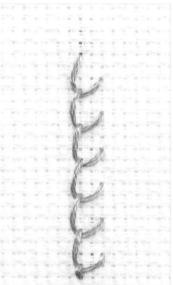

刺绣方法跟羽毛绣相似，但针迹只在记号线的一侧。

1 从顶部向底部绣。在记号线的顶端A点出针，在A点右下方的B点入针。

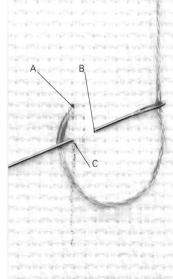

2 向记号线上的C点绣斜针，出针时绣线压在针下。继续重复。

双羽毛绣

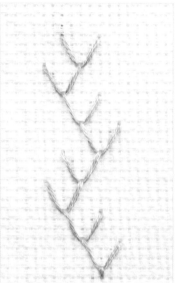

羽毛绣的变化针法，在记号线的一侧增加针迹，填充更大区域。使用绣绷把绣布拉紧。

跟左边的羽毛绣一样的绣法，从顶部向底部绣，但是要左右交替绣——只是第1针的两侧要绣两三针或者更多。

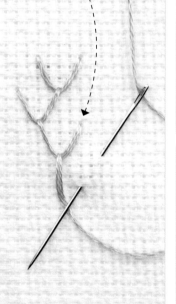

闭锁羽毛绣

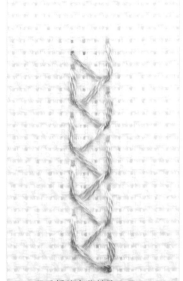

羽毛绣的变化针法，用作饰边或者轮廓时很漂亮，也可以用在钉线绣（见211页）中。跟羽毛绣一样，也是从顶部往底部绣。

1 画两条平行的记号线，从其中一条记号线的顶端A点出针，另一条记号线上的B点入针，C点出针，出针时绣线压在针下。

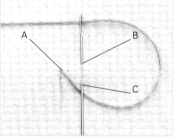

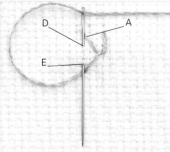

2 在A点的下面D点入针，E点出针，仍然把绣线压在针下，这针与前一针平行。继续重复。

圈形绣

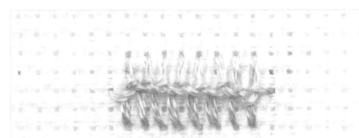

像其他有线圈的刺绣方法一样，圈形绣通常一行行绣制。线圈在每一针的中心形成凸起的结，再加上两条"腿"，圈形绣也由此得名"蜈蚣绣"。

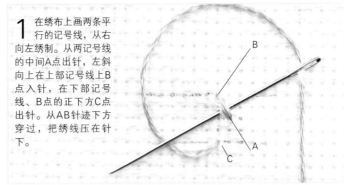

1 在绣布上画两条平行的记号线，从右向左绣制。从两记号线的中间A点出针，左斜向上在上部记号线上B点入针，在下部记号线、B点的正下方C点出针。从AB针迹下方穿过，把绣线压在针下。

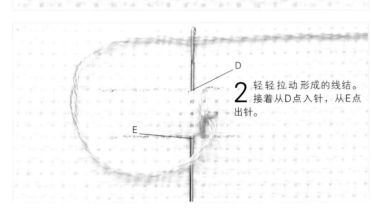

2 轻轻拉动形成的线结。接着从D点入针，从E点出针。

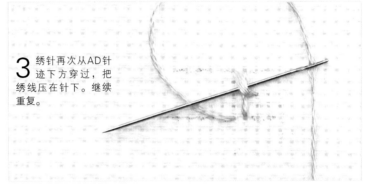

3 绣针再次从AD针迹下方穿过，把绣线压在针下。继续重复。

锯齿羽毛绣

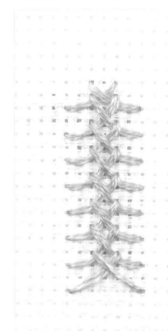

锯齿羽毛绣看起来好像麻花辫一样，既可以用来做饰边，也可以用于填充。

1 沿着两条平行的记号线从顶部向底部绣制。从左侧线上的A点出针，在两线之间、A点略上方的B点入针，再从左侧与B点相对的C点出针。

2 越过AB针迹，在右侧线上与A点相对的D点入针，在左侧线上的A点下方的E点出针。

3 轻轻把绣线拉紧，把针从两针迹交叉点下面穿过，不要挑起绣布。

4 在右侧线上D点下方的F点入针，在左侧线上E点下方的G点出针。再次把针从前一交叉针迹的下方穿过。继续重复。

刺绣

克里特岛绣

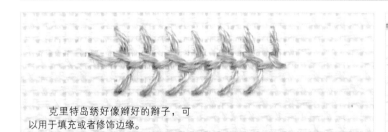

克里特岛绣好像辫好的辫子，可以用于填充或者修饰边缘。

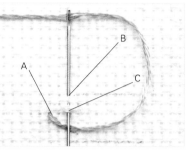

1 从左向右绣制。从A点出针，在上部记号线的B点入针，再从两线中间的C点出针，出针时把绣线压在针下。

2 D点入针，E点出针，出针时把绣线压在针下。

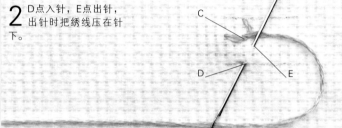

3 重复这样的步骤，从F点到G点，然后从H点到I点。继续重复。

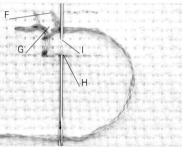

开口克里特岛绣

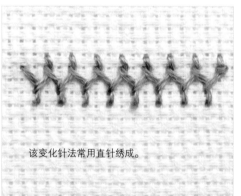

该变化针法常用直针绣成。

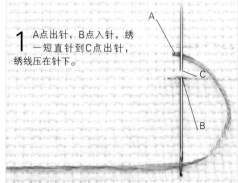

1 A点出针，B点入针，绣一短直针到C点出针，绣线压在针下。

2 D点入针，绣一短直针到E点出针，绣线压在针下。继续重复。

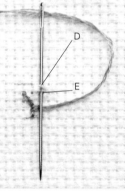

飞鸟绣

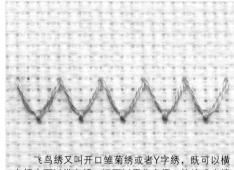

飞鸟绣又叫开口雏菊绣或者Y字绣，既可以横向绣也可以纵向绣，还可以用作点缀、饰边或者填充空白，长度可长可短。

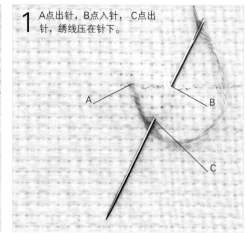

1 A点出针，B点入针，C点出针，绣线压在针下。

2 将线拉出，形成V字形针迹。绣线保持在针迹上面，在C点下方的D点入针，绣一短直针即形成飞鸟绣。

辫状飞鸟绣

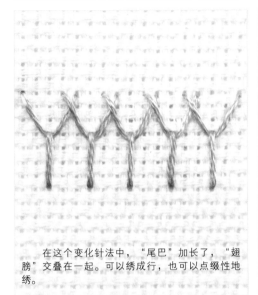

在这个变化针法中，"尾巴"加长了，"翅膀"交叠在一起。可以绣成行，也可以点缀性地绣。

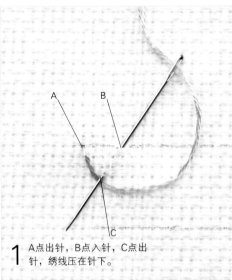

1 A点出针，B点入针，C点出针，绣线压在针下。

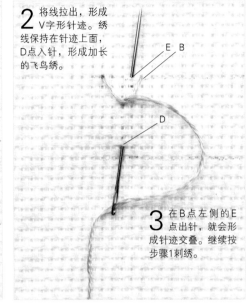

2 将线拉出，形成V字形针迹。绣线保持在针迹上面，D点入针，形成加长的飞鸟绣。

3 在B点左侧的E点出针，就会形成针迹交叠。继续按步骤1刺绣。

梯形绣

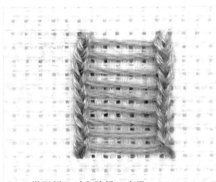

梯形绣又叫台阶绣。水平针迹两侧的线圈看起来就像编的麻花辫。

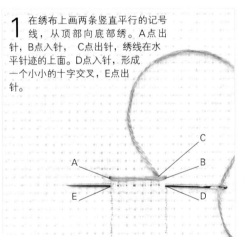

1 在绣布上画两条竖直平行的记号线，从顶部向底部绣。A点出针，B点入针，C点出针，绣线在水平针迹的上面。D点入针，形成一个小小的十字交叉，E点出针。

2 不要挑起绣布，如图把针从上面绕过水平针迹，再从下方穿出，把绣线压在针下。把绣线向左侧拉，形成一个十字交叉针迹。

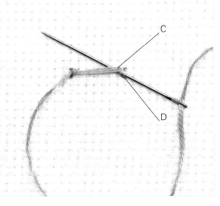

3 把针从右侧的CD针迹和水平针迹下穿出。

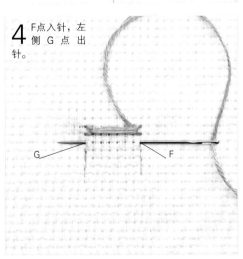

4 F点入针，左侧G点出针。

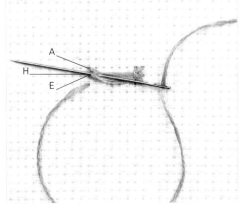

5 把针从左侧的AE针迹下穿出，拉到H点，重复步骤3和4。

刺绣

| 锁链绣 | 这类刺绣适用于装饰边缘、勾勒轮廓和填充空白。除了雏菊绣以外，其他针法都是连续刺绣的。 |

雏菊绣

雏菊绣又叫菊叶绣或者单眼锁链绣，这是一种简单的单个锁链刺绣，常用来绣花瓣。

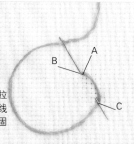

1 A点出针，紧挨着A点在B点入针，C点出针时，把绣线压在针下。

2 将绣线轻轻拉出，形成一个线圈。在C点绣一小针固定这个线圈。

3 改变位置绣下1针，重复需要的次数。

锁链绣

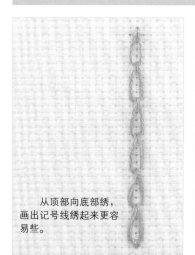

从顶部向底部绣，画出记号线绣起来更容易些。

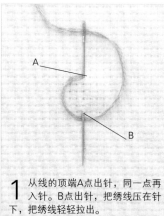

1 从线的顶端A点出针，同一点再入针。B点出针，把绣线压在针下，把绣线轻轻拉出。

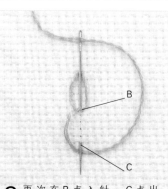

2 再次在B点入针，C点出针，把绣线压在针下。每个线圈都被下1针固定。

3 固定最后的线圈时，在线圈的底部绣上一小针。

开口锁链绣

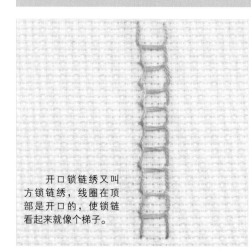

开口锁链绣又叫方锁链绣，线圈在顶部是开口的，使锁链看起来就像个梯子。

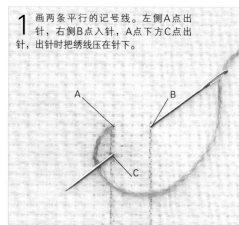

1 画两条平行的记号线。左侧A点出针，右侧B点入针，A点下方C点出针，出针时把绣线压在针下。

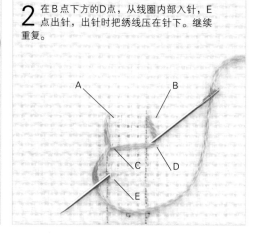

2 在B点下方的D点，从线圈内部入针，E点出针，出针时把绣线压在针下。继续重复。

扭转锁链绣

这是锁链绣的变化针法，针迹变小、缩短距离后，扭转的线圈产生更让人喜欢的装饰性效果。

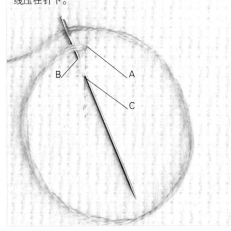

1 如图所示，A点出针，在稍左一点的B点入针，在A点下方的C点出针，出针时把绣线压在针下。

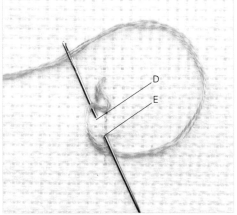

2 再次从线下，把针插入D点，从E点出针，出针时把绣线压在针下。形成下1个扭转的线圈。

羽毛锁链绣

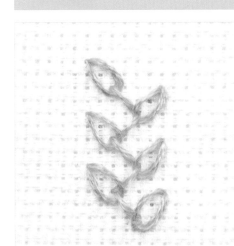

这也是从锁链绣变化而来的，形成之字形针迹，顶部有一个锁链圈。

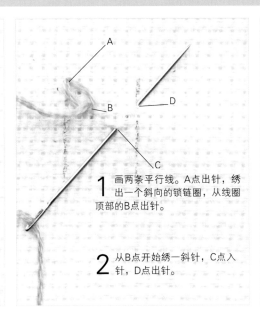

1 画两条平行线。A点出针，绣出一个斜向的锁链圈，从线圈顶部的B点出针。

2 从B点开始绣一斜针，C点入针，D点出针。

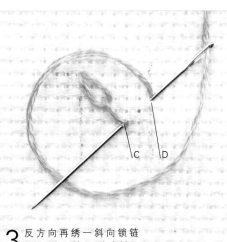

3 反方向再绣一斜向锁链圈，D点入针，C点出针，绣线压在针下。

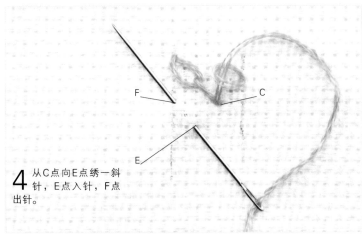

4 从C点向E点绣一斜针，E点入针，F点出针。

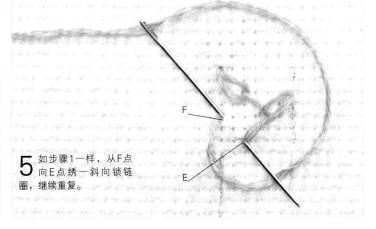

5 如步骤1一样，从F点向E点绣一斜向锁链圈，继续重复。

刺绣

麦穗绣

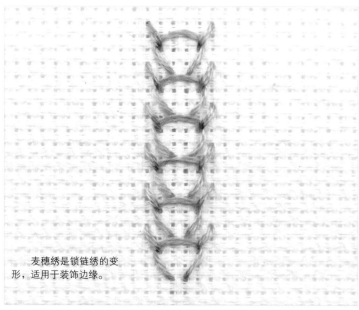

麦穗绣是锁链绣的变形，适用于装饰边缘。

1 A点出针，绣方向相反的2针，从A点到B点，从C点到D点，形成中间断开的V字形。从BD下方的E点出针。

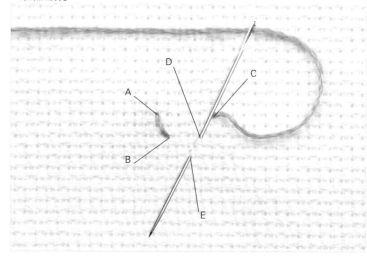

2 将针从两针迹下面穿出，不要挑起绣线。

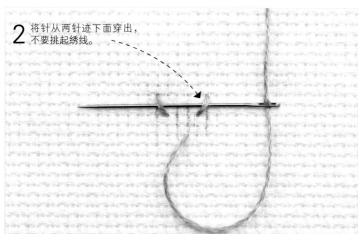

3 从E点旁边的F点入针，向左侧G点出针。按顺序继续重复，每次都把针从两斜针下面穿过。

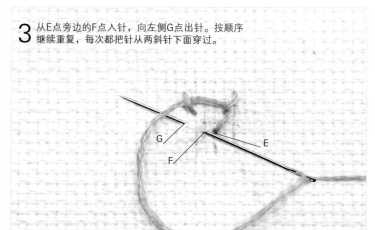

缆绳锁链绣

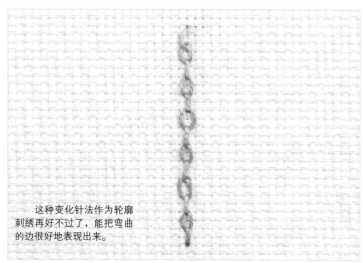

这种变化针法作为轮廓刺绣再好不过了，能把弯曲的边很好地表现出来。

A点出针，绣线从右向左绕针一圈，固定住绣线，从B点入针，C点出针，出针时绣线压在针下。这样出针时就形成单一的锁链圈，上面有直针连接。继续重复。

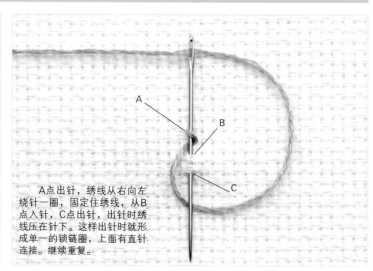

结粒绣

这里展示的刺绣方法都含有装饰性很强的立体结。既可以许多单个的结散布在绣布上，也可以紧密地聚集在一起形成实心的填充刺绣。

法式结粒绣

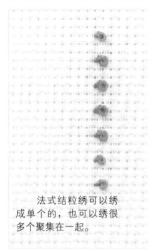

法式结粒绣可以绣成单个的，也可以绣很多个聚集在一起。

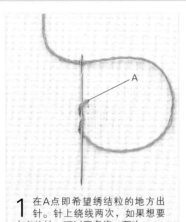

1 在A点即希望绣结粒的地方出针。针上绕线两次，如果想要大点的结，可以再多绕一两次。

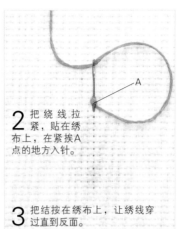

2 把绕线拉紧，贴在绣布上，在紧挨A点的地方入针。

3 把结按在绣布上，让绣线穿过直到反面。

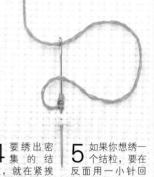

4 要绣出密集的结粒，就在紧挨着绣好的结粒处出针，然后继续。

5 如果你想绣一个结粒，要在反面用一小针回针固定这个结粒。

卷针绣

这种加长的结粒绣适合用相对较粗、针眼较小的绣针，这样令绕线形成的卷比较粗，绣线容易穿过。

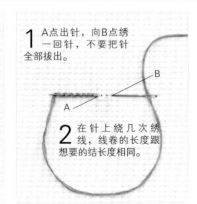

1 A点出针，向B点绣一回针，不要把针全部拔出。

2 在针上绕几次绣线，线卷的长度跟想要的结长度相同。

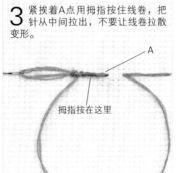

3 紧挨着A点用拇指按住线卷，把针从中间拉出，不要让线卷拉散变形。

拇指按在这里

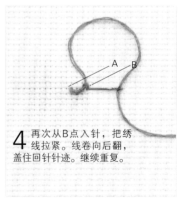

4 再次从B点入针，把绣线拉紧。线卷向后翻，盖住回针针迹。继续重复。

中国结粒绣

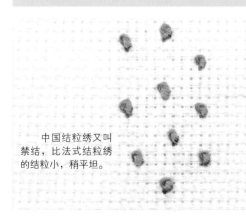

中国结粒绣又叫禁结，比法式结粒绣的结粒小，稍平坦。

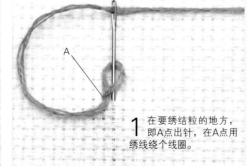

1 在要绣结粒的地方，即A点出针，在A点用绣线绕个线圈。

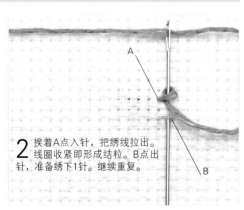

2 挨着A点入针，把绣线拉出。线圈收紧即形成结粒。B点出针，准备绣下1针。继续重复。

刺绣

四脚结粒绣

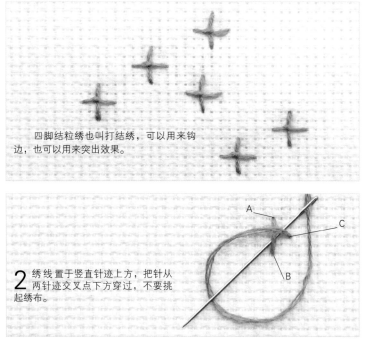

四脚结粒绣也叫打结绣，可以用来钩边，也可以用来突出效果。

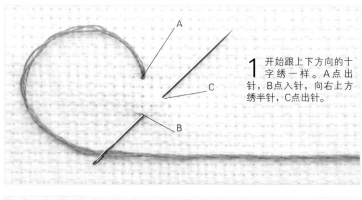

1 开始跟上下方向的十字绣一样。A点出针，B点入针，向右上方绣半针，C点出针。

2 绣线置于竖直针迹上方，把针从两针迹交叉点下方穿过，不要挑起绣布。

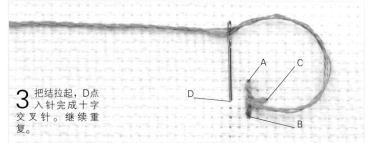

3 把结拉起，D点入针完成十字交叉针。继续重复。

珊瑚绣

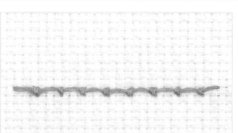

珊瑚绣形成一行打结的针迹，结可以在针迹上均匀分布，也可以随意分布。

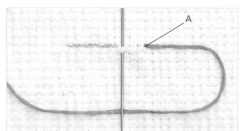

1 在绣布上画出记号线，从右向左绣制。从A点出针。

2 在想要绣结粒的地方绣一小针，让绣线在针下绕一圈。

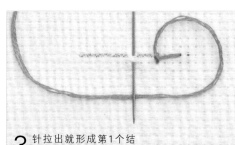

3 针拉出就形成第1个结粒。继续重复。

涡卷绣

跟珊瑚绣很相似，但要从左向右绣，绣的时候绣线两端都压在针下。

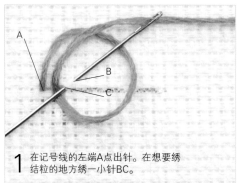

1 在记号线的左端A点出针。在想要绣结粒的地方绣一小针BC。

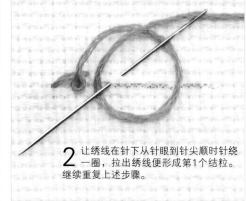

2 让绣线在针下从针眼到针尖顺时针绕一圈，拉出绣线便形成第1个结粒。继续重复上述步骤。

钉线绣

钉线绣的名称来源于固定平铺渡线技术。钉线绣只需要把渡线两端固定在绣布上，再用小小的针迹沿着渡线固定就行了。钉线绣常使用撞色线以突出装饰效果。

钉线绣

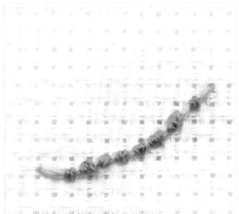

钉线绣又叫修道院绣，简单的钉线绣可以用于修饰轮廓或者填充空白。

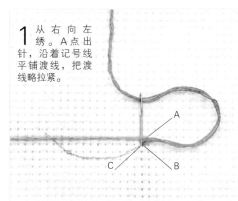

1 从右向左绣。A点出针，沿着记号线平铺渡线，把渡线略拉紧。

2 绣线从B点出针，在渡线的下面。绕过渡线上方绣一小针到C点。

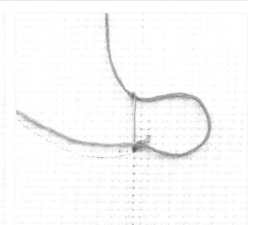

3 重复，继续沿着渡线绣短小针迹。然后把渡线的末端拉到反面，将两线打结固定。

绕缝装饰绣

绕缝装饰绣又叫缎面钉线绣，绣好的针迹像绳索一样隆起，比较有立体感。

渡线沿着记号线平铺在绣布上，略微拉紧。绣线从A点出针，在渡线上面绣细密的缎面绣（见198页），完全盖住平铺的渡线。

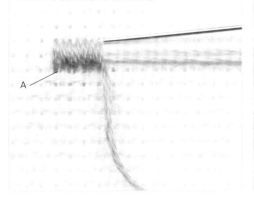

荆棘绣

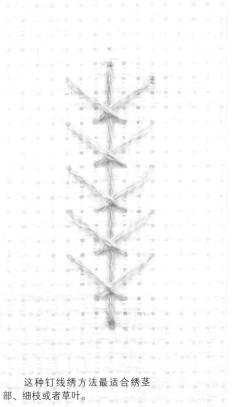

这种钉线绣方法最适合绣茎部、细枝或者草叶。

1 从顶部A点出针，把渡线拉紧。绣线从B点出针，C点入针，在渡线上面斜向交叉过去。

2 从渡线另一侧与B点相对的D点出针，在渡线的另外一侧E点入针，与渡线形成交叉。

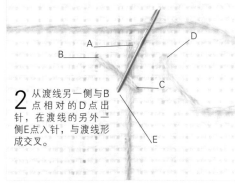

3 沿着渡线纵向重复绣下去。

4 把线的末端在反面打结固定。

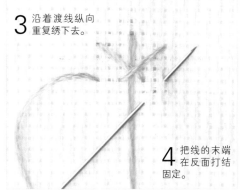

刺绣

罗马尼亚钉线绣

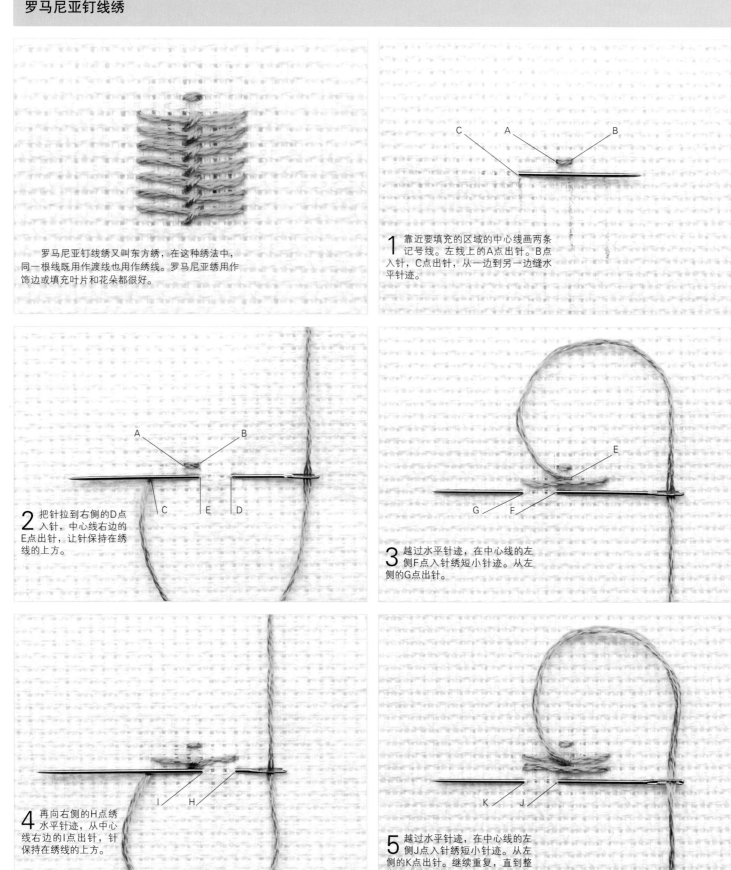

罗马尼亚钉线绣又叫东方绣，在这种绣法中，同一根线既用作渡线也用作绣线。罗马尼亚绣用作饰边或填充叶片和花朵都很好。

1 靠近要填充的区域的中心线画两条记号线。左线上的A点出针。B点入针，C点出针，从一边到另一边缝水平针迹。

2 把针拉到右侧的D点入针，中心线右边的E点出针，让针保持在绣线的上方。

3 越过水平针迹，在中心线的左侧F点入针绣短小针迹。从左侧的G点出针。

4 再向右侧的H点绣水平针迹，从中心线右边的I点出针，针保持在绣线的上方。

5 越过水平针迹，在中心线的左侧J点入针绣短小针迹。从左侧的K点出针。继续重复，直到整个区域被填满。

布哈拉钉线绣

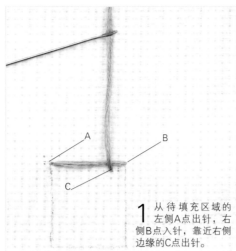

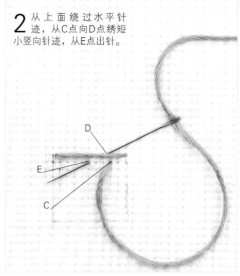

布哈拉钉线绣跟罗马尼亚钉线绣很相似，但是在绣制过程中使用了更多针迹，最适合填充大块区域。刺绣针迹是从渡线的下面向上绣出来的。

1 从待填充区域的左侧A点出针，右侧B点入针，靠近右侧边缘的C点出针。

2 从上面绕过水平针迹，从C点向D点绣短小竖向针迹，从E点出针。

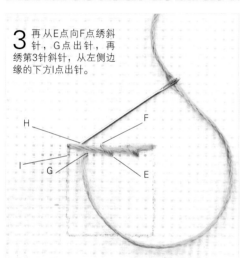

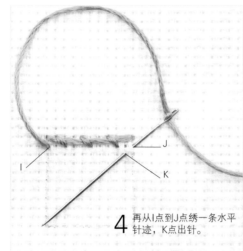

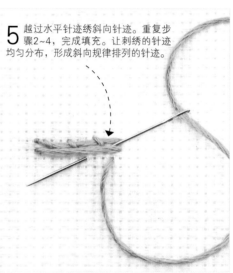

3 再从E点向F点绣斜针，G点出针，再绣第3针斜针，从左侧边缘的下方I点出针。

4 再从I点到J点绣一条水平针迹，K点出针。

5 越过水平针迹绣斜向针迹。重复步骤2~4，完成填充。让刺绣的针迹均匀分布，形成斜向规律排列的针迹。

雅各宾网格绣

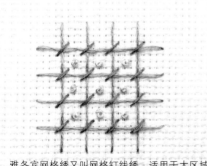

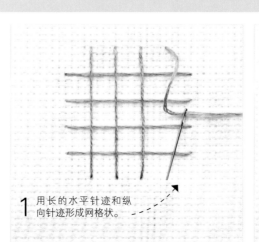

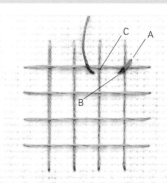

雅各宾网格绣又叫网格钉线绣，适用于大区域的开放式填充。内部交叉的地方用斜针或者十字针固定。开放空间用装饰绣填充。网格可以是纵横交错的，也可以是斜向的，或是二者组合的。

1 用长的水平针迹和纵向针迹形成网格状。

2 从一角开始，把交叉点用斜针固定，从A点到B点绣，C点出针。同样的绣制方向继续重复。

镂空绣 OPENWORK

镂空绣包括白绣、抽线绣、仿抽线绣和嵌入绣（又叫束心绣）。白绣包括雕绣（挖花绣）和网眼绣（又称马德拉绣）。这些刺绣方法都是在绣布上剪开诸多区域，形成蕾丝般的效果，但是它们又各有特色。多数都是在平纹布或者刺绣十字布上刺绣的。

刺绣

白绣

白绣包含很多刺绣技巧，都用在比较精致的布料或者家居亚麻布上，这些材料在过去都是白色的。白绣中的雕绣是在绣布上绣出针迹，然后把背景绣布挖掉。网眼绣是另外一种重要的白绣，在精致的平纹布（如细麻布、薄纱、细亚麻布以及细棉布）上都可以刺绣。传统上白绣使用白色线，这里为了看得清楚，我们使用了彩色线。

绕缝栏绣

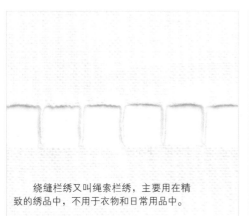

绕缝栏绣又叫绳索栏绣，主要用在精致的绣品中，不用于衣物和日常用品中。

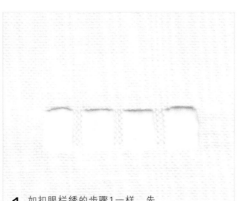

1 如扣眼栏绣的步骤1一样，先形成两条或者更多条需要绣的织线。

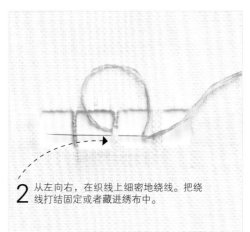

2 从左向右，在织线上细密地绕线。把绕线打结固定或者藏进绣布中。

扣眼栏绣

扣眼栏绣用于连接两块单独的绣布。你需要在至少3条织线的基础上进行绣制。

1 刺绣十字布：按照需要的宽度抽出经线，把两组3条经线之间的纬线剪断（见223页）。

2 平纹布：在要刺绣的区域绣3股线或者在栏的中心绣平针针迹。

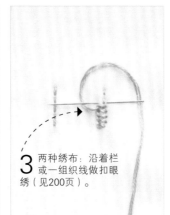

3 两种绣布：沿着栏或一组织线做扣眼绣（见200页）。

4 双层扣眼栏绣更结实：从右向左做扣眼绣（见200页）。再加一行锁边绣从左向右填充两针迹之间的空间。

织栏绣

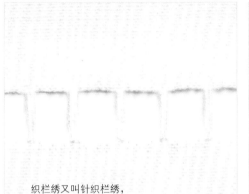

织栏绣又叫针织栏绣，这种绣法很结实，适用于桌布。

1 跟扣眼栏绣的步骤1相同，只是织线需要偶数条，至少要4条。

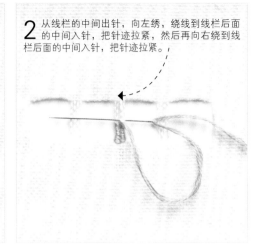

2 从线栏的中间出针，向左绣，绕线到线栏后面的中间入针，把针迹拉紧，然后再向右绕到线栏后面的中间入针，把针迹拉紧。

线圈饰边绣

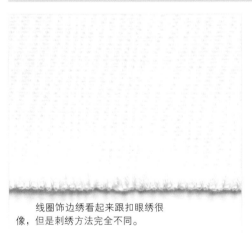

线圈饰边绣看起来跟扣眼绣很像，但是刺绣方法完全不同。

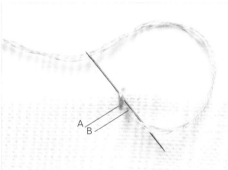

1 压平一条窄窄的单层折边，从A点出针，略向右，从后面向前面绣竖向针迹，B点出针。把绣线拉出，在边缘上留下小小的线圈（见步骤2）。把针从线圈中穿过并轻轻拉紧，在边缘上形成一个小线结。

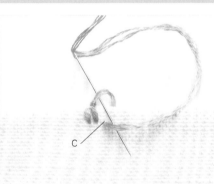

2 C点出针，继续重复。

安特卫普饰边绣

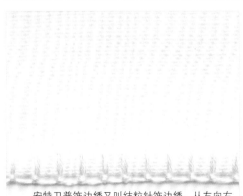

安特卫普饰边绣又叫结粒针饰边绣，从左向右绣制，在平纹布上形成装饰性的蕾丝边。

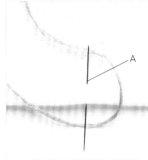

1 将折边的边缘当作记号线，沿着这条线在绣布的边缘绣制。A点入针，从绣布的边缘下面出针，在正面留线尾。针下压线。

2 把绣线拉紧，末端留线尾。把针从两条绣线形成的交叉点下面穿过。把结粒拉紧，紧挨着折边的边缘固定。

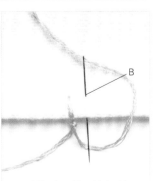

3 继续B点入针。结束时把两末端都藏在折边里面。

刺绣

卷针缝圆网眼绣

可以用各种针法钩边。网眼可以是圆形的，也可以是椭圆形的，很容易绣制。

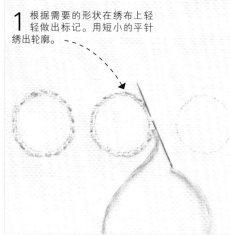

1 根据需要的形状在绣布上轻轻做出标记。用短小的平针绣出轮廓。

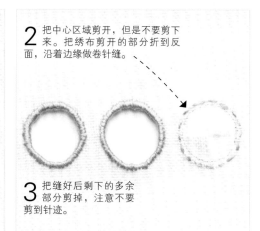

2 把中心区域剪开，但是不要剪下来。把绣布剪开的部分折到反面，沿着边缘做卷针缝。

3 把缝好后剩下的多余部分剪掉，注意不要剪到针迹。

扣眼形网眼绣

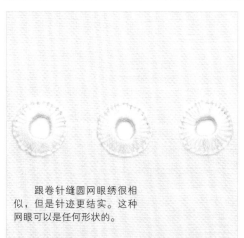

跟卷针缝圆网眼绣很相似，但是针迹更结实。这种网眼可以是任何形状的。

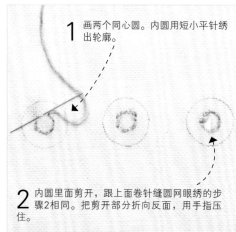

1 画两个同心圆。内圆用短小平针绣出轮廓。

2 内圆里面剪开，跟上面卷针缝圆网眼绣的步骤2相同。把剪开部分折向反面，用手指压住。

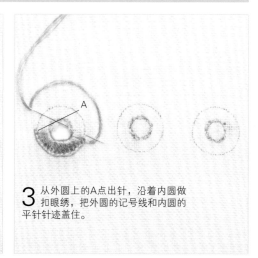

3 从外圆上的A点出针，沿着内圆做扣眼绣，把外圆的记号线和内圆的平针针迹盖住。

方形网眼绣

带角的网眼——方形网眼、菱形或者三角形网眼——跟曲边形的处理方法略有不同。

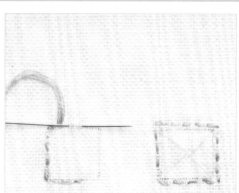

1 在绣布上画出形状，用短小的平针针迹绣出轮廓。沿对角线剪开，把剪开的部分用手指压到反面。

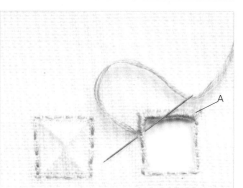

2 从角处开始，A点出针，沿着折好的形状做细密的卷针缝。角处的针迹要形成尖锐的轮廓。完成后，把线头藏到反面针迹里，并修剪掉多余的绣布。

实心饰边绣

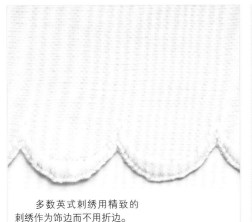

多数英式刺绣用精致的刺绣作为饰边而不用折边。

1 根据需要的花样在绣布上画出记号线，在外侧和内侧都画出记号线。

2 在两记号线内缝基础针。在每条轮廓线的内侧绣一行平针针迹，再用平针绣或者锁链绣填充内部。

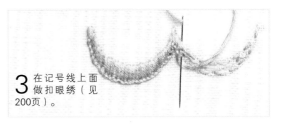

3 在记号线上面做扣眼绣（见200页）。

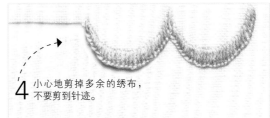

4 小心地剪掉多余的绣布，不要剪到针迹。

线圈狗牙饰边绣

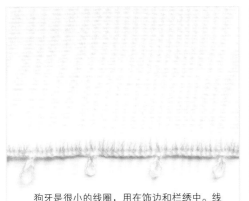

狗牙是很小的线圈，用在饰边和栏绣中。线圈狗牙饰边绣是最容易绣制的。

1 从右向左沿着折边做扣眼绣（见200页）。在你想增加线圈的地方，插一根珠针紧挨着刚刚完成的1针，针尖从边缘向内以免伤到手指。

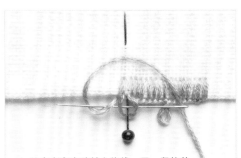

2 从右向左在珠针上绕线一圈，紧挨着珠针在左侧缝竖向针迹。确定好线圈的大小，然后把针从右向左依次穿过线圈右半边的下面、珠针上面、线圈左半边的下面和绣线。取下珠针，继续重复。

环形狗牙绣

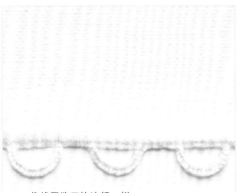

像线圈狗牙饰边绣一样，环形狗牙绣是在扣眼绣边的基础上增加了环形装饰。

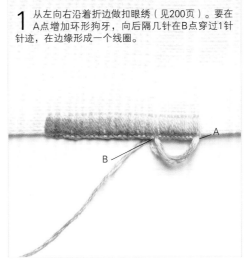

1 从左向右沿着折边做扣眼绣（见200页）。要在A点增加环形狗牙，向后隔几针在B点穿过1针针迹，在边缘形成一个线圈。

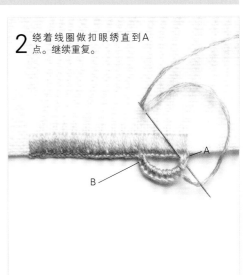

2 绕着线圈做扣眼绣直到A点。继续重复。

刺绣

网眼饰边绣

当边缘不跟网眼完全一致时，需要把扣眼绣和绕缝针结合在一块绣制。

1 按照实心饰边绣（见217页）的步骤1、2绣制。

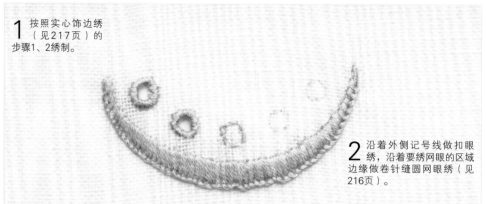

2 沿着外侧记号线做扣眼绣，沿着要绣网眼的区域边缘做卷针缝圆网眼绣（见216页）。

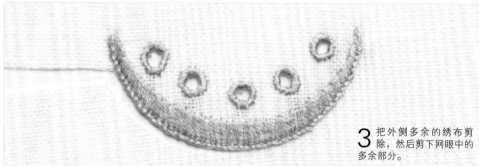

3 把外侧多余的绣布剪除，然后剪下网眼中的多余部分。

仿抽线绣

这是在网格布上刺绣的一种技术，这类刺绣都是用针迹把绣布的织线拉紧，在绣布上形成有规律的孔洞。一般用挂毯线绣针和配色线在柔软的单股刺绣十字布上刺绣。刺绣时使用绣绷，针迹松点。

四边绣

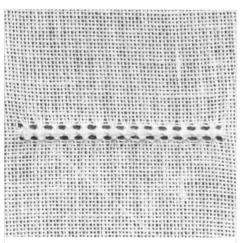

这种绣法会形成蕾丝效果，适用于边缘或者填充。

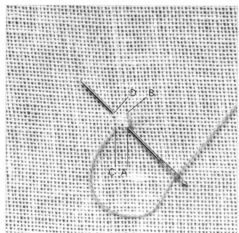

1 A点出针，向上数4条织线，B点入针。从B点向下，在A点左侧4条织线处C点出针，再次把针从A点入针，从A点斜对角、与B点隔4条织线的D点出针。

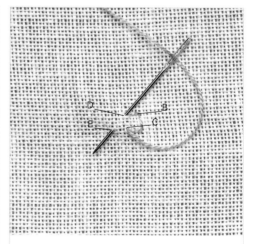

2 B点入针，C点出针。D点入针完成第1针，然后向下，在C点左侧4条织线处E点出针。重复绣，完成这一行。如果还想增加一行，掉转180°再继续绣。

打孔绣

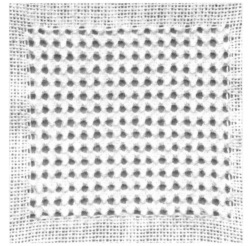

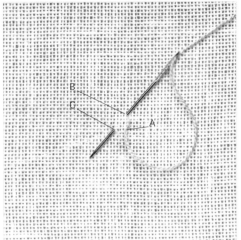

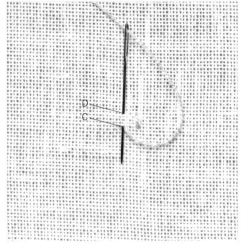

这里用双针迹绣出方格后拉紧，就会在四角形成镂空。按行这样绣制，便形成了如上图案。

1 A点出针，在上隔4条织线的B点入针。再次从A点出针，回到B点入针。从A点左侧4条织线的C点出针。

2 从C点到D点绣2条竖直针迹。

3 继续绣一行上下方向的针迹，针距均匀。

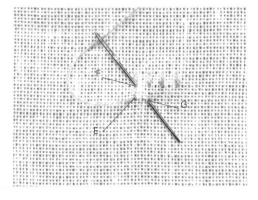

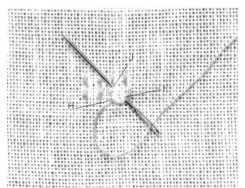

4 在一行结束的时候，从E点出针，向上隔4条织线F点入针。再绣1针，形成双针迹，然后从G点出针。在上一行的下面再绣一行。

5 H点出针，向右隔4条织线的I点入针，从H点到I点再绣一次，从J点出针。继续用双针迹把空白处绣完。把每一针都拉紧。

蜂巢绣

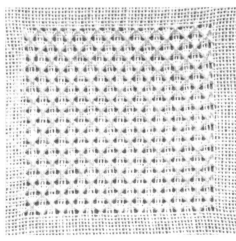

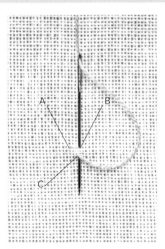

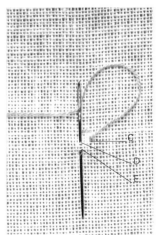

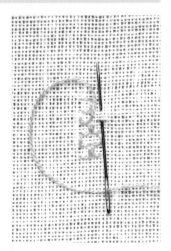

这种填充型刺绣图案需要拉紧针迹。

1 A点出针，向右隔3条织线B点入针。向下隔3条织线C点出针。

2 向左隔3条织线D点入针，向下隔3条织线E点出针。

3 继续一前一后地绣到一列结束。掉转180°继续刺绣。重复绣下一列形成镜像图案。

刺绣

台阶绣

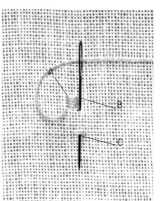 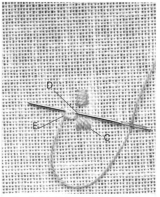 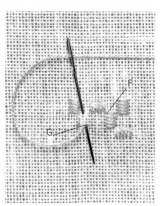

这种填充针法会形成动感十足的波浪形，包含直针形成的水平和纵向方块。

1 A点出针，向右隔4条织线B点入针，依此方法在下面再绣4针，然后从B点下方隔8条织线C点出针。

2 从C点开始隔4条织线绣5条纵向针迹。D点出针，E点入针，完成5条水平针迹的小方块。

3 绣纵向针迹的方块，从F点出针。绣水平针迹的方块，从G点出针。依次绣下个纵向针迹的方块。

棋盘绣

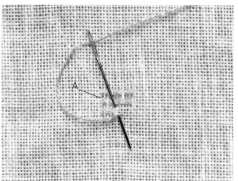 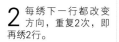 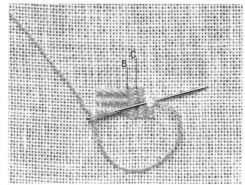

三行缎面绣（见198页）构成的方块纵横交错，形成了紧密的棋盘花纹。

1 A点出针，从左上角开始。隔3条织线绣10针直针。

2 每绣下一行都改变方向，重复2次，即再绣2行。

3 从B点也就是第1行结束的地方出针，C点入针。使用前个方块形成的网眼，再绣10针水平针迹。

4 每绣下一列都改变方向，绣出相同的3列。

窗户绣

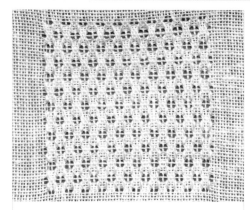 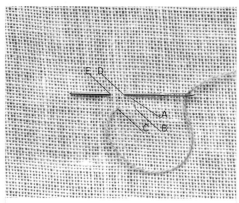 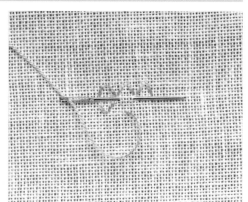

跟波浪绣（见221页）很相似，窗户绣的每一针都使用单独的网眼，两针之间留出1条织线。

1 从A点出针，向下隔4条织线、向右隔2条织线在B点入针。从左边隔5条织线的C点出针，向右隔2条织线、向上隔4条织线在D点入针。水平方向向左隔5条织线在E点出针。

2 按相同顺序重复，完成一行。然后从左向右往回绣，每次斜针方向相反。

马赛克绣

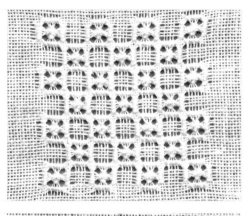

按组绣针迹，如果针迹拉得紧一些，镂空效果就明显，这里展示了比较密集的图案。

1 从A点开始，隔4条织线绣5针纵向直针，B点结束。

2 从B点开始，隔4条织线绣5针横向直针，C点结束。

3 同样方法重复，从C点开始绣5针纵向直针，从D点开始绣5针横向直针，在E点结束。然后从D点出针。

4 在针迹组成的方格里绣四边绣（见218页），在D点结束。

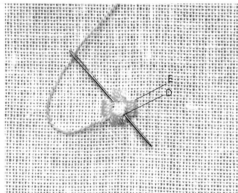

5 从D点到B点、从C点到A点，绣交叉针迹，形成1针十字绣。

6 如果要绣成棋盘格，按照同样的顺序绣斜行，向下隔8条织线、向右隔8条织线出针。

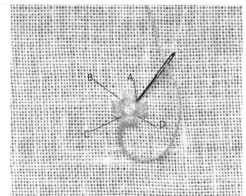

波浪绣

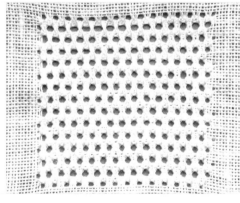

这种斜针填充绣形成小网格的效果。

1 A点出针，向上隔4条织线、向右隔2条织线，在B点入针。向左隔4条织线C点出针，A点入针，向左隔4条织线D点出针。

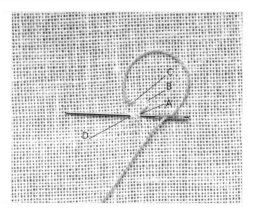

2 C点入针，E点出针。继续按照这个顺序绣完一行。重复多行。

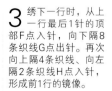

3 绣下一行时，从上一行最后1针的顶部F点入针，向下隔8条织线G点出针。再次向上隔4条织线、向左隔2条织线H点入针，形成前1行的镜像。

三边绣

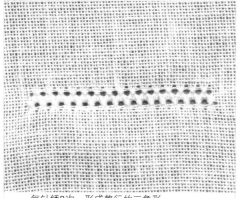

每针绣2次，形成整行的三角形。

1 A点出针，向右隔4条织线B点入针。从A点到B点再绣1次。A点出针。

2 向右隔2条织线、向上隔4条织线C点入针，A点出针。

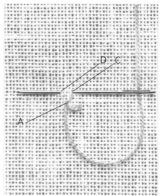

3 从A点到C点再绣1次，向左隔4条织线D点出针。

4 从D点到C点绣2次，D点出针。A点入针，从D点到A点绣2次。重复绣完整行。

卷纱绣

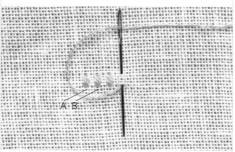

绣起来很简单，形成蕾丝般的镂空效果。

1 A点出针，隔4条织线，同一网眼中绣3针纵向的缎面绣（见198页）。

2 向右隔4条织线B点出针，重复。同样顺序重复完成整行。

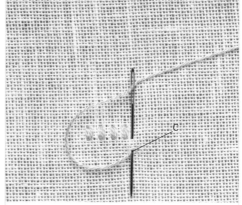

3 第2行从C点（向下隔4条织线、向右隔2条织线）开始，按照相同顺序重复。根据需要按行交错，把绣线拉紧。

斜纹凸带绣

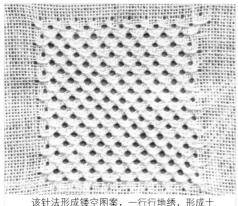

该针法形成镂空图案，一行行地绣，形成十字交叉针迹。

1 A点出针，向上隔6条织线B点入针。A点向左隔3条织线、向上隔3条织线C点出针。

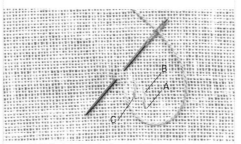

2 继续按这个顺序完成一行阶梯形的纵向针迹。

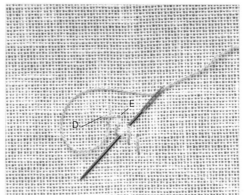

3 第2行从向下隔4条织线、向左隔2条织线的D点开始，绣水平针迹。根据需要完成更多行，把绣线拉紧。

钻石绣

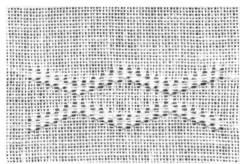

钻石绣由相邻行呈反向排列的直针构成。形成钻石形的图案，要在第1行的上面或者下面绣镜像图案。

1 A点出针，向右隔3条织线，在B点绣回针。A点向下隔3条织线C点出针。重复绣回针。A点向左隔3条织线、向下隔1条织线D点出针。按相同顺序重复。

2 重复步骤1，形成成对的回针针迹，每一对针迹都与前一对向下隔1条织线。

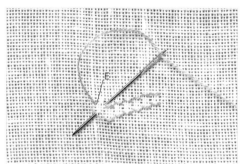

3 绣到向下的第6针时，前一对针迹中上面针迹向上隔1条织线的E点出针。继续绣成对的回针，每一对针迹都与前一对向上隔1条织线。

阿尔及利亚眼绣

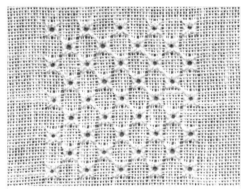

阿尔及利亚眼绣又叫星星绣，可以单独使用，也可以当作棋盘绣使用，需要固定网眼位置，以便角处针迹共用一个网眼。

1 A点出针，向下、向右隔3条织线B点入针。向左隔3条织线C点出针，B点入针。向下、向左隔3条织线D点出针，再次B点入针。

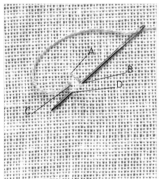

2 D点向右隔3条织线E点出针，再次B点入针。E点向右隔3条织线F点出针，向下G点，即网眼中心入针，然后H点出针。

3 重复步骤1、2形成另一个半网眼。绣到最下面网眼时，围绕网眼中心绣8针完成整个网眼。再向上依次绣完其他半网眼。

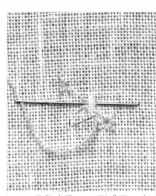

抽线绣

这种技术在装饰折边和绣制边缘时使用。抽线绣必须使用刺绣十字布，这种绣布上的织线互相分开，抽线后能形成"梯子"。注意处理取下的织线防止磨边。

抽线

1 用珠针标出要抽线的区域。从中间剪开1条纬线，经线留着不动。

2 把纬线小心地从中心开始挑到末端，不要完全取下来。

3 将每条挑下来的纬线穿入挂毯线绣针里，在下一行织线里穿行一小段，把线藏进去。这样就固定好不会露出来了。

折边

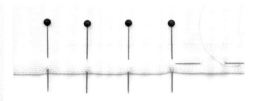

抽下织线以后，把布边卷折到抽线处边缘，用珠针固定后疏缝。刺绣针迹会将其固定，完成以后拆下疏缝线。

折边绣

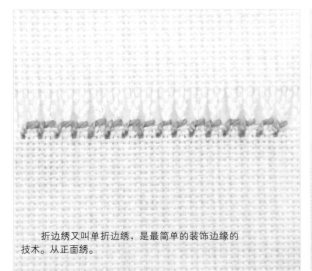

折边绣又叫单折边绣，是最简单的装饰边缘的技术。从正面绣。

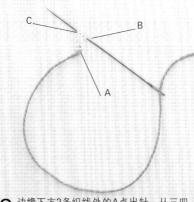

1 根据需要抽出织线，一般是2条或者3条。疏缝折边到抽线部分的底边。

2 边缘下方2条织线处的A点出针，从三四条经线下面穿过，从B点到C点。

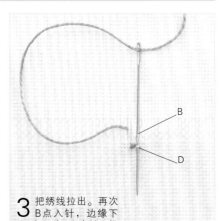

3 把绣线拉出。再次B点入针，边缘下隔2条织线D点出针，挑起折边的顶部边缘，让绣线松松地绕在经线上。

4 把松松的绣线拉紧。重复上述步骤。

古典折边绣

古典折边绣跟折边绣相似，但是要从反面绣。

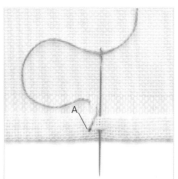

准备好绣布。反面向上，藏好绣线线尾，A点出针，就像上面的折边绣一样——从正面看只有很小的针迹。

梯形折边绣

梯形折边绣又叫梯形绣，在抽线部分的上下两侧绣针迹。梯形折边绣也可以使用跟古典折边绣相同的方法。

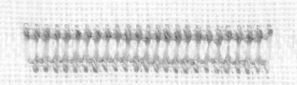

准备好绣布。跟折边绣的步骤1相同。在一行的末尾，把绣布上下调转，一直正面向上，沿着顶边绣一整行。针迹所绕过的经线必须跟第1行保持一致。

锯齿形折边绣

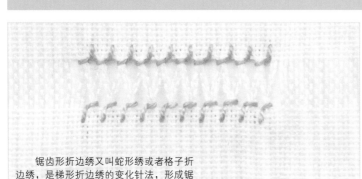

锯齿形折边绣又叫蛇形绣或者格子折边绣，是梯形折边绣的变化针法，形成锯齿形图案。

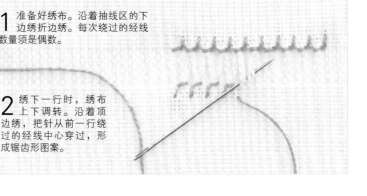

1 准备好绣布。沿着抽线区的下边缘折边绣。每次绕过的经线数量须是偶数。

2 绣下一行时，绣布上下调转。沿着顶边，把针从前一行绕过的经线中心穿过，形成锯齿形图案。

交织折边绣

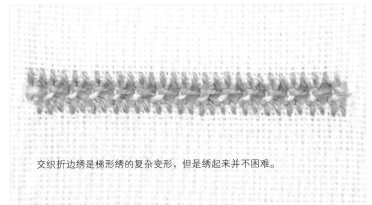

交织折边绣是梯形绣的复杂变形，但是绣起来并不困难。

钻石折边绣

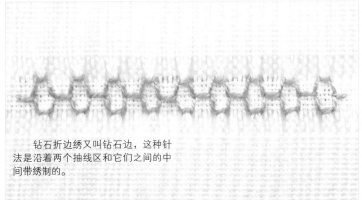

钻石折边绣又叫钻石边，这种针法是沿着两个抽线区和它们之间的中间带绣制的。

1 准备好绣布，先绣梯形折边绣（见224页）。剪一段比抽线行长一点的绣线。在抽线行右端中间的A点绣几针短回针固定。把针从第2组经线下面穿出到B点，再越过第1组经线穿出到C点。

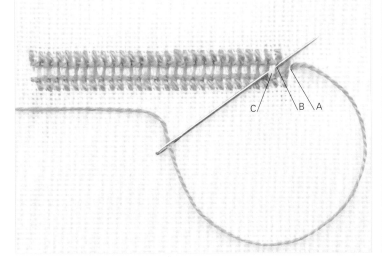

1 准备好绣布，抽线区为两个平行带，中间留出未抽线的偶数条纬线的带状区。

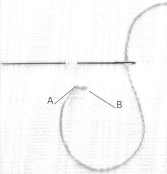

2 从未抽线的中间带的中间A点出针，向右隔4条织线B点入针。从后面穿回到A点出针，把绣线拉紧。

3 从上面抽线区的底部C点入针，向左隔4条织线D点出针。再次从C点穿到D点，把绣线拉紧。

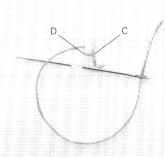

4 在中间带上重复步骤2。

2 把针调转方向，从C点下方穿出，把B点拉出越过C点。按这个顺序重复，直到一行结束。

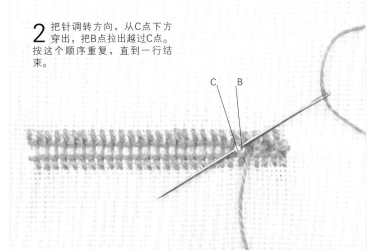

5 在抽线区的第2组经线的E点入针，F点出针，继续重复步骤2~5。

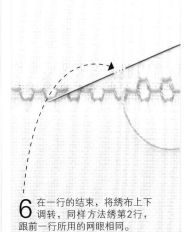

6 在一行的结束，将绣布上下调转，同样方法绣第2行，跟前一行所用的网眼相同。

刺绣

纺织折边绣

纺织折边绣又叫针织绣，跟织栏绣（见215页）差不多。

1 准备好绣布，跟折边绣的步骤1（见224页）相同，取下4条或者5条纬线。从A点出针，向右隔4条织线B点入针。A点出针。向左隔4条织线C点入针，再次从A点出针。

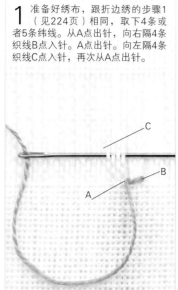

2 向上继续到一行的一半。D点出针，E点入针，向左隔4条织线F点出针。

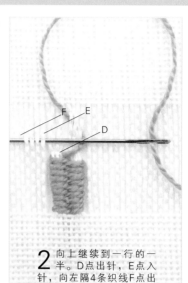

3 从右侧边缘出针，从一行的中心入针，再次从左侧隔4条织线处出针，绣到抽线区的顶部。

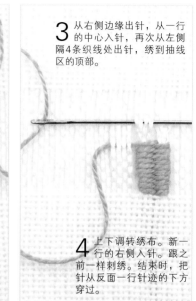

4 上下调转绣布。新一行的右侧入针。跟之前一样刺绣。结束时，把针从反面一行针迹的下方穿过。

嵌入绣

嵌入绣又叫束心绣，用装饰性针迹把两块绣布连在一起，中间是镂空的接缝。这个技术是从早期家居布艺品上狭窄布条的连接工艺发展而来的，能给桌布和床单增加极美的效果。

给绣布加上纸衬

疏缝

开始前，两块绣布要连接起来的边缘都要做折边。在纸卡上画两条相距5mm的平行线，让绣布的边缘跟平行线对齐，疏缝以固定，并令针距均匀。

扣眼针嵌入绣

扣眼针嵌入绣是一种很结实的针法，可以用在平纹布上。你可以每组绣更多针迹或者改变数量。每组至少要绣3针才能保证足够结实稳固。

1 加上纸衬（见左侧说明）。从A点到B点做扣眼绣。沿着上面折边绣3针作为一组。在下面折边的边缘C点入针，针在绣线上面。

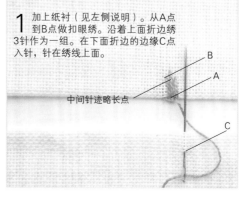

中间针迹略长点

2 在下面折边的边缘绣类似的一组扣眼绣。再移到上面折边绣。重复上述步骤。

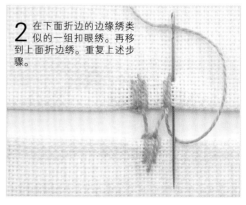

结粒嵌入绣

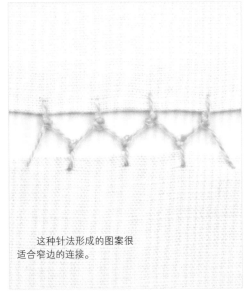

这种针法形成的图案很适合窄边的连接。

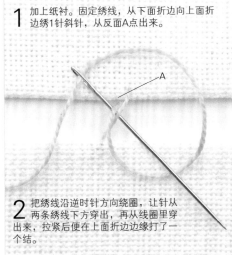

1 加上纸衬。固定绣线，从下面折边向上面折边绣1针斜针，从反面A点出来。

2 把绣线沿逆时针方向绕圈，让针从两条绣线下穿出来，再从线圈里穿出来；拉紧后便在上面折边边缘打了一个结。

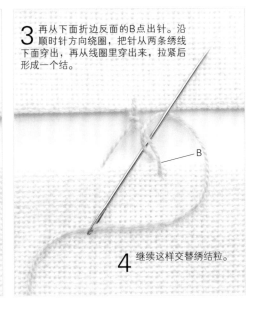

3 再从下面折边反面的B点出针。沿顺时针方向绕圈，把针从两条绣线下面穿过，再从线圈里穿出来，拉紧后形成一个结。

4 继续这样交替绣结粒。

扭转嵌入绣

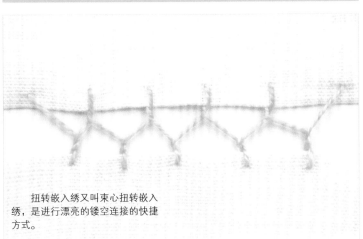

扭转嵌入绣又叫束心扭转嵌入绣，是进行漂亮的镂空连接的快捷方式。

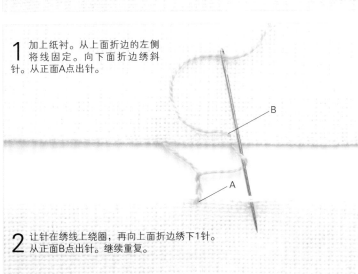

1 加上纸衬。从上面折边的左侧将线固定。向下面折边绣斜针。从正面A点出针。

2 让针在绣线上绕圈，再向上面折边绣下1针。从正面B点出针。继续重复。

蕾丝嵌入绣

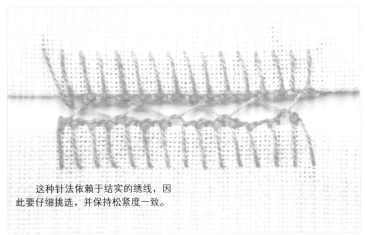

这种针法依赖于结实的绣线，因此要仔细挑选，并保持松紧度一致。

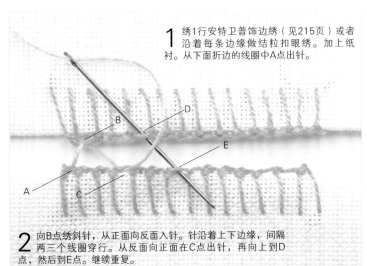

1 绣1行安特卫普饰边绣（见215页）或者沿着每条边缘做结粒扣眼绣。加上纸衬。从下面折边的线圈中A点出针。

2 向B点绣斜针，从正面向反面入针。针沿着上下边缘，间隔两三个线圈穿行。从反面向正面在C点出针，再向上到D点，然后到E点。继续重复。

褶皱绣 SMOCKING

传统上褶皱绣被用来装饰长裙、女式衬衫、礼服，还有罩衫。因为褶皱绣会增加布料的厚度和重量，最好使用轻盈、细密的绣布，例如棉布和丝绸。分股棉线最好用，传统上线的颜色要跟绣布相匹配，但是撞色线也能产生极佳的效果。

刺绣

基础褶皱绣

在褶皱上可以使用很多种刺绣针法，可单独使用也可以多种搭配使用。要记住，褶皱绣需要更多的布，一般是成品宽度的三倍。最好用上面带有均匀格子的绣布，例如条纹棉布或方格棉布，以及有均匀小点的绣布。这种布图案就成为现成的标记。抽褶的线要结实，颜色无所谓，因为以后还要拆下来。

做标记

1 在绣布上做出标记，才能保证褶皱均匀。手工做标记时，测量纵向长度，测绘出折痕之间的距离，再用圆点标记出水平线，形成针迹线。

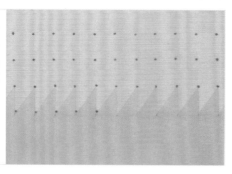

2 更快的方法是，把印有均匀褶皱点的转印纸放在绣布的反面上熨烫就可以了。应确保行数是偶数。

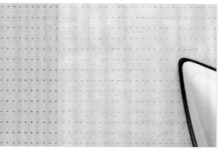

怎样在绣布上做出褶皱

1 剪一段长线（抽褶用），比这行需要的绣线略长就可以了，末端打结实的结。

2 在每个小点上绣短小的平针，但不要把绣线拉紧。每行都用一条新线开始。

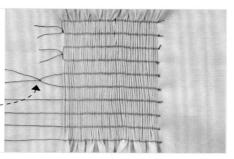

3 把松线尾慢慢拉紧，每次拉紧一行，直到达到所需要的宽度。

4 把每两条绣线的线尾系起来，从正面操作，让褶皱均匀分布。

绳状褶皱绣

绳状褶皱绣是很简单的茎绣（见195页），沿着褶皱刺绣。

从左侧褶皱的A点出针，挑起每个褶皱的顶部，绣直线形的茎绣。让绣线或者在针的上面，或者在下面，保持一致。

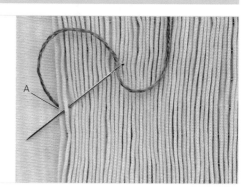

缆绳褶皱绣

缆绳褶皱绣比绳状褶皱绣结实，能更加牢固地固定褶皱。

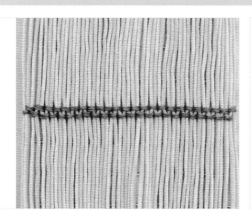

跟绳状褶皱绣一样，A点出针，绣直线形的茎绣，把每个褶皱的顶部挑起来绣，但是交替改变绣线与针的位置（绣线在针上面绣1针，然后绣线在针下面绣1针）。

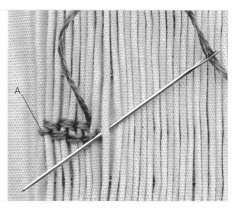

锯齿褶皱绣

锯齿褶皱绣是另外一种更具装饰性的褶皱绣，也是基于茎绣的一种针法。

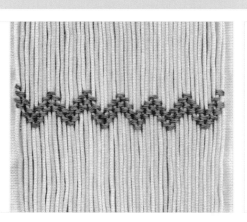

1 跟绳状褶皱绣一样，A点出针，绣V字形的茎绣。

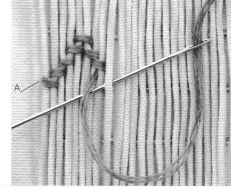

2 向上绣的时候，绣线始终在针的下方；向下绣的时候，绣线一直在针的上方。

蜂巢褶皱绣

蜂巢绣（见219页）可以用绣线从绣布的正反两面绣，只是正面的效果和反面的不一样。

闭锁式蜂巢褶皱绣

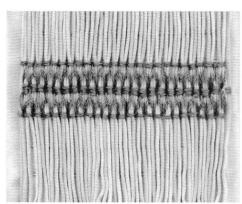

闭锁式蜂巢褶皱绣是从绣布的正面刺绣的。

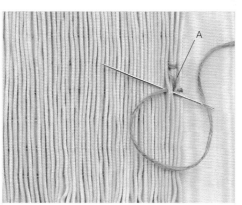

1 从第2行的第2个褶皱上A点出针，绣回针穿过前两个褶皱。在第1行上，绣回针穿过第2、3个褶皱。重复上述步骤。

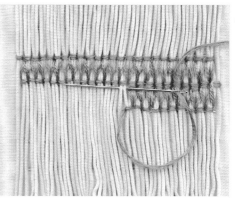

2 绣下一行，沿第3行绣回针，但只要从第2行的回针下面穿过针即可。

开放式蜂巢褶皱绣

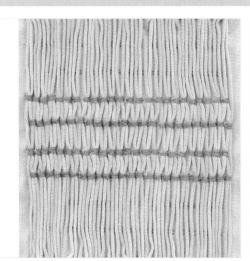

开放式蜂巢褶皱绣是从绣布的反面刺绣的。

1 A点出针，越过前两个褶皱绣水平方向的回针，从左向右绣制。

2 从第2行第2个褶皱出针，越过第2、3个褶皱绣回针。

3 回到第1行，B点入针，第3个褶皱出针。

4 回针将第3、4个褶皱绣在一起。按顺序重复完成整行。按同样方法绣其他行。

V字形蜂巢褶皱绣

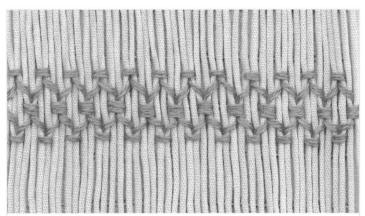

V字形蜂巢褶皱绣通常在传统褶皱绣里出现，从左向右在绣布的正面刺绣。

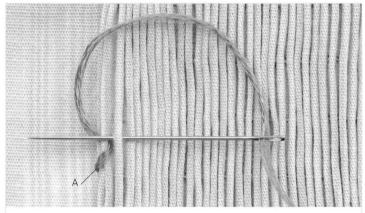

1 第2行第1个褶皱的A点出针，向右上方在第1行的第2个褶皱入针。回针越过第2、3个褶皱，从它们中间出针，让绣线保持在回针的下方。

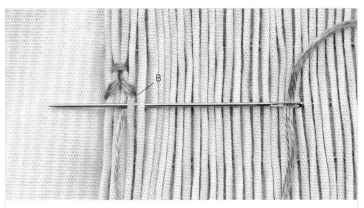

2 向右下方第2行第4个褶皱入针，回针越过第4、5个褶皱，从第3、4个褶皱中间出针，线在回针的上面。

3 继续按照这个顺序绣，上下交替，直到一行结束。

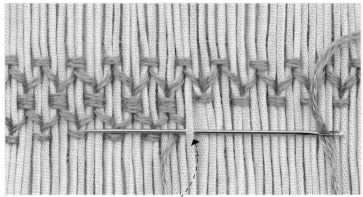

4 绣下一行的时候，方法相同，只是上下顺序相反以形成钻石图案。

珠绣 BEADWORK

使用串珠装饰布艺品历史悠久，珠绣在世界各种文明中都有一席之地。作为一种刺绣技术，珠绣把各种令人惊叹的串珠、亮片和小圆镜片通过刺绣绣到绣布上面。这些变化创造出卓越的装饰品，从香囊到家居软装饰，包括被子、衣物和各种小物件。

串珠绣

串珠可以用来突出装饰效果，也可以用不同方式绣成行。最好用专门的珠绣针，足够细，可以穿过任何串珠上的小孔，并使用聚酯纤维线。透明的尼龙线用在平纹布上最为理想，或者选择跟串珠或者绣布相匹配的线。

单珠绣

串珠可以一个个地固定，既可以散开，也可以成行。如果针迹长度跟串珠长度一致，绣好后串珠之间就会很贴合。

1 在反面将绣线打结，从A点出针，穿入1颗串珠。

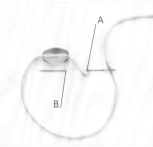

2 回到A点入针，从B点出针。重复固定串珠，在反面形成双针迹。

3 移到下个位置，按同样的方法固定串珠。

钉缝珠绣

钉缝珠绣跟钉线绣（见211页）针迹很相似。剪下比要覆盖的线段长度更长的线用来穿串珠。

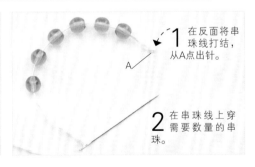

1 在反面将串珠线打结，从A点出针。

2 在串珠线上穿需要数量的串珠。

3 在A点固定第1颗串珠。

4 用另外一根针在B点出针，绕着串珠线做钉线绣。

5 下一颗串珠滑到挨着第1颗串珠的地方，然后重复。继续这样，直到一行完成。把两根针都拉到反面，收针。

点缝珠绣

点缝是另一种钉缝，几颗串珠一组被钉缝固定。点缝珠绣比钉缝珠绣更快捷，不过没那么稳固。

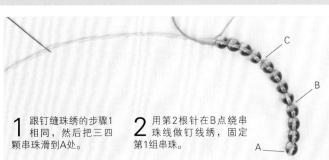

1 跟钉缝珠绣的步骤1相同，然后把三四颗串珠滑到A处。

2 用第2根针在B点绕串珠线做钉线绣，固定第1组串珠。

3 再滑动三四颗串珠到B处，在C点做钉线绣，固定第2组串珠。

4 继续这样，直到一行完成，然后把两根针拉到反面，把两条线都固定结实。

懒女人填珠绣

这是最快捷的用串珠填充区域的方法。

1 必要时，在要填充的地方画出记号线。

2 剪一段绣线，一端在反面打结固定。

3 A点出针，在绣线上穿足够多的串珠，填满一行。在区域的另一端B点入针，从B点下面的C点出针。再固定珠子。如此重复，从一边到另一边。

填珠绣

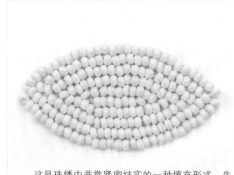

这是珠绣中非常紧密结实的一种填充形式。先疏缝出要填充串珠的区域。使用绣绷绣制。

1 在反面将绣线打结。从边缘上的A点出针，穿入1颗串珠，像单珠绣（见231页）一样固定好。

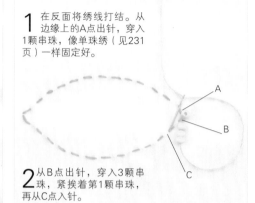

2 从B点出针，穿入3颗串珠，紧挨着第1颗串珠，再从C点入针。

3 回针绣至D点，从第2组3颗串珠的前2颗中间出针。从E点入针，穿过第2组的第2、3颗串珠。

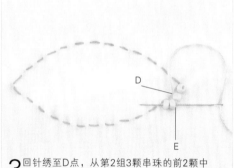

4 绣线上穿入另外3颗串珠。重复上述步骤从外向内填满区域。

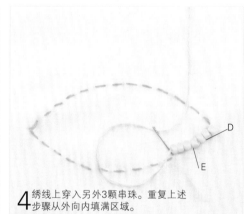

串珠流苏绣

用结实的绣线，要够细，能穿过串珠。

1 绣线的末端打结，穿入需要数量的串珠。

2 在折边的边缘绣短小的回针，固定绣线。

珠环流苏绣

这是一种快速而且简单的装饰方法。

1 把线结藏在折边里面。A点出针，穿入需要数量的串珠。

2 再次A点入针，形成珠环。从左边的B点出针。继续重复。

亮片绣

亮片就是金属或者塑料材质的小圆片，中心有孔用来穿绣线固定到绣布上。传统的亮片是圆形的，但是现在有各种形状和颜色可供选择。亮片可以单个绣，也可以绣成簇或者行。

单片绣

单个亮片可以固定一边或者多边。绣很多亮片时，可以两边相邻也可以表面部分重叠着固定。

1 用单线做单片绣时，在绣布的反面把线尾打结固定，A点出针。

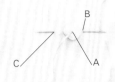

2 把亮片滑到A点，反面与绣布相对，在亮片的右侧B点入针绣1针回针，再从C点出针，这个位置可以继续放亮片。

3 再滑1个亮片到出针处，把绣线拉出。绣回针固定，然后在下个亮片处出针，继续重复。

亮片锁链绣

部分重叠的亮片锁链绣可以创造出许多有趣的效果。

1 在反面将线尾打结，A点出针。

2 第1个亮片放在绣线的右侧，绣回针插入亮片小孔里，再次A点出针。

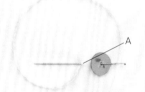

3 穿入并放好第2个亮片。

4 绣回针从第1个亮片的小孔内入针，从第2个亮片的左侧边缘出针。

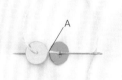

珠饰亮片绣

亮片也可以用串珠固定在绣布上。

1 把亮片放在目标位置上，从其小孔内出针。

2 把串珠穿到绣线上，再把针插回到亮片的小孔内。

3 轻轻拉紧绣线把串珠固定在亮片上面，再从反面把绣线打结固定。

镜绣

镜绣又叫圆盘绣，源自中亚，是一种传统的纺织品装饰形式。圆盘包括镜子、玻璃或者锡片作为原材料的小圆盘，用平行针迹作为基础框架，然后在上面绣装饰边。在平纹布上使用长眼绣针和单股线（或者双股棉线）固定住圆盘，再缝结实的装饰边。

单线镜绣

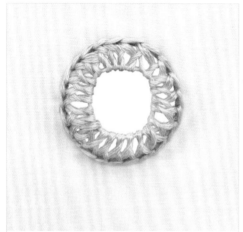

传统的镜绣能够清楚地露出镜面。

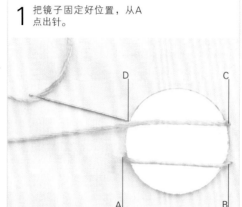

1 把镜子固定好位置，从A点出针。

2 从B点入针，C点出针，再从D点入针，形成两条平行针迹固定圆盘。

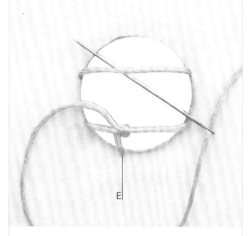

3 从E点出针，在下面那条平行针迹上从下到上绕成一个线圈，接着从上面那条平行针迹上从下到上绕一次。

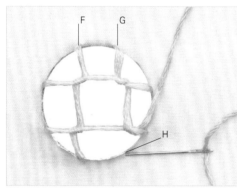

4 F点入针，G点出针。

5 跟之前一样，在两条平行针迹上各绕一圈，就形成两条纵向的平行线，然后在H点入针。

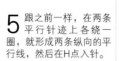

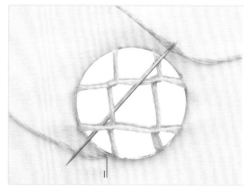

6 I点出针，从左下角交叉点的下面穿出，绣线保持在针的左边。

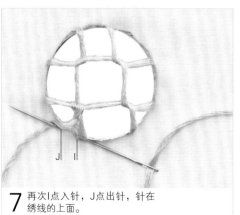

7 再次I点入针，J点出针，针在绣线的上面。

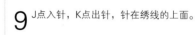

8 针从左侧竖线的下面穿出，越过绣线。

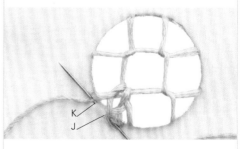

9 J点入针，K点出针，针在绣线的上面。

10 按照这个顺序重复，在绣布上绣短小针迹，在框架绣线的下面绕行形成装饰性的花边。

双线镜绣

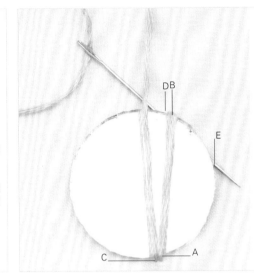

镜子被四条直针针迹形成的"框架"固定了。要想这个镜子稳固不动，镜子边缘的针迹要尽可能紧。每次从边缘入针的时候，针要竖直插进去。

1 固定住镜子。A点出针，B点入针，然后紧挨着A点在C点出针。挨着B点在D点入针，然后从E点出针。

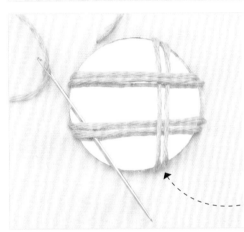

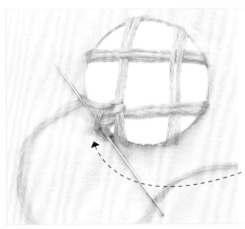

2 重复上述步骤，以纵横交错的顺序在纵向和横向各绣两对线。每次后绣的一对线均从先绣的一对线的上面跨过，但最后一对线应在第一对线的下面穿过去。

3 尽可能贴近边缘绣，重复单线镜绣的步骤6~9（见234页）。如果你喜欢，也可以只用扣眼绣。

网格镜绣

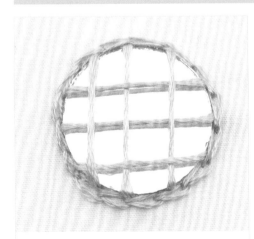

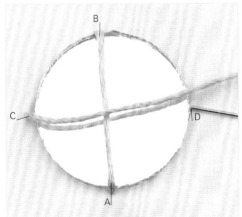

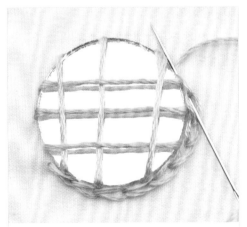

这是一种简单的非传统的镜绣方法。镜子边缘要光滑，这样才不会把绣线划断。

1 先在纵向和横向上绣出至少3条线的网格，把镜子固定。A点出针，越过镜片B点入针，然后从C点到D点绣水平针迹。纵横线的两侧各增加1条针迹，绣的时候换方向依次绣。

2 可根据需要增加网格线的数量，然后用锁链绣或者它的变化针法（见206、207页）绣边缘，绣制过程中尽可能靠近边缘。

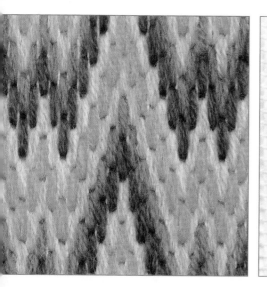

绒绣 NEEDLEPOINT

绒绣，又叫绒线绣或者毛线绣。运用绒绣的主要针法和技巧制作的结实的家居品和个人物品，例如眼镜盒、椅垫以及装饰画等，都非常受人喜爱。

工具和材料 TOOLS AND MATERIALS

绒绣只需要几种基本的工具就可以开始了，它是很容易掌握的手工艺术。只需要用绣布、绣针和绣线，你就能创造出不同种类的设计。如果自己设计图案，那么选择现成的工艺材料会对你有所助益。

绣布的种类	绒绣是在一种叫作十字布的绣布上进行刺绣的。这种布具有镂空的网格，织线结实，通常为棉质，纺织时两条线之间有空隙，刺绣时针迹越过1条或者多条织线。每2.5cm内织线的数量被称作布的支数（或密度和网眼）。绒绣所使用的绣布包含几种颜色——褐色、白色、奶油色和黄色，也有用纸或者塑料布制成的替代品。

单股十字布 ∨

这种布的结构是由单股线一上一下交叉织成，密度大小不一，几乎适合各种针法。唯一的缺点就是有些针迹拉得过紧会导致变形。但是轻微的变形可以通过定型得到矫正（见284页）。

打孔纸 >>

分为几种颜色，这种密度为14支的材料特别适用于制作贺卡。

互联十字布 >>

这种特殊种类的单股十字布中，每条经线实际上是两股线，围绕纬线十字扭绞在一起。因此形成更为结实的结构——几乎不会变形。与普通的单股十字布不同，互联十字布可以用在半十字绣（见261页）中。

双股十字布或刺绣用粗十字布 >>

这种绣布中，无论经线还是纬线都由两股线组成。这种绣布也相对比较结实。密度通常用孔洞的数量来表示，有时候后面也提供织线的支数。例如10/20粗十字布就表示每2.5cm内含有10对织线。正常情况下会在成对的织线上绣制，把每对当成一条线，但是也可以分开，只在一股织线上绣，以形成精细的刺绣区域。

地毯十字布 >>

有3支、5支、7支等规格，每个方向上都是两条织线，可以织成镂空的粗十字布式，也可以密合成互联十字布式。有些地毯十字布每隔十个格子用撞色线作为标记。这种绣布常用于壁画和大的靠垫以及地毯中。

绒线和其他线

绒绣中最受欢迎的线是羊毛线。有三种羊毛线适合绒绣：双股羊毛线、波斯线和挂毯线。其他种类的线，例如多股丝棉线，珠光棉线以及金属线也可以使用。

羊毛线

挂毯线 ⋁
光滑的四股线，通常使用单股线，在10~14支绣布上刺绣。

<< 双股羊毛线
它是双股细线，可以合成任意倍数股数来与绣布密度保持一致。单股顺滑地混合能形成柔软的质地。

波斯线
比双股羊毛线粗，有三股线，每一股都可以轻松分开。你可以使用其中一股或者更多股。

棉线

<< 珠光棉线
珠光棉线是一种很结实、很光滑的经过扭绞的线，单线可在细密的绣布上刺绣。这种线含有三种规格：3号是最粗的，5号有多种颜色可供选择，8号最细。

<< 多股丝棉线
这种线是通用型的棉线，含有六股超细亮线，棉线经过丝光处理，需要时很容易分开，很适合在细密的绣布上刺绣。

其他线和串珠

串珠 >>
串珠能令绒绣作品锦上添花。用在珠饰斜向平行绣（见262页）中或者简单地绣在作品表面。

<< 编织线
在某些作品中，也可能用到编织线，但是柔软的毛线可能被磨损，毛线经拉伸后还可能导致密度问题。

金属线 ⋀
将金属线与传统的毛线或者棉线混合在一起使用，能够避免绣线扭结。

真丝线 ⋀
光亮的真丝线能提升光泽度，也能突出针迹，但要小心使用，因为真丝线容易抽丝和断线。

工具和材料

绒绣必备的工具和材料只有几件：挂毯线绣针、剪刀、遮蔽胶带等。但是，在完成作品、设计，或更便捷地操作时你还需要一些其他的工具和材料。

常用工具和材料

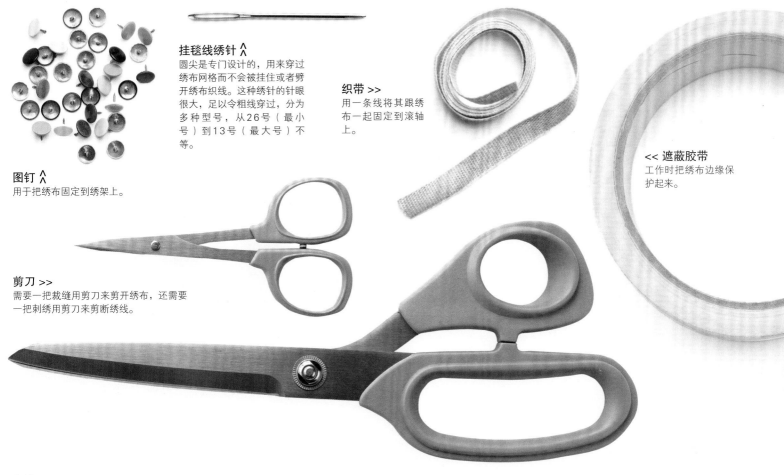

挂毯线绣针 ∧
圆尖是专门设计的，用来穿过绣布网格而不会被挂住或者劈开绣布织线。这种绣针的针眼很大，足以令粗线穿过，分为多种型号，从26号（最小号）到13号（最大号）不等。

图钉 ∧
用于把绣布固定到绣架上。

织带 >>
用一条线将其跟绣布一起固定到滚轴上。

<< 遮蔽胶带
工作时把绣布边缘保护起来。

剪刀 >>
需要一把裁缝用剪刀来剪开绣布，还需要一把刺绣用剪刀来剪断绣线。

绣架

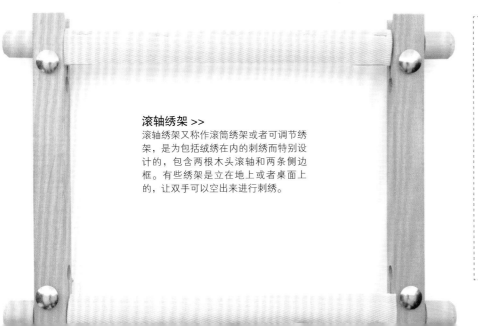

滚轴绣架 >>
滚轴绣架又称作滚筒绣架或者可调节绣架，是为包括绒绣在内的刺绣而特别设计的，包含两根木头滚轴和两条侧边框。有些绣架是立在地上或者桌面上的，让双手可以空出来进行刺绣。

选择绣架

绣架的功用有很多，最主要的作用就是防止绣布变形，使你能够绣出松紧均匀的针迹。只有长方形的绣架最适合绒绣。十字布偏硬，不适合使用绣绷；如果一定要用的话，很可能导致变形。

有软垫的绣架：不够宽，但是用起来很舒服。你只需要用图钉把绣布固定在软垫上，需要时移动绣布就可以了。当两只手都在工作的时候，在桌子边缘上放一个合适的沙袋会令绣架保持平稳。

工艺撑架：由两对木制绣布撑条组成，四角互相榫接。撑架的内缘尺寸应大于要进行绒绣的区域。

设计需要的工具

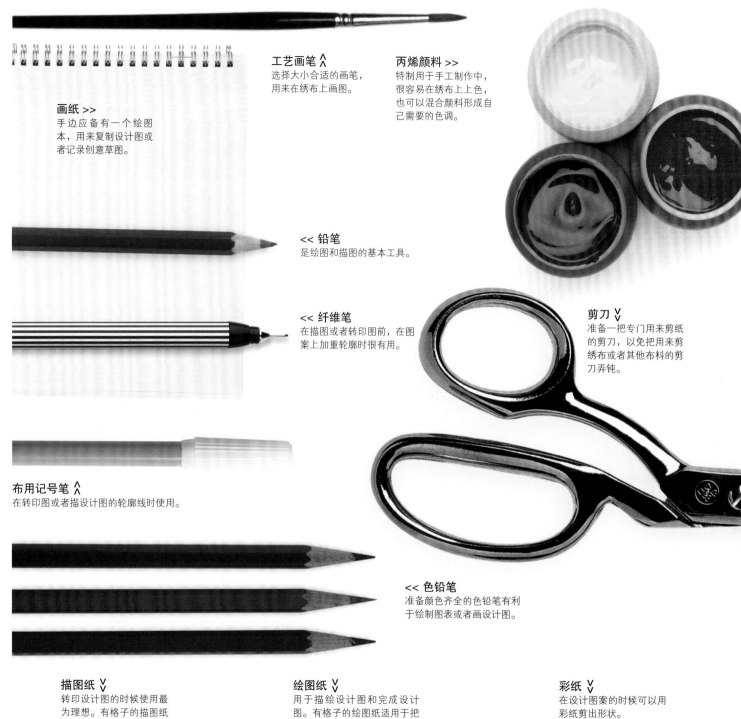

工艺画笔 ∧
选择大小合适的画笔，
用来在绣布上画图。

丙烯颜料 >>
特制用于手工制作中，
很容易在绣布上上色，
也可以混合颜料形成自
己需要的色调。

画纸 >>
手边应备有一个绘图
本，用来复制设计图或
者记录创意草图。

<< 铅笔
是绘图和描图的基本工具。

<< 纤维笔
在描图或者转印图前，在图
案上加重轮廓时很有用。

剪刀 ∨
准备一把专门用来剪纸
的剪刀，以免把用来剪
绣布或者其他布料的剪
刀弄钝。

布用记号笔 ∧
在转印图或者描设计图的轮廓线时使用。

<< 色铅笔
准备颜色齐全的色铅笔有利
于绘制图表或者画设计图。

描图纸 ∨
转印设计图的时候使用最
为理想。有格子的描图纸
适用于把设计图转换成图
纸形式。

绘图纸 ∨
用于描绘设计图和完成设计
图。有格子的绘图纸适用于把
设计图转换成图纸形式。

彩纸 ∨
在设计图案的时候可以用
彩纸剪出形状。

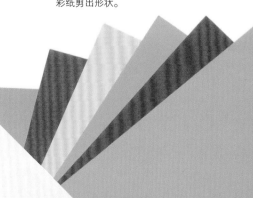

其他工具

镊子 >>
出错的时候用它来挑线。

穿针器 ∧
用细线工作时它是个得力助手。

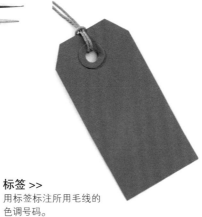

标签 >>
用标签标注所用毛线的色调号码。

角尺 >>
绒绣作品改变形状时，需要用角尺画出正确的角度。

顶针 >>
虽然绒绣中不一定要使用顶针，但是最后完成作品时，需要手缝的地方可以使用顶针。

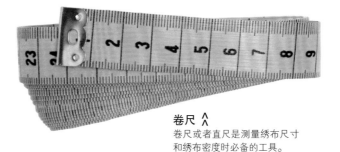

卷尺 ∧
卷尺或者直尺是测量绣布尺寸和绣布密度时必备的工具。

尖头绣针 ∧
穿入双股（绣）线或者绳绒线用来修饰作品。

放大镜 >>
用于观察细节或者精细工作中。

绒绣设计 NEEDLEPOINT DESIGNS

决定用什么针法刺绣是令人愉快的过程，但是有时候也让人犹豫不决。有各种各样的设计品可供购买，也有各种各样的绒绣针法让你得以完成自己的设计，真是任你选择！

现成的设计

你可以找到很多现成的绒绣设计——可能是一个套装（含有所需材料），可能是一块印花十字布，也可能在书中以图样形式出现。这些都具有明显的优势：所有的设计都已经由专家为你设计好，你所需要的就是绣制本身和给作品做最后的修饰。品质优良的套装包含很好的材料。但是，里面所含有的绣线只够斜纹针法中的半十字绣（见261页）使用，所以如果你想要换成斜纹针法中的其他刺绣方法，还需要另外买绣线。

现成设计的种类

套装：绒绣套装通常包含印好设计图的绣布，上面连需要使用的相近色彩都画出来了，套装中也备有绣线和绣针。如果该作品使用半十字绣，应该在说明中提到。如果是这样，要确定绣布是否为双股十字布或者互联十字布（见239页）。若不是，在绣布织线之间穿针引线时有脱线的可能。其实你也可以用斜纹针法的不同形式进行创作，只是你需要购买更多绣线（见249页）。如果套装中没有说明要使用几股绣线，你需要联系厂商确认该信息。

印花十字布：这类设计中只含有印花十字布，也有颜色说明，表明某一品牌绣线的推荐使用色彩号码。这类设计的优势在于，你可以选择自己喜欢的毛线，这点跟套装相似，当然你需要对照颜色说明选择。如果你打算用半十字绣进行绣制，应确定绣布是互联的还是双股结构的。

半加工的十字布：某些十字布的中心图案已经完成了，或者用轨道进行了标示（见262页）。购买者只要绣制背景就可以了（若是后一种情况，在轨道上也绣斜针）。有些轨道绣布非常复杂，颇具挑战性。但是如果选择一块包含很大背景的实心彩色斜纹针法，你也许会觉得这样相当无聊。考虑到填充背景要用更大更立体的针法，你可以选择哥白林填充绣（见267页）或者长针绣（见269页）。这样能比较快地完成工作，你也会从中看到自己的创意结果。

图样

表格图样

有很多图书中都含有表格形式的绒绣图样，并说明了需要使用的绣线的颜色。表格图样最常用在斜纹针法中，图样中的每个格子代表1针。绣线的颜色或者印成彩色表现在上面，或者用符号说明，有时候两者都有（例如复杂的设计图）。

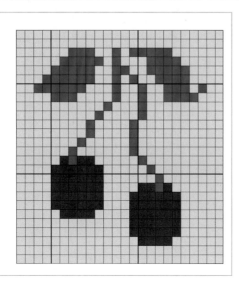

线形图样

线形图样最常用在包含新针法的设计图中。每条格子线代表一条绣布织线，表示针迹的线在格子上面。

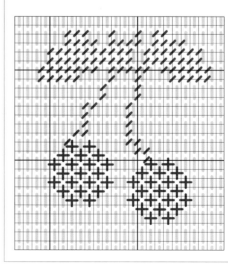

自己设计

就算自己设计也没什么可担心的，并不像你想的那么难。在你开始寻找创意的时候，你就会发现它们无处不在——在自然界中，在绘画和相片中，甚至存在于绒绣针迹本身所产生的花纹里。

绒绣样品

从用你喜欢的针法制作出样品开始。在另外一块绣布上面先将你喜欢的针法每样绣几行，仔细研究它们的形状和图案。选择配色或者撞色绣线分别绣出不同针法的条纹，或者沿着一个小方块（例如垫绣）四周绣条形。不断增加条形，直到足够大成为靠垫套的正面。

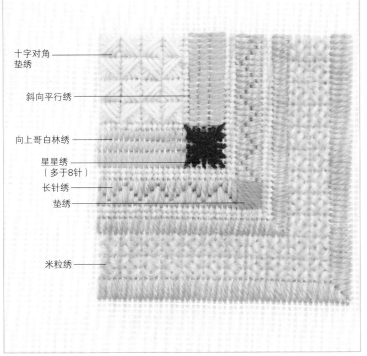

十字对角
垫绣

斜向平行绣

向上哥白林绣

星星绣
（多于8针）

长针绣

垫绣

米粒绣

用图形进行设计

你可以利用剪出的图形创作出既抽象又直观的设计图。例如在抽象设计中，用彩纸剪下一些正方形、长方形、三角形或者圆形。把确定好的绒绣区域画到一张纸上，再把这些图形在该区域中随意摆放，尝试各种组合，直到你找到最满意的设计。记住，要特别注意图形之间的空隙，它们也是设计的重要组成部分。把这些图形粘好，并放置几个小时。然后再次审视它。

用十字绣模板

你可以在书中找到上百种十字绣的漂亮模板。用绘图纸将其画下来，画线的数量应该跟十字布上的织线数量相同，或者在一大张格子纸上重复一小块。

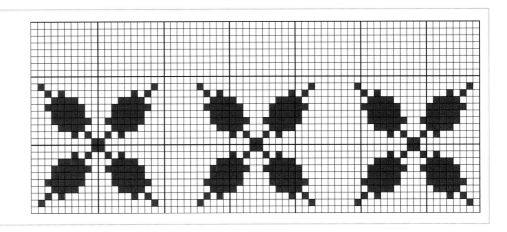

绒绣

把一幅图片变成图样

要想创作出更加逼真生动的设计，可以使用设计软件画图，也可以按照下面的说明用现有的图片制作出图样。

1 在一幅选定的大图上用纸条将图片分割，移动纸条截出想要的图片细节。再把局部细节图用复印机放大到需要的尺寸。

2 要制成图样，还要把格子描图纸放在图片上，用色铅笔把图片描到纸上，再把描图纸画满方格。如果你使用花样针法，也可以用线条作为标记。

提示

● 要制作完全创新的绒绣，一开始就需要自己画图样。如果你没有自信，那就多多练习！随身携带绘图本，把有趣的形状和花样都画下来。回家后做出颜色标记，让你的草图变成彩色的。用纸条（见左侧）找到有趣的可以被放大的细节。

● 如你所见，260~276页上所列出来的针法展示了绒绣独一无二的特性——有的光滑发亮，有的凹凸不平，也有的呈现明显的纵向、横向或者斜向图案。例如，你也许会使用越界哥白林绣（见263页）来描绘出深浅变化的蓝色天空，使用茎绣（见266页）来显示玉米田，或者使用向上十字绣（见270页）来表示鹅卵石海滩。

转印图样的技巧

如果你按照图样（见244页）刺绣，刺绣时数图样和绣布上格子或织线的数量的过程就在转印图样了。否则你还需要把图片描或者画到绣布上。

描出轮廓

1 用黑色纤维笔描设计图的轮廓。所使用的记号笔需要极细但线条能清晰地透过绣布。用记号笔贴近要刺绣的区域勾勒轮廓。

2 准备绣布：裁剪到合适的尺寸，刺绣区域以外多留出10cm边。

3 把设计图用胶带或者重物固定到平整、坚固的台面，绣布放在图上面，用胶带固定。然后用可消记号笔从绣布中心开始描出图的轮廓，四周留5cm空白。用遮蔽胶带滚边。

4 如果你的设计图是彩色的，你可能希望在绣布上的轮廓图也是彩色的。那就要用可消除的丙烯颜料画图。为了避免染料把绣布网格弄脏，要把绣布放置到彻底干透为止。

选择合适的绣布

为作品选择合适的绣布时，你需要考虑到绣布的种类、密度和颜色。普通的单股十字布适用于多数作品，但是某些情况下，互联十字布或者双股十字布更合适。如果你希望使用某种特殊的绣布，密度方面就会受到限制。作品本身的主色调影响着绣布颜色的选择。

用于半十字绣

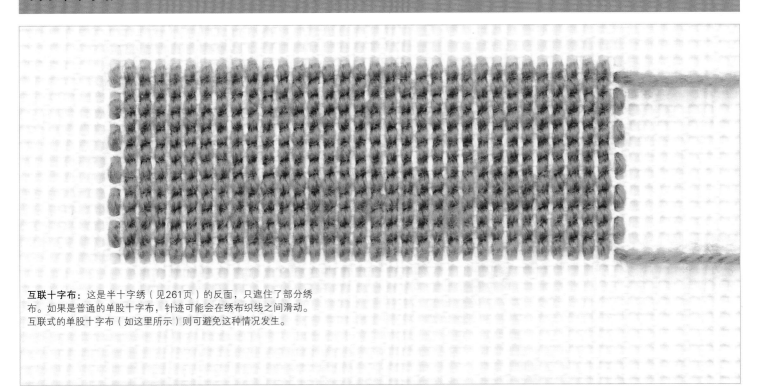

互联十字布：这是半十字绣（见261页）的反面，只遮住了部分绣布。如果是普通的单股十字布，针迹可能会在绣布织线之间滑动。互联式的单股十字布（如这里所示）则可避免这种情况发生。

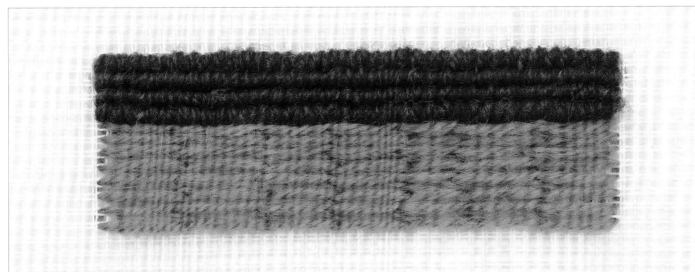

双股十字布（刺绣用粗十字布）：绣半十字绣的时候也可以用这种双股绣布。这种绣布的织纹非常结实稳固。因为这种绣布纹均匀且很结实，如果在轨道绣（见262页）的上面绣半十字绣，特别适合做椅垫和其他要求耐磨的物品。这里为了展示得更加清晰，使用了深浅对照的粉色，正常情况下会用配色绣线。双股十字布适用于多种针法，但是不适用于多数直线绣，包括佛罗伦萨绣（见277~283页），因为每对纵向的绣布织线很可能从两针之间露出来。不过，轨道绣会避免这种情况出现。

根据绣线选择绣布的密度

如果你想用单股线刺绣，这会限制你对绣布的选择。绣线应该恰当地填满绣布上的格子——既不会太紧也不会太空，否则会令表面紧缩变形或者产生空洞效果。这里展现了几种成功的组合。

挂毯线适用于10支、12支、14支十字布（如果用斜纹针法）。

珠光棉线（5号线）适用于18支十字布。

单股波斯线适用于18支十字布。

合适的密度能充分体现细节的效果

还需要考虑的因素就是你想要的细节效果。绣布越细密，越能展现细节，也更容易获得曲线线条。

10支十字布

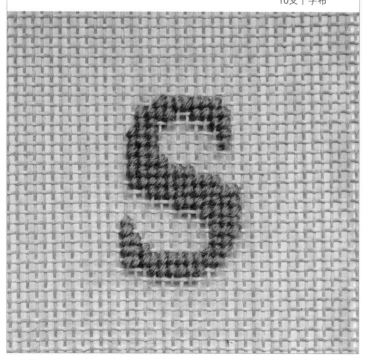

例如这两个花押字母，虽然图样相同，但分别描到10格/2.5cm和18格/2.5cm的绘图纸上，细小的格子和绣布就会表现出更精细的线条。不过，S形拥有越多的角，你越容易得到想要的某种独特和硬朗的外观。

18支十字布

绣线与绣布相匹配

对于多数作品来说，你可能都想要选择能够完美盖住绣布的绣线。这一部分取决于你使用的针法：即使用相同的绣线和绣布，用斜向平行绣（见260、261页）之类的密集刺绣方法就比疏松的针法，例如长针绣（见269页），能够把绣布遮盖得更好。开始某一作品之前，应先制作样品，以便确定你选择的材料和针法是否搭配得当。

这里的对照表给出了各种密度的绣布做大陆斜向平行绣所适用的绣线。（以英式细绒线为标准，法式细绒线则需要更多股。）

绣布密度	绣线种类和股数
10支	1股挂毯线 2股波斯线 4股细绒线
12支	1股挂毯线 2股波斯线 3股细绒线
14支	1股挂毯线 2股波斯线 3股细绒线
18支	1股5号珠光棉线 1股波斯线 2股细绒线 6股多股丝棉线

估算绣线的用量

如果你打算用单色线填充大块区域，那么一开始就要准备足够的绣线，以防后期补线造成颜色不一致。根据45cm长的绣线（允许8cm的损耗）在单股十字布上做对角斜向平行绣（见261页）的情况得出下面的用量建议。如果用半十字绣（见261页），则用量减半。

10支	5.5m / 25cm²
12支	6m / 25cm²
14支	7m / 25cm²
16支	7.5m / 25cm²
18支	9m / 25cm²

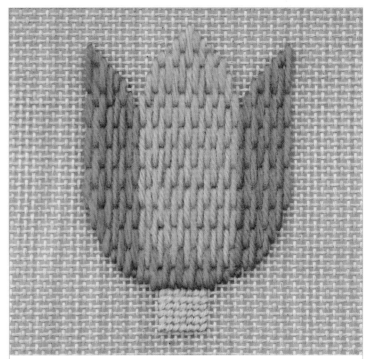

绣布的颜色多为褐色、黄色、奶油色和白色这几种。选择哪一种颜色部分取决于个人喜好（白色绣布最容易数织线，但是褐色更好看），同时也取决于主要绣线的色调。白色或奶油色绣布适合用柔和色调的绣线，而褐色绣布更适合深色的绣线。

这里的样例显示，相同的绣线和针法绣出来的郁金香，在白色绣布上没有褐色绣布上好看。色彩的选择在直线绣（此处使用了哥白林填充绣）作品中比在斜纹针法（例如大陆斜向平行绣）作品中显得更重要。

开始前的准备 GETTING STARTED

在买来的印花十字布上刺绣之前，即使你想把绣布固定到绣架上，也需要先把绣布边缘用遮蔽胶带包起来。如果按照图样刺绣，你还要先把绣布裁剪成合适的尺寸。

绒绣

准备绣布

如果你按照图样或者自己的设计绣制，还需要几个预备步骤。记录绣布的尺寸并放在手边，因为你需要根据它给最后的成品定型（见284页）。如果已经在绣布上绘制好设计图，那你就可以像处理买来的印花十字布那样，滚边后开始绣制。

做好标记然后裁剪绣布

1 先确认图样两个方向上的格子所代表绣布织线的数量，然后用可消记号笔在绣布上画出标记，让织线数量符合要求。

2 要想让尺寸正确，要把图样中的格子或织线根据绣布密度划分区域。例如，在10支绣布上刺绣有120个格子的图案，要把120被10除，画出30cm×30cm（12英寸×12英寸）的区域。（使用英寸会更精确，因为绣布是以英寸为单位的。）

3 标记区域之外的四边都要留出至少5cm（2英寸）的边缘。例如对于30cm×30cm的刺绣区域，需要的绣布至少为40cm×40cm。

4 有些图样是在中心用小十字或者箭头作为标记的。这时你可以在绣布上用可消记号笔或者疏缝标记出交叉线。

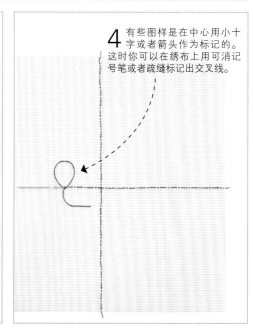

滚边

不管是在印好图的绣布上绣还是在空白绣布上绣，都要用遮蔽胶带或者织带滚边。当作品完成后包好的边会被剪掉。

剪下一条比绣布一边略长一点的遮蔽胶带。绣布放在平整的台面上，上面用胶带轻轻贴好，胶带留出一半宽度。将胶带折叠到绣布的另一面，压平固定，把末端修剪掉。其他几边同样处理。

把绣布固定到绣架上

要有选择地使用绣架。小件绣品或者某些刺绣方法不会弄皱绣布，直接用手拿着绣就可以了。但是，使用绣架会让针迹平整均匀。

使用工艺撑架

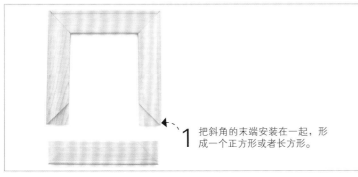

1 把斜角的末端安装在一起，形成一个正方形或者长方形。

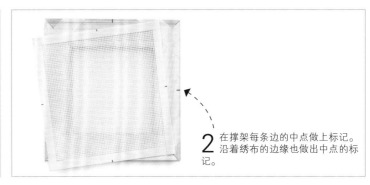

2 在撑架每条边的中点做上标记。沿着绣布的边缘也做出中点的标记。

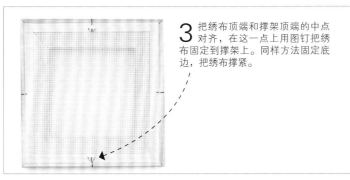

3 把绣布顶端和撑架顶端的中点对齐，在这一点上用图钉把绣布固定到撑架上。同样方法固定底边，把绣布撑紧。

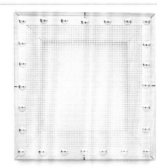

4 依此固定邻边。从中心向四周拉紧绣布，沿边每隔2cm用一枚图钉固定。

使用滚轴绣架

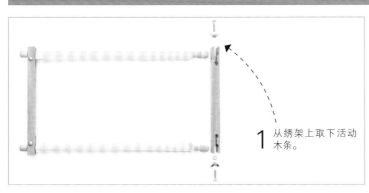

1 从绣架上取下活动木条。

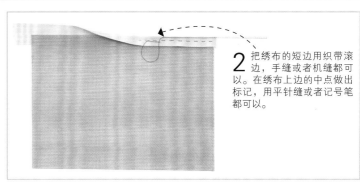

2 把绣布的短边用织带滚边，手缝或者机缝都可以。在绣布上边的中点做出标记，用平针缝或者记号笔都可以。

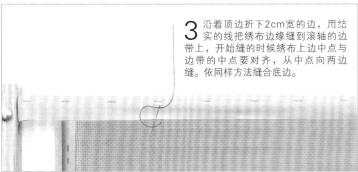

3 沿着顶边折下2cm宽的边，用结实的线把绣布边缘缝到滚轴的边带上，开始缝的时候绣布上边中点与边带的中点要对齐，从中点向两边缝。依同样方法缝合底边。

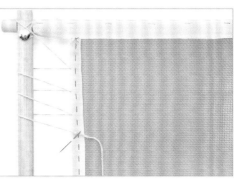

4 把活动木条安装到绣架滚轴上，固定好，把绣布拉紧。剪一段长线，一端固定在绣架角上。让线绕过木条再穿过绣布滚边，把绣布固定到木条上。剪断线，照样固定另一侧边。

开始刺绣

准备好图样、绣线和绣布，现在只要穿针引线（见下面提示）就可以开始刺绣了。这里介绍了几种把粗线或者多股绣线穿到绣针上的方法。

提示

● 横向还是纵向？依个人喜好选择刺绣的方向，横向移动、纵向移动均可。纵向刺绣可以有效避免绣布被拉伸变形。如果使用带支架的绣架，可以把一只手放绣布上面，另一只手在下面。这样会减少手对绣品的触碰，保持绣品干净整洁。

● 均匀地刺绣，多练习练习，以免把针迹拉得过紧。

● 如果可能的话，持针从上向下，而不是从下向

上，穿过已有针迹的孔，从之前针迹的孔洞处入针，这样会使刺绣区域更整洁。

● 把多股丝棉线穿入针眼时，用舌头和上牙把线捋齐，然后用拇指和食指捏住。穿针器会很有帮助。

● 不要使用太长的绣线。对于双股羊毛线或挂毯线，45cm是推荐的最大长度。波斯线可以稍微长些，因为它们比较结实。

● 260~283页的大部分针法说明和例图都是为右手刺绣者准备的。如果你惯用左手，可以将书颠倒去看针法方向，或用纵向刺绣法。

纸条穿针法

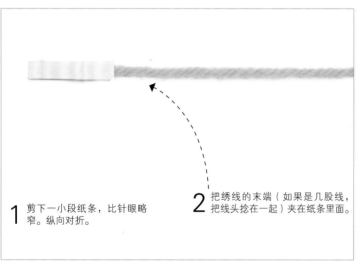

1 剪下一小段纸条，比针眼略窄。纵向对折。

2 把绣线的末端（如果是几股线，把线头捻在一起）夹在纸条里面。

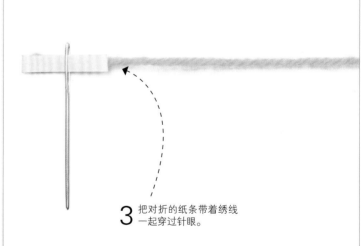

3 把对折的纸条带着绣线一起穿过针眼。

线圈穿针法

1 这个方法适用于单股线和多股线。把线头在针上绕圈，把线圈紧紧地捏在一起。

2 把针从线圈中滑出，然后把针眼压在线圈上面，当线圈从针眼中露出来时，拉着它穿过针眼。

开始和结束时的线尾处理

为了避免绒绣作品中出现难看的凸起和松散的线尾，你需要干净利落地处理好开始和结束时的线尾。将留的线尾固定在绣布的反面，以防止刺绣针迹散开。

在空白绣布上开始绣

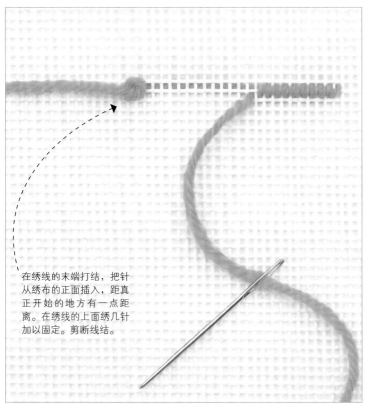

在绣线的末端打结，把针从绣布的正面插入，距真正开始的地方有一点距离。在绣线的上面绣几针加以固定。剪断线结。

结束时处理线尾

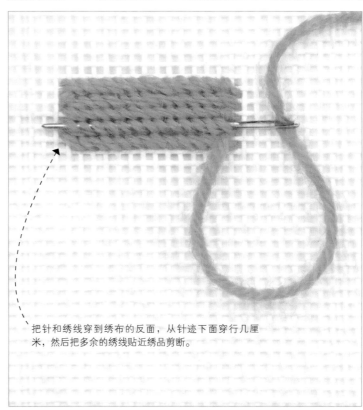

把针和绣线穿到绣布的反面，从针迹下面穿行几厘米，然后把多余的绣线贴近绣品剪断。

在塑料绣布上开始刺绣

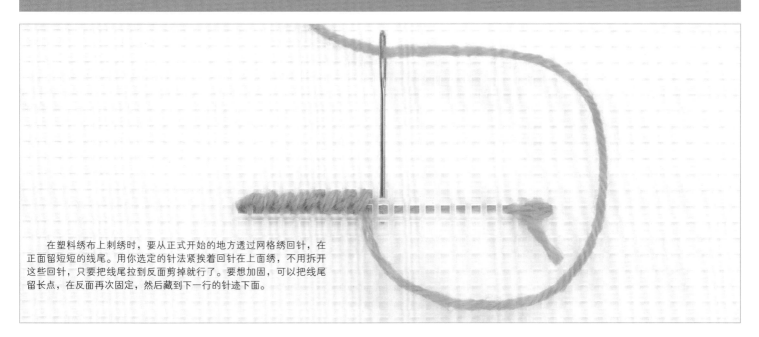

在塑料绣布上刺绣时，要从正式开始的地方透过网格绣回针，在正面留短短的线尾。用你选定的针法紧挨着回针在上面绣，不用拆开这些回针，只要把线尾拉到反面剪掉就行了。要想加固，可以把线尾留长点，在反面再次固定，然后藏到下一行的针迹下面。

绒绣针法图汇 STITCH GALLERY

下面几页是后面要讲解的绒绣针法的图片汇总。你可以在这些图片中快速找到最适合你的作品的针法。这些针法根据类型进行了分类，一眼就能看到同一类型的各种变化针法，其中既有简单的花样，也有复杂的，例如佛罗伦萨绣。

斜纹针法

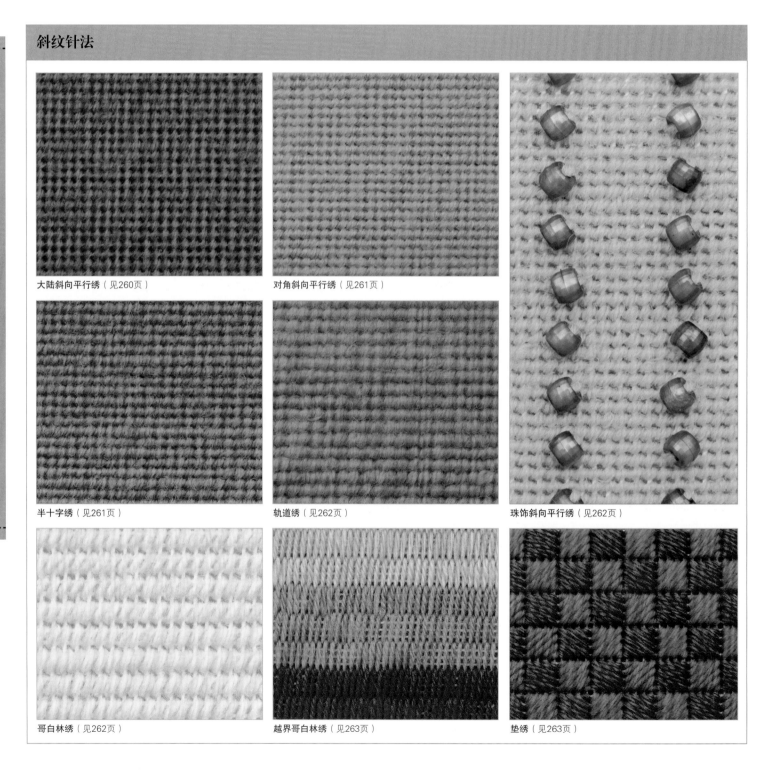

大陆斜向平行绣（见260页）

对角斜向平行绣（见261页）

半十字绣（见261页）

轨道绣（见262页）

珠饰斜向平行绣（见262页）

哥白林绣（见262页）

越界哥白林绣（见263页）

垫绣（见263页）

方格绣（见264页）

苏格兰绣（见264页）

马赛克绣（棋盘效果，见264页）

对角线绣（见264页）

摩尔绣（见265页）

拜占庭绣（见265页）

提花绣（见265页）

东方绣（见266页）

米兰绣（见265页）

茎绣（见266页）

十字对角垫绣（见266页）

直线绣

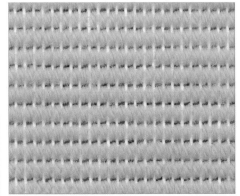

向上哥白林绣（见267页）

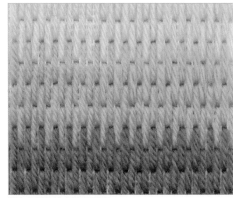

哥白林填充绣（见267页）

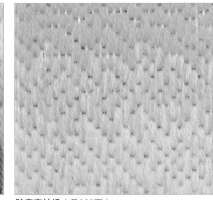

随意直针绣（见268页）

双斜纹绣（见268页）

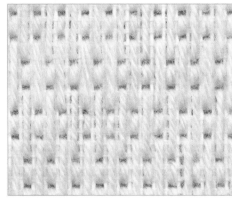

巴黎绣（见268页）

斜纹绣（见268页）

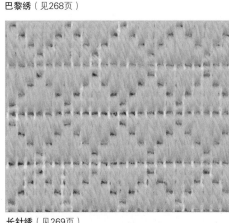

长针绣（见269页）

编织绣（见269页）

匈牙利钻石绣（见269页）

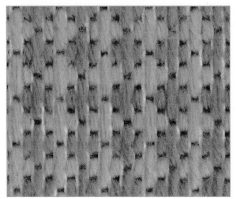

匈牙利绣（见269页）

十字绣

十字绣（见270页）

长方形十字绣（见271页）

对角线十字绣（见270页）

向上十字绣（见270页）

长臂十字绣（见271页）

交错十字绣（见272页）

双直线十字绣（见272页）

士麦那绣（见272页）

鱼骨绣（见273页）

结粒绣（见273页）

米粒绣（见273页）

绒
绣

圈绣

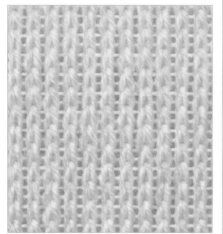

锁链绣（见274页）

堆绣（见274页）

星星绣

星星绣（见275页）

扇形绣（见275页）

钻石网眼绣（见276页）

叶形绣（见276页）

佛罗伦萨绣

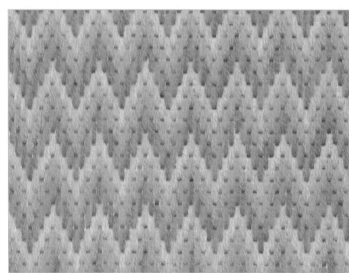

佛罗伦萨绣的基础绣（见277页）

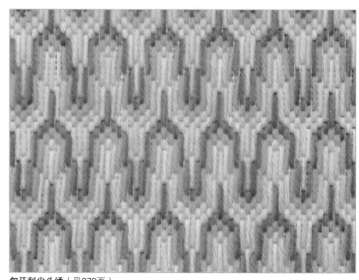

匈牙利尖头绣（见279页）

火焰绣（见283页）

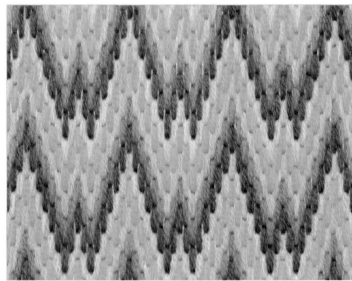

W形绣（见283页）

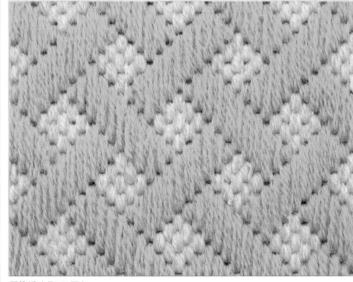

网格绣（见283页）

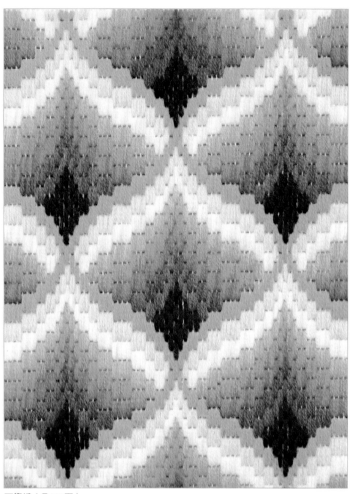

石榴绣（见282页）

波浪条纹绣（见283页）

绒绣针法 NEEDLEPOINT STITCHES

一个设计既可以用一种针法完成，也可以使用几种针法。图画式的设计通常全部使用斜向平行绣（又叫小点绣），而抽象的设计通常需要多种有纹理感的针法，以彰显设计感。不妨用这些针法试绣一下，找到它们的特点。

斜纹针法	所有这类针法都包含至少一种交叉线，或者网格，用来产生斜向的效果。刺绣时需要针迹略松，或者使用绣架以避免拉皱绣布。除非特别说明，单股十字布或者双股十字布都可以使用。

大陆斜向平行绣

这种针法能够把绣布全部盖住，整个绣品非常结实耐磨。但是，也容易将绣布拉皱，所以需要使用绣架或者在互联十字布上刺绣。

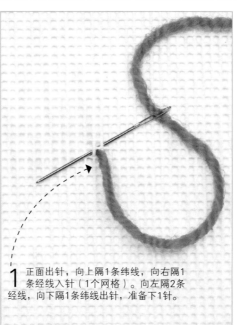

1 正面出针，向上隔1条纬线，向右隔1条经线入针（1个网格）。向左隔2条经线，向下隔1条纬线出针，准备下1针。

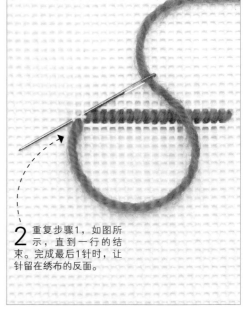

2 重复步骤1，如图所示，直到一行的结束。完成最后1针时，让针留在绣布的反面。

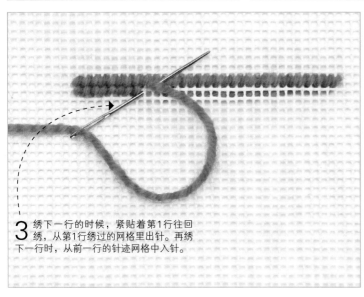

3 绣下一行的时候，紧贴着第1行往回绣，从第1行绣过的网格里出针。再绣下一行时，从前一行的针迹网格中入针。

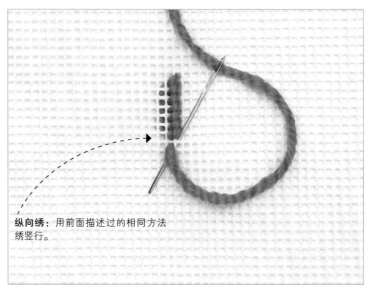

纵向绣：用前面描述过的相同方法绣竖行。

对角斜向平行绣

　　因为在反面能产生编织般的效果，又叫作织篮斜向平行绣。这种针法适合用一种颜色线在大块区域内刺绣。练习时，从右上角开始，如图所示。

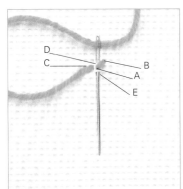

1 A点出针，越过1个网格B点入针。C点出针，越过1个网格D点入针。向下越过2条纬线E点出针，开始绣第3针。

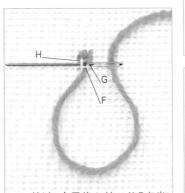

2 越过1个网格入针，从F点出针，完成第3针。G点入针，向左隔2条经线H点出针。

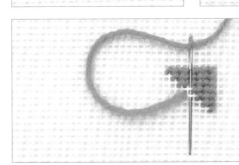

3 继续按这种方法绣斜行，填满空白。

斜向平行绣的斜线

　　斜向平行绣从右上角向左下角的斜线基本上全使用回针绣，每次越过1个网格入针，越过2个网格出针。如果用缝纫方法，可将绣布转90°，转变方向取决于你用左手还是右手绣制。

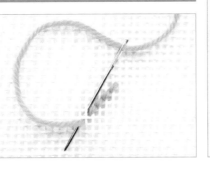

半十字绣

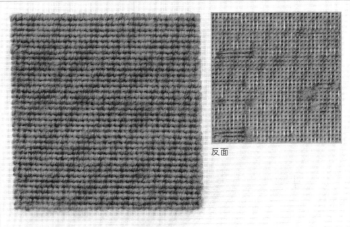

反面

　　这种针法从正面看跟大陆斜向平行绣或者对角斜向平行绣差不多，但是反面没有完全盖住绣布，因此形成的绣品没那么结实。互联十字布、双股十字布或者塑料十字布适合这种针法。

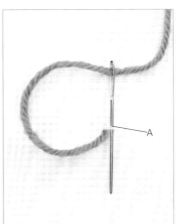

1 正面出针，越过1个网格入针（A点）。直接向下隔1条纬线（或双线）出针，准备绣下1针。

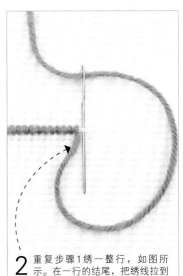

2 重复步骤1绣一整行，如图所示。在一行的结尾，把绣线拉到绣布反面。

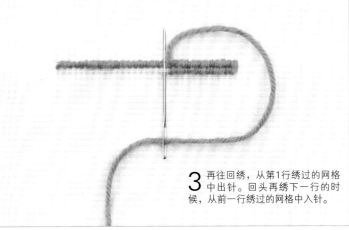

3 再往回绣，从第1行绣过的网格中出针。回头再绣下一行的时候，从前一行绣过的网格中入针。

绒
绣

轨道绣

这种技术是将长的水平针迹（轨道）平铺在绣布上，以此为基础在上面绣其他针迹，例如在双股十字布上绣半十字绣，或单股十字布上绣哥白林绣。

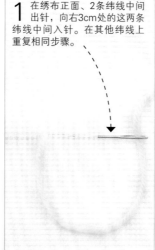

1 在绣布正面、2条纬线中间出针，向右3cm处的这两条纬线中间入针。在其他纬线上重复相同步骤。

2 如果需要增加宽度，在第1针结尾左侧紧挨着的第1条经线处出针，把竖线劈开。继续重复到需要的宽度。

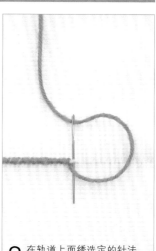

3 在轨道上面绣选定的针法，这里使用了半十字绣，为了看得清楚，用了撞色线。

珠饰斜向平行绣

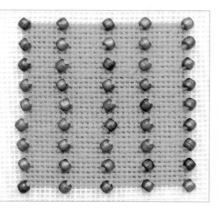

如果想增加特殊的效果，可以在斜向平行绣或者半十字绣上加入串珠。串珠的孔要够大，让针容易穿过。如果是立体珠绣，要选择跟针迹大小相同的串珠。

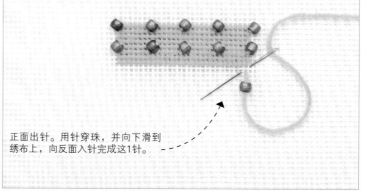

正面出针。用针穿珠，并向下滑到绣布上，向反面入针完成这1针。

哥白林绣

哥白林绣又叫倾斜哥白林绣，针法简单，适合作为背景。如果使用轨道，其水平脊状的效果会更突出。

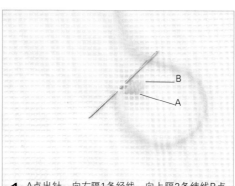

1 A点出针，向右隔1条经线、向上隔2条纬线B点入针。向左隔2条经线、向下隔2条纬线出针，准备绣下1针。继续这样绣到结尾。

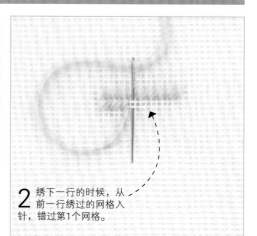

2 绣下一行的时候，从前一行绣过的网格入针，错过第1个网格。

越界哥白林绣

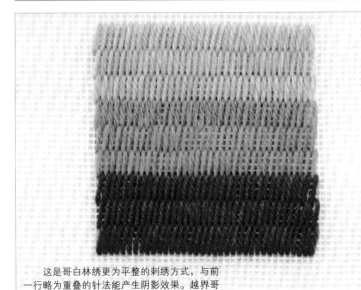

这是哥白林绣更为平整的刺绣方式，与前一行略为重叠的针法能产生阴影效果。越界哥白林绣对大块背景区域的快速填充是最有效的。只能在单股十字布上刺绣。

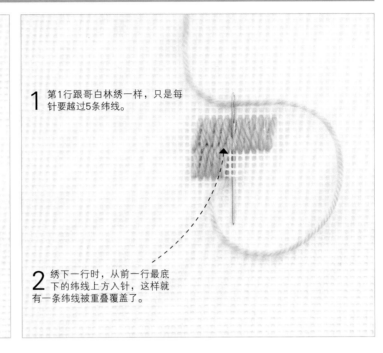

1 第1行跟哥白林绣一样，只是每针要越过5条纬线。

2 绣下一行时，从前一行最底下的纬线上方入针，这样就有一条纬线被重叠覆盖了。

垫绣

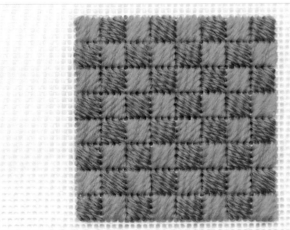

垫绣又叫方格针或者平针，由长度渐变的斜针形成方块再组合而成。相邻的方块针迹方向相反，形成了强烈的立体效果。

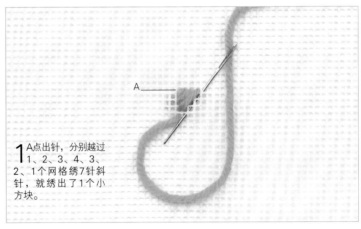

1 A点出针，分别越过1、2、3、4、3、2、1个网格绣7针斜针，就绣出了1个小方块。

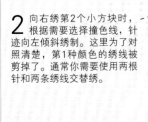

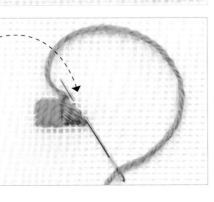

2 向右绣第2个小方块时，根据需要选择撞色线，针迹向左倾斜绣制。这里为了对照清楚，第1种颜色的绣线被剪掉了。通常你需要使用两根针和两条绣线交替绣。

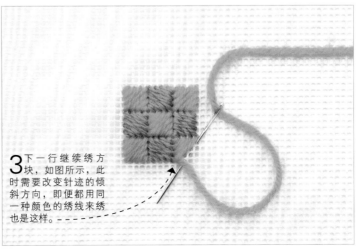

3 下一行继续绣方块，如图所示，此时需要改变针迹的倾斜方向，即便都用同一种颜色的绣线来绣也是这样。

绒绣

方格绣

这种针法适用于绣制大块区域，可以使用两种或者多种颜色来提升格纹效果，或者用1种颜色强调纹理的对比。

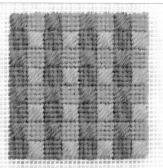

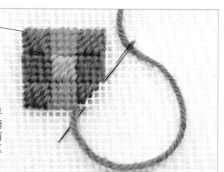

1 A点开始，分别越过1、2、3、4、3、2、1个网格绣7针斜针，绣出1个小方块。

2 下个小方块用大陆斜向平行绣或者对角斜向平行绣（见260、261页）绣4行。两种方块交替绣，填满要绣的区域。

苏格兰绣

这种针法产生网格效果，虽然也可以用一种颜色绣线绣制，但是如果用撞色线或者不同纹理的绣线会产生更为突出的效果。

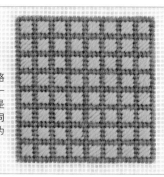

2 方块之间的空白处用大陆斜向平行绣（见260页）填满，针迹倾斜方向与方格内的针迹方向一致。

1 在纵、横3条织线上绣5针斜针形成1个小方块。再绣更多针迹方向相同的方格，方格之间留1条空白的绣布织线。

马赛克绣

使用两种颜色的绣线的马赛克绣会形成棋盘般的效果。如果只用1种颜色的绣线，图案则不明显。

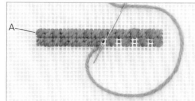

棋盘效果：第1种颜色的绣线A点出针，在纵、横2条织线上绣3针斜针的方块。留出2条经线，绣下个方块。用第2种颜色的绣线填充空白。

单色：从A点开始，一行行地绣。先绣一整行最上面的短针和稍长的针。下一行绣底部的短针填满空白。

对角线绣

该针法能形成非常突出的对角图案，常用撞色线绣条纹来加强效果。

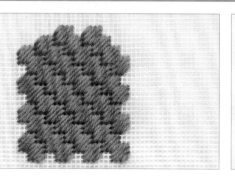

1 从左上角向右下角绣。从A点开始，分别越过2、3、4、3个网格绣斜针，按顺序重复。

2 绣下一行，如图所示，用长短不同的针迹搭配绣，4个网格与2个网格的针迹交替绣，依此类推。

摩尔绣

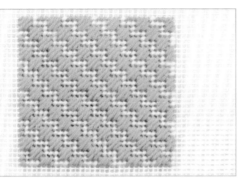

这是一种将互联网格组合起来的刺绣方式，以对角斜向平行针迹为基础。用撞色线能突出曲折的条形图案。

1 A点开始，分别越过1、2、3、2个网格绣4针斜针。按顺序重复到最后。

2 下一行在互联网格的边缘绣斜向平行针，根据需要使用撞色线。按顺序重复这两行，完成整个图案。

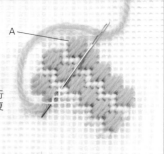

拜占庭绣

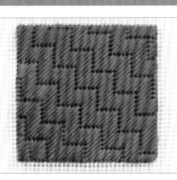

拜占庭绣用缎面纹理形成清晰的台阶图案，对填满大块区域很有用。

1 从A点开始，从右下角向左上角绣制。越过4条经线、4条纬线绣1针斜针，然后再向上重复绣5针。接着水平方向绣5针斜针，根据需要继续绣。

2 同样方法绣第2行，从前面行的下面进行填充。

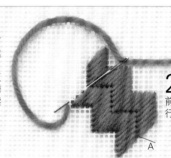

提花绣

使用撞色线或者粗、细绣线结合能够突出提花绣的台阶形状。

1 从右下角向左上角绣。越过2条经线和2条纬线绣斜针，每个台阶包含5针。

2 第2行绣斜向平行针，可以像图中这样用撞色线，也可以使用同色线。按顺序重复。

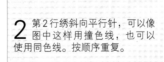

米兰绣

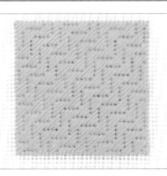

该针法由回针绣的互联三角组成，用作背景很棒。

1 从A点开始，分别越过1、2、3、4个网格绣成三角形。

2 绣回针行形成整个图案：第1行，分别越过2、1、2个网格绣；第2行，分别越过2、2、2个网格绣；第3行，分别越过2、3、2个网格绣；第4行，分别越过1、1、4、1、1个网格绣。继续这样构成整个图案。

东方绣

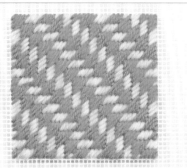

这是将米兰绣（见265页）等比例放大的绣法，适用于把背景填满。可以用一种颜色的绣线绣，如果用两种颜色，其结构性花纹会更抢眼。

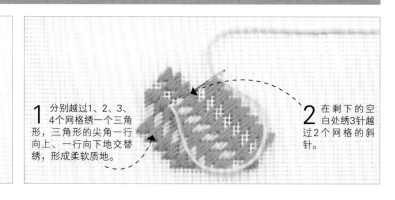

1 分别越过1、2、3、4个网格绣一个三角形，三角形的尖角一行向上、一行向下地交替绣，形成柔软质地。

2 在剩下的空白处3针越过2个网格的斜针。

茎绣

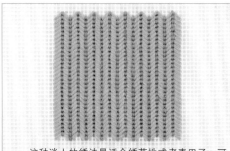

这种迷人的绣法最适合绣草地或者麦田了。可以全部只用茎绣，但如果在两列茎绣中间夹一列撞色线绣的回针绣，就会更加凸显纵向的花纹。

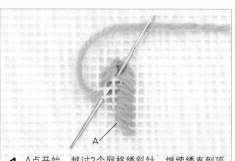

1 A点开始，越过2个网格绣斜针。继续绣直到顶部，然后沿着这些针迹以相反的方向绣下一列。在绣布上按列绣满。

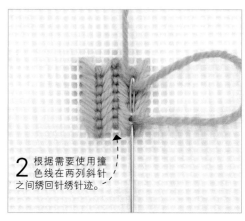

2 根据需要使用撞色线在两列斜针之间绣回针绣针迹。

十字对角垫绣

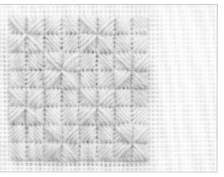

这是垫绣针法（见263页）的完美变化，将方块的一半用斜针覆盖住，斜针方向与方格针迹方向垂直。改变上层针迹的位置能创造出很多变化。

1 在纵、横4条织线上绣垫绣方块。绣到角处的最后1针时，从对角上边出针。

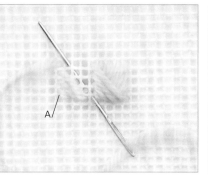

2 绣4针斜针盖住方块的一半。从左侧水平方向隔5条经线A点出针。绣下一个垫绣方块，方向跟上个方块的上层斜针方向一致。

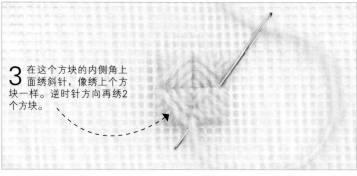

3 在这个方块的内侧角上面绣斜针，像绣上个方块一样。逆时针方向再绣2个方块。

绒绣

直线绣

这部分的所有针法都是用竖针或者横针构成的。多数针法都很容易，事实上，许多绒绣套装都是用长针的变化形式绣的，能够很快绣满整个绣布。但是，你要避免使用过长的针迹，因为绣品遇到摩擦的时候，长针很容易被钩到。这部分针法最适合在单股十字布上绣制。

向上哥白林绣

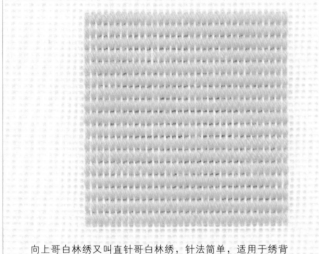

向上哥白林绣又叫直针哥白林绣，针法简单，适用于绣背景。如果在两条水平线上绣，能产生脊状效果。如果在轨道（见262页）上面绣，效果会进一步得到加强。如果想要更光滑平整的外观，可以越过3条或者4条织线绣制。

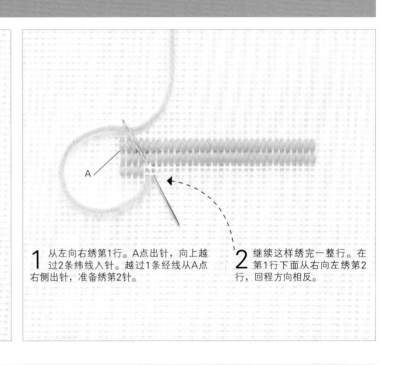

1 从左向右绣第1行。A点出针，向上越过2条纬线入针。越过1条经线从A点右侧出针，准备绣第2针。

2 继续这样绣完一整行。在第1行下面从右向左绣第2行，回程方向相反。

哥白林填充绣

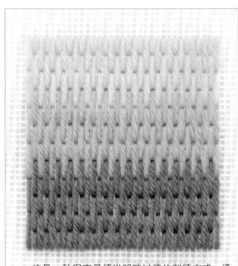

这是一种很容易绣出明暗过渡的刺绣方式。通常越过6条纬线绣，也可以越过4条绣，方法相同，但会让绣布更加结实。

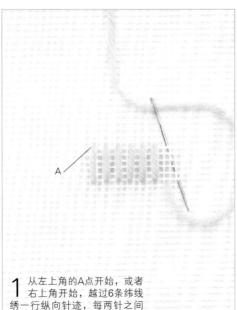

1 从左上角的A点开始，或者右上角开始，越过6条纬线绣一行纵向针迹，每两针之间留出2条经线。

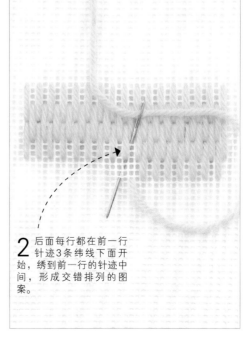

2 后面每行都在前一行针迹3条纬线下面开始，绣到前一行的针迹中间，形成交错排列的图案。

绒
绣

随意直针绣

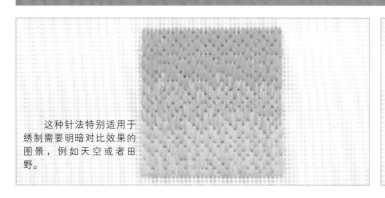

这种针法特别适用于绣制需要明暗对比效果的图景，例如天空或者田野。

向后再向前绣几行针迹，分别越过2、3、4条纬线改变针迹长度绣制。从上面绣过的针迹中入针。不要越过同一条纬线绣两条相邻的针迹。

巴黎绣

这种绣法适用于背景填充和制造阴影效果。

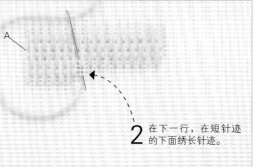

1 A点出针，向上隔6条纬线入针。向下隔4条纬线向右隔1条经线出针。向上隔2条纬线入针。重复长短针迹直到一行结束。

2 在下一行，在短针迹的下面绣长针迹。

斜纹绣

这是一种简单快捷的针法，适合绣光滑平整的背景。有强烈的斜纹效果，跟斜纹布的织纹相似。

1 A点出针，向上越过3条纬线入针。第1针下面隔1条纬线、向右隔1条经线出针。继续这样绣。

2 后面每一行都是从左向右绣。

双斜纹绣

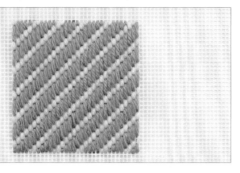

这种针法中，在每两行长针的斜纹中夹1行短针斜纹，更加突出了斜纹效果。如果用撞色线绣短针斜纹，效果更好。

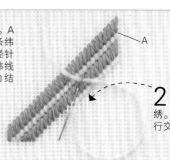

1 从右上角向左下角绣。A点开始，向上越过4条纬线绣竖针。每次绣下1针竖针时都从前1针下面隔1条纬线出针。继续绣到一行的结束。

2 短针斜纹行越过2条纬线绣。长针行和短针行交替绣。

长针绣

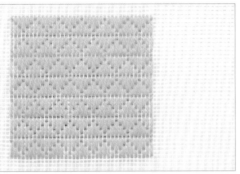

该针法会产生互联三角形，如果使用高档绣线，例如多股丝棉线，其效果更加迷人。

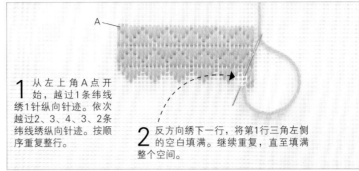

1 从左上角A点开始，越过1条纬线绣1针纵向针迹。依次越过2、3、4、3、2条纬线绣纵向针迹。按顺序重复整行。

2 反方向绣下一行，将第1行三角左侧的空白填满。继续重复，直至填满整个空间。

匈牙利钻石绣

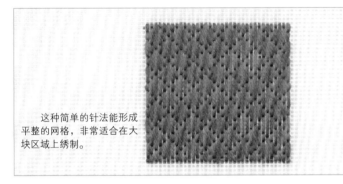

这种简单的针法能形成平整的网格，非常适合在大块区域上绣制。

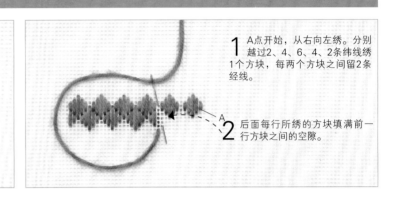

1 A点开始，从右向左绣。分别越过2、4、6、4、2条纬线绣1个方块，每两个方块之间留2条经线。

2 后面每行所绣的方块填满前一行方块之间的空隙。

匈牙利绣

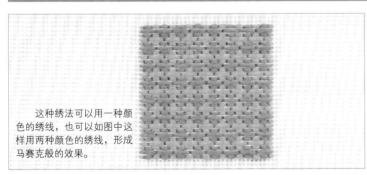

这种绣法可以用一种颜色的绣线，也可以如图中这样用两种颜色的绣线，形成马赛克般的效果。

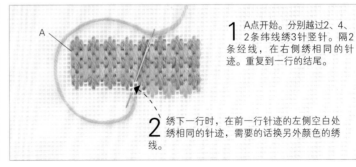

1 A点开始。分别越过2、4、2条纬线绣3针竖针。隔2条经线，在右侧绣相同的针迹。重复到一行的结尾。

2 绣下一行时，在前一行针迹的左侧空白处绣相同的针迹，需要的话换另外颜色的绣线。

编织绣

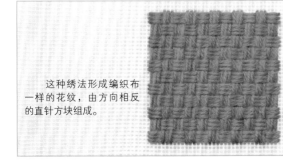

这种绣法形成编织布一样的花纹，由方向相反的直针方块组成。

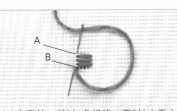

1 A点开始，越过4条经线，用3针水平方向的直针绣出1方块。B点出针，向上越过4条纬线，在A点上方入针。再绣2针竖针。

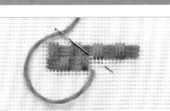

2 继续越过4条经线绣3针的方块，每绣一个新方块改变一次方向。每个方块的外侧针迹与相邻方块针迹的末端重叠。

十字绣	十字绣是一条针迹与另一条针迹十字交叉而形成的，被广泛用于绒绣中，能够创作出非常有趣的图案。有时候，有些绣布区域会裸露在外，选择粗点的绣线就能避免这种情况的发生。

十字绣

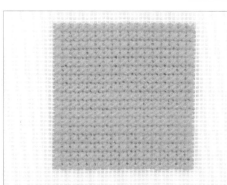

十字绣是绒绣中最常用到的刺绣针法，绣好后的作品非常结实。可以单独绣完每一个十字绣，也可以如图所示，每行都分两步绣。

单股十字布上绣十字绣： A点出针，向左上角越过2个网格入针。向下隔2条纬线出针。从右向左绣。一行结束时，往回向相反方向，即从左下角向右上角绣，与之前的针迹呈十字交叉。

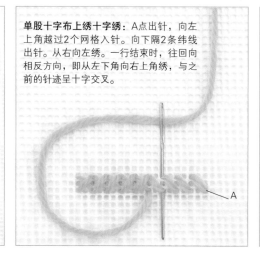

在双股十字布上绣十字绣： 跟在单股十字布上刺绣一样，但是每一针都是越过1个（双线）网格，而不是2个。应该使用相对比较精致的绣线，这里用了波斯羊毛线，在7支双股十字布上刺绣。

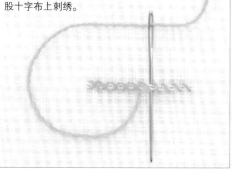

向上十字绣

虽然针迹很小，但是这种针法既好看又实用。它所形成的结粒状图案用来表现较粗的纹理再理想不过了。

1 从A点开始。向上越过2条纬线绣第1针。越过2条经线绣回针与第1针十字交叉。重复到一行结束。

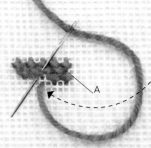

2 下面每行与前一行方向相反，针迹位于前一行两针的中间。

对角线十字绣

这是将向上十字绣用斜线隔开的一种针法。在单股十字布上绣制。

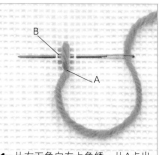

1 从右下角向左上角绣。从A点出针，向上隔4条纬线入针。再次从A点出针，向左上方隔2个网格入针，向左隔4条经线于B点出针。

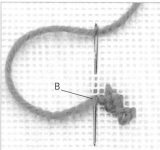

2 绣水平方向的直针，B点出针完成第1针十字和第1针斜针。向上越过4条纬线入针，再次从下一个B点出针。

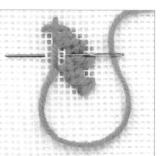

3 继续这样绣向上十字绣和斜针，完成整行。在前一行的下面绣第2行。注意所有的水平针迹都位于纵向针迹的上层。

长方形十字绣

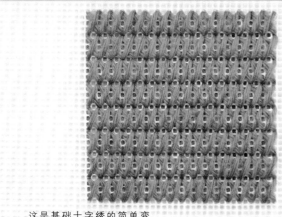

这是基础十字绣的简单变化，拥有脊状外观，适合用作饰边。在单股十字布上绣制。

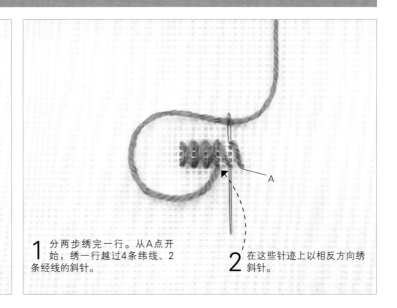

1 分两步绣完一行。从A点开始，绣一行越过4条纬线、2条经线的斜针。

2 在这些针迹上以相反方向绣斜针。

长臂十字绣

这种针法能产生非常漂亮的麻花图案。既可以只绣几行作为饰边，也可以绣大片区域作为背景。在单股十字布上绣制。

1 每一行都是从左向右绣。A点出针，向右隔6条经线、向上隔3条纬线入针，向下隔3条纬线出针。

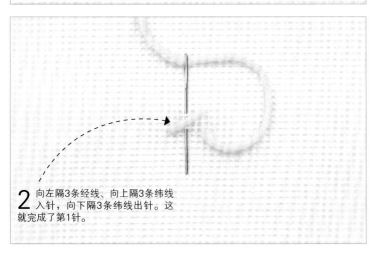

2 向左隔3条经线、向上隔3条纬线入针，向下隔3条纬线出针。这就完成了第1针。

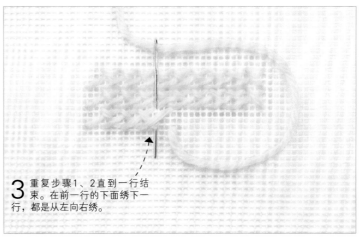

3 重复步骤1、2直到一行结束。在前一行的下面绣下一行，都是从左向右绣。

绒
绣

交错十字绣

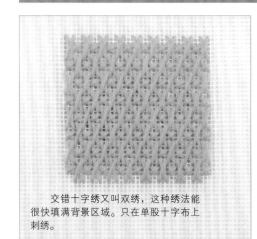

交错十字绣又叫双绣，这种绣法能很快填满背景区域。只在单股十字布上刺绣。

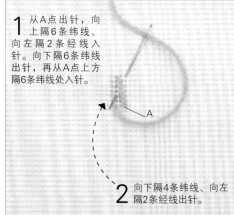

1 从A点出针，向上隔6条纬线、向左隔2条经线入针。向下隔6条纬线出针，再从A点上方隔6条纬线处入针。

2 向下隔4条纬线、向左隔2条经线出针。

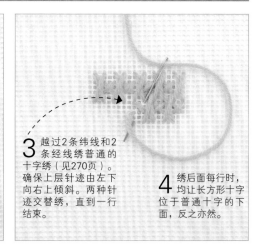

3 越过2条纬线和2条经线绣普通的十字绣（见270页）。确保上层针迹由左下向右上倾斜。两种针迹交替绣，直到一行结束。

4 绣后面每行时，均让长方形十字位于普通十字的下面，反之亦然。

双直线十字绣

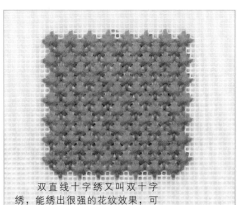

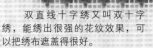

双直线十字绣又叫双十字绣，能绣出很强的花纹效果，可以把绣布遮盖得很好。

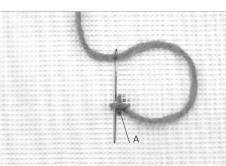

1 从A点开始。越过4条纬线、4条经线绣上下方向的十字。从十字中心向下向右越过1个网格出针，在4条织线上绣普通十字绣（见270页）。

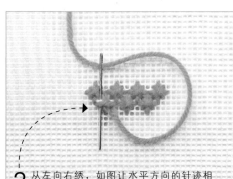

2 从左向右绣，如图让水平方向的针迹相连。绣下一行的时候，从右向左绣，在前一行两十字之间填充绣制。

士麦那绣

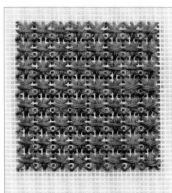

士麦那绣又叫怪兽绣，是双直线十字绣的颠倒针法，不过它形成的是方格图案，而不是钻石形花纹。

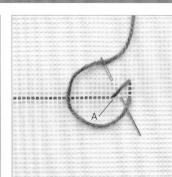

1 从A点开始。越过4条纬线、4条经线绣十字，上层针迹要从右下角向左上角绣。如图，从下边界的中点出针。

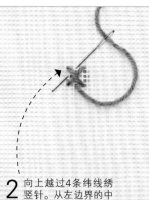

2 向上越过4条纬线绣竖针。从左边界的中点出针。

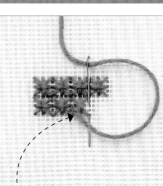

3 从右边界的中点入针，完成一个双十字针迹。右下角出针，准备绣第2个双十字。在前一行的下面从左到右再绣更多行。

鱼骨绣

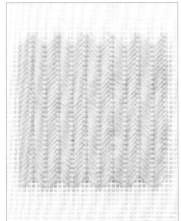

这种针法绣出的是鲜明的纵向波浪纹。纵向按列绣制，一列向上，一列向下。只在单股十字布上绣。

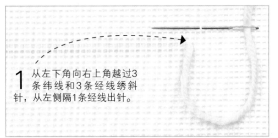

1 从左下角向右上角越过3条纬线和3条经线绣斜针，从左侧隔1条经线出针。

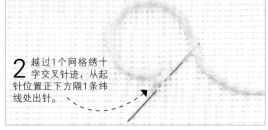

2 越过1个网格绣十字交叉针迹，从起针位置正下方隔1条纬线处出针。

3 重复步骤1，从前1针长针的右侧出针。用短针与长针交叉，跟步骤2一样。

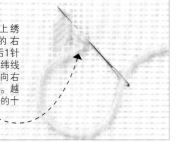

4 下一列从下往上绣（在前一列的右边）。在前一列最后1针短针末端上面隔1条纬线的地方出针，然后向右下方隔3条经线入针。越过1个网格绣该针迹的十字交叉短针。

结粒绣

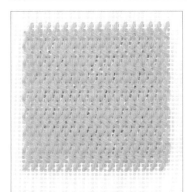

结粒绣最适合用作背景，能迅速轻易地填充大块区域，形成漂亮的麻花效果。

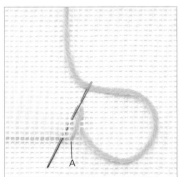

1 从A点出针，向上隔6条纬线、向右隔2条经线入针。向下隔4条纬线出针，然后向左上方隔2个网格入针。从A点左侧隔2条经线出针。

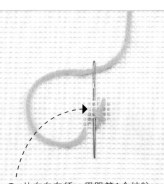

2 从右向左绣，用跟第1个结粒一样的方法绣下一个结粒。

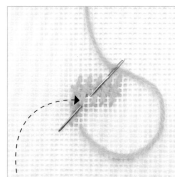

3 绣下一行的时候，从左向右绣，填充前一行针迹之间的空白，然后从左上角向右下角绣斜针，形成十字交叉针迹。

米粒绣

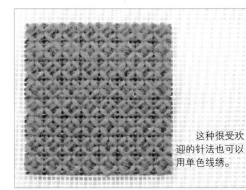

这种很受欢迎的针法也可以用单色线绣。

1 越过4条经线、4条纬线绣十字绣（见270页）。

2 用配色线或者撞色线，从A点开始，越过2个网格绣1针斜针，与十字的右上臂交叉，从十字上边界中点出针。

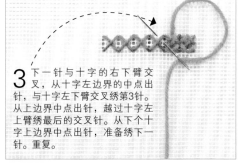

3 下一针与十字的右下臂交叉，从十字左边界的中点出针，与十字左下臂交叉绣第3针。从上边界中点出针，越过十字上臂绣最后的交叉针。从下十字上边界中点出针，准备绣下一针。重复。

圈绣

有些绒绣需要在绣布上面形成线圈。这里有两种针法是最常用的。堆绣需要在互联十字或者双股十字布上刺绣，而且要在绣架上绣。还有一些可以在双股十字布或者单股十字布上刺绣。

锁链绣

形成的花纹很平整，很像棒针的下针编织，很适合用作背景填充。按列向下绣制。

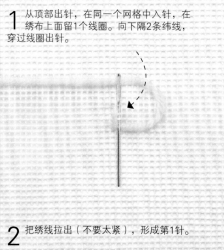

1 从顶部出针，在同一个网格中入针，在绣布上面留1个线圈。向下隔2条纬线，穿过线圈出针。

2 把绣线拉出（不要太紧），形成第1针。

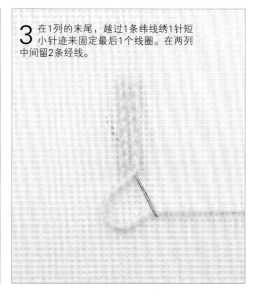

3 在1列的末尾，越过1条纬线绣1针短小针迹来固定最后1个线圈。在两列中间留2条经线。

堆绣

在绣布上形成一系列线圈，可以像图中这样留着不剪，也可以剪开产生毛茸茸的效果。

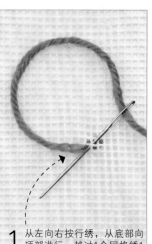

1 从左向右按行绣，从底部向顶部进行。越过1个网格绣1针斜针，从起始点出针。

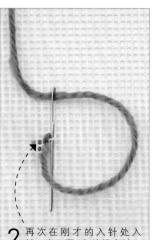

2 再次在刚才的入针处入针，向下隔1条纬线出针，在绣布上面留1个线圈，放在针上面。

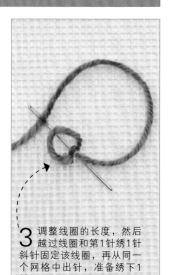

3 调整线圈的长度，然后越过线圈和第1针绣1针斜针固定该线圈，再从同一个网格中出针，准备绣下1针。

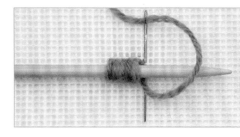

4 要确保每个线圈的长度一致，可以把棒针从左向右穿进去，每次挨着棒针留线圈；然后把棒针后退一点以便完成这一针。

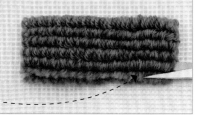

5 紧挨着前一行上面那条织线绣下一行。当所有针迹都绣完以后，如果需要，可以用小剪刀小心地把线圈剪开。

星星绣

这部分的针法都是由从一个或者多个点向四周放射的独立针迹组成的，这些点可以位于针迹的中心，也可以位于针迹的边上。除非特别说明，这些针法均可以在单股或者双股十字布上刺绣。

星星绣

星星绣又叫阿尔及利亚眼绣，简单但是很漂亮。星星绣包含8针，从中心向四周放射。用相对比较粗的绣线绣能盖住绣布。只在单股十字布上刺绣。

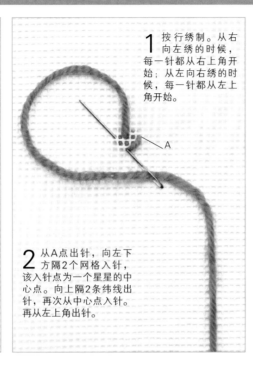

1 按行绣制。从右向左绣的时候，每一针都从右上角开始；从左向右绣的时候，每一针都从左上角开始。

2 从A点出针，向左下方隔2个网格入针，该针点为一个星星的中心点。向上隔2条纬线出针，再次从中心点入针。再从左上角出针。

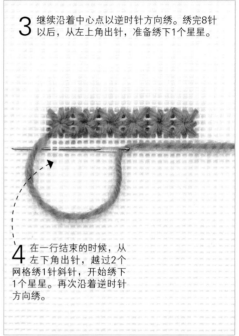

3 继续沿着中心点以逆时针方向绣。绣完8针以后，从左上角出针，准备绣下1个星星。

4 在一行结束的时候，从左下角出针，越过2个网格绣1针斜针，开始绣下1个星星。再次沿着逆时针方向绣。

扇形绣

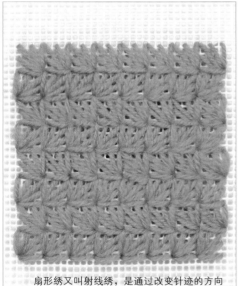

扇形绣又叫射线绣，是通过改变针迹的方向而绣成的。如果希望针迹密集一点，则可以将5针变为9针。

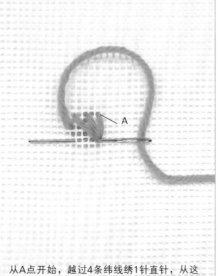

1 从A点开始，越过4条纬线绣1针直针，从这个点开始向不同方向再绣4针直针，形成1个扇子。注意，每两针在外部边缘之间有空隙（2条织线）；如果要绣9针，那么相互之间就没有空隙。

2 绣下个扇子的时候，从第1个扇子的左上角出针，紧挨着在左边绣，这样重复绣扇子，直到一行结束。

3 绣下1行的时候，跟之前绣法一样，但是每个扇子的针迹都指向右边。

绒绣

钻石网眼绣

1 从一个钻石的中心向左隔4条经线的A点出针,在中心B点入针。向上隔1条纬线、向左隔3条经线出针,再次B点入针。向上隔2条纬线、向左隔2条经线出针。

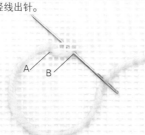

2 继续沿着中心绣,形成钻石形。

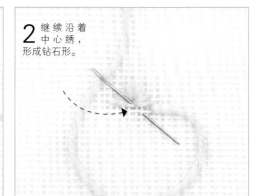

3 绣完16针以后,仍从A点(即第1针出针处)出针。接着向左隔4条经线入针,此点就是下一个钻石的中心,照样绣16针。

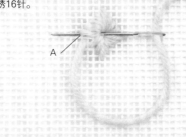

4 下一行从左向右绣,插入前一行的针迹中。如果需要,在边缘网格中做回针绣,勾勒清晰的轮廓。

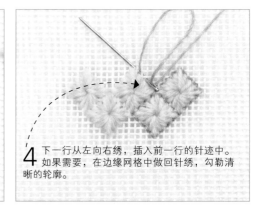

这种针法非常具有装饰性,图案比较大,既可以绣成单个也可以绣成背景。因为要在一个网格里面绣16针,你可以用刺绣专用剪刀把网格撑大,也可以用相对比较细的绣线绣,例如柔软的刺绣棉线。如果需要将网格撑大以满足绣线需要,你应该使用互联十字布或者双股十字布。

叶形绣

叶形绣是绣制大面积树叶时最适合的针法。用光滑的绣线更能显示花纹。

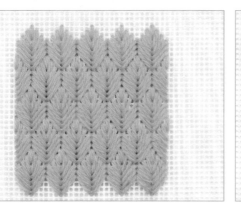

1 从顶到底按行绣,交替改变方向。从叶子的底部A点开始,向左上方越过4条纬线、3条经线绣斜针。在这针上面再绣2针。

2 绣第4针时,只越过2条经线。从中间出针。

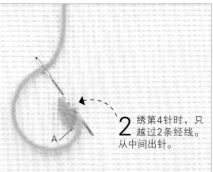

3 绣第5针时,向上越过4条纬线、向左越过1条经线绣。顶部那一针,跳过2条纬线,从中心线向上越过3条纬线绣直线。

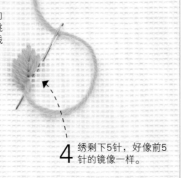

4 绣剩下5针,好像前5针的镜像一样。

5 以第1个叶子为基准,向右边(或左边)数6条经线开始绣下一个叶子。

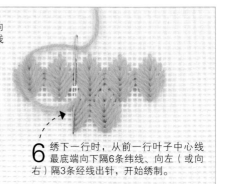

6 绣下一行时,从前一行叶子中心线最底端向下隔6条纬线、向左(或向右)隔3条经线出针,开始绣制。

佛罗伦萨绣 FLORENTINE WORK

　　这种绒绣的风格与众不同，是根据在16、17世纪发展起来的意大利城市佛罗伦萨命名的。因佛罗伦萨博物馆Bargello故又名Bargello绣（即锯齿绣）。今天，佛罗伦萨绣因其令人愉快的刺绣方式而依然受到大家的喜爱。

<table>
<tr><td>

佛罗伦萨绣的基础绣

</td><td>

　　佛罗伦萨绣使用的是单股十字布。用双股羊毛线最容易获得光滑的刺绣效果，就像下面图片所显示的那样。使用挂毯线（见本页底部）和波斯线也可以得到很好的效果。

</td></tr>
</table>

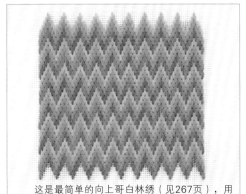

这是最简单的向上哥白林绣（见267页），用台阶形图案绣成。每一针的长度都相同，每一针都可以跨越3条、4条或者更多织线绣。

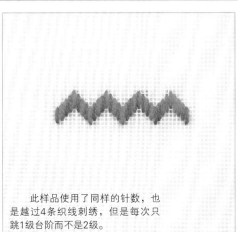

此样品使用了同样的针数，也是越过4条织线刺绣，但是每次只跳1级台阶而不是2级。

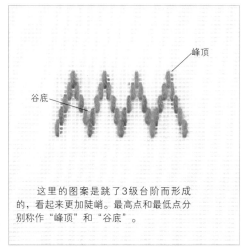

这里的图案是跳了3级台阶而形成的，看起来更加陡峭。最高点和最低点分别称作"峰顶"和"谷底"。

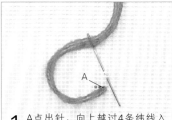

1　A点出针，向上越过4条纬线入针，向右隔1条经线、向下隔2条纬线出针。

2　再绣4针。完成第5针（峰顶那针）的时候，向下隔2条纬线、向右隔1条经线出针。

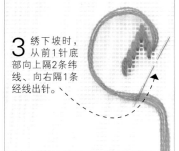

3　绣下坡时，从前1针底部向上隔2条纬线、向右隔1条经线出针。

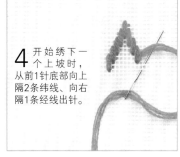

4　开始绣下一个上坡时，从前1针底部向上隔2条纬线、向右隔1条经线出针。

另一种方法

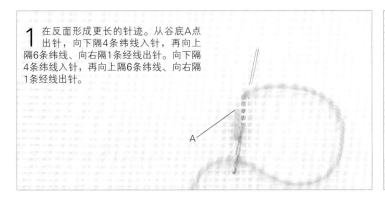

1　在反面形成更长的针迹。从谷底A点出针，向下隔4条纬线入针，再向上隔6条纬线、向右隔1条经线出针。向下隔4条纬线入针，再向上隔6条纬线、向右隔1条经线出针。

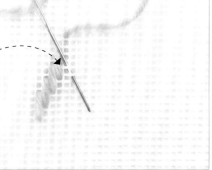

2　继续绣直到峰顶。接着向下隔2条纬线、向右隔1条经线出针，准备绣下坡。继续同样方法绣完下坡，每次都在针迹的底部出针，在顶部入针。

佛罗伦萨绣的针法变化

实际上，只要改变佛罗伦萨绣针法的大小和出入针位置，就能产生无穷的变化。这里只举出几个例子。

起伏的波浪

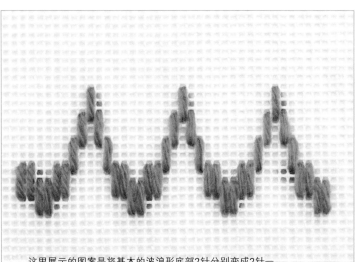

这里展示的图案是将基本的波浪形底部2针分别变成2针一组，顶部3针分别变成相隔1条织线的台阶，形成陡峭的尖峰，从而将波浪加宽并略微增大起伏。所有针迹的长度都相同，都是跨越4条纬线。

峡谷和尖峰

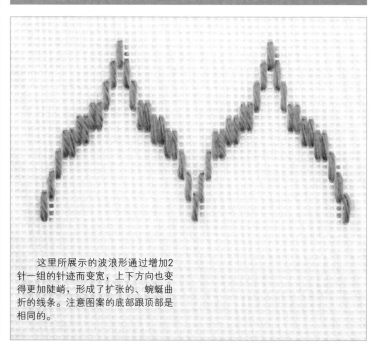

这里所展示的波浪形通过增加2针一组的针迹而变宽，上下方向也变得更加陡峭，形成了扩张的、蜿蜒曲折的线条。注意图案的底部跟顶部是相同的。

加宽的峡谷和尖峰

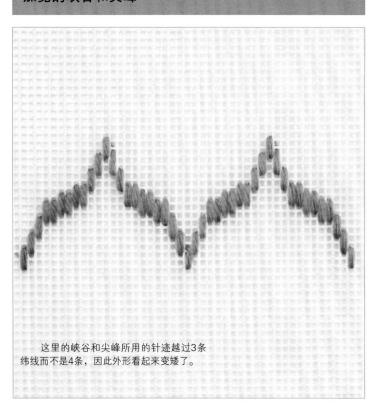

这里的峡谷和尖峰所用的针迹越过3条纬线而不是4条，因此外形看起来变矮了。

贝壳形

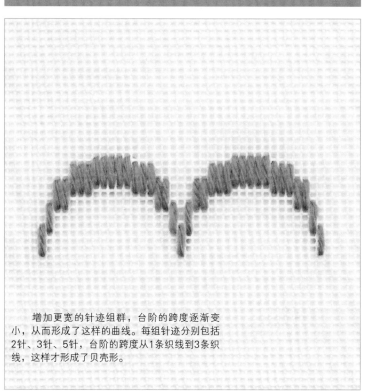

增加更宽的针迹组群，台阶的跨度逐渐变小，从而形成了这样的曲线。每组针迹分别包括2针、3针、5针，台阶的跨度从1条织线到3条织线，这样才形成了贝壳形。

图案单元

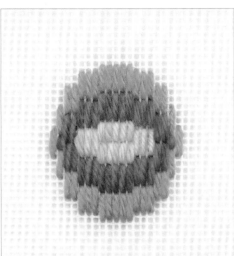

有些佛罗伦萨图案由图案单元构成，而不仅仅是线条。图案单元可以由线条及其镜像图案构成。例如，贝壳形和与它方向相反的贝壳形组成一个椭圆形，在这个图案内部填充逐渐缩短的针迹直至在图案中心闭合。

补充图案

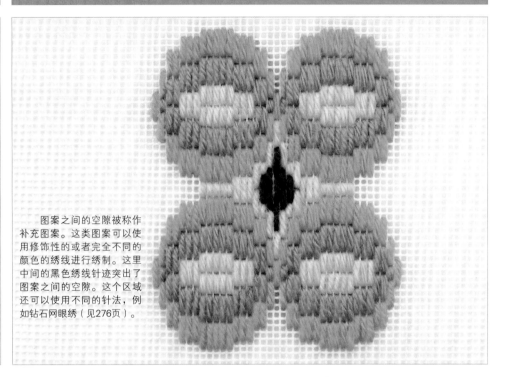

图案之间的空隙被称作补充图案。这类图案可以使用修饰性的或者完全不同的颜色的绣线进行绣制。这里中间的黑色绣线针迹突出了图案之间的空隙。这个区域还可以使用不同的针法，例如钻石网眼绣（见276页）。

匈牙利尖头绣

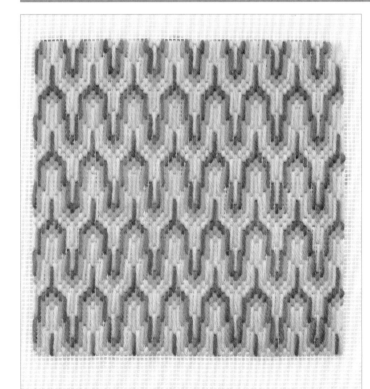

这种佛罗伦萨绣的变化针法拥有精巧的图案，长针中包含着短针。最适合用四种色调相近的绣线绣制。

1 从右向左绣。先用最深色的绣线建立基本的线条。A点出针，向下隔6条纬线入针，向左隔1条经线绣1针向下1级、越过2条纬线的台阶。重复小台阶。绣2条长针迹，每针与前1针形成1级台阶。

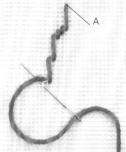

2 在底部绣1针越过2条纬线的针迹，如图所示。同样的顺序绣镜像图案。

3 直接在最深色的绣线的底部绣下一层，按2短、2长、2短的顺序绣。第3层按1短、2长、2短的顺序绣，然后在底部绣1长针。

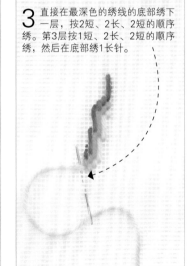

4 最后1层绣2长、2短、2长——最后1针形成图案的最底部。按顺序重复这四种颜色的绣线进行绣制就完成了整个图案。

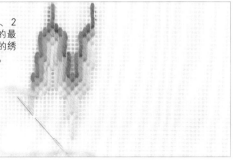

绒绣

佛罗伦萨风格作品的设计

如果你想要尝试设计绒绣作品但又毫无头绪，不妨从佛罗伦萨风格的绒绣作品开始。这种作品不需要任何绘画技能，也不需要寻找原材料。只需根据现成的图案适当改变色彩就可以了，就像下面图示的那样。你也许希望利用你最熟悉的色彩搭配原则，那可以先尝试色相环（见299页）。把你选定颜色的毛线各买一点，绣一两种样品看看效果吧。

变换颜色

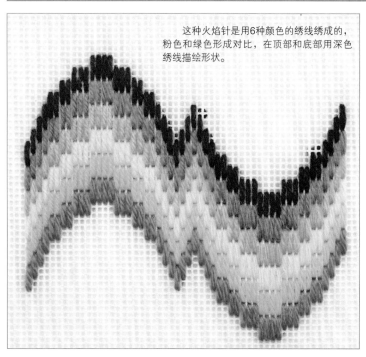

这种火焰针是用6种颜色的绣线绣成的，粉色和绿色形成对比，在顶部和底部用深色绣线描绘形状。

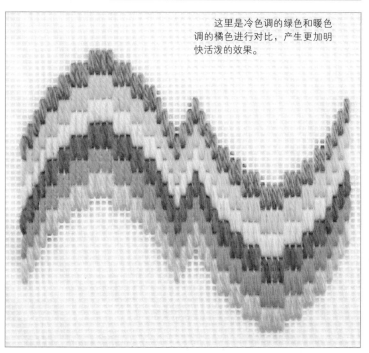

这里是冷色调的绿色和暖色调的橘色进行对比，产生更加明快活泼的效果。

暖色调搭配得相得益彰。图中的粉色和紫红色之间由暖暖的黄色过渡，再加上一条略显冷色调的丁香紫作为调和。

制作佛罗伦萨风格的作品

开始绣制一件佛罗伦萨风格的作品之前，有件重要的事情就是确定设计图的主线位置，所以要先花点时间确认。在绣布上标记出纵向中线；如果设计图是由图案单元组合而成的，还需要标记出横向中线。从中心开始向一边绣，然后再绣另一边。仔细对照针迹和设计图，确认完全无误以后，你会发现（多数设计图）其余行可以顺其自然往下绣了。

如果设计图由图案单元构成（例如282页上的石榴绣），你应该从图案单元的外部轮廓开始绣，然后绣图案内部。网格绣也是同样的方法，例如283页上的网格绣。

从草稿开始

要设计出你自己的佛罗伦萨绣，你需要一些大刻度的绘图纸，一把尺子，一支铅笔，一些色铅笔、纤维笔或者蜡笔，一个小的矩形镜子也很有用。

画出设计图的一行

1 在大刻度的绘图纸上标记出一行随意的针迹，确保它们的长度相同，每相邻针迹形成的台阶至少要能覆盖一条绣布织线。

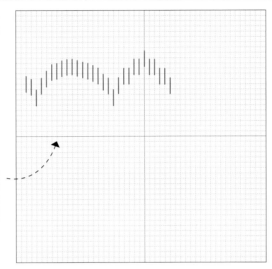

2 选择这一行的一部分以形成自己喜欢的图案。如果你有小镜子，沿着这行针迹移动，直到你看到镜子里的镜像也非常喜欢为止。沿着镜子的边缘画一条垂直线，然后按照镜像在垂直线的另一边也画线，这样就形成了重复的图案。

3 为你完整的设计图准备另外一张大的绘图纸，在上面画出纵向中线。靠近纸的顶部，在主要行上给针迹画图，从中心开始向外边画。用色铅笔、纤维笔或者蜡笔画出主要行下面的其他行的针迹，如果需要的话，画彩色图。如果你还想设计出图案单元式的佛罗伦萨绣（见279页），那就从设计图的一行开始，像步骤2一样，把镜子放在格子上转90°，找到自己喜欢的图案。

画出四角绣设计图

四角绣又叫万花筒或者佛罗伦萨角绣，这类漂亮的图案包含四个相同的角，中心集中在一起。你仍然要从图案的主图开始。可以从图案的边缘开始往内部绣，反之也可以。

中心孔　　　　　　　放置镜子处

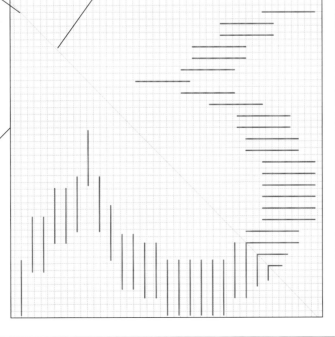

放置镜子处

1 用绘图纸和镜子，像上文介绍的那样先画一行针迹。画一条线通过这行针迹的中心，并与针迹方向平行。然后在针迹行上放置镜子，并使镜子沿着与中心线成45°角的斜线移动，直到找到喜欢的图案。在这点向中心画斜线。

2 再拿一张绘图纸，其幅面要能画下整个设计图的1/4。在纸的一角画出直角。与格子成45°角画一条线。根据原始图（以镜像原理）画出设计图的1/4。换其他颜色的绣线填充。在这幅1/4图中除去对称图形就是一个三角形。

调整的诀窍

- 绘制一行针迹的对称图时，要检查两个对应针迹的位置，可轻轻移动铅笔从一针的底部到它的"对面针"的底部，让它们对齐。你还要检查主图或者图案的对称两半针迹长度相同。

- 设计过程中会遇到困难或者出错——尤其在四角绣中。当你确定好主图并转印图到一整幅图纸上以后，必要时可以使用复印机多印几份来改变颜色。

- 如果你不喜欢四角绣沿着对角线构图的方式，也可以把主图向内或者向外移动画出新图。

- 如果主图在设计图的边缘被中断了，你可以选用大些或者小些的绣布。

绒绣

佛罗伦萨绣图样

这里有五种佛罗伦萨绣的设计图，你可以如图绣制，也可以根据278~280页所介绍的方法，随自己的喜好改变颜色或者图案本身。

石榴绣

石榴绣的图案单元是经典的佛罗伦萨绣。当把这些图案放在一起的时候，就形成3D般的立体效果。或者，你也可以在明暗对比的向上哥白林绣（见267页）背景图案上只绣一行石榴绣。每针越过4条绣布织线。

波浪条纹绣

这些波浪条纹有着恬静的韵律。为了强调水平图案，使用了三种颜色的绣线。但是你也可以增加更多颜色让纵向感觉更有趣。每一针越过3条织线。

火焰绣

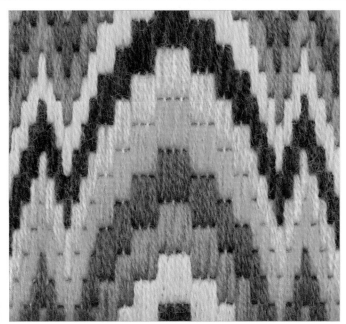

这是典型的佛罗伦萨风格的火焰绣，用了六种颜色的绣线。你可以随意使用更多或者更少的色彩。这个变化针法是越过6条绣布织线绣制的。

W形绣

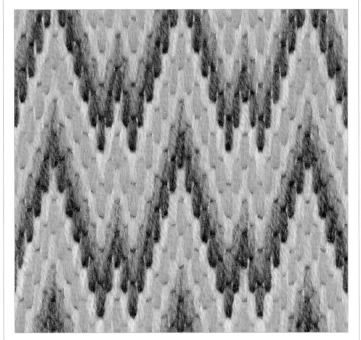

佛罗伦萨绣的又一变形，产生了尖锐的锯齿状图案。这里使用了五种颜色的绣线，每一针越过4条织线。

网格绣

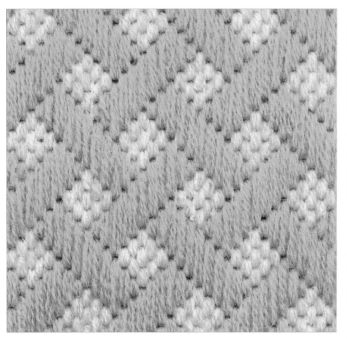

这个漂亮迷人的网格绣需要花费点时间去仔细研究，不过努力是值得的。网格的长条图案由7针长针（越过6条织线）和两端各2针短针（分别越过4条织线和2条织线）构成。如果你喜欢，可以使用同一颜色的不同色调的绣线绣制网格，再用两种颜色的绣线填充中间的空白。

最后的装饰 FINAL TOUCHES

当你在自己的绒绣作品上绣完最后1针时，你所面对的任务就是将它装扮成漂亮的成品——无论是靠垫套还是墙上的挂画。要做的第一步便是让绣品焕然一新。

| 定型和熨烫 | 在刺绣的过程中如果将绣布弄皱了，可以通过定型把绒绣作品恢复原状。在操作之前，把作品置于强光下检查是否有漏针情况，任何一小股多余的绣线都要用挂毯线绣针拉到反面。 |

湿定型

如果你的作品的角不是直角，你需要使用定型板进行湿定型。胶合板或者软木板都很适合相对比较大的作品。

1 测量绣布的两条邻边长度。在一张吸墨纸上，用不褪色的记号笔、三角板以及直尺，画出绣布的正确外形。把纸固定到定型板上，角部用遮蔽胶带或者图钉固定。

2 将绒绣作品正面朝下放在熨烫板上或者干净的土耳其浴巾上，用湿的海绵或者喷雾器将其润湿。

3 向跟变形相反的方向拉动绣品，从斜对角开始，逐渐向中心拉伸。

4 把湿的绣品放在定型板上，沿着标记好的绣布轮廓放置（正面朝下，除非有凸起的花纹）。用图钉固定，适当拉伸绣品使其跟标记线吻合。

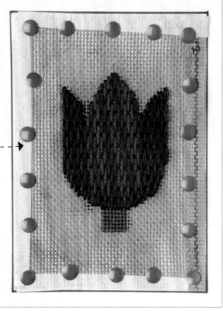

5 静置绣品直至干燥，在此之前不要从定型板上取下来。用三角板检查作品的四角是否为直角。

湿烫

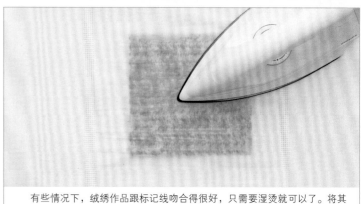

有些情况下，绒绣作品跟标记线吻合得很好，只需要湿烫就可以了。将其正面向下（有凸起花纹的正面则向上）放在熨烫板上，把湿润的棉布放在绣品上。把热的干熨斗放在整片区域上，只要重复将熨斗放下、提起就可以了，不要在绣品上移动。然后让绣品放到自然干燥再取下来。

接缝和边缘

在把绣品跟其他布料（例如靠垫套）缝到一起之前，你要修剪掉2~3cm的边；这样可以把绣布的织边（如果有的话）和定型过程中引起的不均匀的边都修剪掉。

缝合接缝

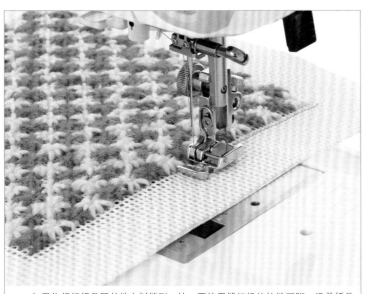

如果你想把绣品跟其他布料缝到一块，要使用缝纫机的拉链压脚，沿着绣品边缘机缝，针迹尽可能贴近绣品的边。使用结实的针（90号或者100号）和线。如果你还没有接触过缝纫机，也可以手缝回针缝，或者将其送到能提供最后修饰服务的店铺去处理。

修剪边角

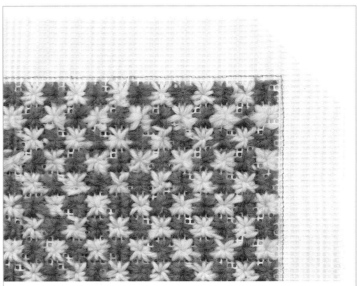

在边角处，要如图中所示，将直角斜着剪掉，剪后斜边与绣有针迹的角要留有1cm的缝份。用蒸汽熨斗把缝份压平，把绣品正面翻过去，轻轻地但是稳固地把四角压平整。

斜接角

绣品如果要缝背布，例如壁画，就需要把绣布的角折向反面。绣布的四角要想整齐利落，就要尽可能把多余的部分剪掉。（这里只显示了绣布，实际上绒绣作品的边缘也会折到反面。）

1 在绣布的角处剪掉一个小正方形，在内角处留出2条或3条织线。面对反面，翻折两个绣布角，形成一条斜向折边。

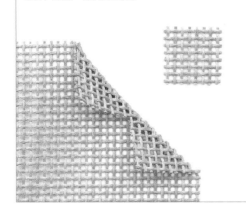

2 把绣布边缘折向反面，用手指压结实。让折边对在一起成为一条斜边，如图所示，形成一个斜拼的角。

3 绳绒线绣针或者大号长眼绣针穿入结实的线，例如纽扣线，在角处做回针缝固定，然后用卷针缝把斜边结实地缝在一起。

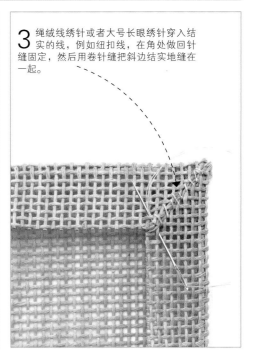

绒绣

给绒绣作品缝背布

你可以将绒绣作品与背布正面相对缝合在一起，通过返口翻出正面，然后再将返口缝合。手缝的效果更干净整齐。用结实的平纹布做背布。

1 剪下跟绣品同样大小的背布，包含缝份。对绣品做斜接角（见285页）处理。用蒸汽熨斗把绣布的缝份向反面压好熨平。（此处只展示了绣布和背布用来说明方法。）

2 把背布的缝份熨向反面，斜接角处理。

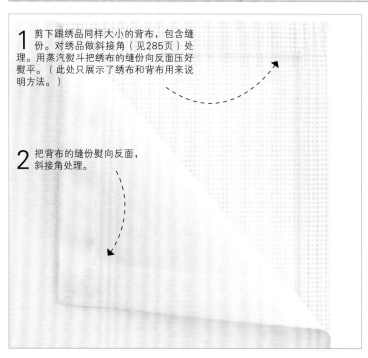

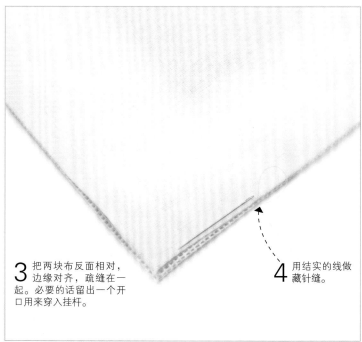

3 把两块布反面相对，边缘对齐，疏缝在一起。必要的话留出一个开口用来穿入挂杆。

4 用结实的线做藏针缝。

把绣品梭织到卡纸上

如果你的作品是一幅画，要用画框装裱，你就要先将它梭织到卡纸上。这个方法也适用于其他刺绣画作。但是如果是绒绣作品，最好在正面留出一点绣布的边，因为还要在上面加画框。

1 剪一块厚卡纸，比刺绣区域的各边分别长5mm。从绣布边缘取下遮蔽胶带，但保留绣布的空白边缘，大约比卡纸宽4~5cm。绣布正面向下放到干净台面上，把卡纸放在绣布上。

2 先把长边折到卡纸上，用珠针插入卡纸边缘暂时固定。再用挂毯线绣针和结实的线把绣布的这两条边用人字绣缝起来。从中心向外侧，两边轮流缝。

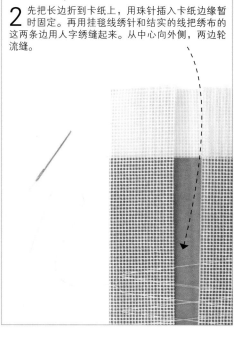

3 重复步骤2，把两条短边缝合到一块。四个角绣布重叠的地方也要缝合在一起。

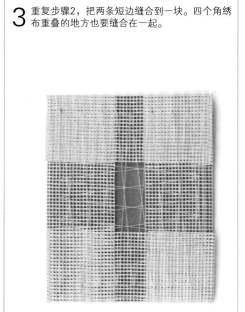

塑料绣布的收尾和连接

塑料绣布的优点在于，你不用担心有毛边。用挂毯线绣针和线做卷针缝就可以收尾或者将塑料绣布连接在一起了。

收尾

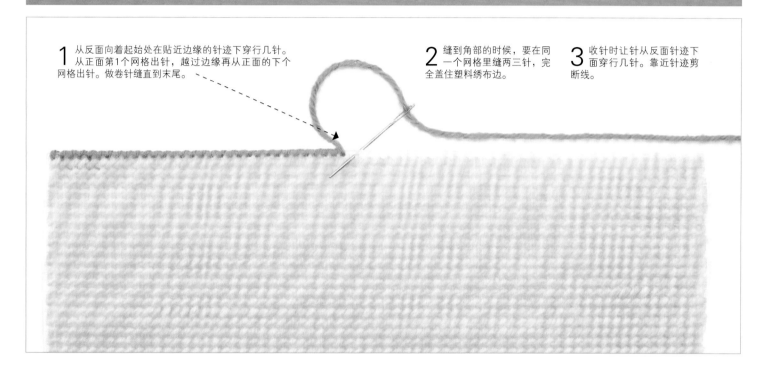

1 从反面向着起始处在贴近边缘的针迹下穿行几针。从正面第1个网格出针，越过边缘再从正面的下个网格出针。做卷针缝直到末尾。

2 缝到角部的时候，要在同一个网格里缝两三针，完全盖住塑料绣布边。

3 收针时让针从反面针迹下面穿行几针。靠近针迹剪断线。

连接

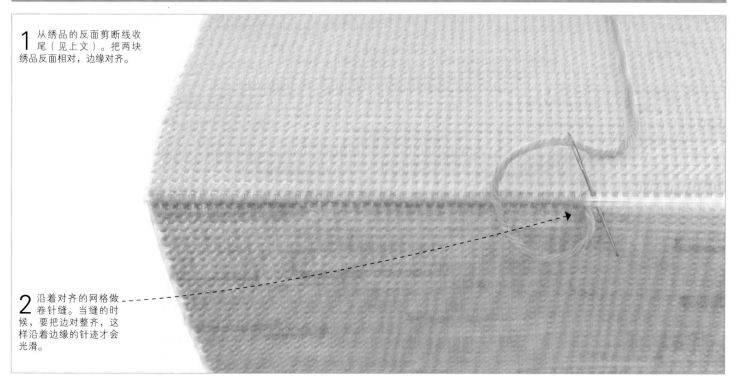

1 从绣品的反面剪断线收尾（见上文）。把两块绣品反面相对，边缘对齐。

2 沿着对齐的网格做卷针缝。当缝的时候，要把边对整齐，这样沿着边缘的针迹才会光滑。

拼布、贴布和绗缝
PATCHWORK,APPLIQUÉ,AND QUILTING

绗缝作品的核心技术——拼布，是将一定形状的小块布拼成新的图案；贴布，是将具有特定形状的布块贴布缝到背景布上；绗缝，是将几层布固定到一起的缝制过程。

工具和材料 TOOLS AND MATERIALS

绗缝不需要很多工具，如果你是新手，可能以下这些物品就够用了：针线或者缝纫机、剪刀、珠针、直尺或者量尺、铅笔和顶针。另外，还有很多专业性的工具，它们能让绗缝更加容易。

基本缝纫工具

绗缝时你需要使用一套手缝针——包括手缝长针和手缝短针。两种针都有多种长度、粗细和针眼的规格。针按照数字分大小，数字越大针越细。珠针是将几层布固定在一起以便于绗缝的基本工具。在缝纫的过程中，如果需要压平布块接缝，可以用熨斗或者手指压平。

手缝长针 ∧
手缝长针是标准的缝纫用针，通常用于缝制过程中，例如疏缝、手工拼布、滚边等。

手缝短针 ∧
手缝短针通常比手缝长针短，常用在贴布和手工绗缝中。

绗缝专用珠针 ∧
长长的绗缝专用珠针末端有装饰性花片，例如黄色的小花，这使得它们在布料上很容易被看到。

玻璃头绗缝珠针 ∧
这种特别长的珠针很便于拿取。有些特别短的珠针叫作贴布用珠针，在缝纫的过程中，也可以帮助固定布料。

玻璃头珠针 ∧
这种常见的女装裁缝专用珠针用于手工拼布的时候，把小块布固定在一起。

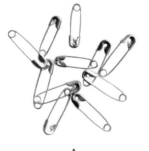

安全别针 ∧
如果要绗缝的几层布太厚，你可以用普通的安全别针把它们固定在一起。

熨压器 ∧
这个前端像刀片形状的塑料工具是用来帮助手指压平接缝的。少数木制熨斗有凿子样的平整边缘，也可以用来压缝。

<< 顶针
顶针有金属的、皮革的、塑料的，甚至还有陶瓷的。它们在绗缝的过程中，既能保护持针的手指，也能保护绗缝物下面的手。

<< 熨斗
在工作的过程中，熨斗是将接缝压平的基本工具。熨烫板要放在你的工作区。

针插 ∨
针插范围很广，有传统的木屑填充的毡布针插，也有粘针磁铁。但磁铁会干扰电脑型缝纫机的工作。

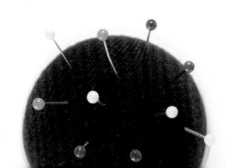

缝纫机

所有大的生产厂商都会生产具有绗缝功能的缝纫机，还有很多好用的附件。用缝纫机绗缝的话，你需要懂得如何放下送布齿。缝纫机针有70~90号的大小变化，根据绗缝需要使用。

缝纫机功能 >>
在你购买缝纫机之前，要先了解自己最需要的功能，如果你计划绗缝作品，要确定该缝纫机适于这种用途，即它的机针足以穿透绗缝物的表布、铺棉和里布。

压脚
所有缝纫机买来的时候都配有标准压脚和其他一些有特殊功能的压脚。其中绗缝中最常用到的压脚如下：

6mm压脚：专门用来缝制6mm的接缝，比缝纫机上标准的9mm压脚更精确。

拉链压脚：缝绗缝物的嵌条边缘时很有用，你需要紧贴着嵌条绳索缝针迹。

开口压脚：主要用于贴布和绗缝。

自由绗缝压脚：在弹性装置上"浮动"，让绗缝针迹自由改变方向。

压线压脚：让几层布和铺棉速度均匀地通过送布齿。

双针压脚：能产生更有趣味的针迹。

缝线

拼布要用跟布料相匹配的线，例如棉布使用棉线，浅色布料使用配色线，或者中性色调的线。如果是贴布，线的颜色可以跟要缝上去的布块一致。特制缝线包括真丝线、金属线和人造丝线。

缝纫线 >>
无论颜色还是类型、粗细都有非常丰富的选择。缝纫线既可以用于手缝也可以用于机缝。

绗缝线 >>
绗缝线比缝纫线要粗，为了防止拉断经过涂蜡处理。

测量工具

无论是在家中还是在工作室，多数的基本测量工具和标记工具都是标准配备的。部分工具在套装中或者自家的抽屉里已经有了。

丁字尺 >>
直角测量时非常有用。

缝份量尺 ∨
测量和画出缝份的时候非常有用。

直尺 ∨∨
金属或者塑料的直尺适用于测量和画直线。

切割尺 ∨∨
绘制草图、模板以及确定缝份宽度的时候使用。

卷尺 ∧
绗缝和拼布必备的工具，用来测量布料的宽度和模板的尺寸。

三角板 >>
绗缝布块和裁剪单个小块图案的时候，三角板是测量和制作直角时有用的工具。

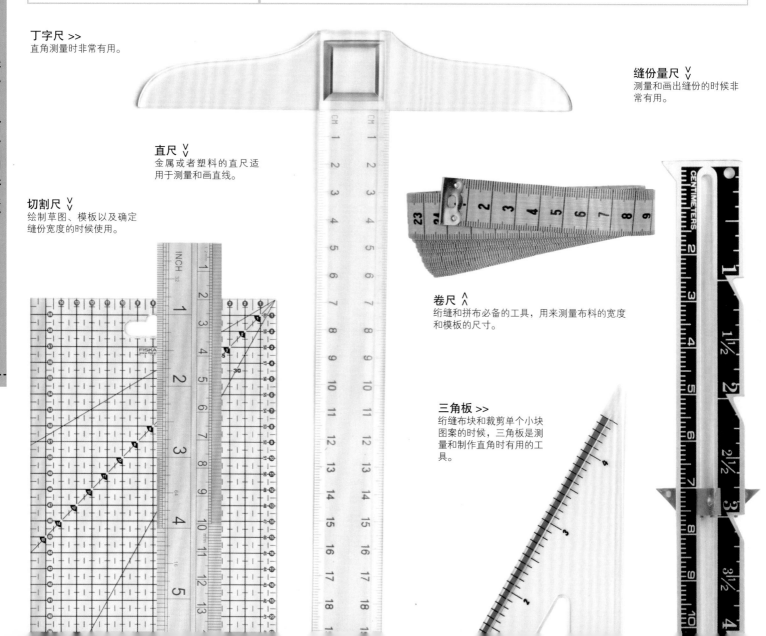

标记工具

各种铅笔和水笔都可以用来在纸上和布料上画设计图以及标记缝份。有些记号笔（例如裁缝专用画粉和水消笔）的印记是可消除的。

铅笔 >>
浅色的色铅笔也是可选择的，在深色布料上能清楚地看到铅笔的笔迹，适合在绘图和转印设计图时使用。

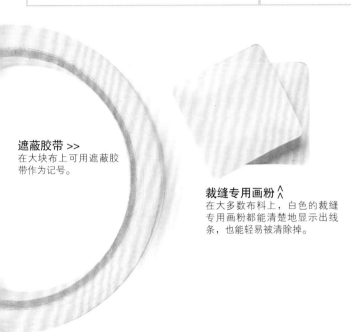

遮蔽胶带 >>
在大块布上可用遮蔽胶带作为记号。

裁缝专用画粉 ^
在大多数布料上，白色的裁缝专用画粉都能清楚地显示出线条，也能轻易被清除掉。

蓝色水消笔 >>
蓝色水消笔可用来转印设计图或者沿着模板绘制轮廓。

细尖铅笔 >>
尖锐的笔尖是画设计图和模板的基础。

模板

如果是从半透明的塑料板上裁剪下来的模板，会比卡纸更加耐磨。用锋利的美工刀裁切能确保精确度。用冷冻纸也能做模板，尤其适用于某些贴布作品中。

冷冻纸 >>
冷冻纸是贴布模板的优选，能够熨烫到布料上，用后再取下来。

开窗模板 >>
用坚硬的模板塑料或金属制成的开窗模板可以直接标注接缝线和外侧的缝份线，而不必制作两个模板。

绗缝模板 >>
绗缝模板用于将图案移到布料上。按照模板的图案，用可消记号笔描图。

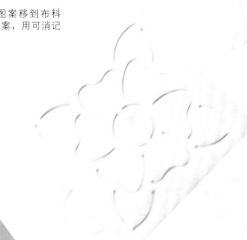

描图纸 >>
在裁剪前，把图案或者小块花样描绘到模板塑料或者卡纸上的必备品。

卡纸 >>
坚硬的卡纸也能用来做模板，但是没有塑料材质的经久耐用。

其他所需的工具

其他所需的绗缝工具包括坐标纸、裁缝专用复写纸、长条香皂、弹性曲尺、绘图圆规、量角器和橡皮，这些都是设计图案和转印图案要用的工具。

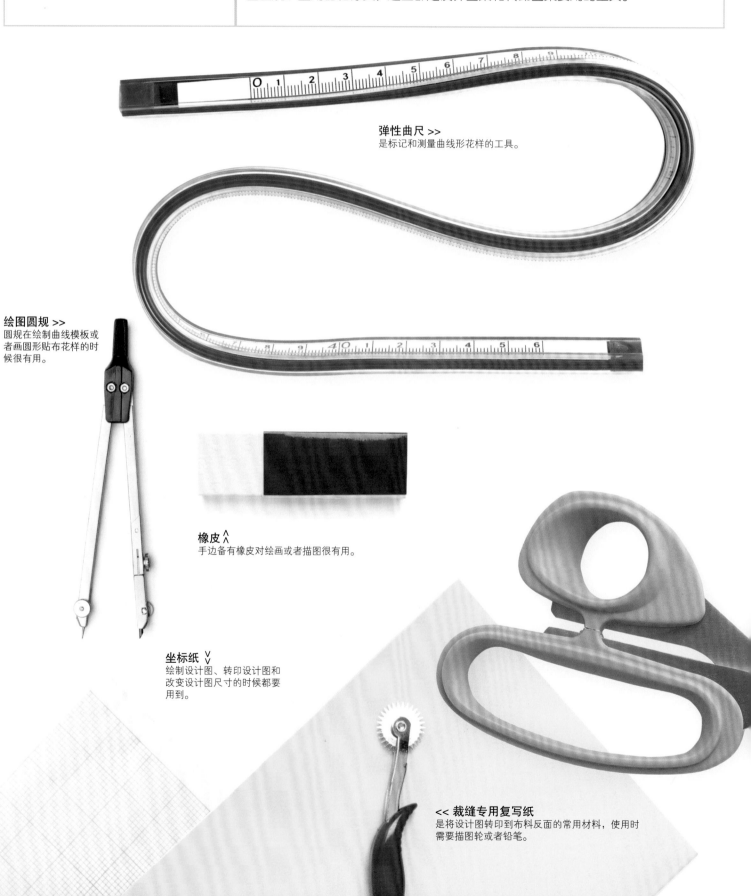

弹性曲尺 >>
是标记和测量曲线形花样的工具。

绘图圆规 >>
圆规在绘制曲线模板或者画圆形贴布花样的时候很有用。

橡皮 ∧
手边备有橡皮对绘画或者描图很有用。

坐标纸 ∨
绘制设计图、转印设计图和改变设计图尺寸的时候都要用到。

<< 裁缝专用复写纸
是将设计图转印到布料反面的常用材料，使用时需要描图轮或者铅笔。

切割工具

剪刀绝对是绗缝时的必备工具，你应该至少有三把剪刀：专门用来裁剪布料的剪刀、剪纸和铺棉的剪刀以及小而锋利的剪线剪刀。轮刀能加快绗缝进程。

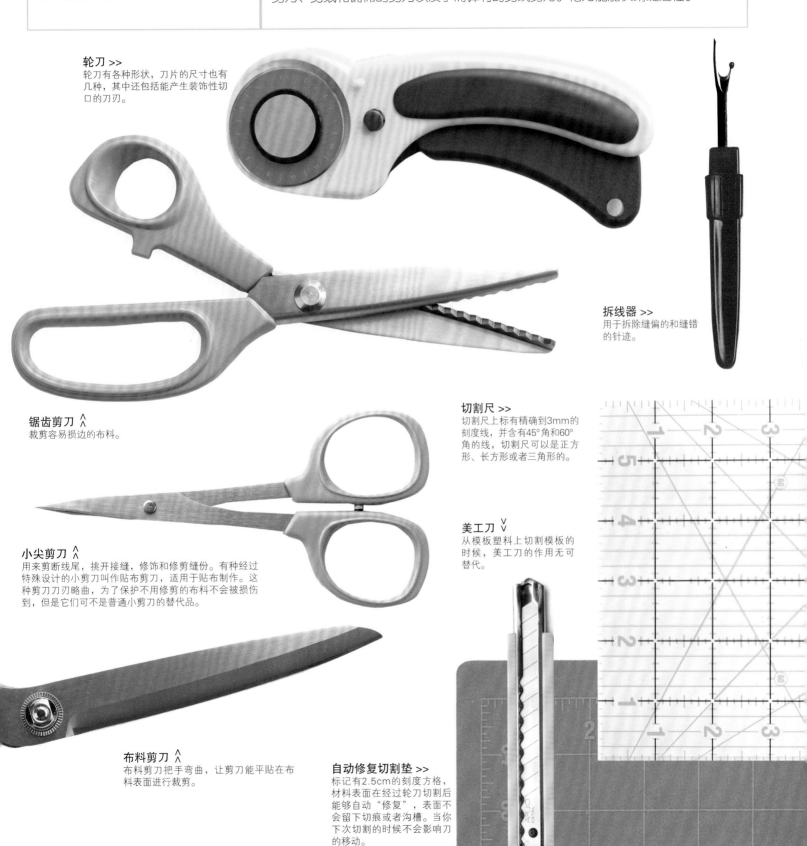

轮刀 >>
轮刀有各种形状，刀片的尺寸也有几种，其中还包括能产生装饰性切口的刀刃。

拆线器 >>
用于拆除缝偏的和缝错的针迹。

锯齿剪刀 ∧
裁剪容易损边的布料。

小尖剪刀 ∧
用来剪断线尾，挑开接缝，修饰和修剪缝份。有种经过特殊设计的小剪刀叫作贴布剪刀，适用于贴布制作。这种剪刀刀刃略曲，为了保护不用修剪的布料不会被损伤到，但是它们可不是普通小剪刀的替代品。

布料剪刀 ∧
布料剪刀把手弯曲，让剪刀能平贴在布料表面进行裁剪。

切割尺 >>
切割尺上标有精确到3mm的刻度线，并含有45°角和60°角的线，切割尺可以是正方形、长方形或者三角形的。

美工刀 ∨
从模板塑料上切割模板的时候，美工刀的作用无可替代。

自动修复切割垫 >>
标记有2.5cm的刻度方格，材料表面在经过轮刀切割后能够自动"修复"，表面不会留下切痕或者沟槽。当你下次切割的时候不会影响刀的移动。

布料和铺棉

常用的绗缝布料是纯棉的，颜色丰富，花样繁多，织纹各异，而且都很容易缝制。在表布、里布之间使用的填充物是铺棉。在绗缝的过程中可用大的绣架或者绣绷固定布料。

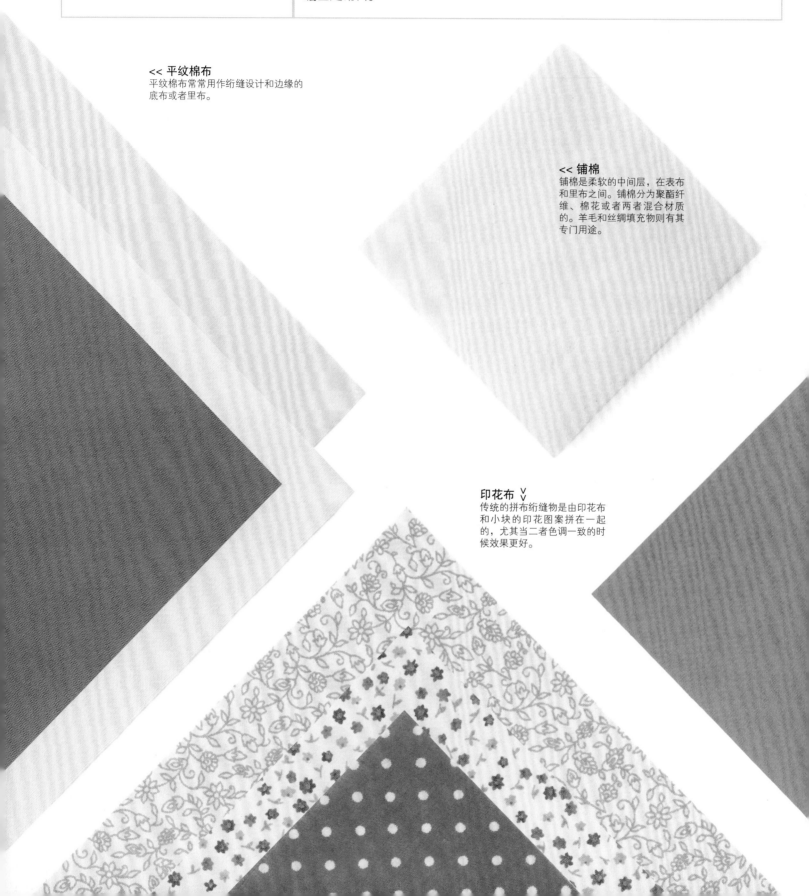

<< 平纹棉布
平纹棉布常常用作绗缝设计和边缘的底布或者里布。

<< 铺棉
铺棉是柔软的中间层，在表布和里布之间。铺棉分为聚酯纤维、棉花或者两者混合材质的。羊毛和丝绸填充物则有其专门用途。

印花布 ∨
传统的拼布绗缝物是由印花布和小块的印花图案拼在一起的，尤其当二者色调一致的时候效果更好。

格子布 >>
格子布跟平纹布的组合能拼出很漂亮的简单拼布或者绗缝设计。

中图案印花布 >>
中图案印花布是拼布的理想选择，能够跟平纹布、小图案印花布结合在一起，创造出很好的花纹，别有情致。

大图案印花布 ∨∨
大图案印花布最适合用在大尺寸的布块上。单个的图案可以剪下来用在贴布中，或者经细节裁剪后作为拼布材料。

<< 手工染布
手工染布具有自然的色彩变化，用在绗缝和拼布作品中看起来格外漂亮。

设计原则 DESIGN PRINCIPLES

　　大多数拼布和许多贴布都是基于布块单元组成的区块而形成的——也就是说，单元构成了区块，这些区块接着再组成完整的作品。这意味着，大的图案可以分成拼布单元，这些单元也能很容易组合成更大的设计图。实际上有许许多多现成的区块，你可以选择自己喜欢的布料和颜色，尤其是当你理解了基本原理以后，设计自己想要的图案更富有乐趣。

设计你自己的区块

　　主要的区块类型包括四片式区块（见317、318页）、九片式区块（见319、320页）、五片式区块和七片式区块（见321、322页）。每一种都有其自身固有的最终区块尺寸。四片式区块图案总是能分成偶数份，而如果成品尺寸能被3除尽，九片式区块最容易制作。五片式区块和七片式区块受到更多限制，每个区块的单元（或拼布块）数须是5×5和7×7的倍数。

　　如果你想自己设计图案，从确定成品的尺寸开始，将其画到纸上，再分成一定数量的区块。进一步将每个区块分成条形、三角形、小正方形或者长方形的单元，来形成自己的设计方案。当你对这些满意以后，将这些单元描到另外一张纸上，并加上适当的缝份。

　　利用贴布图案，需要的话，将图案放大或者缩小（见300页），复印到描图纸上。确定好哪个部分应该被裁剪下来作为单独的拼布单元，再单独描到另一张描图纸上，这样就可以裁剪下来，作为图纸使用。

　　由许多区块组成的作品可以通过增加单个区块的尺寸而被显著放大，从而制作出理想的大小。将一些大区块组合到一起就能快速创造出大尺寸的作品。

使用模板

　　有些情况下需要模板。模板可以使图案单元的复制变得准确而又简单。现成的模板可以从拼布用品商店或者网上买到。检查模板是否已经加上了缝份。需要机缝的单元必须含有精确的缝份，贴布图案和手缝的布块不需要特别精确的缝份，但是也要比成品形状大一圈。许多模板刻有"窗口"，露出你最后要完成的布料区域；这也让你得以标记出缝份和裁剪线，而不需要移动模板。或者，你也可以根据指导，自己制作耐用的或者偶尔使用的模板。

用冷冻纸制作偶尔使用的模板：把图案单元描到冷冻纸上，剪下来。用熨斗熨到布料的反面，沿四周裁剪。

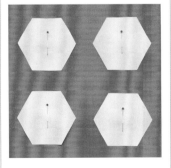

用描图纸制作偶尔使用的模板：用珠针把模板固定上去并裁剪图形，目测增加缝份。

用厚卡纸制作耐用的模板：在纸上或者描图纸上画出图形，裁剪下来，再次沿着图形在厚卡纸上描出轮廓，裁剪下来，或者把图形用胶水粘到厚卡纸上再剪下来。

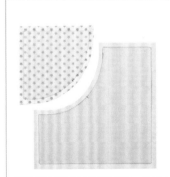

用模板塑料制作耐用的模板：直接在模板塑料上描出图形，或者在纸裁剪出需要的形状，用胶水粘到模板塑料上再剪下来。要用锋利的剪刀裁剪。

了解颜色

了解色彩理论的基本原则对于设计成功的作品是很重要的。即使是简单的设计也会因为选好了颜色而得到很好的效果。三原色——红、黄、蓝，边挨着边放置后形成色相环。两个相邻的颜色混合，就形成二次色，例如红色和黄色形成橙色，黄色和蓝色形成绿色，蓝色和红色形成紫色。当二次色和最近的原色混合就形成中间色，又称为三次色。

色相环

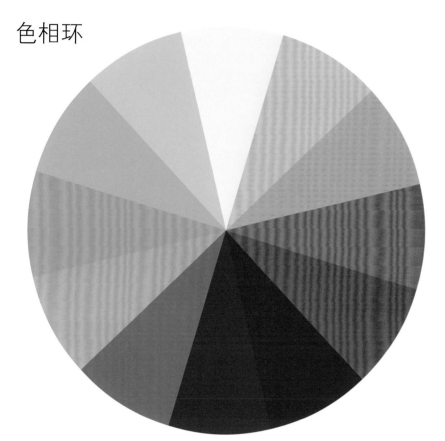

互补色： 在色相环上彼此相对的两种颜色，例如红色和绿色，黄色和紫色，又被称作补色。互补色形成强烈的对比效果，使两种颜色都突出醒目。不要忘记黑色和白色是最强烈的对比。

色温： 是一种视觉上的"温度"，有些颜色被定义为"暖色调"，有些为"冷色调"。许多人倾向于认为蓝色以及和它相邻的颜色是冷色调，而红色和黄色为暖色调，但实际上，三原色都有暖色调和冷色调的变化。

色调： 或称色彩的明暗，是指某一颜色的深浅。有些布明显呈现暗色或者亮色，而有些布色的明暗是它们周边的颜色衬托出来的。几乎所有成功的作品设计都依赖于明暗对比。浅色和深色的差别并不是最重要的，关键在于颜色之间的相互作用。全部由中色调构成的作品，就算色彩本身再怎么与众不同，整体效果也不会吸引人。

单色搭配： 它利用了同种颜色的不同色调。基于不同色调的绿色构成的作品，即使没有与色相环上的红色相遇，但如果有黄色和蓝色混合后的明暗层次对比，也会形成和谐的颜色搭配。这些颜色在色相环上是相邻的，只要有它们之间的明暗变化，就能搭配出很棒的效果。

布料：印花布和平纹布

图案大小： 图案的大小是挑选印花布的重要因素。大的印花图案一般较难使用，但是也可能成为点睛之笔，例如在大的区块上。试试将大的印花图案跟平纹布一起使用，尤其是主题图案跟印花图案相呼应的布料。这在快速制作简单的婴儿被和儿童被时很有用。中等大小的印花图案可以用于细节裁剪（见304页）。小的印花图案通常用起来很方便，因为可以剪成小的单元，看起来很一致。还有手工染布（或者印成手工染色效果的布料）以及把细小图案印在同色背景上的原色染布，看起来就跟平纹布一样。这些布比厚实的平纹布视觉效果更好，也能让设计更加栩栩如生。

几何图案的布： 像条纹布、格子布和格子花呢布经过裁剪和重组后能形成次级图案。它们在乡村风格的作品中被广泛使用，经过精心处理后能形成绝佳的效果。条纹以不同方向组合以后，在区块内能形成视觉上的移动感，而格子布和格子花呢布与自身的组合或者与平纹布的组合都能产生很好的效果。

边条和边框： 纯色布能给繁复的印花布做衬托，让视觉得以缓冲，给热心缝缝的人提供了展示技能的空间。纯色的边条（见365页）让观看者直接就能看到框架内部的区块图案。而边框可以是有图案的或者拼接而成的，纯色边框内含背景，是一种特殊的方式。平衡——在印花布和平纹布之间，浅色和深色之间，暖色和冷色之间——是成功设计的关键，你看过的作品越多，你的判断就会越好。当开始工作时，首先要选择主要的印花布，然后搭配平纹布和其他印花布。

制造设计墙： 设计墙是检测布料外观效果的一个有用的工具，因为你可以往后站一点，通过远距离观看的感受来做出选择。可将纯白床单挂在门上，作为临时的设计墙，或者用一块可移动的泡沫板，上面盖上一层垫了铺棉的白色法兰绒。如果你有充足的空间，可以在缝制区将软木或泡沫板作为衬材固定在墙上。

常用技术 GENERAL TECHNIQUES

创作作品时除了使用拼接、贴布、整块布等不同以外，其他都是相通的，包括绗缝的不同阶段、要用到的各种技术和各种各样的创意。这部分内容所介绍的技术都会对你有很大帮助，无论你选择制作哪种类型的作品。

改变设计图或者图案的大小

改变设计图的大小最简单的方式就是复印。复印时的缩放比例是这样计算的：要放大的时候，用你想要的（放大后的）图样尺寸，除以模板实际的尺寸，结果乘以100%；想要缩小时，将你想要的（缩小后的）图样尺寸除以实际的模板尺寸再乘以100%。你也可以使用格子纸改变设计图的大小。

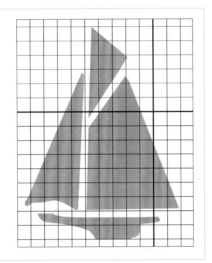

1 对于非几何图形，要把其轮廓线描到格子纸上。如果要将原图放大到2倍，只要把格子放大2倍到新的图纸上即可。例如，如果原图描在边长1cm的格子纸上，那就在新的格子纸上扩大格子的边长到2cm。

原来的图样描在边长1cm的格子纸上

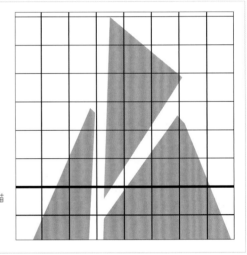

2 根据原图转移方块内的格线。再次描图，把所有曲线都描得平滑。

在边长2cm的格子纸上描绘的放大后的图案

准备布料

所有的棉布在第一次清洗的时候都会缩水。缩水率通常很小，但是也会让完成后的作品变皱。没洗过的布要用在不会让接缝缩紧的地方。一定要测试布料是否会褪色，尤其是深色布。在开始裁剪之前，每块布都要经过熨烫，并通过校验确定布边是直的。

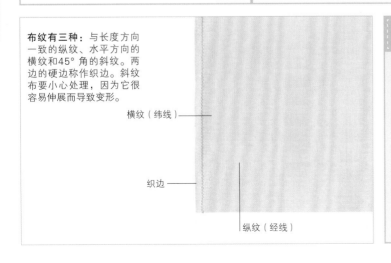

布纹有三种：与长度方向一致的纵纹、水平方向的横纹和45°角的斜纹。两边的硬边称作织边。斜纹布要小心处理，因为它很容易伸展而导致变形。

横纹（纬线）

织边

纵纹（经线）

提示

● 如果你认为布料可能褪色，用一小块潮湿的白色布压在要用的布上面，检验是否褪色。

● 预先清洗布时，在每个角落都剪下一小块三角形防止损边。把小块布放在网袋里面洗也能防止损边。

● 按照经线方向裁剪滚边条能让变形程度减到最低。

● 要想找到经线，可分别沿着两条直边轻轻拉紧，纬线方向比经线方向变形大。

● 尽可能不要让斜纹布位于区块的边缘，以减少变形的可能和保证区块尺寸的精确。

轮刀切割

许多受欢迎的图案都可以通过轮刀切割得到。你需要一把轮刀、透明的塑料尺和能自动修复的切割垫。要把一个正方形切割成其他形状，例如直角三角形，要选用尺寸稍大的正方形，以便留出必要的缝份。

简单的轮刀切割

1 把清洗并熨烫过的布折叠到适合切割垫的大小。把尺子放到你想要使用的布上面。沿着远离身体的方向切割，切掉布的末端。同时用手牢牢固定住尺子，并与轮刀保持距离。

2 转动切割垫，这样不会弄乱刚切好的边，把尺子重新放在你想要切割的区域。小心地在尺子上找到正确的尺寸并对准的竖向边缘，用水平标记线对准折边。沿着布纹按需要宽度切割布条。

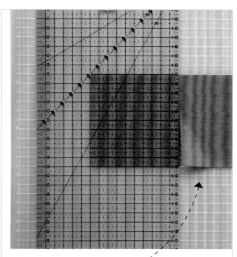

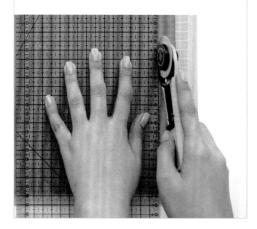

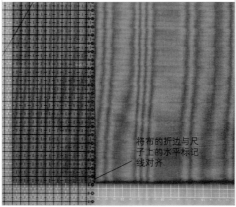

将布的折边与尺子上的水平标记线对齐

3 要把布条切割得更小，需要把切割好的布条横向放置到切割垫上，跟之前一样测量尺寸。

切割正方形和长方形

正方形和长方形都能利用正方形的切割尺切割出来，切割尺上有对角线。在直角三角形上增加2.25cm的缝份，在等腰直角三角形（四分之一方三角形）上增加2.75cm的缝份。

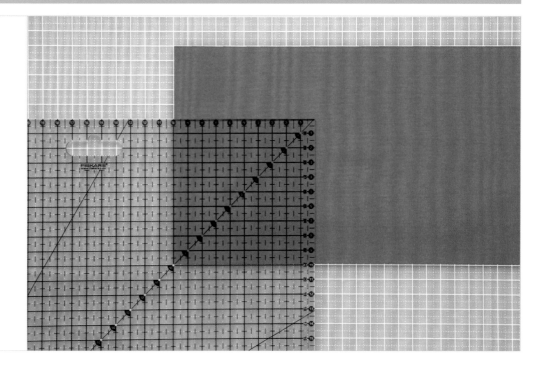

切割拼缝布条

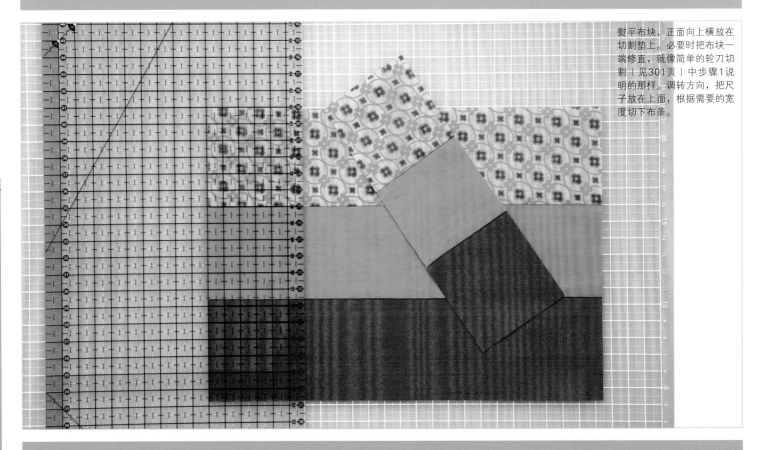

熨平布块，正面向上横放在切割垫上。必要时把布块一端修直，就像简单的轮刀切割（见301页）中步骤1说明的那样。调转方向，把尺子放在上面，根据需要的宽度切下布条。

切割斜纹拼缝布条

利用尺子上的标记线，把布块的一端修剪成45°的斜边。沿着尺子的直边切割同样宽度和角度的布条。

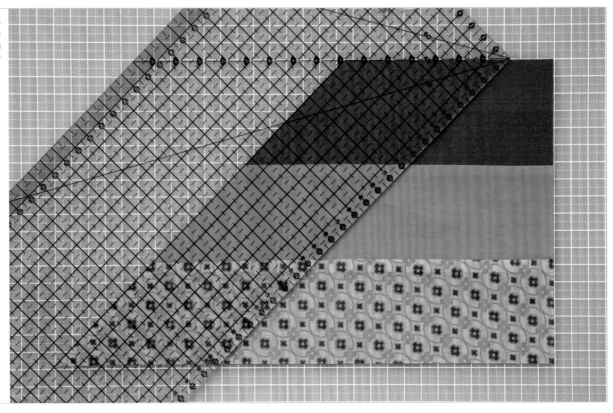

切割斜纹布条

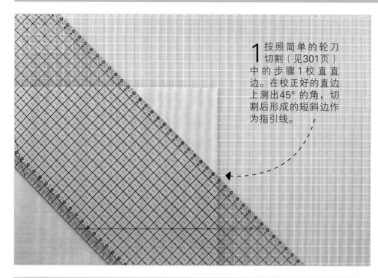

1 按照简单的轮刀切割（见301页）中的步骤1校直直边。在校正好的直边上测出45°的角，切割后形成的短斜边作为指引线。

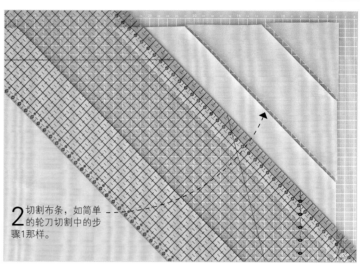

2 切割布条，如简单的轮刀切割中的步骤1那样。

切割半方三角形

沿着正方形的一条对角线切开就成为两个等腰直角三角形，当切割边在布的斜纹上时要特别注意。

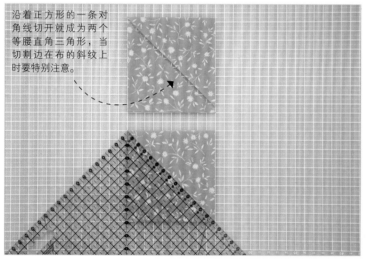

切割四分之一方三角形

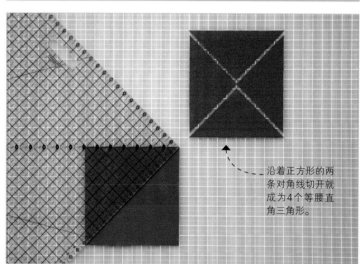

沿着正方形的两条对角线切开就成为4个等腰直角三角形。

切割半矩形三角形

沿着长方形（矩形）的对角线切割，就产生两个三角形。为了拼缝搭配，另一个长方形沿着反向对角线切开。三角形切割尺也可用在这里。

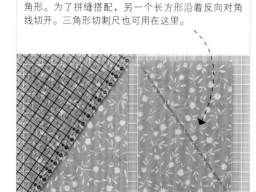

切割45°角的菱形

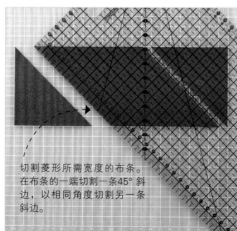

切割菱形所需宽度的布条。在布条的一端切割一条45°斜边，以相同角度切割另一条斜边。

切割曲线形

舒缓的曲线也可以使用轮刀切割，但是最好使用尺寸小的刀片。

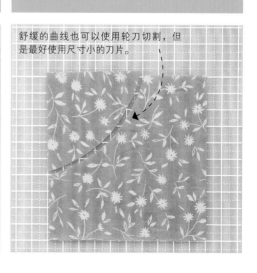

手工裁剪

　　如果所需布块是小块的或者复杂的，或者有不规则角和形状的，一般用剪刀裁剪。贴布模板几乎都是手工裁剪的。你应该至少有一把品质优良的裁缝专用剪刀，只用来剪布料。纸张、模板塑料、铺棉和其他材料不应该用同一把剪刀裁剪。多数手作者都有几把不同大小的剪刀。

没有图形的裁剪

1 在布反面要裁剪的地方画出图形的轮廓线，留出缝份。

2 用裁剪布料的剪刀，沿着标记出的裁剪线剪下图形；如果只标记出针迹线的话，裁剪时要留出缝份。

按照图形裁剪

　　手作者都很熟悉用纸剪好的图样，有时候他们会给绗缝者提供简单的方法去裁剪简单的图形。把纸样用珠针别在布上，沿着纸样四周裁剪，需要的话增加缝份。

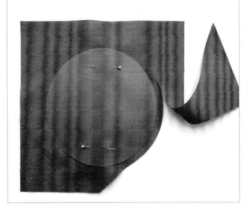

细节裁剪

　　这是一种在印花布上裁剪下单独一个特写图案的方法，裁剪下来的图案作为拼布或者贴布的一个区块。也许这样看起来有点浪费布料，但是结果很值得期待。如果你裁剪出大小和形状合适的开窗模板放在需要选取的区域，那裁剪起来会更容易。

拆开缝线

　　如果缝纫中出了错，有时候就需要拆开缝线；或者，有些图案需要在组合过程中拆除缝线。拆线的工作最好在没有熨烫前进行。不要用剪刀去剪缝线。

方法一

1 把接缝拉开，用拆线器的尖端插入两块布中间挑断缝线。

2 一边拆一边轻轻地把接缝拉开一些，直到接缝的结尾。

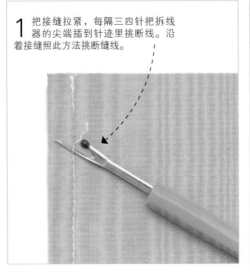

方法二

1 把接缝拉紧，每隔三四针把拆线器的尖端插到针迹里挑断线。沿着接缝照此方法挑断缝线。

2 把底层布拉平，轻轻拉开上层布，让两层分离。在斜纹边接缝上不要用这种方法。

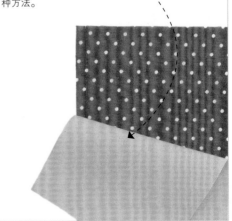

开始和结束

在任何针迹的开始处和结束处都要把线固定。传统的手工缝纫开始和结束时都是在线尾打结，但是线结有时影响绗缝，有时候也会从正面看出来。有几种线结是绗缝中很有用的，例如373页中打的结。回针线圈几乎没有厚度，也是很安全的收尾方式。

穿线

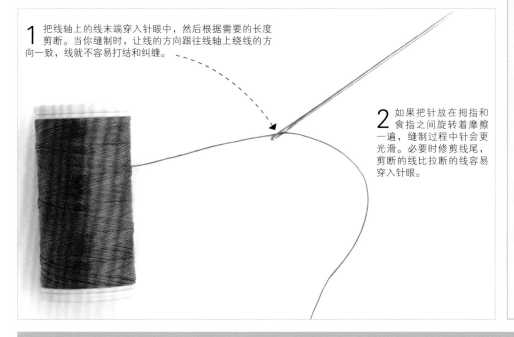

1 把线轴上的线末端穿入针眼中，然后根据需要的长度剪断。当你缝制时，让线的方向跟往线轴上绕线的方向一致，线就不容易打结和纠缠。

2 如果把针放在拇指和食指之间旋转着摩擦一遍，缝制过程中针会更光滑。必要时修剪线尾，剪断的线比拉断的线容易穿入针眼。

提示

● **线的粗细**：使用粗细跟针眼相匹配的线，针的尺寸也要根据布料的厚薄来选择。

● **线的长度**：线的长度不超过50cm，这样会减少打结和扭绞。

● **穿针器**：如果你穿线有困难，可以使用穿针器。

● **剪的方向**：只要有可能，总是沿着远离身体的方向剪。

● **线结的大小**：无论在哪里有线结，都会出现一个小凸起，所以尽可能让线结小点，容易隐藏。

打结

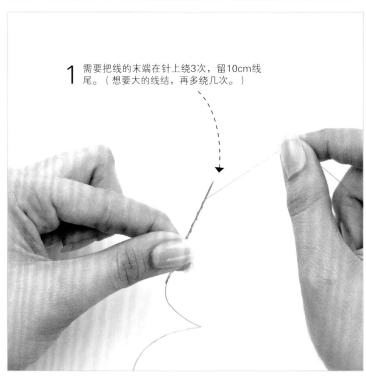

1 需要把线的末端在针上绕3次，留10cm线尾。（想要大的线结，再多绕几次。）

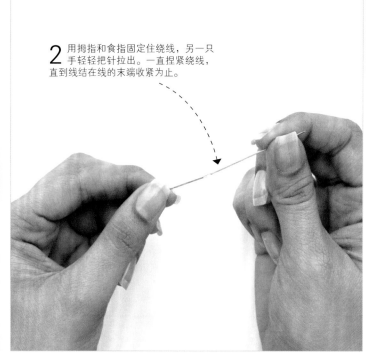

2 用拇指和食指固定住绕线，另一只手轻轻把针拉出。一直捏紧绕线，直到线结在线的末端收紧为止。

回针线圈

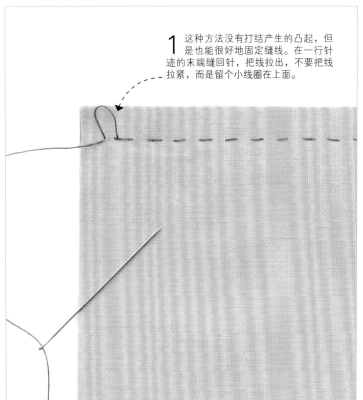

1 这种方法没有打结产生的凸起，但是也能很好地固定缝线。在一行针迹的末端缝回针，把线拉出，不要把线拉紧，而是留个小线圈在上面。

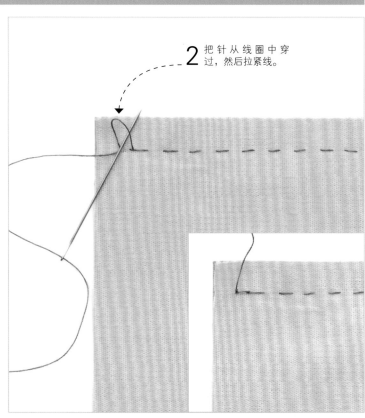

2 把针从线圈中穿过，然后拉紧线。

双回针线圈

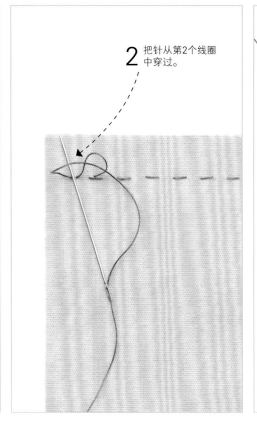

1 这种方法能更结实地固定缝线。在一行针迹的末端缝回针，跟回针线圈的步骤1一样留线圈。把针尖从线圈里穿过，拉出针形成第2个线圈，即形成了8字形。

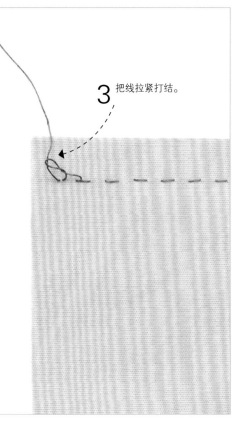

2 把针从第2个线圈中穿过。

3 把线拉紧打结。

绗缝中的手缝针法

尽管现在很多绗缝都由缝纫机来完成，仍然有不少手工缝纫的技术是很重要的，而且需要正确选择针法才能产生最好的效果。

平针缝

这是手缝中最常用的针法。针在布上一进一出连续缝几针，针迹小而均匀。

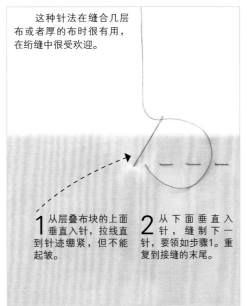

直刺缝

这种针法在缝合几层布或者厚的布时很有用，在绗缝中很受欢迎。

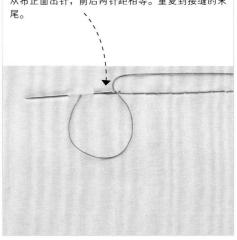

1 从层叠布块的上面垂直入针，拉线直到针迹绷紧，但不能起皱。

2 从下面垂直入针，缝制下一针，要领如步骤1。重复到接缝的末尾。

回针缝

将布块缝到一起的时候用回针缝成行，而不用平针；在用单行针迹缝合接缝时，推荐使用回针缝，因其更加结实。把针穿透几层布从正面出针，向后距出针处很近的地方入针，在第一次出针处的前方从布正面出针，前后两针距相等。重复到接缝的末尾。

卷针缝

卷针缝也叫作包缝，绕针将两边缘缝合，几乎看不出针迹。把针从后面穿到前面，两面只挑起几条织线。轻轻拉出线并重复。

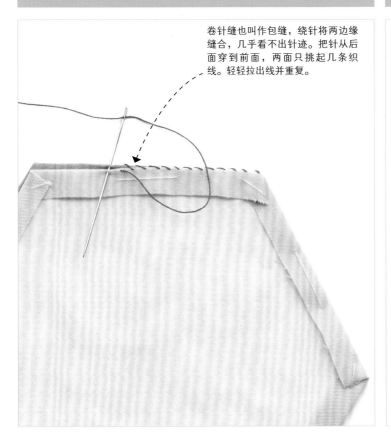

暗针缝

主要用在贴布作品中。暗针缝形成隐蔽的针迹。把线打结，把结藏在上层布块折起来的边缘里。把针拉出，挑起下层布块的1条或者2条织线。紧挨着这里缝上层布块，沿着上层布块折叠部分穿行一小段距离出针。重复，每针只在布块上缝很短的针迹。

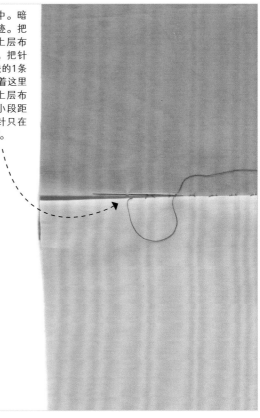

拼布 PATCHWORK

大多数表布，不论是传统的还是现代的，都是拼布形式。虽然其中很多的基本技术是相同或者相通的，但每种方法都有它自己的效果和解决之道。用缝纫机制作拼布更快捷，不过手工缝制对于很多手作者来说是更令人愉快的。

手工拼缝	为了缝制精确，要在布的反面标记出所有的缝份线。在缝斜边（例如菱形、三角形、六边形）或者曲线边的接缝时，要格外小心，因为毛边可能被拉伸变形。每次将针拉出后都要用短小的回针固定接缝，在斜纹边接缝的结尾使用双回针线圈（见306页），不要缝到缝份里面。

直线拼缝

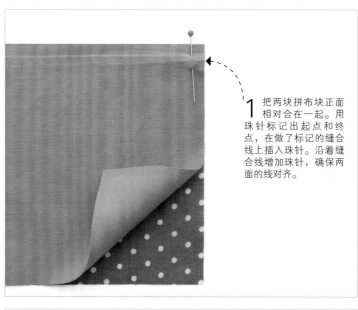

1 把两块拼布块正面相对合在一起。用珠针标记出起点和终点，在做了标记的缝合线上插入珠针。沿着缝合线增加珠针，确保两面的线对齐。

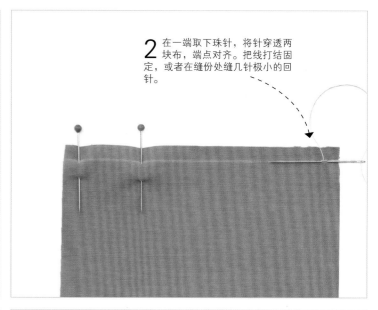

2 在一端取下珠针，将针穿透两块布，端点对齐。把线打结固定，或者在缝份处缝几针极小的回针。

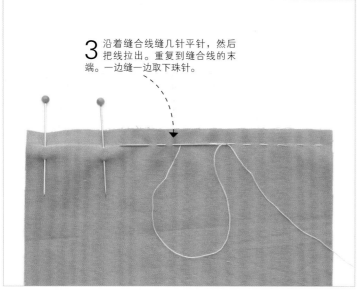

3 沿着缝合线缝几针平针，然后把线拉出。重复到缝合线的末端。一边缝一边取下珠针。

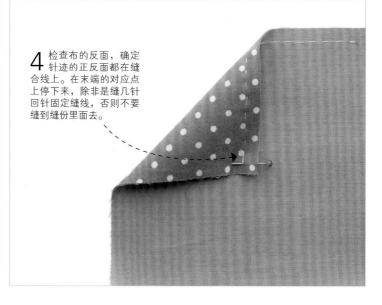

4 检查布的反面，确定针迹的正反面都在缝合线上。在末端的对应点上停下来，除非是缝几针回针固定缝线，否则不要缝到缝份里面去。

曲线拼缝

1 在每块布的反面画出缝合线和所有重要标志，尤其是中心点。如果图样上没有标出中心，那么把每块布对折，用手指压平，使用折痕作为中心线。

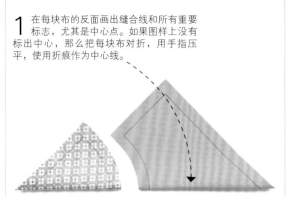

2 把边缘外凸的小块布正面向上放在内凹的布块下，中心点对齐。用珠针在中心点把两块布固定在一起。

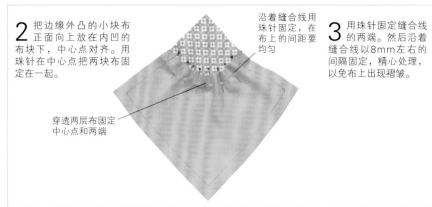

穿透两层布固定中心点和两端

沿着缝合线用珠针固定，在布上的间距要均匀

3 用珠针固定缝合线的两端。然后沿着缝合线以8mm左右的间隔固定，精心处理，以免布上出现褶皱。

4 从一端取下珠针，把针从两层对应的那点穿过。如果你不想使用线结固定，在缝合线里面使用双回针线圈也可以。（如果你用缝纫机拼缝，注意不要缝到缝份里面。）

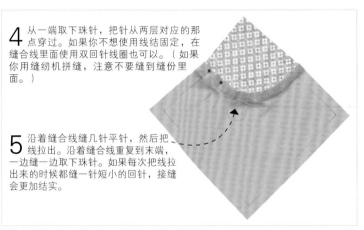

5 沿着缝合线缝几针平针，然后把线拉出。沿着缝合线重复到末端，一边缝一边取下珠针。如果每次把线拉出来的时候都缝一针短小的回针，接缝会更加结实。

6 检查布的反面，确定针迹的正反面都在缝合线上。在末端的对应点上停下来，除非缝双回针线圈固定缝线，否则不要缝到缝份里面去。

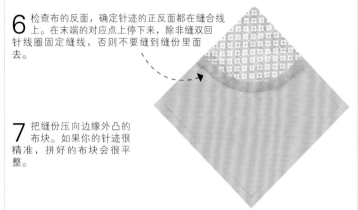

7 把缝份压向边缘外凸的布块。如果你的针迹很精准，拼好的布块会很平整。

嵌入式拼缝

1 平行四边形和三角形有时候需要斜接在一起。要让拼布块接合准确需要小心地固定和缝合。这里，要把一个正方形嵌入到两块平行四边形之间。先把正方形裁剪到需要的大小，标出缝合线。把正方形放到第一个平行四边形上，正面相对，正方形一角与两平行四边形的内部交点对齐。然后对齐外部顶点并固定。用珠针沿着缝合线把边缘固定在一起。

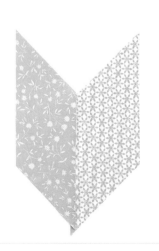

2 沿着标记好的缝合线从外往内缝合，一边缝一边取下珠针。在内角处往接缝上缝几针回针，避开缝份。不要剪断缝线。

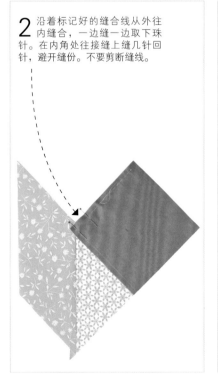

3 把正方形的邻边跟平行四边形的对应边对齐。用珠针固定后，用跟步骤2一样的方法缝合。

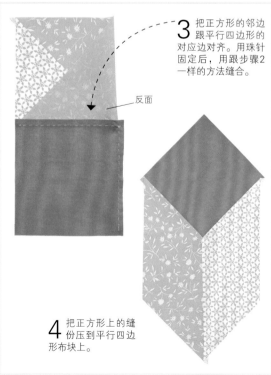

反面

4 把正方形上的缝份压到平行四边形布块上。

按行拼缝

按行拼缝的时候，因为手工拼缝须在缝份处停顿，你需要用与机缝不同的方式把角对齐。

1 把拼布块正面相对，缝份对齐，成为一条直线。在一行上的每个角都要对准，用珠针把两层布穿透固定。对齐缝合线后再用珠针全部固定，确保两面的缝合线精确对齐。

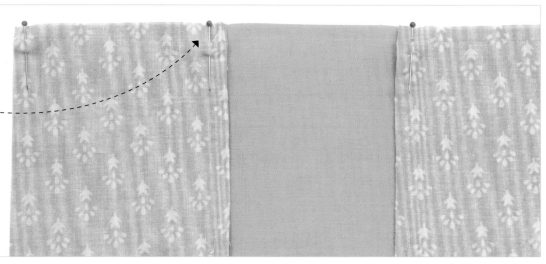

2 从一行的一端开始，就像直线拼缝（见308页）一样，直到第一个交点。

3 把两层布的对应点穿透缝合，避免缝到缝份。

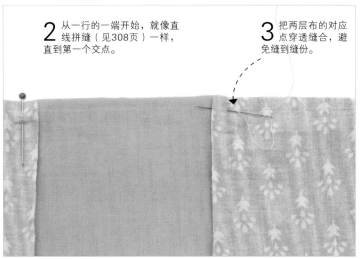

4 在第2组拼布块上缝1针，然后紧挨着缝份缝回针。

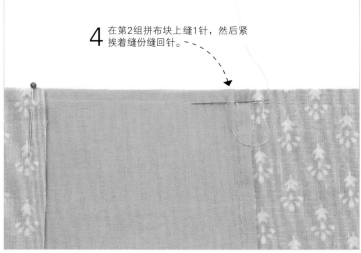

5 依直线拼缝的方法继续缝到一行结束，用回针线圈收尾。

6 把每行的缝份都压向不同的方向，把刚刚完成的接缝压到另外一边。

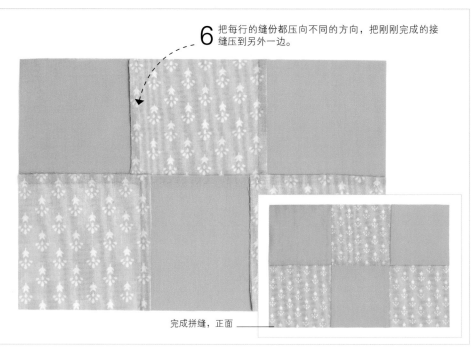

完成拼缝，正面

机器拼缝

用缝纫机缝合拼布块是最快的组合方式，因为在手工拼缝中，总是要确定布块正面相对对齐，毛边也要对齐。机缝时留出5mm缝份，使用标准直针针迹。

条形拼缝

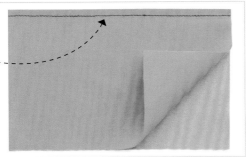

1 把两块对比色布条正面相对，毛边对齐。沿着布边留5mm缝份缝直线。

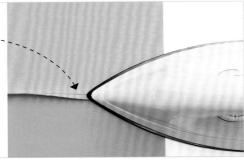

2 把缝份压向深色布块。

3 当把几块布条缝到一起时，每增加一次布条，掉转一次方向；这样能减少弯曲，保持布条成直线。缝份应该压向同一个方向。缝好后将布条裁成布块单元，组合成新的图案。

锁链形拼缝

1 依次把拼布单元放到缝纫机上缝纫，中途不需要抬起压脚或剪断缝线，这样就形成了一条锁链，在拼布单元之间留下一小段线。

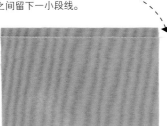

2 用小尖剪刀把锁链剪断。

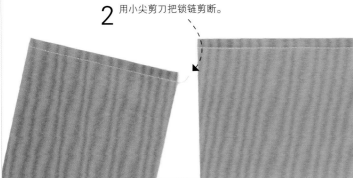

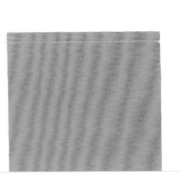

半方三角形组成的方块

1 要制作一块由两个半方三角形（等腰直角三角形）构成的拼布单元，先裁好两块撞色的正方形布，正面相对放在一起，浅色布在上面。

2 用一支铅笔，在浅色正方形布的反面画出对角线。

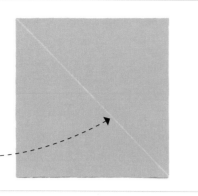

3 在这条对角线左右两侧5mm处各机缝1条平行线。转向直接缝，不用剪断缝线。

4 用轮刀或者剪刀沿着对角线裁开。把两块布打开，将缝份压向深色布，就完成了两个相同的正方形。

反面

正面

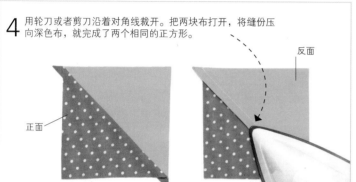

5 修剪每条接缝末端的"狗耳朵"。

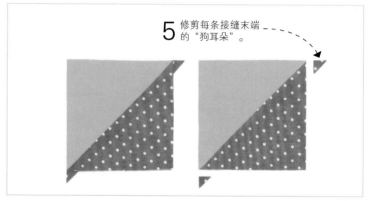

用多个三角形构成的布条做方块

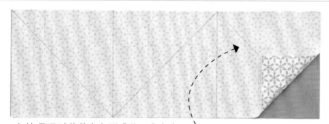

1 方块是通过裁剪布条形成的，布条宽度等于你想要的正方形宽度加上15mm。把布条正面相对放在一起，在浅色布条的反面画出正方形。

2 在每个正方形上画出对角线，交替改变对角线方向。

3 把布条正面相对放在一起，浅色布条在上面。在正方形对角线两侧5mm处各机缝1条平行线，方法同上。

4 沿着标记的对角线裁开，成为单独的三角形，然后压平缝份，方法同上。

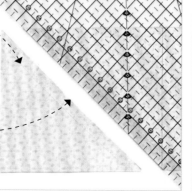

用相同的多个布条做方块

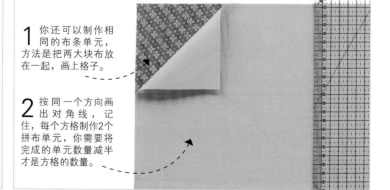

1 你还可以制作相同的布条单元，方法是把两大块布放在一起，画上格子。

2 按同一个方向画出对角线，记住，每个方格制作2个拼布单元，你需要将完成的单元数量减半才是方格的数量。

3 在每条对角线两侧5mm处各机缝1条平行线。

4 用轮刀沿着标记的对角线裁即成为三角形，压平缝份。

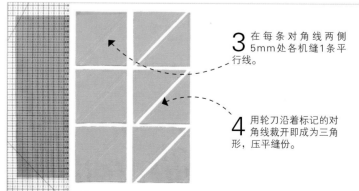

四分之一方三角形组成的方块

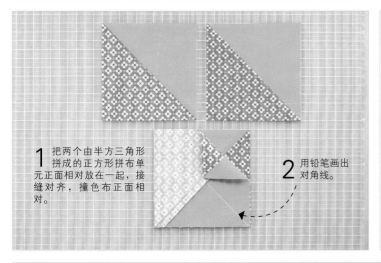

1 把两个由半方三角形拼成的正方形拼布单元正面相对放在一起，接缝对齐，撞色布正面相对。

2 用铅笔画出对角线。

3 在对角线的左右两侧5mm处各机缝1条直线。

反面

4 沿着对角线剪开，压平缝份。

正面

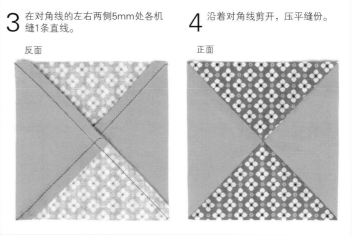

组合拼缝单元和单片单元

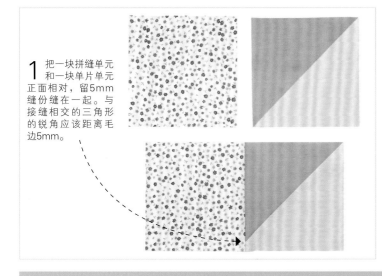

1 把一块拼缝单元和一块单片单元正面相对，留5mm缝份缝在一起。与接缝相交的三角形的锐角应该距离毛边5mm。

2 沿着缝份拼缝两块这样的拼布单元，要注意，所有的角应该集中在中心点上。

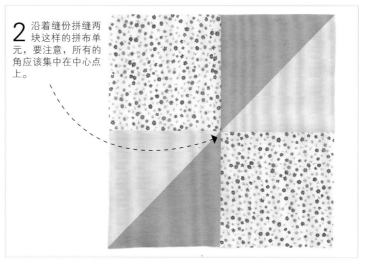

曲线拼缝

1 制作模板，标记出每块模板的曲线中点。裁剪布块，增加5mm缝份。

2 把模板放在布块的反面，沿着模板标出缝合线，然后在布块上画出曲线的中点。

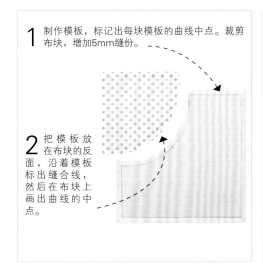

3 把布块的曲线中点对齐，用珠针在缝合线上固定，然后把两端也用珠针固定。

4 沿着布块边缘用珠针把布料固定好。

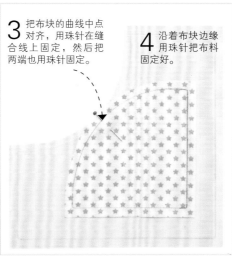

5 沿着标记好的曲线缝制，不要让布块弯曲变形。一边缝一边取下珠针。

6 把缝份倒向大块布并熨平。布块应该平整没有褶皱。

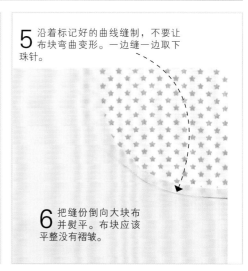

嵌入式拼缝

1 把将要缝合的两块布的每个角用铅笔画个点，距离布边5mm。这标记就是缝合开始和结束的地方：不要缝到接缝边的最末端。

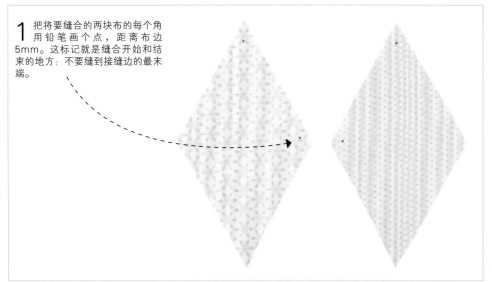

2 把两块布正面相对，标记点对准缝制，在每条接缝末端缝回针。不要越过标记点。

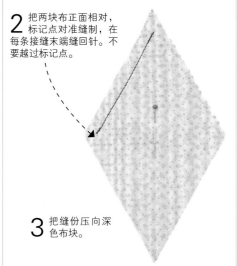

3 把缝份压向深色布块。

4 在要嵌入布块的反面，在三个角上画出标记点，距离布边5mm。

点

5 把要嵌入布块中间那个角与已经拼缝好的两块布的交点对齐。把接缝的两端都用珠针固定好。从内角往外缝，一直到外面的标记点。

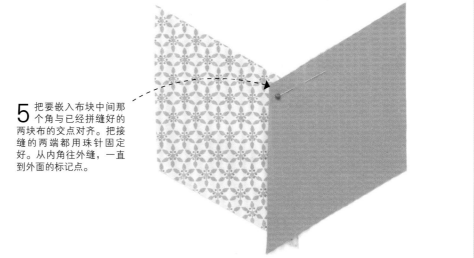

6 把要嵌入布块的外侧标记点与另一块布的外侧标记点对齐。在那一点上用珠针固定，缝合。这次仍然是从内侧往外缝。

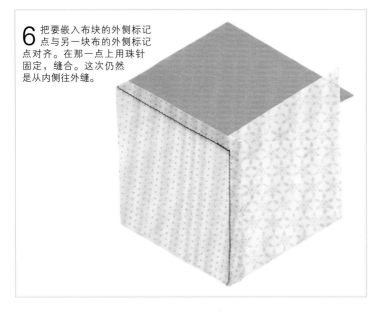

7 压平拼布单元的缝份。

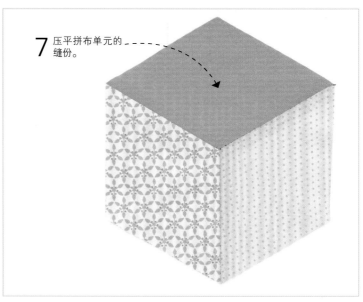

熨烫

当制作精致的拼布作品时，熨烫是必不可少的。熨烫过程中，先熨一处，然后提起熨斗再熨另一处。熨烫可能导致布料和缝份产生褶皱。在每片布都熨好之后，放置到完全冷却。每次都把缝份压向深色布块，防止颜色从正面透出来。熨斗的温度应该适合布料的要求。

熨烫直线接缝

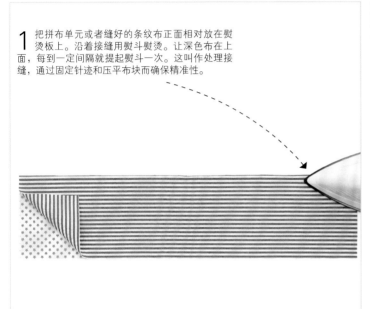

1 把拼布单元或者缝好的条纹布正面相对放在熨烫板上。沿着接缝用熨斗熨烫。让深色布在上面，每到一定间隔就提起熨斗一次。这叫作处理接缝，通过固定针迹和压平布块而确保精准性。

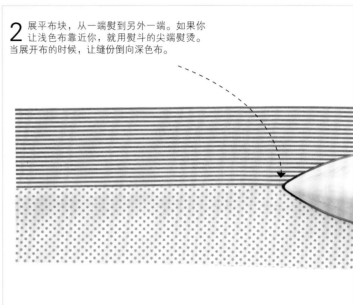

2 展平布块，从一端熨到另外一端。如果你让浅色布靠近你，就用熨斗的尖端熨烫。当展开布的时候，让缝份倒向深色布。

熨烫斜边接缝

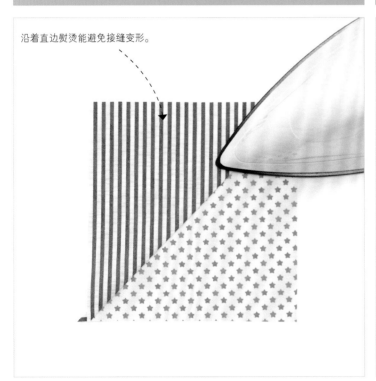

沿着直边熨烫能避免接缝变形。

按行熨烫

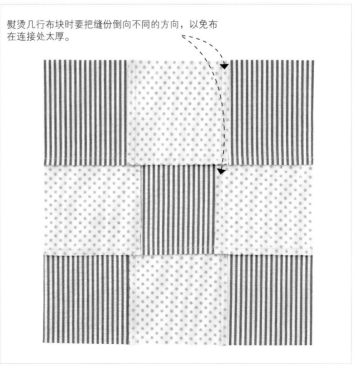

熨烫几行布块时要把缝份倒向不同的方向，以免布在连接处太厚。

拼布、贴布和绗缝

熨烫拼缝区块

把区块反面向上放在熨烫板上。不用用力压，只要让接缝尽可能平整就可以了。

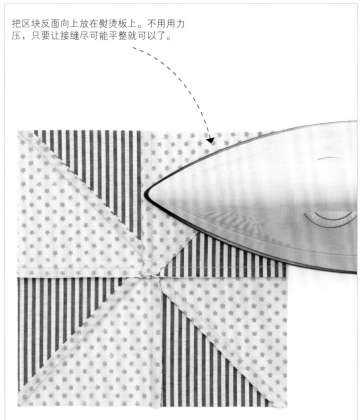

熨烫分开的缝份

缝份重叠时，需要将其分开以减少布的厚度。像步骤1那样先处理接缝（见315页）。然后分开缝份，沿着长边用熨斗尖熨平。

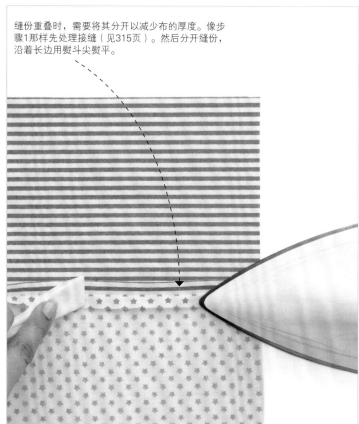

用拇指指甲刮平

在坚硬的物体表面进行。展平布块，先在反面按压，然后翻至正面，用拇指指甲缓慢地用力按压缝份，把缝份压向深色布。

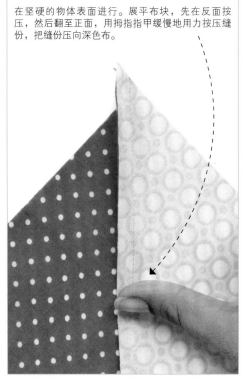

小木头刮平板

用扁平的小木头刮平板轻轻地沿着缝份压平。

熨压器

熨压器是一个塑料的船桨形的工具，用在某些刺绣技术中，也可帮助手指压平缝份。

四片式区块

简单的四片式区块包含四块相同的正方形拼布单元，两块一组。强烈的明暗对比形成最具装饰性的效果。还可以将拼布单元拼缝出各种变化和补充图案。双四片式区块是由4个四片式拼布单元总共16块拼布块组成的。

条形拼缝式的四片式区块

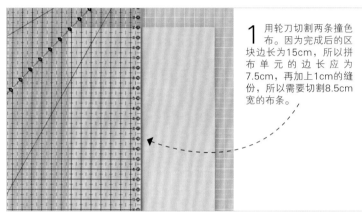

1 用轮刀切割两条撞色布。因为完成后的区块边长为15cm，所以拼布单元的边长应为7.5cm，再加上1cm的缝份，所以需要切割8.5cm宽的布条。

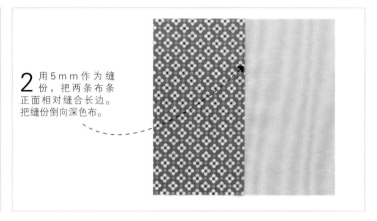

2 用5mm作为缝份，把两条布条正面相对缝合长边。把缝份倒向深色布。

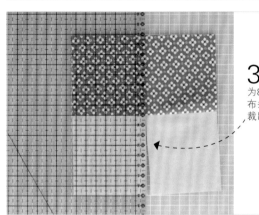

3 把缝好的布块沿与接缝垂直的方向裁开，为8.5cm宽，即与原来的布条宽度相同。照此宽度裁出两条。

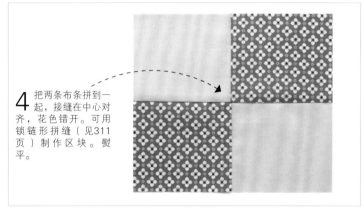

4 把两条布条拼到一起，接缝在中心对齐，花色错开。可用锁链形拼缝（见311页）制作区块。熨平。

单片拼缝式的四片式区块

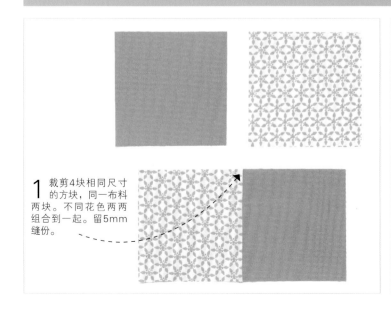

1 裁剪4块相同尺寸的方块，同一布料两块。不同花色两两组合到一起。留5mm缝份。

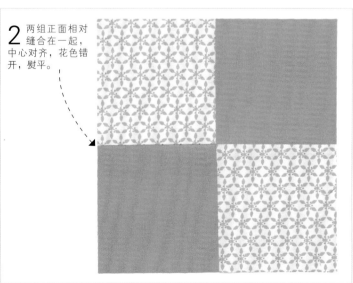

2 两组正面相对缝合在一起，中心对齐，花色错开，熨平。

拼布、贴布和绗缝

拼缝单元和单片单元组合式的四片式区块

1 制作2个四片式区块，在第三块布上裁剪2个与四片式区块尺寸相同的方块。

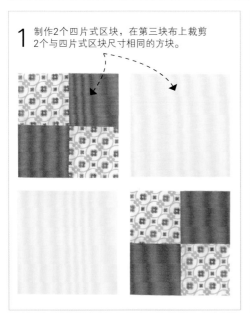

2 花色错开，把这些方块缝成两组，分别留5mm缝份。

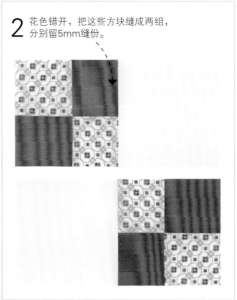

3 两组正面相对，接缝中心对齐，花色错开，拼缝到一起。

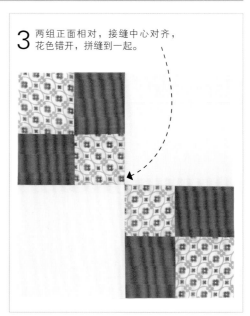

拼缝式的四片式区块

1 制作4个单独的半方三角形组成的方块（见312页）。

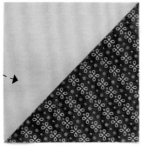

2 将它们两个一组拼缝起来。

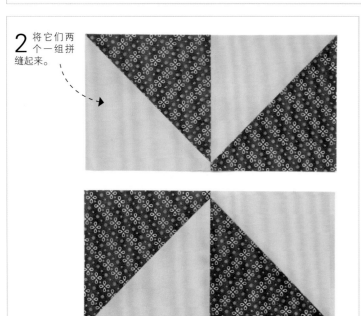

3 把两组布拼缝到一起完成区块。这里展示的是传统图案风车。

九片式区块

九片式区块是由3行各3块布块构成的，在拼布中应用得最灵活也最为广泛。其中的拼布单元可以是纯色的布块，也可以是拼缝而成的布块。因此就形成了千变万化的组合方式。在双九片式区块中，小的九片式区块作为拼布单元组合成了大的九片式区块。就像四片式区块一样，这里的单元也可以被重新划分而形成复杂的图案。

单片拼缝式的九片式区块

1 裁剪9块尺寸相同的方块，布料A 5块，布料B 4块。

 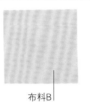

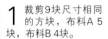
布料A 布料B

2 将它们按A–B–A，B–A–B，A–B–A的顺序3块一组，缝成3组。全部留5mm缝份，拼缝时接缝要对齐。

3 把3组拼缝起来就成为一个九片式区块。

条形拼缝式的九片式区块

1 用轮刀切割2条撞色布。完成后的区块尺寸为15cm×15cm。所以每条布条宽5cm，再加上1cm的缝份宽度。将布条排列成A–B–A，B–A–B的形式，留5mm缝份，拼缝到一起。把缝份倒向深色布。

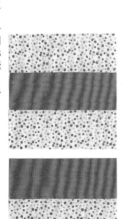

2 把缝好的布块沿与接缝垂直的方向裁开，宽度为5cm+1cm。注意，宽度应与原来的布条宽度相同。

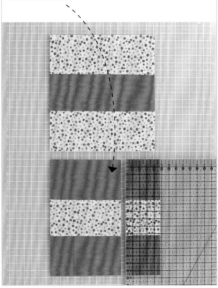

3 将布条排成3行，错开A、B并缝合。接缝对齐。用锁链形拼缝（见311页）制作九片式区块。熨平。

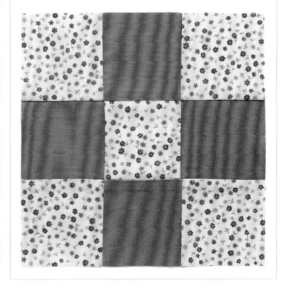

拼缝式的九片式区块

1 用布料A和布料B制作5个四片式区块（见317页）。

制作5个

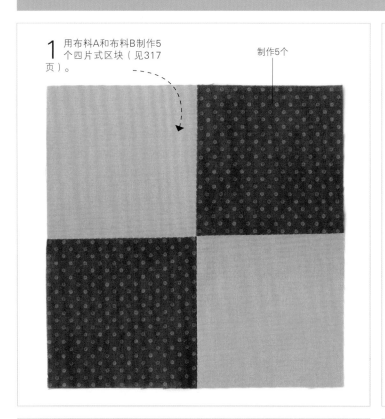

2 用布料A和布料C制作4个半方三角形组成的方块（见312页），与四片式区块大小相同。

制作4个

3 如图中这样排列成行，各留5mm缝份，拼缝到一起。每行的缝份熨平到相反方向。

4 把3行连接起来，接缝对齐，留5mm缝份缝合。熨平。

拼布、贴布和绗缝

五片式区块和七片式区块

五片式区块含有纵横各5个拼布单元，总共25个单元。七片式区块原理跟五片式区块相同，纵横各7个，总共49个拼布单元。因为这些单元不容易平分，设计作品时要先考虑清楚尺寸，这样会让裁剪容易点。如果组合后的区块尺寸是35cm、37.5cm、50cm或者52.5cm——整个作品（例如被面）所需的单元数就会少一点。

五片式区块：湖边少女

1 成品区块的边长除以5即为拼布单元的边长。增加10mm作为缝份。

2 从布料A和布料B上分别裁剪3个方块。用布料A和布料B制作19个等尺寸的半方三角形组成的方块（见312页）。

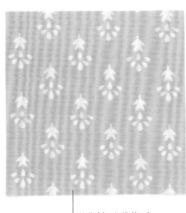
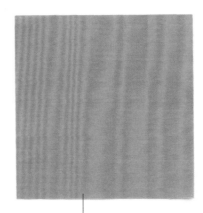

从布料A上裁剪3个方块

从布料B上裁剪3个方块

用布料A、B制作19个半方三角形组成的方块

3 按照整体设计图，把这些单元仔细拼缝成5行，每行5个拼布单元，留5mm缝份。确保三角形的方向正确。

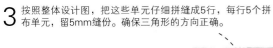

4 把5行拼在一起，接缝对齐，留5mm缝份。熨平。

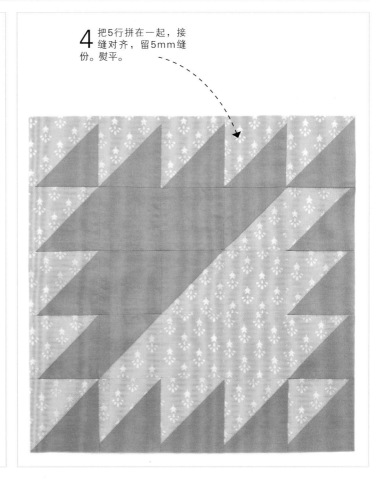

拼布、贴布和绗缝

七片式区块：熊掌

1 将成品边长除以7，得到每个拼布单元的边长，在此基础上增加10mm作为缝份。从布料A上裁剪1个方块作为中心。从布料B上裁剪4个同样大小的方块放在四角，在中间十字交叉的是手臂，宽度与中心方块的边长相等，长度是宽度的3倍。增加缝份，从布料B上裁剪4条布条。从布料C上裁剪4个大方块。大方块为2x2个中心方块的大小，需增加缝份。

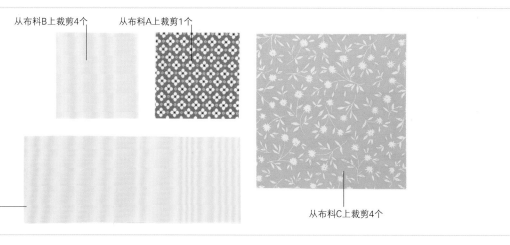

从布料B上裁剪4个　从布料A上裁剪1个

从布料B上裁剪4条

从布料C上裁剪4个

2 用布料A和B制作16个半方三角形组成的方块（见312页）。留5mm缝份，两块一组拼缝起来。

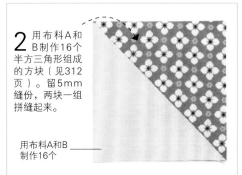

用布料A和B制作16个

3 仔细按照设计图拼缝，在步骤2的4组布块上分别加1个B方块，留5mm缝份。注意，两组布块的图案方向与另外两组的是相反的。

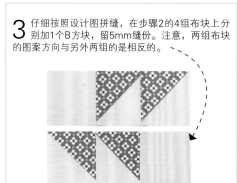

4 将步骤2剩余的4组布块分别与1个C大方块拼缝，留5mm缝份。注意布块的方向。

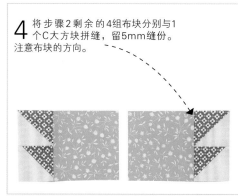

5 按照下图，将步骤3中的一组与步骤4中的一组拼缝。注意大的拼布单元两两左右对称。

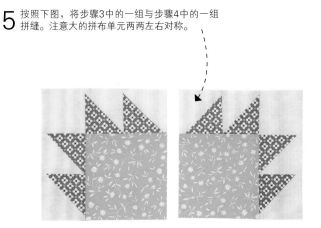

6 分别把两块大的拼布单元缝到1条B布条的两边，与长边相接。

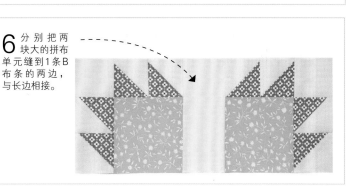

7 将剩下的2条B布条的短边与中心方块的左右两边拼缝。

8 把3行连到一起就成为一个大区块。

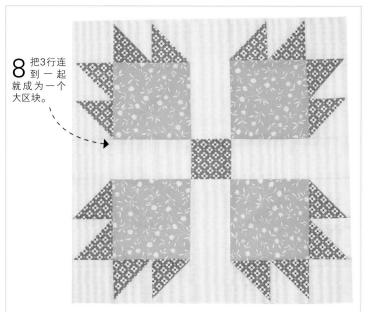

条形拼缝

条形拼缝是迅速缝成区块的好办法。一般原则是，几条长布条拼缝在一起，然后裁开，再按照不同的顺序组合。许多区块都是用这种方法拼成的，包括小木屋（见325~327页）和塞米诺（见327~329页）。

条形拼缝区块：铁路栏杆

1 从3种撞色布料上分别裁剪3条相同宽度的布条。将它们长边拼缝，留5mm缝份。为了防止布条变形，把布条1和布条2缝到末端后，调转方向拼缝布条3。把两条缝份倒向两边。

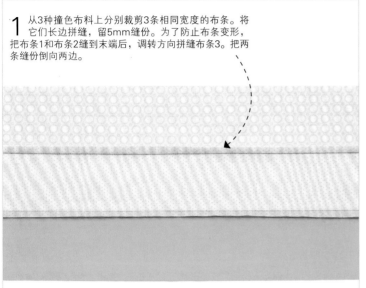

2 用轮刀沿与接缝垂直的方向切割布条，裁成与拼缝布块宽度相同的方块。

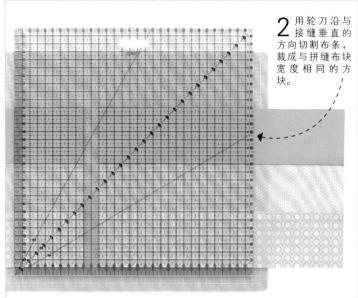

3 按照下面的设计图把方块排列成行。

4 把3个方块缝成一行，共3行，留5mm缝份。熨平缝份，每行内方向错开。

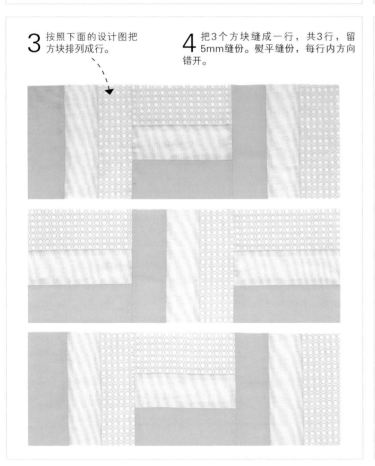

5 把3行连起来，接缝对齐，留5mm缝份。

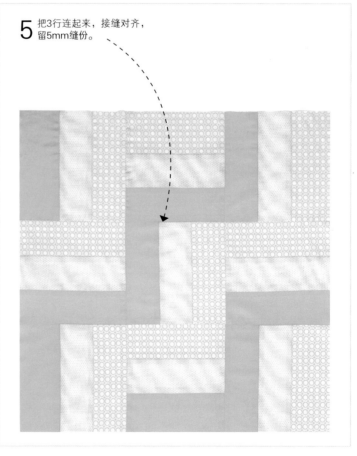

拼布、贴布和绗缝

线绳拼缝

线绳拼缝与条形拼缝相近，但是布条更像"绳子"，也不要求非是规整的直条形。这是充分利用不等宽度的余料的好办法。线绳拼缝区块能够做成很大的单元。

方法一

1 选择一定数量、不同图案的撞色长布条，将它们纵拼在一起，留5mm缝份。交替改变布条的角度和针迹的方向，以保证完成后的布块是平整的。

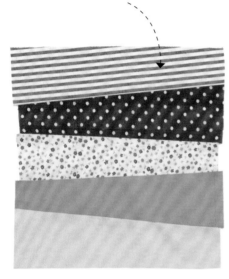

2 把缝份倒向一侧。修剪布块成符合需要的尺寸和形状。

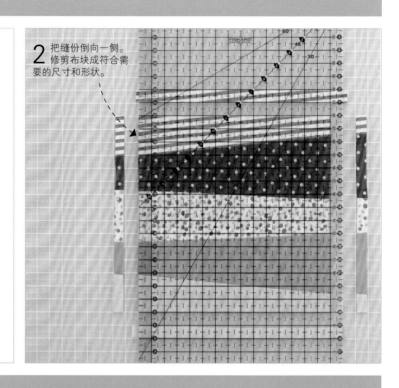

方法二

1 裁剪一块细棉布块或者纸块作为背景，加上缝份。把第1条布条正面向上放在背景的中心，再把第2条布条正面向下放在第1条布条上。让两条布条比背景的最长距离长。

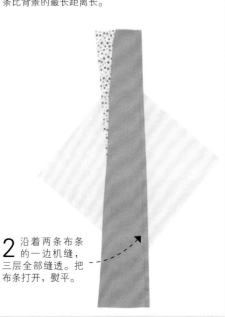

2 沿着两条布条的一边机缝，三层全部缝透。把布条打开，熨平。

3 调转背景的方向，增加新的布条，正面向下，加到第1条布条的另一侧边上。打开布条，熨平。

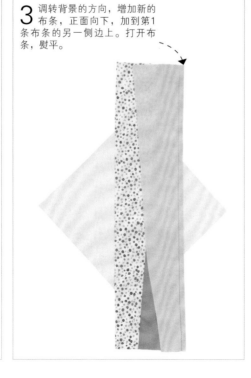

4 继续这样增加布条，打开，熨平，直到背景全部被覆盖。按照背景的大小修剪边缘。如果背景要取下的话，留5mm缝份，撕下纸质背景的时候要小心。熨平。

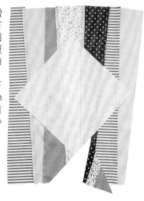

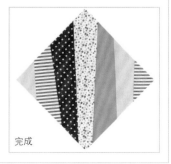

完成

小木屋

小木屋图案大概是所有区块图案中最灵活多变的。既可以单个制作也可以锁链形拼缝。小木屋图案更多应用于碎布拼布中，如果色调有强烈的对比，就算只有两种颜色其效果往往也会让人惊叹。最重要的中心布块其实是可以使用任何形状的，拼缝的顺序也可以变化。区块有多种组合（见363页），因而会形成衍生图案。一般情况下都留5mm缝份。

方法一：单片式区块

1 按要求的尺寸裁剪中心方块并增加缝份。从布料A上裁剪相同大小的第2个方块，并将它们沿一条边拼缝到一起。展开熨平。

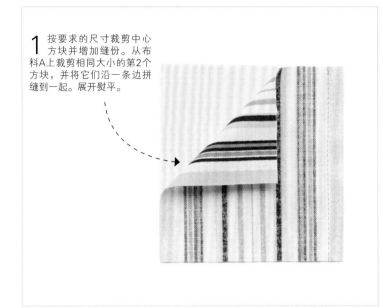

2 从布料A上裁剪宽度与中心方块边长相等、长度与拼缝后的布块长度相等的长方形，将两布块正面相对，沿长边拼缝到一起。拼缝时，从第2个方块的一角开始，到中心方块的底角结束。

3 用相同方式缝合从布料B上裁剪的2块布条。沿顺时针方向增加，让中心始终保持正方形的形状。

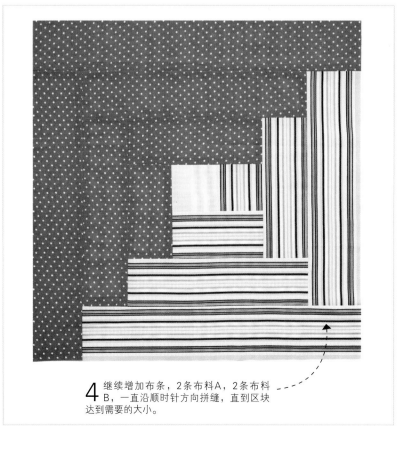

4 继续增加布条，2条布料A，2条布料B，一直沿顺时针方向拼缝，直到区块达到需要的大小。

方法二：锁链形拼缝

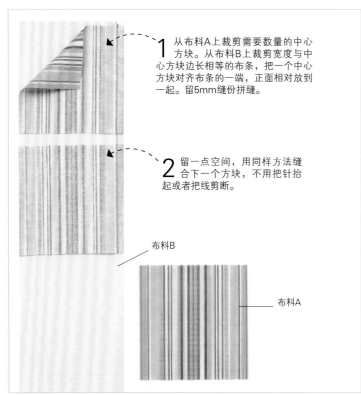

1 从布料A上裁剪需要数量的中心方块。从布料B上裁剪宽度与中心方块边长相等的布条，把一个中心方块对齐布条的一端，正面相对放到一起。留5mm缝份拼缝。

2 留一点空间，用同样方法缝合下一个方块，不用把针抬起或者把线剪断。

布料B

布料A

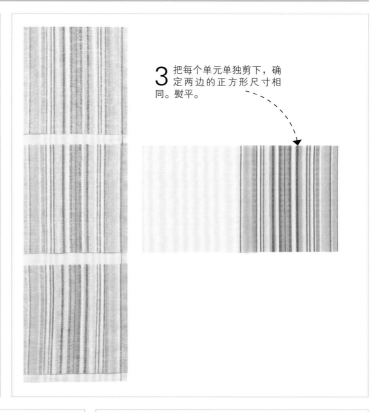

3 把每个单元单独剪下，确定两边的正方形尺寸相同。熨平。

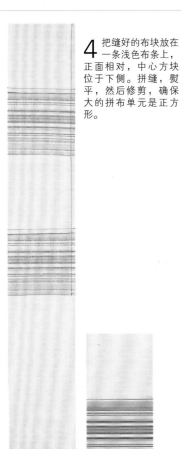

4 把缝好的布块放在一条浅色布条上，正面相对，中心方块位于下侧。拼缝，熨平，然后修剪，确保大的拼布单元是正方形。

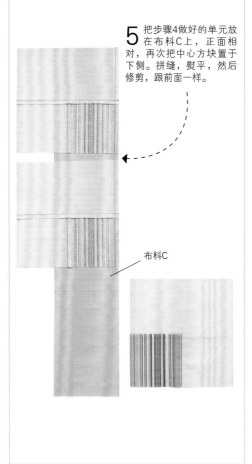

5 把步骤4做好的单元放在布料C上，正面相对，再次把中心方块置于下侧。拼缝，熨平，然后修剪，跟前面一样。

布料C

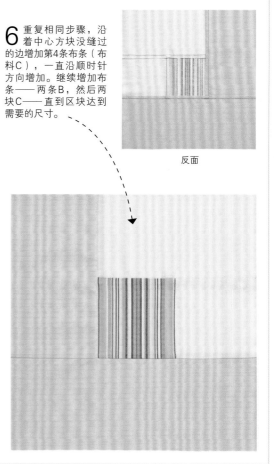

6 重复相同步骤，沿着中心方块没缝过的边增加第4条布条（布料C），一直沿顺时针方向增加。继续增加布条——两条B，然后两块C——直到区块达到需要的尺寸。

反面

方法三：法院台阶

1 裁剪中心方块。

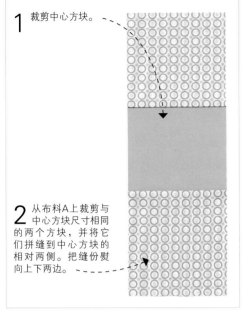

2 从布料A上裁剪与中心方块尺寸相同的两个方块，并将它们拼缝到中心方块的相对两侧。把缝份熨向上下两边。

3 从布料B上裁剪与中心方块宽度相同的布条，在步骤2的制品的长边各缝合1条。修剪到中心方块边长的3倍长。从中间向两边熨平缝份。

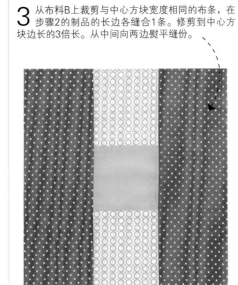

4 继续增加布条——2条布料A，2条布料B——每次都在区块的相对两侧缝合，直到达到需要的大小。从中心向四边熨平每条布条。

塞米诺拼布

这种条形拼布为美国佛罗里达州的原住民塞米诺尔人所使用，非常适合做边缘或者区块。通常使用的方法是按照一定角度裁剪布条，然后重新拼缝在一起。

方法一：直线拼缝

1 从3块撞色布上裁剪布条，宽度比为2∶1∶3，这样看起来较为协调。

2 将它们正面相对缝合，最窄的布条在中间，留5mm缝份。缝份压向深色布。

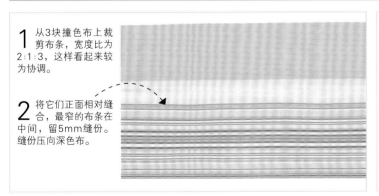

3 用轮刀和尺子，沿与接缝垂直的方向切割成需要的宽度。

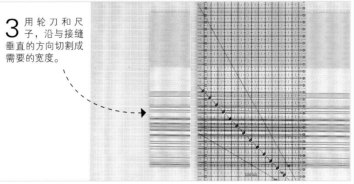

4 相邻两布条方向颠倒，从反面缝合到一起。把缝份向一个方向熨平。

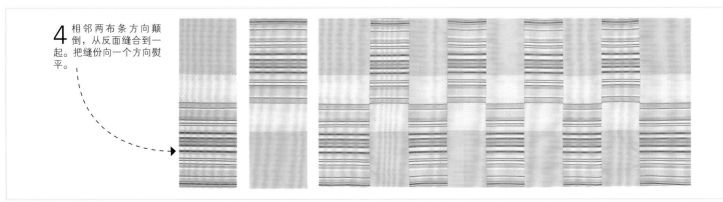

方法二：倾斜拼缝

1 从3块撞色布上裁剪布条，宽度可以有所不同。

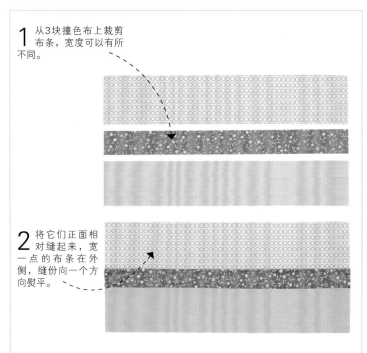

2 将它们正面相对缝起来，宽一点的布条在外侧，缝份向一个方向熨平。

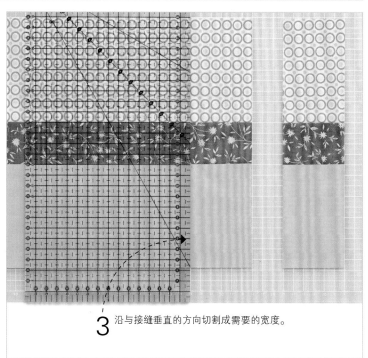

3 沿与接缝垂直的方向切割成需要的宽度。

4 把布条从反面缝合到一起，留5mm缝份。如图所示，每次缝合都要调整中间布块的相对位置。把缝份向一个方向熨平。

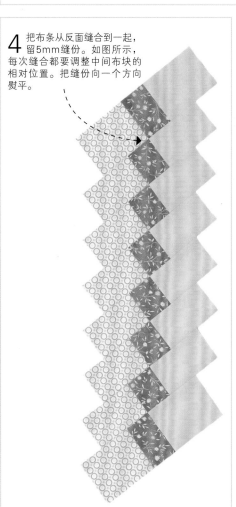

5 修剪拼缝后布条的两侧边，去掉尖角。

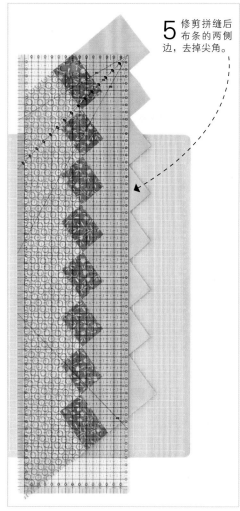

6 两端修剪整齐。

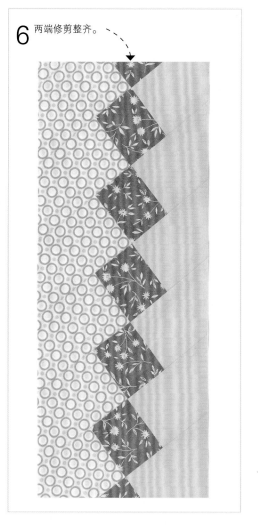

方法三：V字形拼缝

1 从3块撞色布上裁剪相同宽度的布条。将它们正面相对缝合，缝份向一个方向熨平。相同方法再制作一条。

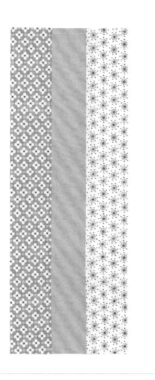

2 在第1条拼缝布条上，按照一定角度以相同方向裁剪。

3 在第2条拼缝布条上重复一样的步骤，但是与第1条布条的裁剪方向不同。

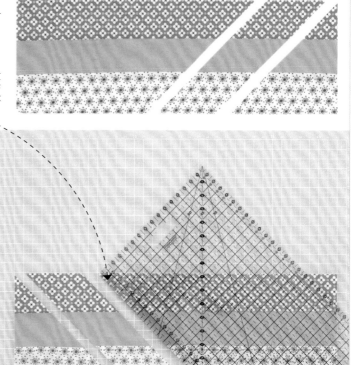

4 把步骤2裁剪的布条和步骤3裁剪的布条缝份（5mm）对齐，拼缝到一起。如此重复，将其余布条按组拼缝。

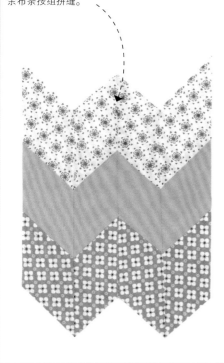

5 把所有拼缝组连起来就成为V字形拼布。把缝份向一个方向熨平。修剪两侧，去掉尖角。

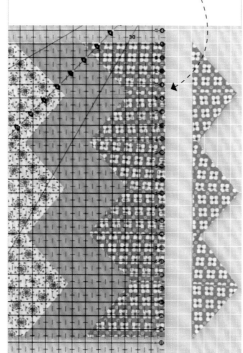

6 中间的布形成了V字形图案。

星形区块

星形设计构成了拼布图谱中最大的族群，包含最简单的四片式到特别精致的多角星。它们融合了多种技术，下列这些图谱就是各种变化的基础。

孤星：双四片式拼布

1 成品边长除以4，便得到下述方块的边长，但要加上缝份。从布料A和布料B上裁剪4个方块。用布料A和布料B制作8个半方三角形组成的方块（见312页）。

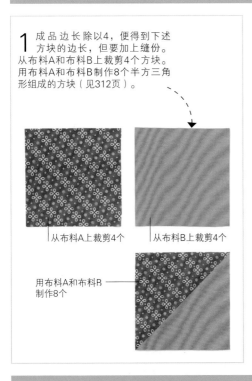

从布料A上裁剪4个　　从布料B上裁剪4个

用布料A和布料B
制作8个

2 按照设计图，把单片方块和半方三角形组成的方块4个一行拼缝在一起，留5mm缝份。

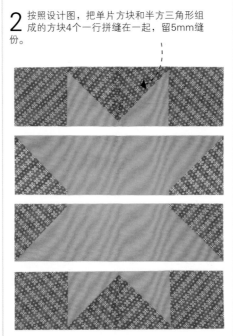

3 把这些行连起来，缝份对齐，留5mm缝份。

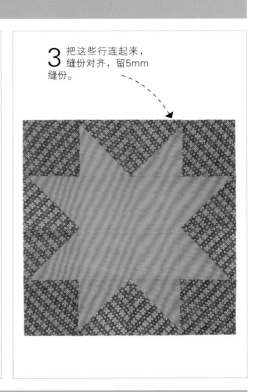

友谊星：九片式拼布

1 成品边长除以3，便得到下述方块的边长，再加上缝份。从布料A上裁剪4个方块，从布料B上裁剪1个方块。用布料A和布料B制作4个半方三角形组成的方块。

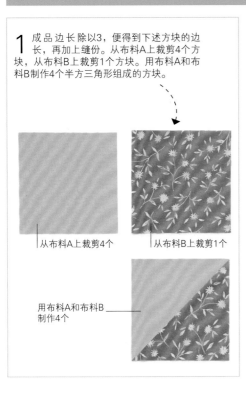

从布料A上裁剪4个　　从布料B上裁剪1个

用布料A和布料B
制作4个

2 按照设计图，把单片方块和半方三角形组成的方块3个一行拼缝在一起，留5mm缝份。

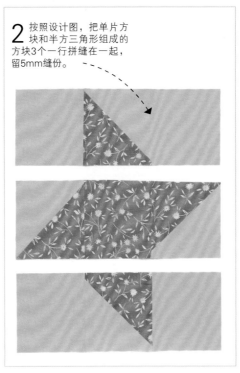

3 把这些行连起来，缝份对齐，留5mm缝份。

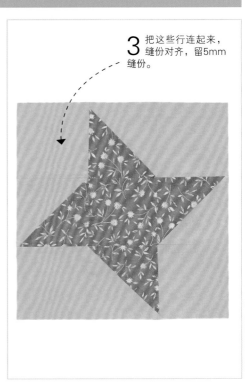

俄亥俄之星：用四分之一方三角形组成的方块拼缝九片式拼布

1 成品边长除以3，得到下面方块的边长，再加上缝份。从布料A上裁剪4个方块，从布料B上裁剪1个方块。用布料A和布料B制作4个四分之一方三角形组成的方块（见313页）。

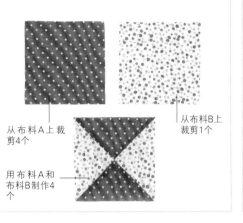

从布料A上裁剪4个

从布料B上裁剪1个

用布料A和布料B制作4个

2 按照设计图，把单片方块和四分之一方三角形组成的方块3个一行拼缝在一起，留5mm缝份。

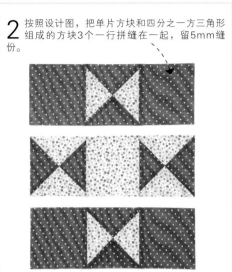

3 把这些行连起来，缝份对齐，留5mm缝份。

六角星：60°角

1 复制需要尺寸的模板，并裁剪图案。从布料A和布料B上分别裁剪星的3个角，从布料C上裁剪6个菱形（见303页）作为框架。裁剪拼布块的时候，四周都要增加缝份。

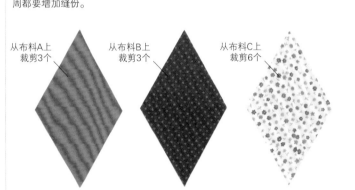

从布料A上裁剪3个

从布料B上裁剪3个

从布料C上裁剪6个

2 把星星的3个角拼在一起，花色交错。

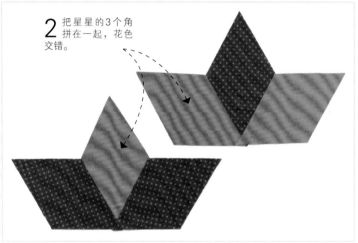

3 把两组布块拼成星星。

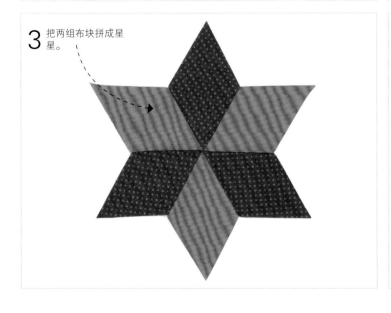

4 嵌入菱形布块（见309页）。

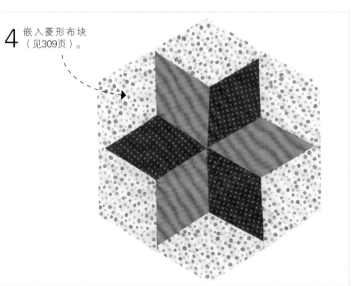

拼布、贴布和绗缝

八角星：45°角

1 按照需要的尺寸制作模板，需要有平行四边形、正方形和三角形。从布料A和布料B上分别裁剪4个平行四边形（见303页）作为星星的角，从布料C上裁剪4个方块（见301页）作为四角和4个嵌入的等腰直角三角形（见303页）。

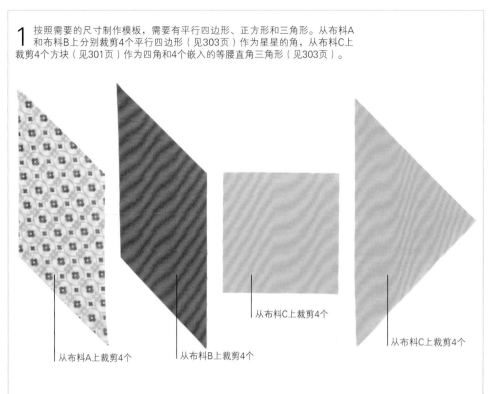

从布料A上裁剪4个

从布料B上裁剪4个

从布料C上裁剪4个

从布料C上裁剪4个

2 把星星的角两个拼成一组，共4组，花色交错。

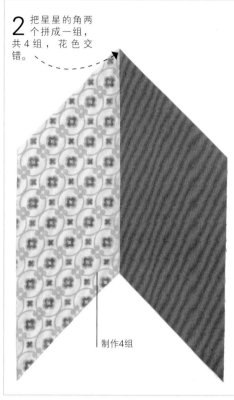

制作4组

3 把两组缝成半个星星，依法制作另一半，然后缝成一个完整的星星。

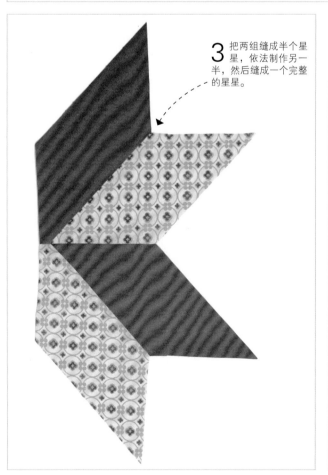

4 嵌入等腰直角三角形，然后把方块也嵌入（见309页）。

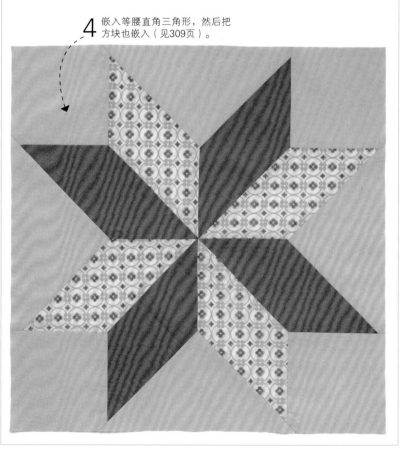

图案区块

大多数图案区块都是贴布形式的，但是也有一定数量的代表性区块是拼布形式的，既包括传统的也包括现代的。其中很多区块的灵感来自自然，例如花朵和叶子，如果它们间隔出现而不是边贴边缝在一起，能获得最佳的视觉效果。边条（见365页）可以用于分隔区块令图案更加突出，也可以与纯色的区块间隔拼缝。

枫叶：九片式拼布

1 成品尺寸除以3。增加缝份。从布料A上裁剪2个方块，从布料B上裁剪3个方块。从布料B上裁剪宽4cm的布条1条作为枫叶的茎部，长度要能盖住方块的对角线。用布料A和布料B制作4个半方三角形组成的方块（见312页）。

从布料B上裁剪1条

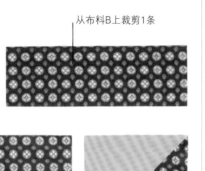

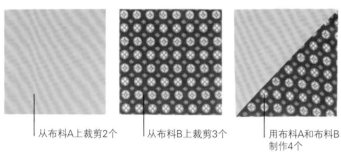

从布料A上裁剪2个 从布料B上裁剪3个 用布料A和布料B制作4个

2 把茎部如图缝在方块布料A上，注意整体平衡。把两条长边和一条短边折到反面。修整折边使其与方块的角一致。

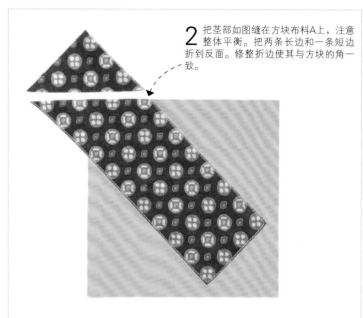

3 按照设计图，3个一行拼缝在一起。

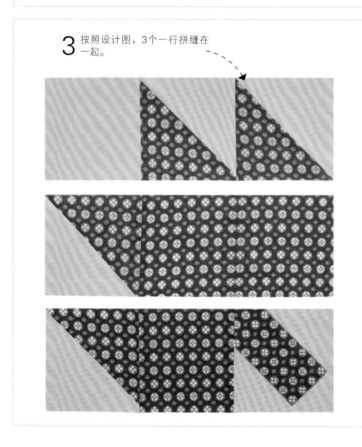

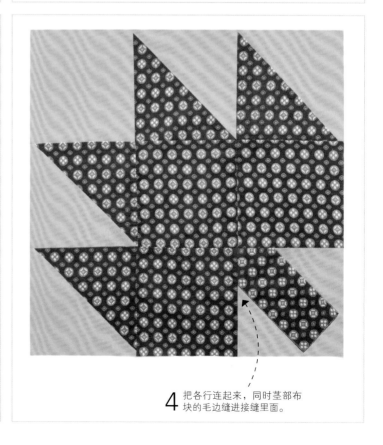

4 把各行连起来，同时茎部布块的毛边缝进接缝里面。

拼布、贴布和绗缝

百合：八角星

1 从布料A上裁剪6个花瓣，从布料B上裁剪2个花瓣，从布料C上裁剪4个方块、8个等腰直角三角形（见303页），从布料D上裁剪2.5cm宽、长度足以覆盖方块对角线的布条，作为茎部。

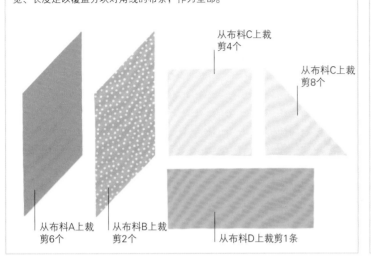

从布料C上裁剪4个

从布料C上裁剪8个

从布料A上裁剪6个

从布料B上裁剪2个

从布料D上裁剪1条

2 把布条斜放到方块布料C上面。把超出对角的毛边折到反面，修整折边使其跟方块的直角一致（见333页）。

3 把同颜色的两块布组合成花瓣组。

4 在每组花瓣的两侧长边上增加三角形。

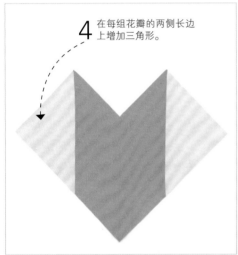

5 在每组花瓣的角部嵌入方块，便形成了4个拼布单元。注意把茎部的毛边缝进接缝里面。

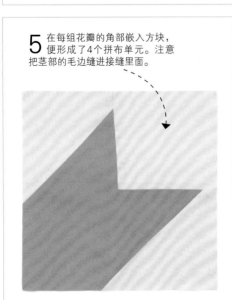

6 把拼布单元两两拼成对，然后把两对连起来，在拼布中心精心处理接缝，让拼布平整。

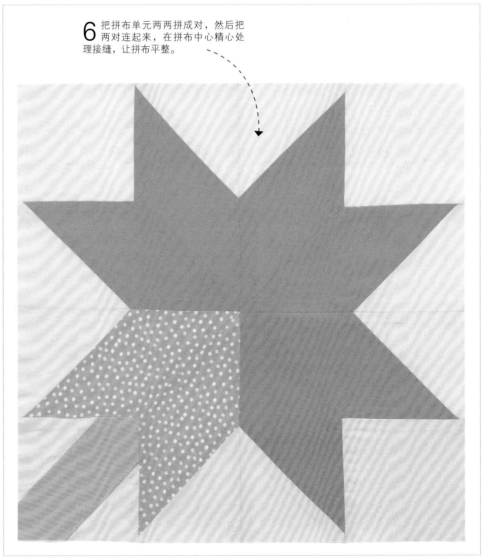

蛋糕篮：五片式拼布

1 成品尺寸除以5，增加缝份。从布料A上裁剪8个方块，用布料A和布料B制作8个半方三角形组成的方块（见312页）。

从布料A上裁剪8个

用布料A和布料B制作8个

2 成品的中心半方三角形组成的方块的边长是其他外围半方三角形组成的方块边长的三倍。从布料A和布料B上分别裁剪三角形，斜边对齐，拼缝到一起。

3 把3个小半方三角形组成的方块拼缝到一起。

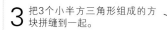

4 把1个小半方三角形组成的方块跟另外两个单片方块拼缝到一起。依照设计图，将步骤3、4做好的布条拼缝到大半方三角形组成的方块的相对两侧。

5 按照整体设计图，把剩余的小方块拼缝成条形，并缝合在大方块的相对两侧。把所有接缝对齐。

拼布、贴布和绗缝

帆船：双四片式拼布

1 成品边长除以4，得到下面方块的边长，再加上缝份。从布料A上裁剪4个方块。从布料B上裁剪2个方块，方块边长除以3再增加10mm作为宽，裁剪出布条用来制作大海，3种颜色布各裁剪4条，长度与方块边长相同。用布料A和布料B制作2个半方三角形组成的方块（见312页），用布料A和布料C制作4个。

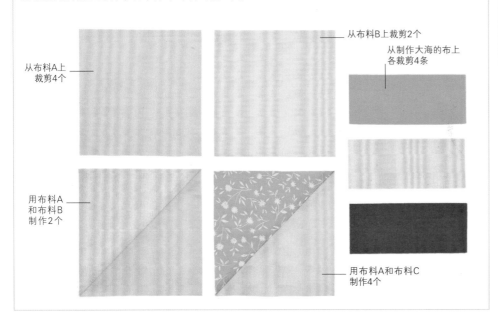

从布料A上裁剪4个

从布料B上裁剪2个

从制作大海的布上各裁剪4条

用布料A和布料B制作2个

用布料A和布料C制作4个

2 将制作大海的布条缝成4个拼布单元，每个与单片方块大小一样。如果你愿意，也可以用3个长布条制作大海。宽度由步骤1决定，长度是成品边长加上缝份。

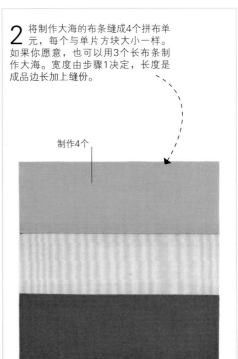

制作4个

3 按照整体设计图，把拼布单元连成4行。

4 把所有行连起来就完成了区块。

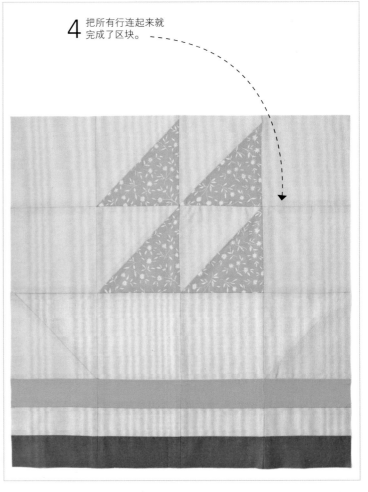

房子

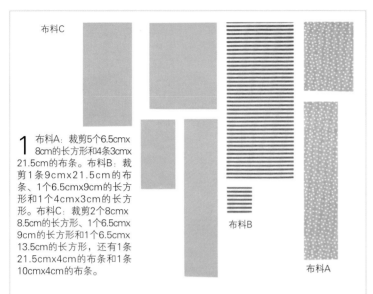

1 布料A：裁剪5个6.5cmx8cm的长方形和4条3cmx21.5cm的布条。布料B：裁剪1条9cmx21.5cm的布条、1个6.5cmx9cm的长方形和1个4cmx3cm的长方形。布料C：裁剪2个8cmx8.5cm的长方形、1个6.5cmx9cm的长方形和1个6.5cmx13.5cm的长方形，还有1条21.5cmx4cm的布条和1条10cmx4cm的布条。

布料C

布料B

布料A

2 将布料B和布料C的6.5cmx9cm的长方形沿对角线斜裁，制作成2个半矩形三角形（见303页）组成的方块。在布料B的9cmx21.5cm的长布条两端各缝1个，制作成房顶。

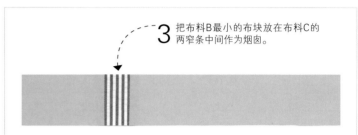

3 把布料B最小的布块放在布料C的两窄条中间作为烟囱。

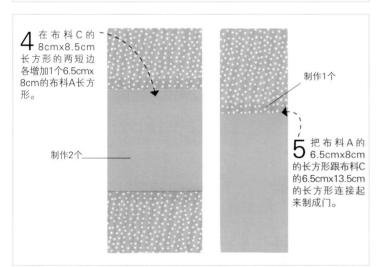

4 在布料C的8cmx8.5cm长方形的两短边各增加1个6.5cmx8cm的布料A长方形。

制作2个

制作1个

5 把布料A的6.5cmx8cm的长方形跟布料C的6.5cmx13.5cm的长方形连接起来制成门。

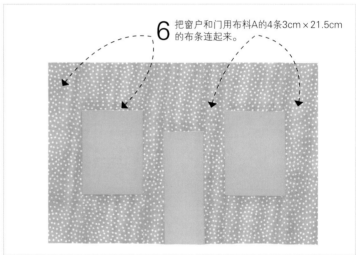

6 把窗户和门用布料A的4条3cm×21.5cm的布条连起来。

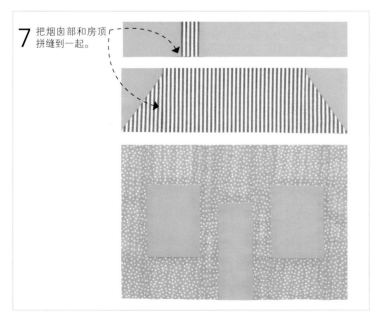

7 把烟囱部和房顶拼缝到一起。

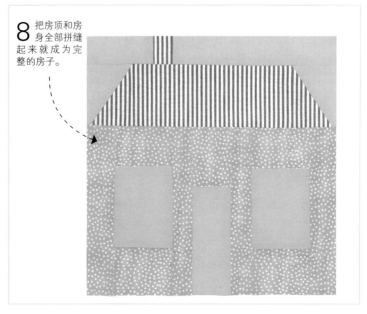

8 把房顶和房身全部拼缝起来就成为完整的房子。

曲线区块

　　拼布图谱中曲线拼缝比直线拼缝用得少，因为直线拼缝的单元裁剪和缝制更简单。尽管曲线拼缝要求精度高，但它也提供了更多的选择。从制作模板到裁剪和固定，每一步都精心准备还是容易缝制的。很多人发现，曲线拼缝用手缝相对容易，但是用机缝也并不难。

醉汉小径

1 用卡纸或者塑料制作2个模板——一个用来裁布料，另一个修剪掉缝份后的模板用来画缝合线。两套模板上的对准标记都要非常精确。

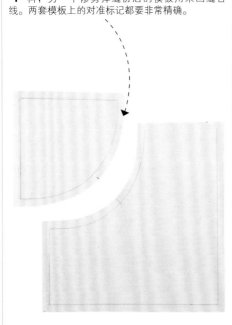

2 把大一圈的裁布线画到所选布的反面。确保按照记号线画的时候线条精确。

3 按线条裁剪布。如果使用剪刀，要沿着曲线外围剪，而不是在曲线上面剪。如果使用轮刀，就要使用号码小的刀刃，在切割垫上圆滑地切割，才能得到最好的布块效果。

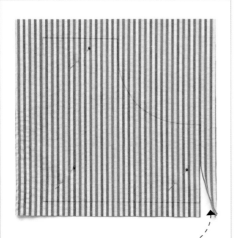

4 把裁剪好的布块分开，用第2套模板，把缝合线和对准标记都准确地画在每块布的反面。

塑料模板

5 把两个裁剪好形状的布块正面相对用珠针固定在一起，边缘外凸的布块放在内凹的布块上。先把标记好的中点对好并用珠针别上，然后再用珠针固定角部。

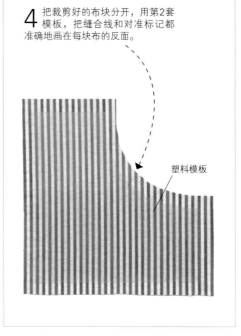

6 根据需要把两布块的缝合线对齐，在中间插入珠针，间距8mm左右，并用食指和拇指调整布块去除不平整的褶皱。

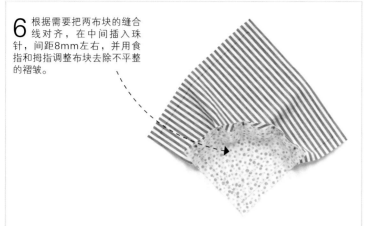

7 沿着每块布上标记好的缝合线缝合，一边缝一边取下珠针。如果提前用珠针固定好了，你可以锁链形拼缝这些拼布单元。

缝合针迹距离布边5mm

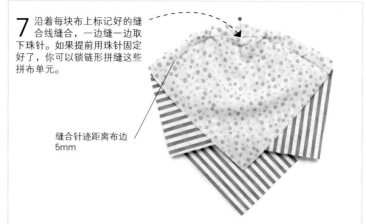

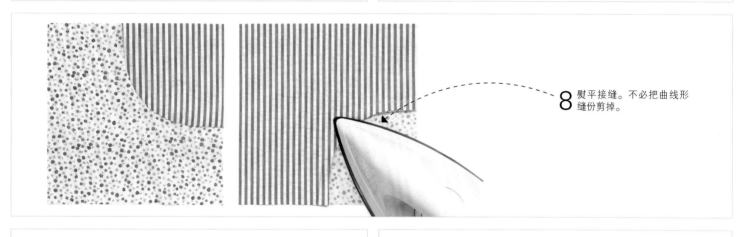

8 熨平接缝。不必把曲线形缝份剪掉。

9 按照整体设计图变换花色，把拼布单元组合成四行四列的图案。每隔一行改变缝份的倒向。

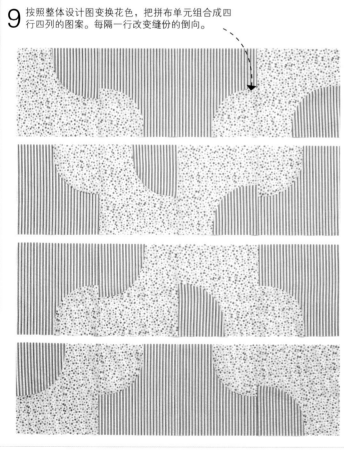

10 所有行连接起来，仔细对齐接缝。熨平即可。

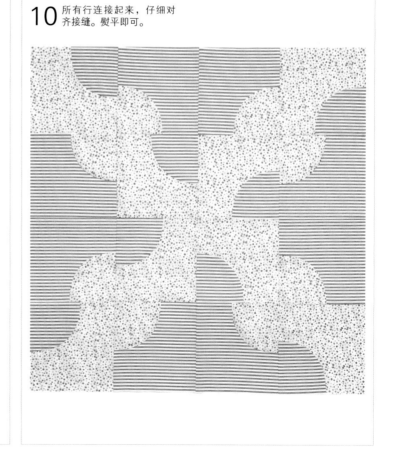

拼布、贴布和绗缝

祖母扇

1 在卡纸或者塑料上画出轮廓线并裁剪下来。制作2个模板——一个用来裁布块，另一个修剪掉缝份的模板用来画缝合线。

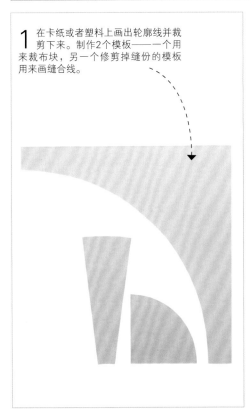

2 要做1个6片扇骨的扇形，需要从布料A和布料B上分别裁剪3个船桨形布块。从布料C上裁剪扇子的角，还要从布料D上裁剪背景布块。

从布料D上裁剪1个

从布料A上裁剪3个

从布料B上裁剪3个

从布料C上裁剪1个

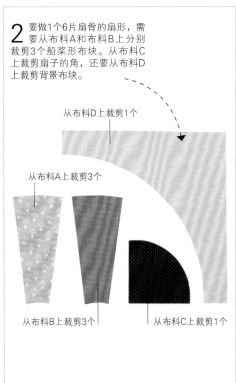

3 交替配置布料A和布料B的扇骨布块，留5mm缝份后缝合。缝份熨向同一方向。

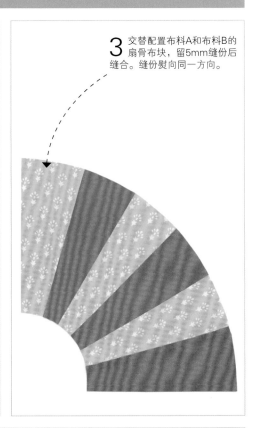

4 在扇形的顶边和底边分别画出缝份线。

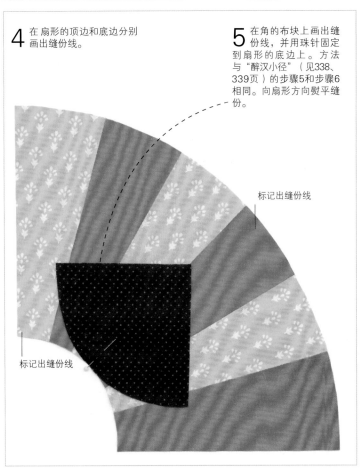

标记出缝份线

标记出缝份线

5 在角的布块上画出缝份线，并用珠针固定到扇形的底边上。方法与"醉汉小径"（见338、339页）的步骤5和步骤6相同。向扇形方向熨平缝份。

6 在背景布块上标记出缝份线，用珠针固定到扇形的顶边上。如前面的步骤一样将其与扇形缝合。把缝份熨向背景布块。

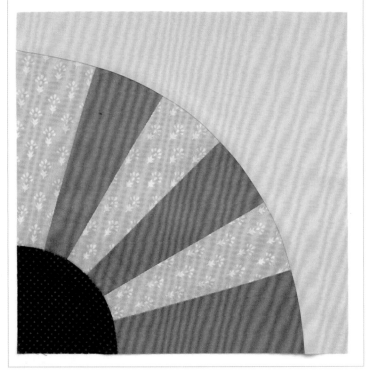

英式硬纸拼缝

这是制作马赛克图案的传统方法。布块——六边形、蜂巢形、菱形和三角形，所有这些至少都有两个斜边——需要疏缝到预先裁好的与成品单元大小一致的纸质模板上。这种技术通常需要手工实现。做衬的纸可以从厚纸上裁下来，比较而言，冷冻纸熨烫后能够很快服帖，而且容易撕下来。

基础技术

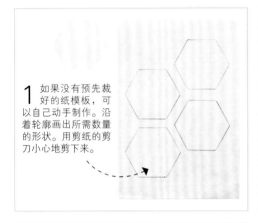

1 如果没有预先裁好的纸模板，可以自己动手制作。沿着轮廓画出所需数量的形状。用剪纸的剪刀小心地剪下来。

2 用珠针把模板固定到布的反面，或者把冷冻纸熨贴上去。留下足够的空间作为缝份。

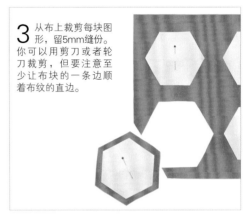

3 从布上裁剪每块图形，留5mm缝份。你可以用剪刀或者轮刀裁剪，但要注意至少让布块的一条边顺着布纹的直边。

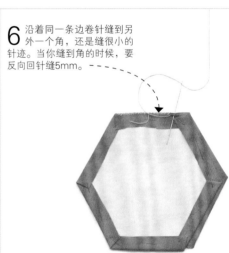

4 把缝份折向反面，包住模板的边缘。沿着每条边按顺序疏缝。把每个折角都压平整，针迹在角处要缝透固定好。

5 为了把布块连成大的拼布单元，将两布块正面相对，边缘对齐，先缝回针线圈（见306页），然后用卷针缝一直缝到角。注意不要缝到模板上。

6 沿着同一条边卷针缝到另外一个角，还是缝很小的针迹。当你缝到角的时候，要反向回针缝5mm。

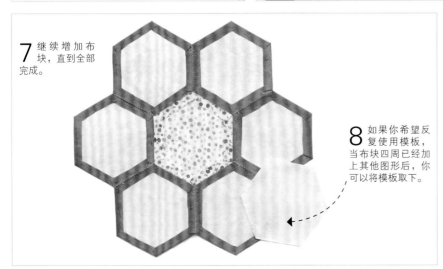

7 继续增加布块，直到全部完成。

8 如果你希望反复使用模板，当布块四周已经加上其他图形后，你可以将模板取下。

9 拆掉疏缝线。

拼
布
、
贴
布
和
绗
缝

嵌入六边形

1 要嵌入第3块六边形，先从中心交点开始卷针缝一条接缝。

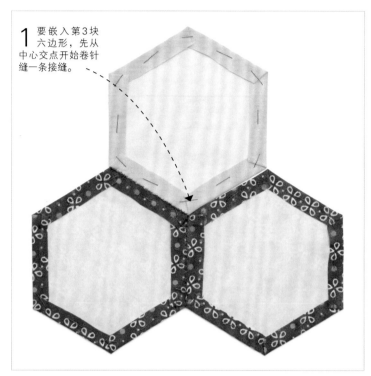

2 从外侧顶角开始对齐第2条接缝，可根据需要把布折到反面，跟之前一样缝好。

干净利落的折边

1 疏缝菱形和三角形的时候，要想让尖角处的折边干净利落，要从一边的中间向两个角缝制。当到达尖角时，用手指压住伸展出去的缝份。

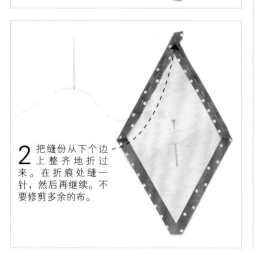

2 把缝份从下个边上整齐地折过来。在折痕处缝一针，然后再继续。不要修剪多余的布。

干净利落的拼缝

要想完成的拼布干净整齐，需要把多出来的缝份折到边缘，不用缝这部分。当几处多余缝份集中到一起的时候，没有缝过的延展部分绕着中心点形成螺旋状，然后压平。

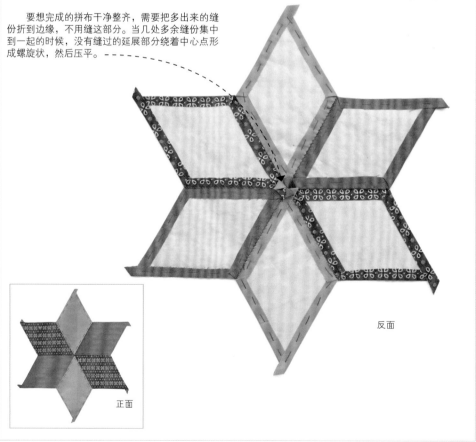

正面

反面

衬底拼缝

有几种特别的拼布技术是要在衬底上进行的。疯狂拼布用的是不规则图形，这也是充分利用零碎布块的好办法。最好使用轻薄的衬底，例如白棉布。底压法的衬底拼缝要求精准度，是快速完成区块的好方法。你可以为每个弧形制作出图案，也可以加上统一的缝份后裁剪出形状。

衬底拼缝：顶压法

1 裁剪薄白棉布作为衬底，在完成后区块的尺寸四周加上2.5cm做缝份。

2 把各种形状和花色的直边布块收集到一块。从中心开始，把两块布正面相对放在一起，沿着一边缝合。留5mm缝份，可以手缝也可以机缝。

3 用熨斗或者指尖把两块布分开压平。

4 按照步骤1的做法，在缝好布块的一边上增加第3块布。分开压平。如果有必要，在增加下一块布之前把缝份修剪平整。如果机缝，剪断线尾。

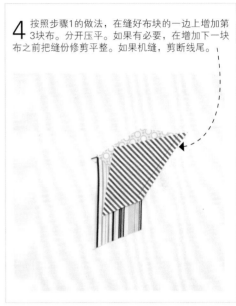

5 继续沿着中心布块顺时针方向增加其他布块，直到衬底被全部填满。保持不规则的形状排列，避免出现平行线。让接缝以不同的方向出现，变换着角度。一边拼缝一边压平缝份。

6 修剪边缘，令其与衬底对齐。如果你愿意，可以再装饰下完成的拼布。

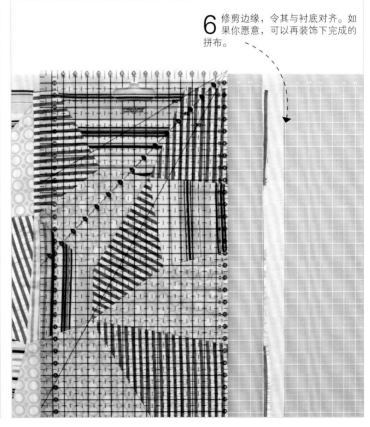

拼布、贴布和绗缝

衬底拼缝：底压法

1 将选好的衬底（可以选择厚纸、薄棉布、铺棉或者无纺布等）裁剪到要求尺寸，四周增加统一的缝份。

2 把设计图描或者转印到衬底上来。在衬底上按顺序标清楚数字编号。你将从反面缝，所以区块也将与衬底相反。

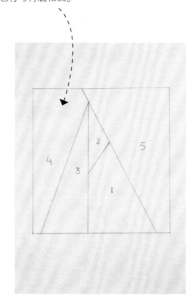

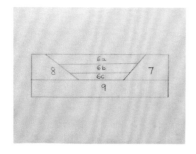

3 裁剪第1块布，正面向上，用珠针把它固定到衬底反面。确保布块的边缘覆盖住缝合线，可以通过灯光来查看。

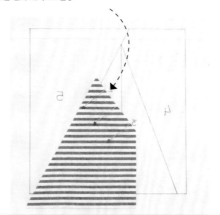

5 把衬底翻过来正面向上，重新仔细固定珠针，避免某个珠针在缝纫机的送布齿上被撞到。

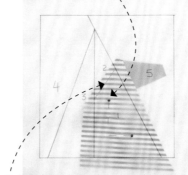

6 缝合接缝，把第1块布和第2块布拼缝起来。如果你用的是纸质衬底，短针迹更容易移除。必要的话，修剪缝份到5mm。

4 裁剪第2块布，与第1块正面相对，沿着要缝合的边缘对齐。珠针要穿透这几层。

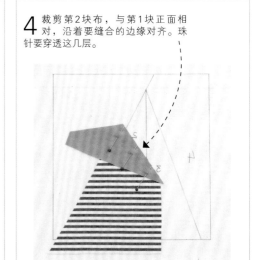

7 再把衬底翻到正面向下，取下珠针，展开布块并熨平。

8 像之前那样裁剪第3块布，紧挨着第2块对齐。用珠针固定，然后把衬底翻过来像步骤5~7那样缝合。

9 当完成图案的上面部分后，再用相同的方法制作下面部分。

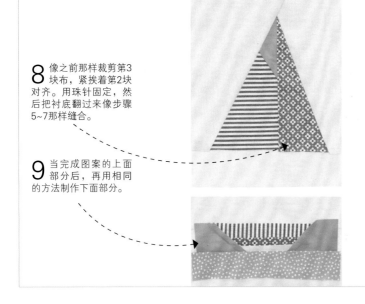

10 把所有部分拼缝到一起。修剪拼布图案的边缘使其跟衬底大小一致。如果衬底是可以取下的，小心地把它撕下来。

折叠拼布

有一些特别的拼布技术需要精心处理布块，在把布块拼缝到一起之前要用特别的方式去折叠。它们可以用于制作绗缝物，但是因为它们用到的绝对不止一层布，因此也非常适合用于制作家居物品，例如餐具垫等。

教堂之窗

1 确定成品中小方块的边长（例如10cm），将这个尺寸乘以2（20cm），再加上10mm缝份，在背景布即布料A上裁剪4个该尺寸的方块。

2 把每个方块沿对角线对折，熨平，然后再沿着另一条对角线对折，熨平，这样就标示出方块的中心。打开布块，把四条边的缝份分别折向反面。熨平。

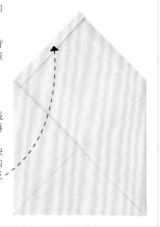

3 把每个方块的四个角向中心折，并熨平，使新形成的角是精确的直角。

4 穿透所有布，在方块的中心缝短小的十字针迹，固定住每个角。

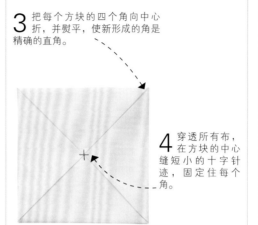

5 把四个角再次折到中心，熨平。穿透所有布缝短小的十字针迹，固定这四个角。现在的方块的边长只有步骤1中大方块的1/2了。

6 折边对齐，把四个小方块两两拼缝，沿着边缘做细密的卷针缝。然后再把两组缝成大方块。如果你正在制作一块大的拼布，你可以在添加窗户之前先这样缝成几行。

7 用布料B裁剪撞色的窗户方块。（每扇窗户所需的方块应该刚好在背景方块的尺寸之内；要得到窗户的边长，可以测量从折叠后方块的中心到外角的距离。）

8 把第1扇窗户放在接缝上面，用珠针固定。必要时，略微修剪窗户的毛边令尺寸合适。

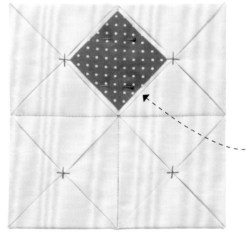

9 卷折背景方块上的一条边盖住第1扇窗户的毛边。

10 用颜色与背景布相配的线沿着滚边缝细小的针迹，要完全把毛边包在里面。

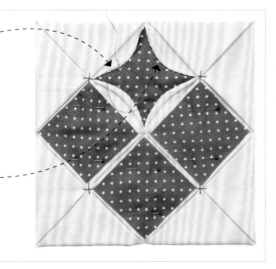

11 重复步骤7~10，把方块内的其他部分完成。如果按行缝制，可把行拼缝到一起以后再添加窗户。

拼布、贴布和绗缝

神秘花园

1 像教堂之窗（见345页）的步骤1~3一样，制作一个折叠方块。把四角折叠好并熨平，但是不需要缝针迹固定。剪下窗户所需的方块，与完成后的方块大小相同。

2 把熨平的方块打开，把窗户的四角与各边中点对齐。如果必要的话，修剪毛边令尺寸合适，用疏缝短针固定（右图为了显示窗户的位置，下面的方块为未打开的——译者注）。

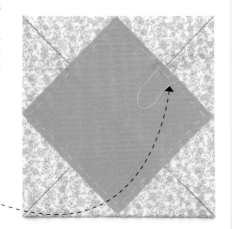

3 把四角折向中心，熨平。穿透所有布，在中心缝短小的十字针迹，固定住每个角。

4 用珠针在距离角5mm处穿透所有布进行固定。

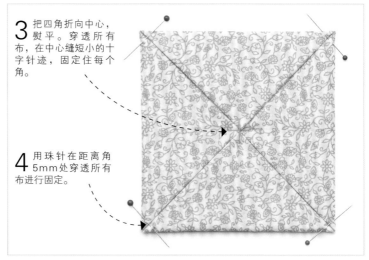

5 翻折背景方块的一边，形成弯弯的"花瓣"形。用颜色与背景布相配的线从中心往外缝针迹固定。

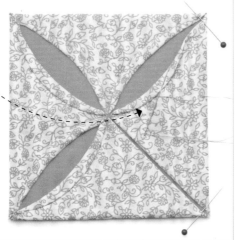

6 重复步骤，将背景布的8条边都折成花瓣形。取下珠针，用双疏缝针迹固定每个角。

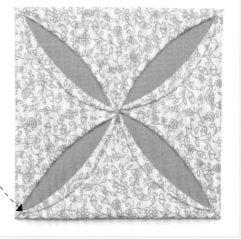

折叠星

1 按照完成后的各边尺寸再加上5cm，把白棉布裁剪成需要的大小作为衬底。这个星星含有四圈，或者说含有四层，用撞色布制作。第一圈为中心的星星，需要从布料A上裁剪4个边长为10cm的方块。第二、三、四圈各需要8个边长为10cm的方块（从布料A上裁剪8个，从布料B上裁剪16个）。

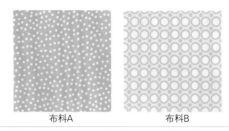

布料A   布料B

2 把从布料A上裁剪的4个方块分别反面相对对折熨平。把折出的长方形的一个角向毛边的中点折，熨平，然后重复该步骤，形成一个直角三角形，毛边作为三角形的长边。

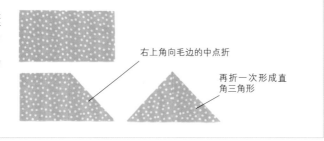

右上角向毛边的中点折

再折一次形成直角三角形

3 如果是正方形衬底，先水平对折再纵向对折，就压出了指引线。再沿着对角线对折并熨平。如果是圆形，把衬底折成1/4大小再熨平。

4 把4个折好的方块（现在是直角三角形）沿着压好的指引线放置，让顶点在中心对在一起，折叠边在上面。用珠针或者疏缝固定。确保每个角上都有一针小小的隐藏的针迹。

5 就跟步骤2一样，用布料B制成4个三角形，放在步骤4完成的第一圈上面作为第二圈的一部分。摆放时，距离中心点10mm，底部毛边与第一圈的四边平行。如步骤4一样固定。

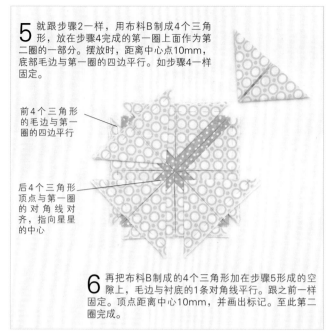

前4个三角形的毛边与第一圈的四边平行

后4个三角形顶点与第一圈的对角线对齐，指向星星的中心

6 再把布料B制成的4个三角形加在步骤5形成的空隙上，毛边与衬底的1条对角线平行。跟之前一样固定。顶点距离中心10mm，并画出标记。至此第二圈完成。

7 以同样方法继续制作第三圈（布料A）和第四圈（布料B）。修剪边缘，与衬底的形状一致。拆开疏缝线，修剪，按照要求整理好边缘。

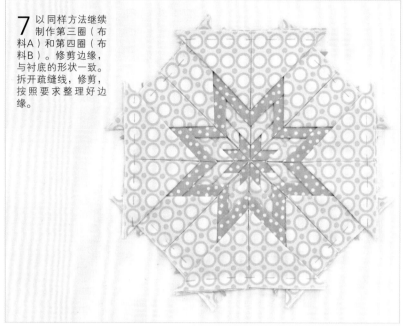

缩缝拼布

悠悠，也叫萨福克泡芙，是把圆形布缩缝后形成双层。它们被广泛用在贴布作品的装饰中，本身也可以进一步被装饰。从边缘拼缝可以成为桌布、靠垫套或者镂空的床单。悠悠作品是使用小块碎布的绝妙方法。

悠悠

1 布依模板裁剪成圆形，其直径为成品的1.4倍。可以用任何圆形的物体（如线轴、瓶子或者杯子等）作为模板。

2 用一段结实的线，末端打结，必要的话可使用双线。从圆形的反面靠近边缘处入针。把毛边向反面折5mm，用很小的缩缝针沿着边缘缝透两层布，形成单层折边。

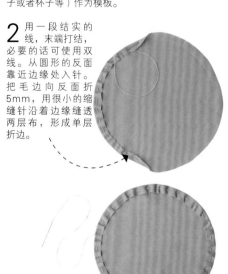

3 一直缝到开始的地方。不要取下针或者剪断线，而是把线拉紧，将圆形抽紧成更小的圆。毛边就隐藏在圆形里面了。用双疏缝针迹或者回针缝固定，然后打结。剪断缝线。

4 轻轻用手指压平边缘，把圆压扁。缩缝的那面通常在正面，但有时候也用在反面。

5 想把悠悠连起来，可将缩缝面相对，在压扁的边上卷针缝一小段，针迹要小而紧。把悠悠连成一行，直到要求的长度，再用同样方法把各行连接起来。

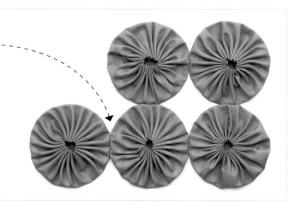

拼布、贴布和绗缝

拼布图谱

从严格意义上说，传统的拼布图案有几百种，版面所限我们只能展示其中很少的部分——但是我们只要掌握前文所述的基本拼布技巧，看到区块图案，便能清楚拼布单元是怎样组成的，又是怎样拼缝到一起的。

四片式区块

最简单的四片式区块是由4个正方形构成的。这4个正方形可以是2个半方三角形的创造性组合，也可以是4个四分之一方三角形的组合，或者其他各种各样的组合。

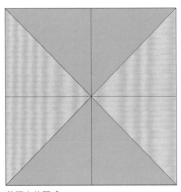

美国人的困惑

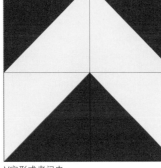

V字形或者闪电

破碎的风车

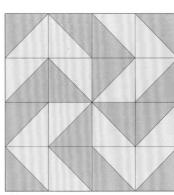

苍蝇腿

九片式区块

九片式区块由9个拼布单元构成，3个一行，共有3行。在简单的两种颜色的九片式区块上再增加一种颜色，就能创造出无数种变化。

图案区块

图案区块倾向于浓厚的艺术气息，其独特的设计元素由正方形和三角形拼布单元组合成各种样式。

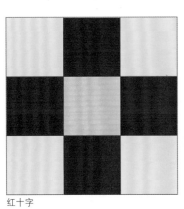

红十字

三色双九片式区块

葡萄篮

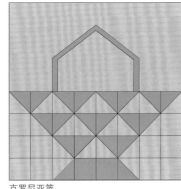

克罗尼亚篮

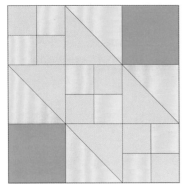

通往加州的石头路

高楼大厦

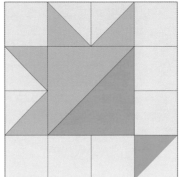

废品篮

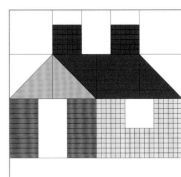

有围栏的房子

五片式区块和七片式区块

五片式区块在每个方向上都有5个拼布单元，总共就是25个。而七片式区块则有49个拼布单元（每个方向上有7个）。因为有如此多的构成元素，它们中每一个又都可以用几种方法组成，因此整体设计上似乎有无穷种变化。

星星和十字

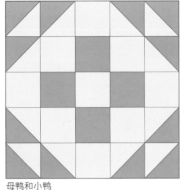
母鸭和小鸭

母鸡和小鸡

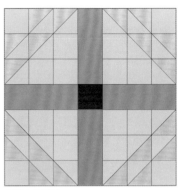
窗户上的鸽子

条形拼缝区块

条形拼缝区块可以由杂色布条组合拼缝在一起，或者使用重复的图案。如果两种拼布单元是用A-B-A和B-A-B的形式拼缝而成的，可以形成正方形的编织篮拼布。使用的布的种类越多做出来的图案越复杂。塞米诺拼布的布条可以改变角度或者设计成方块，如果用它设计成条形拼缝的边会有很棒的效果。

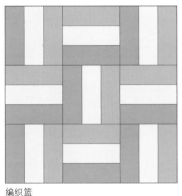
编织篮

不规则条形组成的方块

双V字形塞米诺拼布

小木屋区块

小木屋区块有很多种变化。深浅条纹交替作为邻边或者对边，变化宽度或者用越来越小的方块和长方形作为组合，等等。中间的正方形也可以拼缝而成，转变角度变成顶角在上，或者换成长方形、三角形以及菱形等。

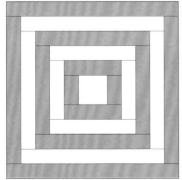
棉花里的小木屋

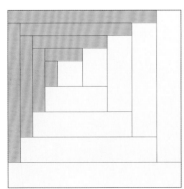
疏与密

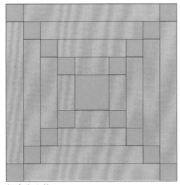
烟囱和支柱

菠萝

星形区块

跟其他任何拼布图案相比，星形区块大概拥有更多的种类；其构成可以从简单的四片式星星到极为复杂的将60°角的菱形纵向或者横向对半分开的设计。单独一个基本的八角星采用的是45°角，它也是包括复杂的孤星在内的各种变化的基础。

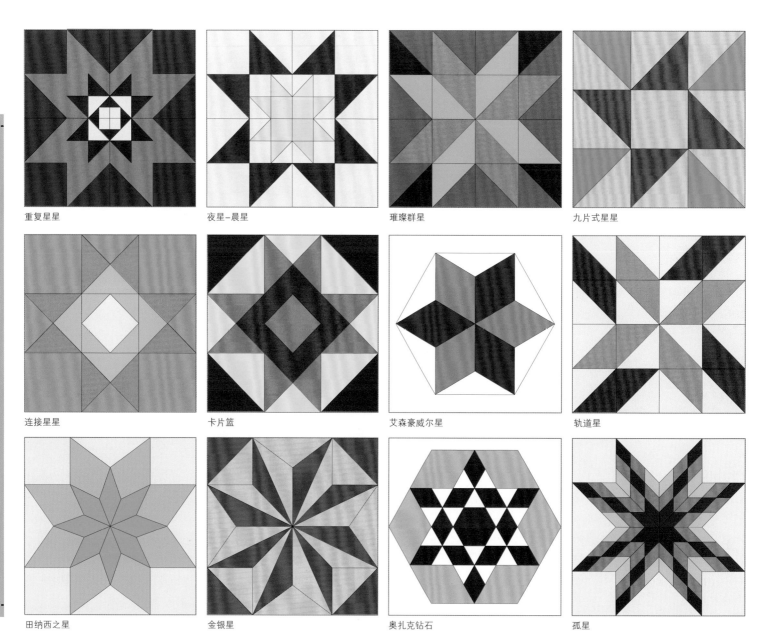

重复星星　　　　夜星-晨星　　　　璀璨群星　　　　九片式星星

连接星星　　　　卡片篮　　　　艾森豪威尔星　　　　轨道星

田纳西之星　　　　金银星　　　　奥扎克钻石　　　　孤星

提示

● 当画标记的时候，记号笔要有尖头。如果画的时候用力，不形成持续不断的线条，布料就不容易移动或者拉伸。

● 记住规则：测量两次，裁剪一次。一定要记住，一个品牌的尺子或者垫子上的尺寸跟另外一个品牌的不一定完全一致。为了精确，使用同一尺子和垫子。还有缝纫机压脚也是这样，整个缝纫过程中只使用同一个。

● 如果你开始时制作了一个区块模板，可以测量成品的大小，对照它是否正确。

● 只要可能，都用直纹边和斜纹边缝合以减小拉伸变形的可能。

● 如果你需要修剪区块让它变小，应从四边修剪掉相同的边缘，以保证区块设计的准确性。

曲线区块

所有的传统曲线区块中，最受欢迎的大概就是醉汉小径（见338页）了。当4个拼布单元的方向和颜色明暗发生改变的时候，一系列复杂的图案就产生了。改变曲线的尺寸和形状也能很大程度地改变区块的外观。

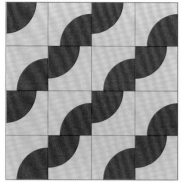

滚落的木头

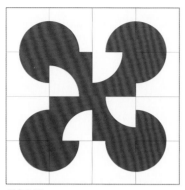

愚者之谜

锁链

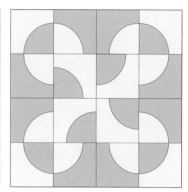

醉汉谜题

借花献佛

橘皮

马赛克区块

虽然这些图案中很多都可以机缝，但是多数还是用英式硬纸拼缝（见341页）手工拼缝几何图形。我们最熟悉的区块是祖母花园。

花篮

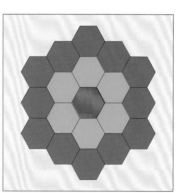

祖母花园

扇形区块

扇形区块是用1/4圆作为基本单元，以各种不同的方式拼缝而成的。无论怎样拼缝，都会产生曲线形图案。扇形，包括德雷斯顿盘，可以变化为完整的圆，常常作为贴布缝到背景布上。拼布单元可以是弯曲的或者尖的，也可以是两者的结合。图案中心可以是镂空的，露出背景布，也可以单独缝合形成对比。

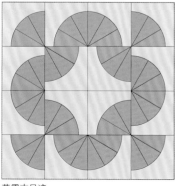

莫霍克足迹

德雷斯顿盘

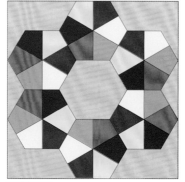

翻滚的布块

千百金字塔

贴布 APPLIQUÉ

贴布是一种装饰技术，从一块布上裁剪下各种形状贴到背景布上面。在制作绗缝作品中应用贴布已经有几个世纪的历史了，在其他物品上贴布也被广泛使用着，从衣物到靠垫等。手工贴布是传统方法，然而用缝纫机制作效率更高。

提示

● 锁边绣（见下文）是手工贴布中最常用的针法，许多基本刺绣针法也可以用于装饰，包括十字绣（见190页）、人字绣（见196页）、锁链绣（见206页）和羽毛绣（见202页）。

● 确保装饰针迹紧贴着折到里面的布边，针迹大小应与图形的尺寸比例一致。

● 多数贴布技术中，布块要增加缝份。恰到好处的缝份既不能过窄，保证不会飞边；又不能过宽，缝完针迹后能完美隐形。

● 多数贴布的缝份可以根据图形的轮廓直接裁剪。记住，在缝制的过程中，随时可以修剪掉多余的布，但是你不可能剪掉后再加回去。最理想的缝份宽度是3mm。

● 如果你需要特别形状的贴布，用描图纸画出来并裁剪。把描图纸模板用珠针固定到布上再裁剪，就像女装裁缝制作花样的方法一样。

● 贴布设计通常分为正反面。当转印图的时候，应确定图形裁剪和贴上后布的正面就是你想要的样子。

● 有些方法需要在背景布上画出设计图的轮廓标记。这种情况下，要确定轮廓能被盖住或者针迹完成后能够消除。在布的正面轻轻地画标记线，或者沿轮廓线疏缝。

● 疏缝的时候，要确保线结在布的反面，因为这样在完成后拆除缝线更容易些。

● 如果布很薄，或者你可以利用灯箱将原始设计图直接描到布上。

● 如果用缝纫机制作贴布，可以在相同的布上先练习缝几行，以此来确认你的设定是正确的。

贴布缝针法

贴布块可以用两种方式缝到背景布上，一种是隐形针迹（使用暗针缝），或者用鲜明突出的针迹作为设计的一部分。机缝贴布几乎都使用装饰性的针迹，例如锯齿绣、缎面绣，或是现代缝纫机的针迹程序中的任何一种。

暗针缝

从背景布的正面、紧挨着贴布图形的折边出针，只缝到折边的几条织线，回到背景布上入针，距离折边3mm。绕着图形四周继续这样缝极细小的针迹。

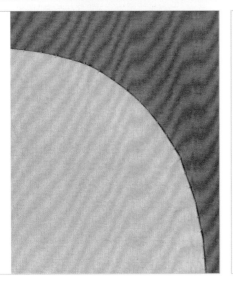

锁边绣

从背景布的正面、靠近贴布图形的折边出针，在贴布图形上，距离出针处右侧3~5mm处垂直于折边入针，再次从折边边缘出针，在这点下面绕成一线圈。把线拉紧。

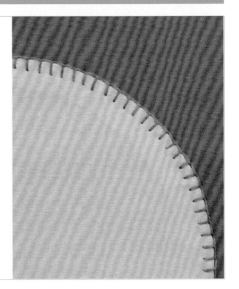

处理峰顶和峡谷

峰顶（尖尖的顶角）和峡谷（布块两边所夹的尖角）无论是尖角的还是曲线形的，都是难以处理漂亮的。当然峰顶的顶点应该是尖角，你很可能把边缘折进去的时候让尖角下面堆起布块。峡谷部分的缝份需要剪牙口才能让布平整。

峰顶

1 修剪顶点部分直至缝份线交点上只剩几条织线。

修剪掉 ——

标出缝份线 ——

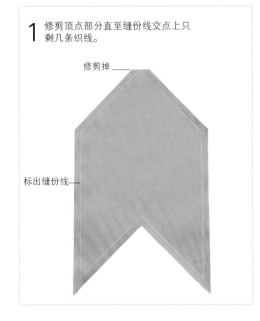

2 沿着缝份折叠。确定角处的毛边完全藏起来。熨平边缘。

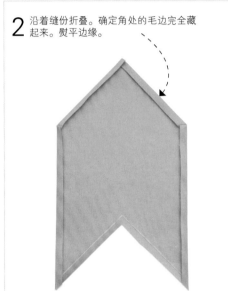

峡谷

在峡谷的底部，剪开几条织线到缝份线处。把缝份折到反面。缝合的时候，在峡谷底部缝几针细小的短针固定剪开的织线。

处理曲线形

曲线形不容易处理得平滑。外凸曲线的毛边比向下折进去的毛边要长点，除非缝份被剪开牙口，不然下面的折边会抽紧。内凹曲线的毛边有时候可以平缓地伸展，但是弯曲度大的曲线可能还是需要在缝合之前剪开牙口。

外凸曲线

1 在缝份上剪开小V字形牙口，去除多余布。

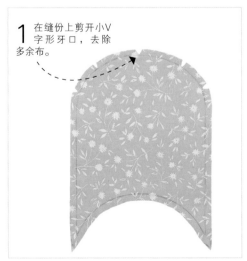

2 折叠的时候，让曲边保持平整。

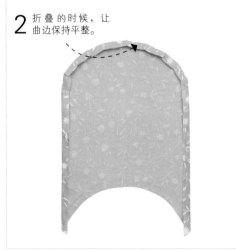

内凹曲线

缝制的时候在缝份上剪直的牙口，每次剪开一个。牙口形成豁口能够展开，让边缘放平。

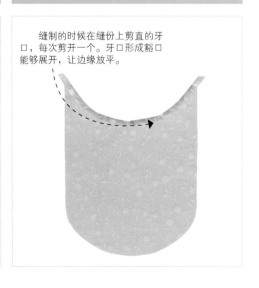

针挑折边贴布和斜裁茎部

针挑折边贴布是一种传统的贴布。这类贴布图案往往还有一条狭窄的斜裁茎部，需要先缝上去。

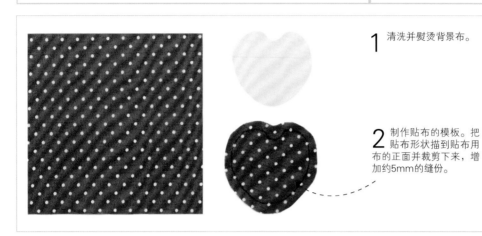

1 清洗并熨烫背景布。

2 制作贴布的模板。把贴布形状描到贴布用布的正面并裁剪下来，增加约5mm的缝份。

3 斜裁茎部，三倍于完成后的宽度。这里所示的茎部是15mm宽的，而且是斜裁布。将布条反面相对对折，距离折边5mm处机缝。不用熨烫，靠近接缝修剪毛边。

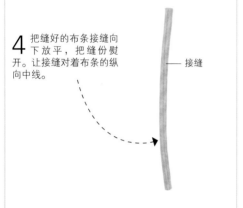

4 把缝好的布条接缝向下放平，把缝份熨开。让接缝对着布条的纵向中线。

接缝

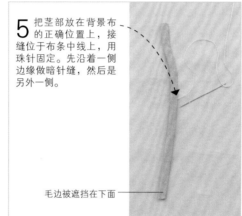

5 把茎部放在背景布的正确位置上，接缝位于布条中线上，用珠针固定。先沿着一侧边缘做暗针缝，然后是另外一侧。

毛边被遮挡在下面

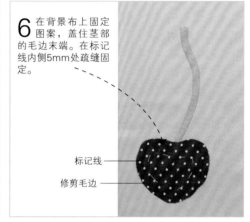

6 在背景布上固定图案，盖住茎部的毛边末端。在标记线内侧5mm处疏缝固定。

标记线

修剪毛边

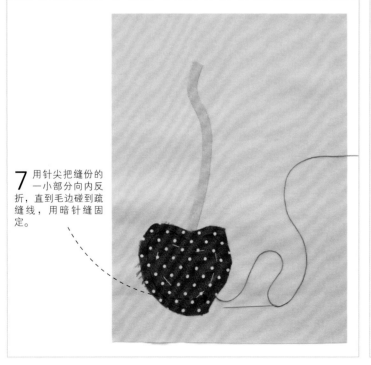

7 用针尖把缝份的一小部分向内反折，直到毛边碰到疏缝线，用暗针缝固定。

8 重复上述过程，沿着边缘缝细小针迹，直到整个图案都缝合完成。从反面收针。再增加其他图案。拆除疏缝线，从反面熨平。

冷冻纸贴布

冷冻纸是一种结实的白纸：一面附有塑料薄膜，经熨烫后能贴在布料上，取下时不会留下痕迹；另一面是纸面，画图样很理想。这种纸可以在缝纫用品商店、超市或者网店买到。缝份可熨到反面盖住边缘，让边缘更加硬挺，图案缝合时也会更加精确和容易。

1 将模板翻过来描到冷冻纸的纸面上。把剪下的纸样熨到布的反面。

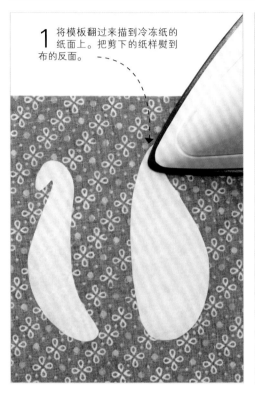

2 按图形裁剪布，四周留5mm缝份。在转角或者难以折到纸样上的地方，在缝份上剪牙口，以冷冻纸的边缘作为标志线，把缝份熨向反面。

3 将纸样轻轻撕下，确保反面的毛边都能放平。

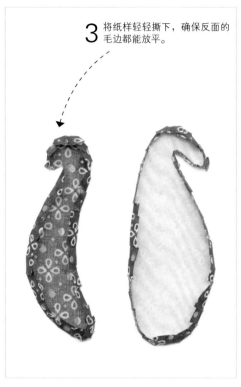

4 确定好要缝合的顺序，并确定所有折叠部分都被固定好了。将第一块贴布块用珠针或者疏缝方式固定，然后用暗针缝缝合到背景布上。

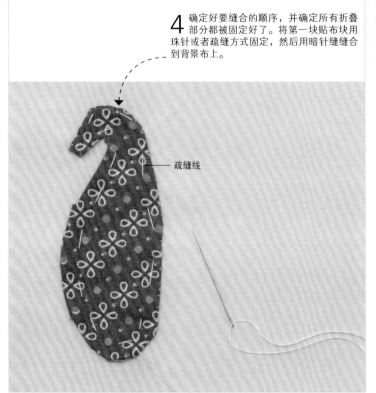

疏缝线

5 依次缝合其余的贴布块，如果使用了珠针固定，缝制的过程中要边缝边取下来。如果用疏缝的方式，当全部缝完后，再拆开疏缝线。

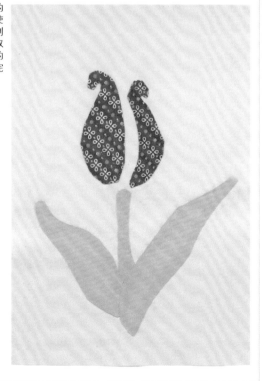

毛边贴布

无纺布、毛毡布或者羊毛毡布不容易磨损，用在贴布中效果很好。但要记得，这些布不能水洗，不需要留缝份。

1 将整个图案描到背景布上，然后把图案分别描到描图纸上。把每块纸样剪下来，用珠针固定到贴布用布上。

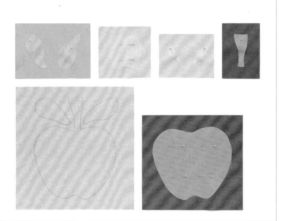

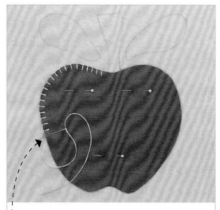

2 裁剪贴布块（不用留缝份）。用珠针把第一块固定到背景布上，并用装饰针迹缝好。

3 按顺序缝合其他贴布块。取下珠针，从反面熨烫。

波斯贴布

波斯贴布又叫波斯刺绣，是从印花布上裁剪图案，再缝合到背景布上。有些图案并不需要从同一布块上裁剪，也可以叠成几层或重新排列成新的设计图。

1 一般留5mm缝份，裁剪图案。曲线边缘需要在缝份上剪牙口。如果有些地方太小很难剪开，就把背景留在图案上。

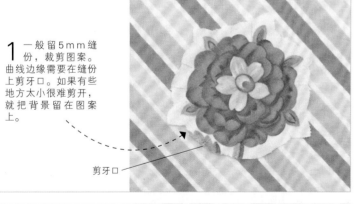

剪牙口

2 用珠针把图案固定到背景布上，在轮廓线内部10mm处疏缝，狭窄的地方，如茎部，沿着中心线疏缝。必要时，修剪外部缝份，减少布的堆积。

3 用针尖把缝份折向反面，用配色线做暗针缝把图案固定到背景布上，或者用装饰性针迹和撞色线来缝，如图中所示。

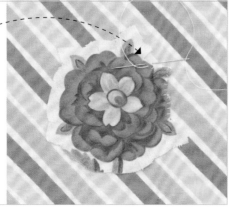

4 这种贴布技巧会使一小块华美的印花图案起到画龙点睛的效果，因为这些单块的图案能很好地装扮大片的不那么贵重的布。

夏威夷贴布

夏威夷贴布源自夏威夷人，当时由传教士教给岛上的当地女人。这类贴布通常呈正方形，其中心图案则是用单块布折叠后剪出的八边形花样。图案传统上以太平洋偏远村落的本土花朵为基础，但六边形的雪花也会被使用。完成后的作品通常还加上扩散绗缝（见375页）。

1 将一片纸剪成成品大小，对折2次，再沿对角线对折成三角形。保留折叠边作为图案的主要部分，在三角形上自由画或者剪图案，要剪透。

2 裁剪，将其转印到卡纸上作为步骤3的模板。

—— 折叠后的纸

3 裁剪正方形冷冻纸，与步骤1的纸样大小相同。纸面向外对折2次，再沿对角线对折成三角形。通过模板把图案的轮廓描到纸面上，确保折边对应模板的折边。

4 用订书机把轮廓内部订起来。沿着轮廓线剪去多余部分。

5 小心取下订书钉，然后展开图样。

6 裁剪正方形贴布块和背景布，边长都要大于图样方块边长5cm。全部对折2次找到中心，把贴布块的反面跟背景布的正面中心对齐。

7 冷冻纸图样的纸面向上，中心跟贴布块的正面中心对齐，用熨斗熨烫固定到布上（见355页）。

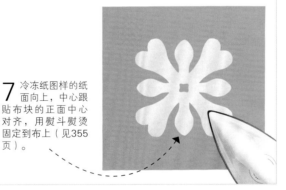

8 把几层布在图案边缘内5mm处疏缝到一起。

9 贴布块在纸样外留5mm缝份，其他部分剪掉。把缝份折到反面，让边缘跟纸样一致，用暗针缝缝到背景布上。

10 继续边剪边缝，直到整个图案都缝合完成（见353页处理曲线形）。拆下疏缝线，把冷冻纸撕下来。

反向贴布

这种技术用于两层或者多层布块中，剪除顶层布块露出下面的布块，毛边折到反面来完成图案。花朵、图片和几何图形的设计都能表现得很棒。

1 选择两种或者三种布，将它们正面向上，沿着四周疏缝到一起。

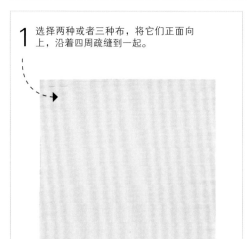

2 把图案描到冷冻纸的纸面，并剪下来。将它熨烫到布的中心。

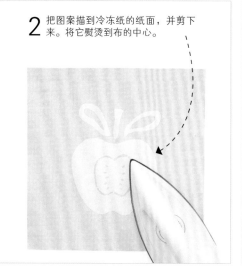

3 用可消记号笔，沿着冷冻纸四周在顶层布上画出图案轮廓。取下冷冻纸。沿着轮廓线外围10mm处疏缝。

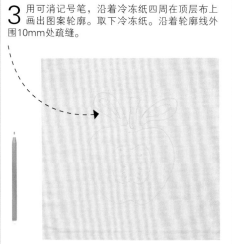

4 用小尖剪刀从轮廓线内侧剪开布，小心地剪，只剪最顶层的布。一次只剪除一部分，剪开或者切开小牙口，直到剪出整个形状。

5 把缝份沿着轮廓线折到反面，用跟顶层布配色的线，沿着边缘做暗针缝固定。

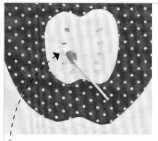

6 标示出要从第二层布上剪除的部分。如步骤3一样疏缝。剪除第二层布，这层要比第一层剪下去的小。总是沿着标示线内部剪除。

7 用跟第二层布配色的线，跟步骤5一样在边缘做暗针缝。

8 如果要在第二层布下面增加不同颜色的更小的区域，要裁剪比要填充的区域略微大一点的布。用牙签或者针尖将它插入剪除区，折叠边缘，做暗针缝固定。拆下所有疏缝线。

完成品

机缝贴布基本技术

机缝贴布效率更高，更耐水洗，尤其当你使用紧密的织布、成品边缘用锯齿绣或者缎面绣针迹的时候。在开始之前，最好用你要使用的布做样品练习，尝试不同的针迹宽度和长度，看哪种效果最好。

外角

缝外角时，当机针走到右手边的图形拐角处时停下来，提起压脚，将作品转向，然后继续。

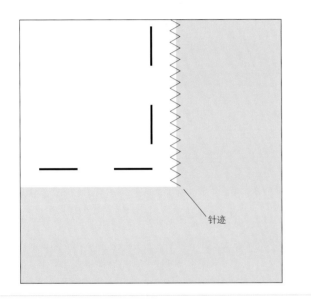

针迹

内角

缝内角时，当机针走到左手边的图形拐角处时停下来，提起压脚，将作品转向，然后继续。

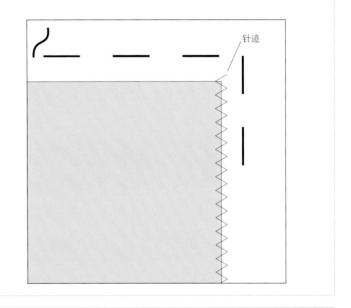

针迹

外凸曲线

缝外凸曲线时，当机针走到图形外凸部的顶点时停下，提起压脚，将作品转向，然后继续。

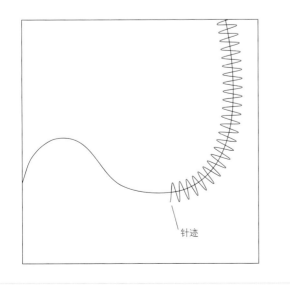

针迹

内凹曲线

缝内凹曲线时，当机针走到图形开始内凹（或图形凸凹交界处）时停下。无论缝任何曲线形，都需要频繁地停止，之后略微转向缝几针，然后再停再转向。

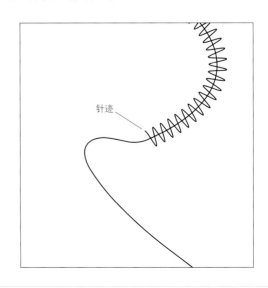

针迹

拼布、贴布和绗缝

先缝后剪的贴布

在这种用缝纫机迅速完成的贴布中，图案要先画在贴布用布上，然后沿着标志线缝，之后再沿着缝纫针迹裁剪多余的布。最后的边缘可以手缝也可以机缝。

1 制作模板。沿着模板的四周在布的正面画出轮廓线，并增加10mm缝份。裁剪布块。

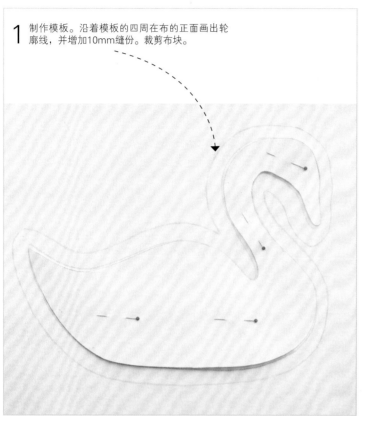

2 用珠针把布块固定到背景布上，确定珠针不会跟缝纫机的压脚相碰，并用直线绣沿着标志线缝。（这里，我们为了展示清晰而使用了撞色线。）

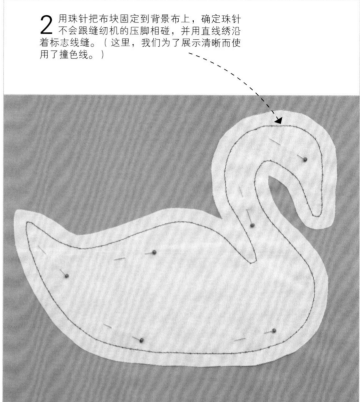

3 用小尖剪刀把缝份修剪掉，尽量贴近针迹但不要剪到针迹。

4 用锯齿绣或者缎面绣针迹沿着修剪后的边缘缝制，把直线绣针迹遮盖住。

可熔性贴合衬贴布

可熔性贴合衬是一种涂有胶的无纺布，加热后具有黏性。其中一面为可以画图样的衬纸。加热后粘到背景布上，就形成了结实的结合体，几乎不可能取下来。此种贴布最适合机缝，因为熨烫黏结后很硬，手缝很困难。

1 把图形反面朝上描到衬纸上，大致裁剪下来。如果在同一布块上有很多图形要裁剪，描图时就挨得近一点，把图形群整个裁剪下来，而不是一个个地单独剪开。

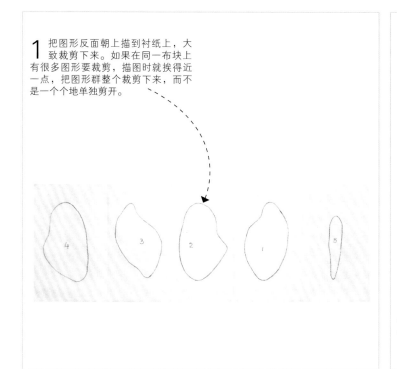

2 按照商品说明，粗糙的、不是纸的那一面放在布料的反面，熨烫平整。

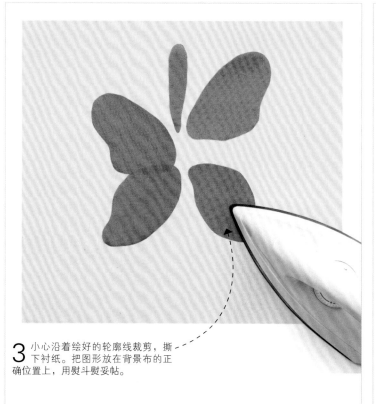

3 小心沿着绘好的轮廓线裁剪，撕下衬纸。把图形放在背景布的正确位置上，用熨斗熨妥帖。

4 沿着每块贴布块的边缘绣针迹收尾。机绣锯齿绣或者缎面绣针迹。

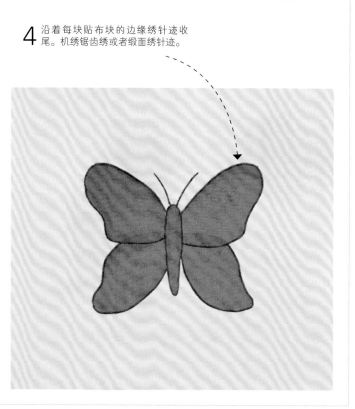

拼布、贴布和绗缝

彩绘玻璃贴布

彩绘玻璃贴布的名字源于把图案分开的边条跟教堂窗户上的铅条很像。你可以自己制作边条（同384页滚边条的制作方法），也可以买现成的（反面有可熔性贴合衬，用针迹把边条固定到合适位置以后可以用熨斗熨烫）。如果你的设计图要求用直纹边，你可以裁剪直纹边条。

1 把图案描到背景布上。如果设计图很复杂，在背景布上标示出贴布块的编号。

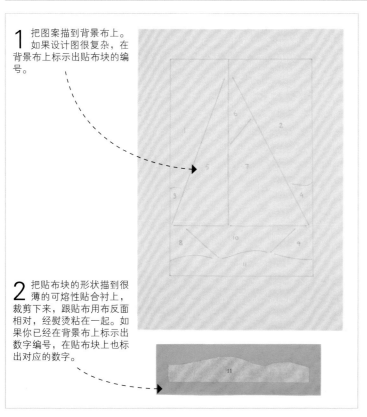

2 把贴布块的形状描到很薄的可熔性贴合衬上，裁剪下来，跟贴布用布反面相对，经熨烫粘在一起。如果你已经在背景布上标示出数字编号，在贴布块上也标出对应的数字。

3 裁剪贴布块，不用留缝份。用熨斗把它们加热粘到背景布上。

4 每块贴布块都紧挨着其他贴布块，这样毛边会紧凑地相邻，容易被边条覆盖住。

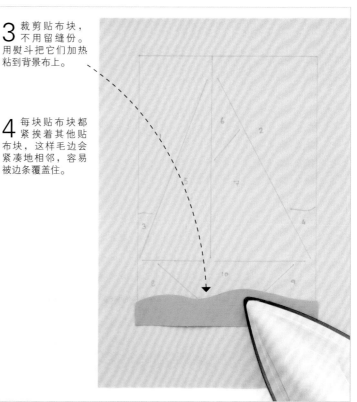

5 计划好你要缝合边条的顺序，以便覆盖住所有的毛边。把边条放到合适的位置，用熨斗熨烫固定再用缝纫机做暗针缝将其固定。

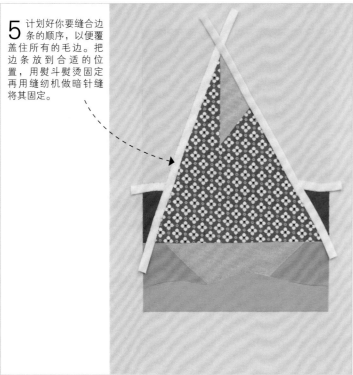

6 边条覆盖了贴布块摆放时露出的所有毛边。

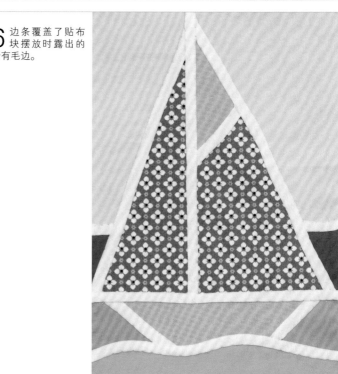

组合 SETTING

制作好的区块排列连接，形成表布，这个过程叫作组合。下面这部分内容只是给出了几种组合方式，实际上有无穷无尽的组合方式。组合的最好方法是将区块铺展，从稍远距离审看。

组合图案

很多区块，哪怕是最简单的那种，经过连接、旋转或者调转方向，都能创造出有趣的图案，让作品看起来与众不同。

直线形组合

最简单的组合方式就是几行重复的区块边对边拼缝在一起，即直线形组合。

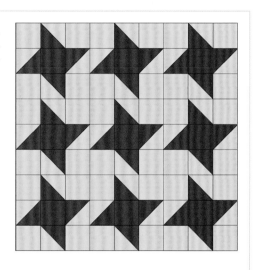

拼缝区块与单片区块交错组合

拼缝区块与单片区块交错排列意味着使用更少的区块，拥有更大更开放的绗缝区域。

照点组合：实心组合

区块可以角顶着角（沿着对角线方向）排列，四周须嵌入三角形。

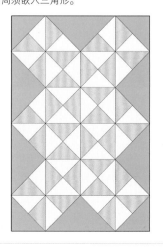

照点组合：拼缝区块与单片区块交错组合

这种组合方式需要在角部和四边用三角形来填充。

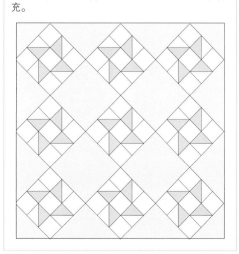

旋转区块组合

区块，尤其是不对称图案的区块，旋转后往往能形成全新的图案。

小木屋

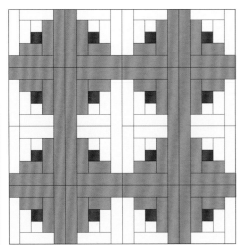
深与浅

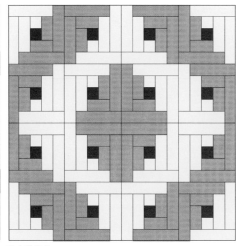
升高的谷仓

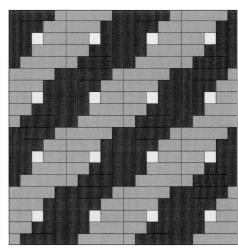
笔直的垄沟

　　小木屋类设计变化多端，每种变化都有自己单独的名字。这些例子都含有相同数量的等尺寸区块。在每种组合中，每行的旋转方式决定了最后的效果。

框架组合

　　框架组合也叫奖章组合，这种组合有一个中心区块，也可以是装饰性贴布块，四周是不同宽度的边框，可以是拼布，也可以是单块布。中心可以用水平的正方形，也可以用旋转的正方形，如上图所示。

条形组合

　　当区块纵向排列时，可以呈现条形的效果。最早的条形拼布通常是简单的条形布连接，直至达到作品想要的宽度，但是美丽的条形拼布往往是用拼缝区块连接而成的。

边条

边条由布条制成，作为框架用在区块之间。图样拼布和星形区块通常都使用边条，从而使里面的区块更突出、漂亮。边条产生的空间是灵活百变的，在裁剪布条之前尝试各种宽度和颜色。边条内、每个区块的角处都可以使用纯色方块或者拼布方块，用来进一步描绘图案或者延续锁链式的效果。

这块拼布中的每个区块使用的都是简单的直线形边条。

直线形组合中的普通边条

在区块的角上放置背景方块能够产生另外的图案。背景方块可以是拼缝的，如风车形，四片式和九片式也不错。

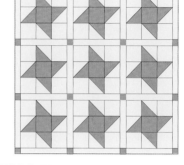

直线形组合中的带有背景方块的边条

区块可以排列成竖行或者横行，那么只在一个方向上使用边条。

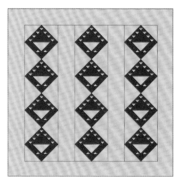

纵向组合中的边条

照点组合的区块可以排成条状，四周为三角形，整体形成 V 字形的边条。

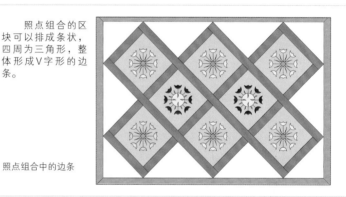

照点组合中的边条

缝合普通边条

1 按照需要的宽度裁剪布条，增加10mm缝份，长度与区块的边长相等。正面相对缝合，留5mm缝份，布条和区块交替排列，形成长条形。把缝份熨平倒向边条侧。

2 按照需要的宽度裁剪布条，增加10mm缝份，长度与要相连的区块条的长度相等。

3 正面相对，留5mm缝份，沿着区块条的顶边和底边缝合边条。把缝份熨平倒向边条侧。

4 继续将长边条和区块行交错排列，直到达到拼布需要的尺寸。

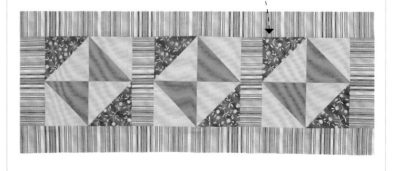

拼布、贴布和绗缝

缝合带有背景方块的边条

1 重复缝合普通边条（见365页）中的步骤1，制作区块条。

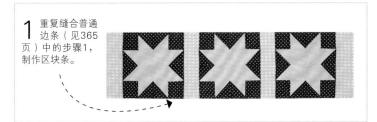

2 裁剪布条，长度与区块的宽度相等。剪裁方块，边长与布条宽度相等。正面相对，留5mm缝份，方块和布条交替排列并缝合，形成长边条。

3 正面相对，留5mm缝份，沿着区块条的顶边和底边各机缝一条长边条。确保区块的角跟背景方块的角对准。继续将长边条和区块行交错排列，直到达到需要的尺寸。

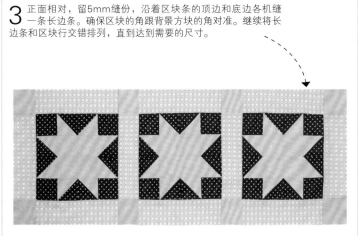

边框

多数拼布的外部边缘都是用条形围成的，这些条形叫作边框。边框形成了拼布的框架并保护作品边缘。边框可以是一条，也可以是多条；可以宽也可以窄；可以是拼布也可以是纯色整块布。选择尺寸的时候，试着将区块的尺寸除以2或者乘以3/4。如果可能的话，沿着纵向布纹裁剪布条，去掉织边，形成长条形。不要用斜纹布条作为边框。

直线边框

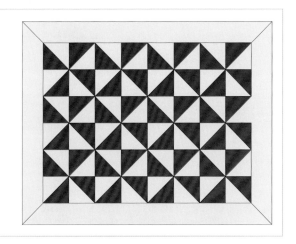

斜接边框

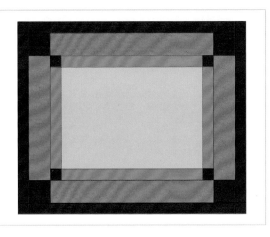

带有角落方块的多重边框

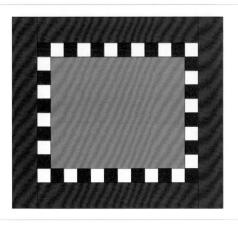

内拼缝外直线的边框

连接条形形成边框

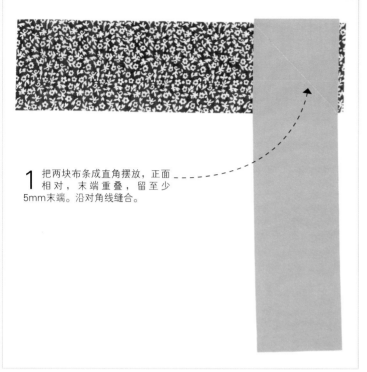

1 把两块布条成直角摆放，正面相对，末端重叠，留至少5mm末端。沿对角线缝合。

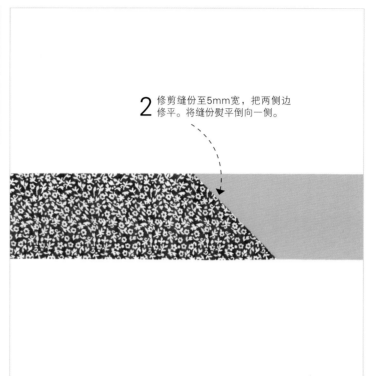

2 修剪缝份至5mm宽，把两侧边修平。将缝份熨平倒向一侧。

直线边框

1 裁剪或者拼缝两块布条，长度与拼布长边相同，增加10mm缝份。在布条和拼布两侧边的中点做出标记，正面相对对齐。用珠针固定。缝合，留5mm缝份。将缝份熨平倒向边框侧。

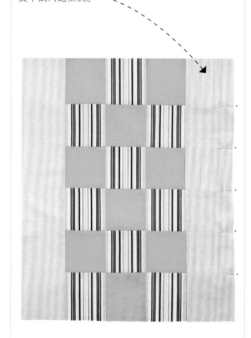

2 测量拼布的顶边和底边长度（加上边框的宽度），然后按测量结果裁剪等长度的布条。像步骤1一样，在布条和拼布两侧边的中点做出标记，用珠针固定。缝合，留5mm缝份。将缝份熨平倒向边框侧。重复步骤1、2继续增加其他的边框。

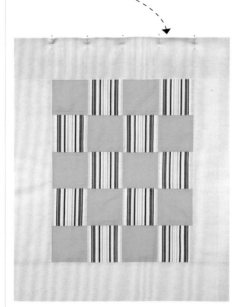

3 表布完成后，准备绗缝（见370~379页）。

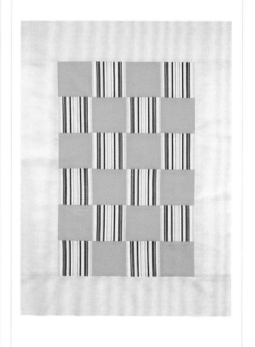

带有角落方块的边框

1 按照直线边框（见367页）的步骤1缝合两块布条。把缝份熨平倒向边框侧。

2 裁剪两块布条，长度与拼布的顶边和底边长度相同，增加10mm缝份，不用加上两侧边框宽度。

3 剪裁4个角落方块，边长与边框的宽度相同。在布条的两端各增加1个方块。缝份倒向中心。

4 增加拼缝布条到拼布的顶边和底边。把缝份熨平倒向边框侧。

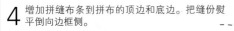

5 表布已完成，准备绗缝（见370~379页）。

拼布、贴布和绗缝

斜接边框

1 裁剪布条至需要的宽度，加10mm缝份，比拼布的边缘长10cm。

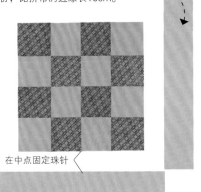

在中点固定珠针

2 在边框、拼布顶边和底边的中点放置珠针作为记号。将它们正面相对用珠针固定在一起。距离每个角5mm处放置珠针作为记号。

3 将边框与拼布各边缝合起来，留5mm缝份。不要缝到相邻的边框上。把缝份倒向边框侧。

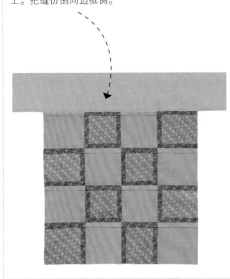

4 把拼布正面向上放在平台上，把每条边框的末端都以45°角折向反面。从正面用珠针把折边固定在一起，确认角度是准确的。取下珠针，熨平折边。

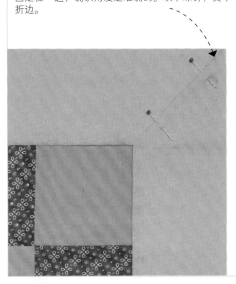

5 从反面开始缝合，沿着折痕重新固定角部。必要时先疏缝。从内角缝到外角。修剪缝份，打开熨平。重复这一过程，完成其他角的缝合。

多重斜接边框

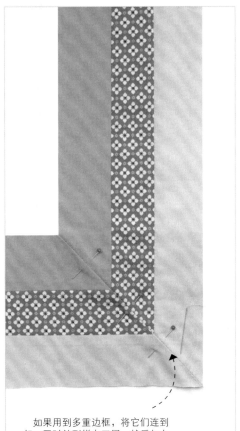

如果用到多重边框，将它们连到一起，同时放到拼布四周，然后如上文所述进行缝合，确定每圈边框的接缝在角处都对齐了。

绗缝 QUILTING

绗缝是将几层布缝在一起，针迹形成独特的花纹，为作品锦上添花。绗缝图案可以是几何图形，也可以是简单的心形，还可以是装饰性的卷云纹。有些贴布图案如果加上轮廓绗缝或者扩散绗缝看起来一定很棒。

转印设计图

当表布完成后，你要把绗缝图案描到上面。用能够消除痕迹的工具，例如水消笔、气消笔或者颜色淡的记号铅笔把图案描到表布上。裁缝专用画粉轻轻画上去以后也很容易清除。细条肥皂也是很有效的，适合在深色布料上使用，也很容易洗掉。女装裁缝使用的复写纸，其痕迹去不掉，不推荐使用。

遮蔽胶带

1 拼布的表布、铺棉和里布三层都放好以后，在上面贴5mm宽的遮蔽胶带作为指引线。这个方法只对直线形绗缝设计图案有用。

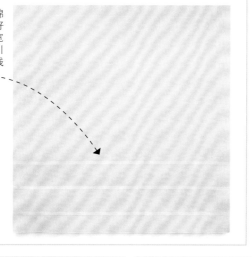

2 沿着遮蔽胶带的边缘手缝或者机缝，然后尽快取下遮蔽胶带。其他方向的绗缝也是一样的步骤。

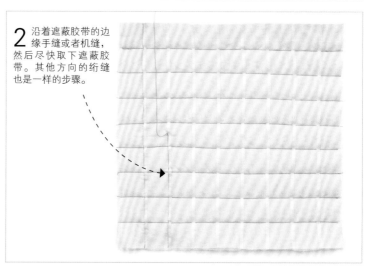

描图

如果你的作品比较小、颜色也浅，你可以把图案直接描在布上。把图案放在灯箱上或者玻璃面的桌子上，玻璃下面放一盏灯，或者把图案贴在干净的窗户上面。再把表布放在图案上面，轻轻地描出图案。

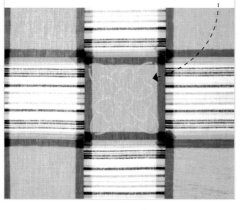

模板或者镂空模板

1 在做好的表布上画出设计图，然后再跟里布、铺棉放在一起。先把图案模板放在表布上，用遮蔽胶带或者重物固定。沿着模板或者镂空模板用细尖铅笔画出图案，尽可能让笔迹轻一点。

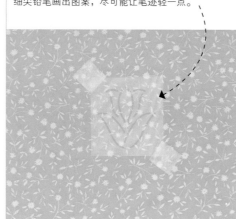

2 必要时移动图案模板再次重复，直到画出足够数量的图案。

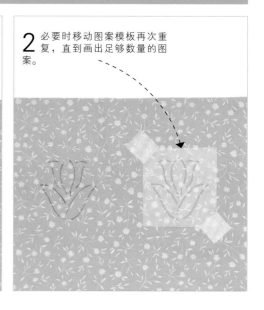

疏缝转印图案

1 描图困难的布可用这种方法。在表布跟里布、铺棉放在一起之前先转印设计图。把图描到纸巾上，用珠针把纸巾固定到布上。以均匀的短小平针沿着图案的轮廓疏缝，线结留在表布上面。缝双回针固定。

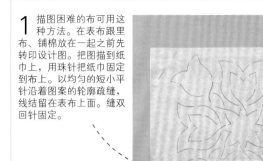

2 把纸巾轻轻撕掉，不要拉断疏缝线。必要时用针尖沿疏缝的针迹把纸巾划断。

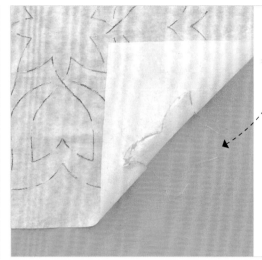

绗缝夹层三明治

把绗缝图案画在表布上以后，就该把拼布组装成"三明治"了，也就是表布、铺棉和里布叠放在一块。如果铺棉被折叠过，将其展开平放几个小时，让它自然舒展去除褶皱。

1 裁剪铺棉和里布，四周应该比完成后的表布大7.5~10cm。里布反面朝上放在工作台上，展平。用遮蔽胶带将里布固定在台面上。

里布（反面）
铺棉

2 把铺棉平放在里布上，中心对齐。

3 表布正面朝上放在铺棉上，中心对齐。用尺子检查表布摆放是否方正。绗缝的时候，用绗缝用珠针临时固定每个直边。

里布（反面）
铺棉
表布（正面向上）

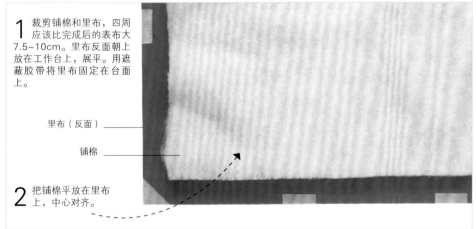

4 分别做从中心向对角、水平和纵向的疏缝。也可以用安全别针把这三层固定在一起。当缝到别针处时，把别针移到边缘的其他位置继续固定。确保夹层三明治是平整紧绷的。疏缝针距为5cm，先缝纵向的，再缝水平的，然后是对角线方向的。如果用别针的话，按照图案固定，把别针每隔7.5~10cm的距离别上去。

拼布、贴布和绗缝

翻袋包边

有时候你可能想在绗缝之前就把拼布的边缘处理好。这个技巧用在小件作品上很合适，例如婴儿拼布被。裁剪比表布大的里布和铺棉。

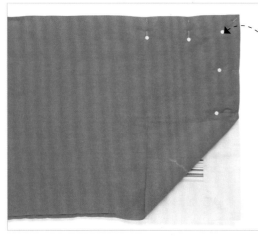

1 把表布正面向上放在铺棉上面，中心对齐。把里布放在表布上面，正面向下，中心对齐。沿四边用珠针或者疏缝固定。

2 从底边、距边角约2.5cm处开始机缝，留5mm缝份。用回针固定。

3 边角处，距离边缘5mm处停下来，针留在下面，抬起压脚。把布转向，放下压脚继续机缝。到第四条边的时候，留出12~25cm的返口。用回针固定。

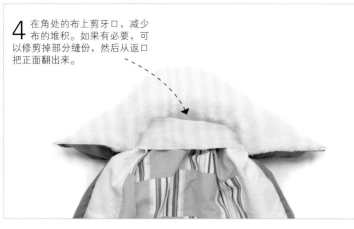

4 在角处的布上剪牙口，减少布的堆积。如果有必要，可以修剪掉部分缝份，然后从返口把正面翻出来。

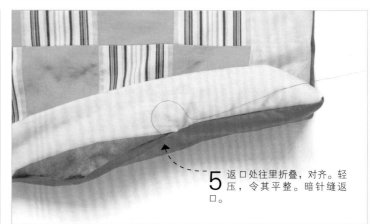

5 返口处往里折叠，对齐。轻压，令其平整。暗针缝返口。

制作更大的里布

多数拼布被比布料的宽幅宽，所以里布需要拼缝。拼缝里布有几种方式，但应该避免接缝刚好在里布的纵向中心线上。

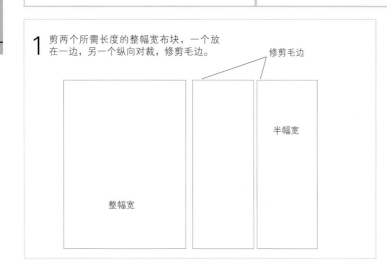

1 剪两个所需长度的整幅宽布块，一个放在一边，另一个纵向对裁，修剪毛边。

修剪毛边

半幅宽

整幅宽

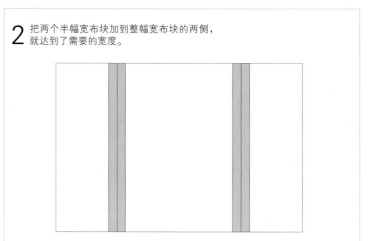

2 把两个半幅宽布块加到整幅宽布块的两侧，就达到了需要的宽度。

手工绗缝的基础

手工绗缝的作品看起来格外柔软。即使是直线针迹，最理想的也是以90°角出针和入针，正反面的针距都一样。因为作品具有一定的厚度，所以要用一定的技巧，即摇动缝针，这需要用到双手。需要的还有绗缝线和绗缝针，中指戴上顶针，下面手指要有保护工具。

开始之前先打结

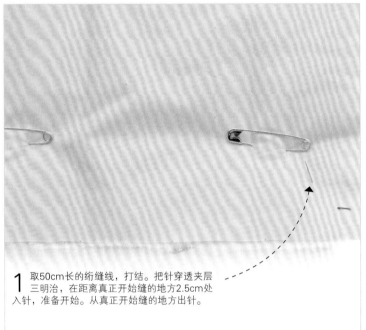

1 取50cm长的绗缝线，打结。把针穿透夹层三明治，在距离真正开始缝的地方2.5cm处入针，准备开始。从真正开始缝的地方出针。

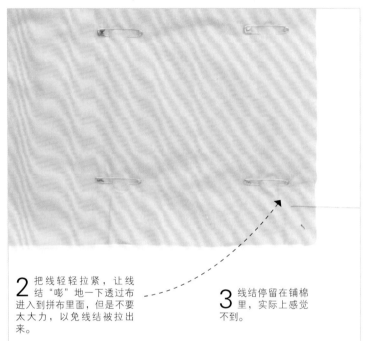

2 把线轻轻拉紧，让线结"嘭"地一下透过布进入到拼布里面，但是不要太大力，以免线结被拉出来。

3 线结停留在铺棉里，实际上感觉不到。

收尾

1 要把线在结尾的地方结实地固定。在表布上缝一针短小的回针，把线拉回到表布上。紧靠着针迹打一个法式结粒（参见209页）。用手指按住线卷，把结拉紧。

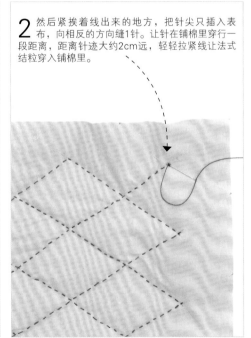

2 然后紧挨着线出来的地方，把针尖只插入表布，向相反的方向缝1针。让针在铺棉里穿行一段距离，距离针迹大约2cm远，轻轻拉紧线让法式结粒穿入铺棉里。

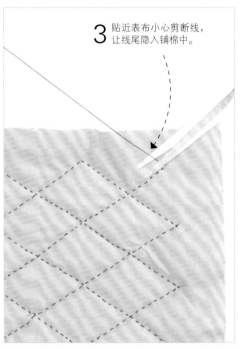

3 贴近表布小心剪断线，让线尾隐入铺棉中。

摆动缝

1 将线结拉入铺棉中（见373页）。把手放在绣绷下面针要出现的地方。

2 拇指和食指捏住针，用戴顶针的中指推动针垂直向下，直到你下方的手指感觉到针尖，停止往下推。

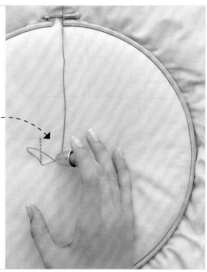

3 用下面的手指，轻轻抵住针柄和拼布，同时，上面的拇指向下压拼布，让针穿透夹层三明治到达上面。

4 当针出现在表布上的长度跟下一针的针距相同时停下。

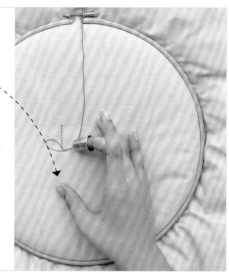

5 用戴顶针的手指再次将针直立，同时用拇指在前面推。当针直立并刺透布时，跟步骤2相同，向下推针。

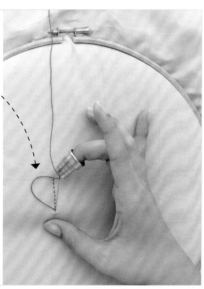

6 继续这样缝，直到针上有足够多的布时，把线拉出。继续重复上述过程。

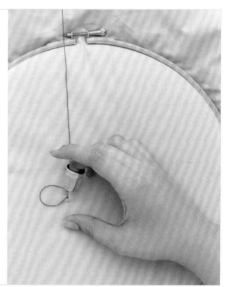

直刺缝

1 直刺缝是缝厚作品时的变通方法。每个中指都戴上顶针。把线结拉入铺棉中（见373页）。把针直立向下穿透拼布的所有层。将针拉出，把线拉到反面。

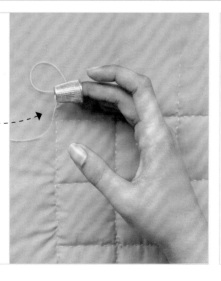

2 把针直立向上穿透拼布的所有层，针距与前一针相同。把针和线拉出到正面。继续重复上述过程。

机器绗缝的基础

漂亮的机缝针迹毫不逊色于手工绗缝，因为针迹是连续的，完成后的作品通常比手工绗缝的更平整。均匀送布压脚或者压线压脚这时大有用处，它们能够把拼布的表布和里布以相同的速度缝过去。在开始和结束时，或者把针距调整为零，在同一处缝几针，或者留线尾用来打结收尾。

准备机缝拼布

1 要想每次在一小块区域上绗缝，就要把拼布的两端向中心卷起来，在中间留30cm的开放区域，两边用夹子固定。

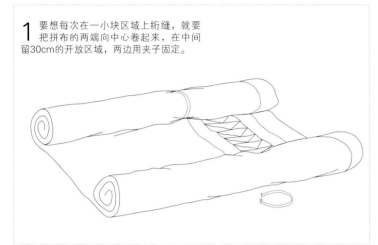

2 折叠或者卷起开放区域的两端，用夹子固定，留出工作区。一边绗缝一边卷起或者折叠拼布。

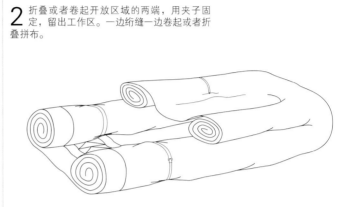

同心绗缝

同心绗缝针迹可以手缝，也可以机缝。轮廓绗缝突出了拼布或者贴布图案，需要最小限度的标记。直线可以用5mm宽的遮蔽胶带做标记；曲线可以轻轻画上去。扩散绗缝跟它类似，但是有更多的分布均匀的同心绗缝针迹，这种针迹常用于夏威夷贴布（见357页）中。

轮廓绗缝

按照缝合线或者图案的轮廓线，在其内部或者外部，或者线的两侧绗缝针迹。

扩散绗缝

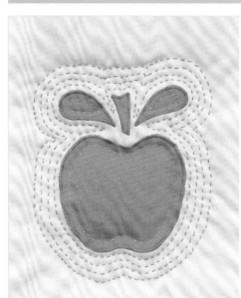

先缝一行轮廓绗缝（见左侧），然后间距均匀地增加几行，沿着图案四周填满背景。

种子针

种子针也叫点绣。这种手工绗缝方法用小小的直线绣填满背景。

1 把线结拉入铺棉中（见373页）。把针和线靠近图案穿出，再插入到反面，距离第一针很近的地方出针。

2 再向下入针，把线拉到反面，在一小段距离外出针。沿着图案外围缝，正面和反面的针迹很小，让它们像种子一样不规则分布。

壕沟绗缝

这里的绗缝针迹是沿着拼布的接缝缝制的，隐藏其中看不出来。

固定线尾。沿着拼布的每条接缝依次缝一遍。开始和结束的针迹尽可能小。

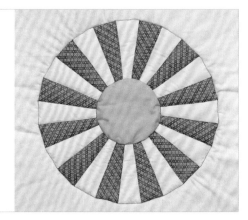

即时绗缝

如果在铺棉和里布上直接拼缝表布，那么就可以同时完成作品，不需要进一步绗缝了。条形拼缝或者组合奖章形的作品完成得漂亮的技巧在于要使用边框。边框可以一条条地加上去。

1 裁剪里布和铺棉，每条边比成品尺寸大2.5cm。四周疏缝到一起。

2 裁剪奖章中心布块和第一圈边框。把中心布块正面向上放在铺棉和里布的中心，放第1条边框，与中心布块正面相对，将全部材料缝在一起。先增加两侧边框，用手指压平，然后再增加顶边和底边边框。把第一圈边框压平。

3 按照选定的顺序继续增加边框，直到完成所需的圈数。修剪里布和铺棉到准确的尺寸，最后滚边（见385页）。

盘带绗缝和填充绗缝

盘带绗缝也叫意大利绗缝，填充绗缝也叫提花绗缝，都是能单独使用的技法，但是组合使用效果也不错。盘带绗缝和填充绗缝结合使用叫装饰垫衬绗缝，又叫白玉绗缝。两种绗缝都需要与表布相配的衬布，通常衬布使用乳白色薄棉布。图案部分从背面用一段绗缝线、编织用羊毛线或者软绳填充，也可以使用填充棉。外部轮廓通常采用手缝。

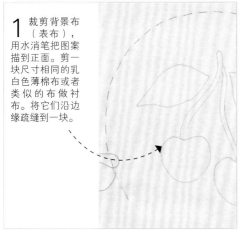

1 裁剪背景布（表布），用水消笔把图案描到正面。剪一块尺寸相同的乳白色薄棉布或者类似的布做衬布。将它们沿边缘疏缝到一块。

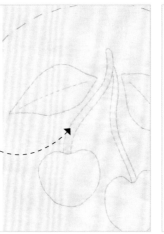

2 沿图案轮廓线缝短小的平针。这里为了看得清楚使用了撞色线。线条相遇的地方针迹要错开，不要重叠交叉。

3 缝完后，清除痕迹。

4 把绗缝线或者羊毛线或者软绳穿入挂毯线绣针。从背面穿入第1条沟槽，末端留短线尾。

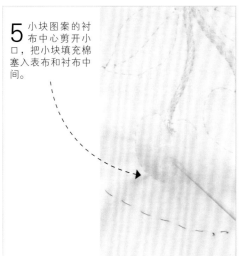

5 小块图案的衬布中心剪开小口，把小块填充棉塞入表布和衬布中间。

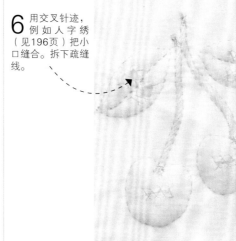

6 用交叉针迹，例如人字绣（见196页）把小口缝合。拆下疏缝线。

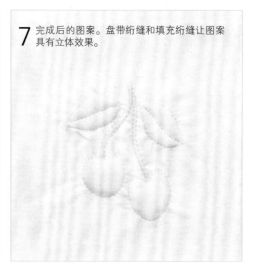

7 完成后的图案。盘带绗缝和填充绗缝让图案具有立体效果。

网格绗缝

传统的网格绗缝图案可以是正方形的，也可以是菱形的。在各个方向画出中心线，或者用5mm宽的遮蔽胶带。如果你在缝纫机的压脚上设置了绗缝引导，你可以用它一边缝一边测量距离。

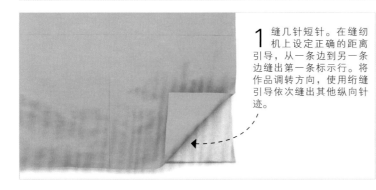

1 缝几针短针。在缝纫机上设定正确的距离引导，从一条边到另一条边缝出第一条标示行。将作品调转方向，使用绗缝引导依次缝出其他纵向针迹。

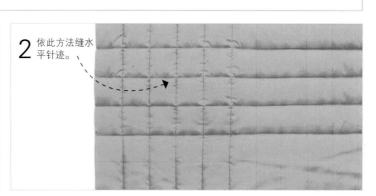

2 依此方法缝水平针迹。

拼布、贴布和绗缝

自由绗缝

自由绗缝给机缝者最大的自由去实现自己的设计。掌握这个技术需要练习，但是得到的回报就是独一无二的作品。你需要用织补压脚或者自由压脚，还要知道怎样放下送布齿。如果你的缝纫机具有"只要停止工作，针就能放下来"的功能，那就使用该功能。

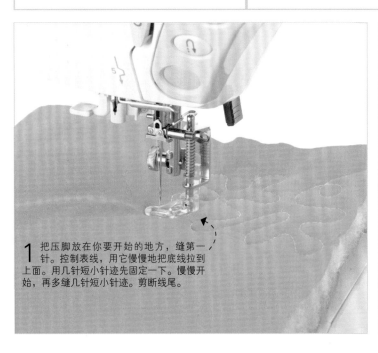

1 把压脚放在你要开始的地方，缝第一针。控制表线，用它慢慢地把底线拉到上面。用几针短小针迹先固定一下。慢慢开始，再多缝几针短小针迹。剪断线尾。

2 用你的手引导作品，向各种方向缝针迹。将两只手呈C形放在压脚的两边，同时轻轻压住作品。保持匀速，让针距相同。结束时也用几针短小针迹固定，同步骤1一样。

系带绗缝

系带绗缝是用一段缝线、细羊毛线或者丝带穿透拼布的几层打一个结，将它们固定在一起的绗缝方法。丝光棉线和绣线都很合适。你将用到有大针眼的尖头针，针眼既要够粗能穿入线，又要避免在作品上留下针孔。根据铺棉的类型、区块图案和作品的大小确定结与结之间的距离。铺棉和羊毛填充物很容易移动，打结的距离应该比在聚酯棉上面的近，一般来说在10~15cm。

1 穿透夹层三明治，从中心把针线拉出，留10cm线尾在上面。

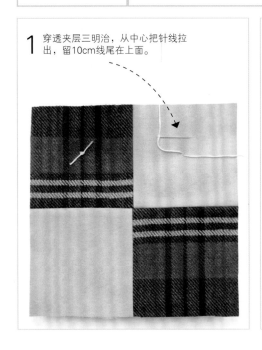

2 同一位置再缝1针。

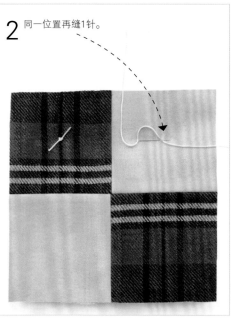

3 用线尾打一个平结。剪断结上的线，修剪末端到相同的长度。重复这一过程，缝两针打个结，直至缝完整个作品。

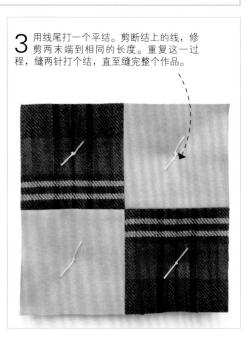

装饰绗缝作品

从浮面装饰绣到珠绣，以至增加纽扣、蝴蝶结和拾得艺术品（found object，指自然形态的艺术品，由艺术家对天然物品或已有材料加工完成的，而不是创作的。——译者注）等，对绗缝作品的装饰方式无穷无尽。你可以采用亮片、小饰品、小镜片或者机缝刺绣等进行装饰。许多装饰技法，包括串珠绣、亮片绣和浮面装饰绣，都能在173~235页关于刺绣的内容中找到。

纽扣

样式新颖的纽扣放在主题拼布或者民族风拼布上可以制造出可爱的装饰效果。纽扣也可以成为花篮里枝头的"花朵"，或者出现在你想强调的任何地方。在表布上缝纽扣的时候，如果不想缝到里布上，可以在表布上打结。当然也可以在里布那面打结。

小饰品

简单地在表布合适的地方固定一个风格和尺寸恰当的小饰品作为装饰。小饰品通常用来增加作品的个性——例如，新娘的拼布礼物上可以增加婚礼用饰品。小饰品大多用在装饰品上，例如壁画等，而不应该用在儿童或者婴儿拼布被上，因为它们很容易伤害宝宝。

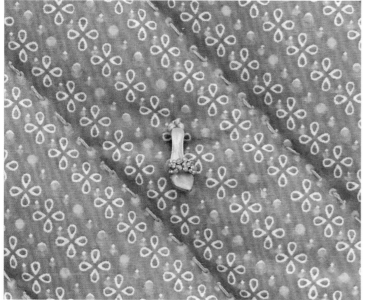

蝴蝶结

按照需要的大小系一个蝴蝶结缝在表布恰当的位置上，可以是单蝴蝶结也可以是双蝴蝶结。在缝上去之前确保所打的结是牢固的。

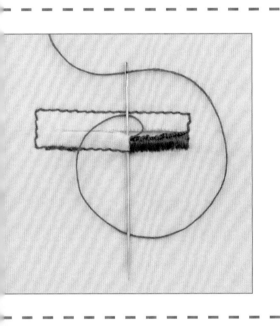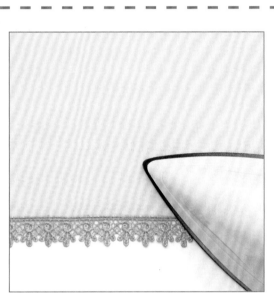

收尾 FINISHING

你需要掌握常用的装饰性技巧来为你的作品收尾,例如折边、滚边、增加纽扣以及固定饰边等。

通用收尾技巧
GENERAL FINISHING TECHNIQUES

给边缘收尾是完成作品的最后阶段。绗缝作品总是需要用某种方式收边的，绒绣作品滚边后很美，而刺绣作品可以折边或者滚边，这取决于作品的目的或者创作者的个人喜好。

| 折边 | 各种折边都可以用于针艺作品的收尾。折边可以翻向反面也可以翻向正面，可以是直角也可以是斜接角。怎样选择主要在于外观的需要，但是也要根据布料本身和作品的使用目的。沿着抽线绣（见223页）边缘制作折边，当刺绣完成的时候，折边也缝好了。 |

双折边

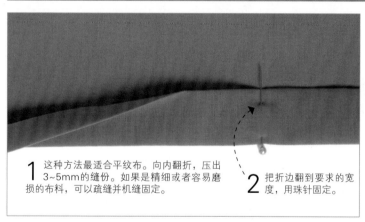

1 这种方法最适合平纹布。向内翻折，压出3~5mm的缝份。如果是精细或者容易磨损的布料，可以疏缝并机缝固定。

2 把折边翻到要求的宽度，用珠针固定。

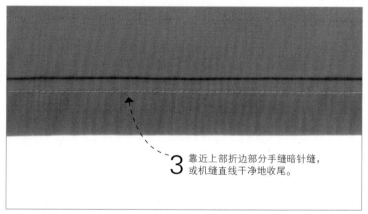

3 靠近上部折边部分手缝暗针缝，或机缝直线干净地收尾。

单折边

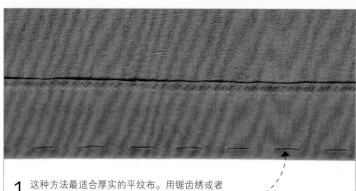

1 这种方法最适合厚实的平纹布。用锯齿绣或者锁边绣处理好毛边，或者用斜纹滚边条（见384页）滚边。把折边翻到反面，轻轻压平，疏缝固定。

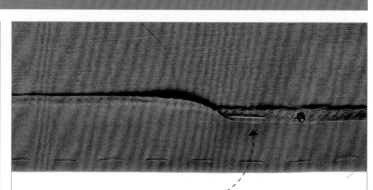

2 在合适位置手缝藏针缝或者机缝暗针缝加以固定。拆除疏缝线。

贴边式折边

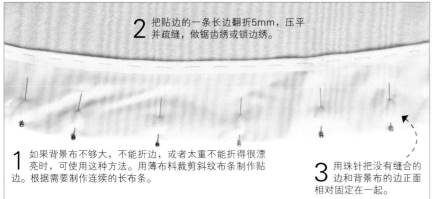

2 把贴边的一条长边翻折5mm，压平并疏缝，做锯齿绣或锁边绣。

1 如果背景布不够大，不能折边，或者太重不能折得很漂亮时，可使用这种方法。用薄布料裁剪斜纹布条制作贴边。根据需要制作连续的长布条。

3 用珠针把没有缝合的边和背景布的边正面相对固定在一起。

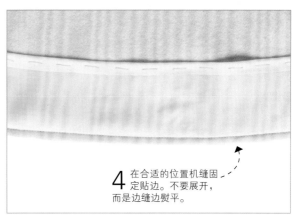

4 在合适的位置机缝固定贴边。不要展开，而是边缝边熨平。

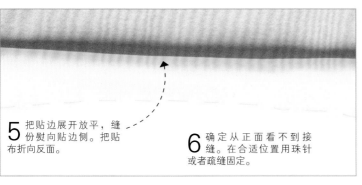

5 把贴边展开放平，缝份熨向贴边侧。把贴布折向反面。

6 确定从正面看不到接缝。在合适位置用珠针或者疏缝固定。

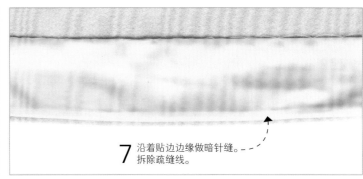

7 沿着贴边边缘做暗针缝。拆除疏缝线。

装饰性贴边

贴边式折边的技巧可以用在制作饰边中，例如贝壳形或者尖角形花边，用在贴布作品或者枕套边缘做装饰。

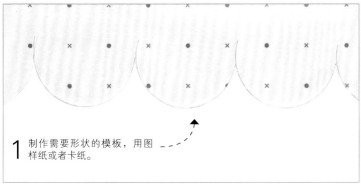

1 制作需要形状的模板，用图样纸或者卡纸。

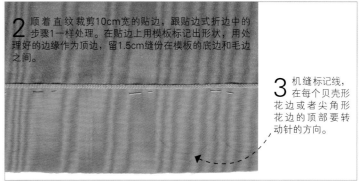

2 顺着直纹裁剪10cm宽的贴边，跟贴边式折边中的步骤1一样处理。在贴边上用模板标记出形状，用处理好的边缘作为顶边，留1.5cm缝份在模板的底边和毛边之间。

3 机缝标记线，在每个贝壳形花边或者尖角形花边的顶部要转动针的方向。

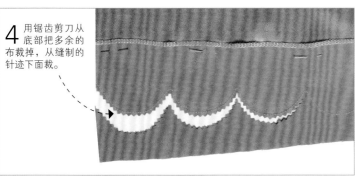

4 用锯齿剪刀从底部把多余的布裁掉，从缝制的针迹下面裁。

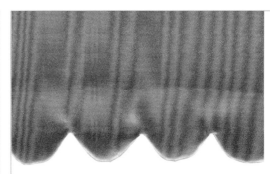

5 翻到正面熨平。暗针缝贴边的边缘。

滚边

斜纹滚边条有各种颜色和宽度，你也可以自制滚边条。滚边条应该是连续的长条形。可能的话，沿着布料的纵向织线裁剪直纹滚边条或者往作品上缝合滚边条之前把布条连接好（见367页）。斜纹滚边条比直纹滚边条更具有弹性，适用于给曲线形作品滚边。

制作直纹滚边条

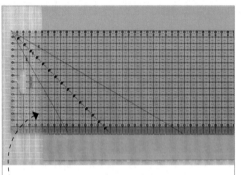

1 测量要滚边的作品长度，确定好成品滚边的宽度。裁剪2倍于滚边宽度再加上10mm缝份的布条，特别留出边角和布条之间连接的缝份。

2 要保证边缘是直的，沿着布的直纹裁剪。在作品的周长基础上再增加40cm，如果是婴儿被、壁画和大的刺绣作品则增加30cm，小作品增加20cm。

制作斜纹滚边条

1 购买至少1.5m长的布块才能裁剪长布条。边缘剪直，布块熨平。修直布块的边缘，把边缘向反面折过去，让侧边与顶边重合，形成一个有45°角的直角三角形。沿着这条斜的折边裁剪。

3 接着把布条连接起来，形成连续的滚边条。把布条正面相对，以90°角放在一起，用珠针固定后沿对角线缝合，留5mm缝份。接缝应该从每条布条的一条边缝到另一条边，每条缝份的两末端都是三角形。

2 用金属尺和细的裁缝用画粉，画出跟斜边平行的线，线之间的距离为4cm。沿着画粉线裁剪，根据需要裁剪多条，并加上备用量。

4 把缝份展开熨平，修剪缝份。你也可以用一些现成的布条制作滚边条，需要把边缘向下折好熨平或者将布条送到滚边条制作器里制作。

制作连续不断的斜纹滚边条

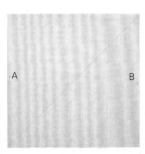

1 在一块用来制作滚边条的布上裁出一个正方形，校直布边使角呈90°。标记出A、B两对边，画出对角线。沿着此线裁剪。

2 A、B边对齐，正面相对缝合，针迹应紧密。缝份分开熨平，修剪"狗耳朵"。

3 按照需要的布条宽度画出与斜边平行的直线。

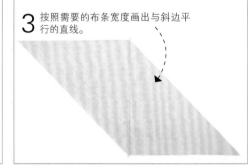

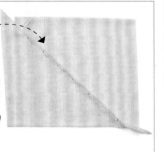

4 把剩下两条直纹边对齐，把一条边上的第一条标记线跟另一条边上顶角对齐。用珠针小心固定接缝，正面相对，缝合到一起成为筒状。

5 沿着标记线裁剪就成为连续不断的滚边条。

滚边条长度的估算

● 制作滚边条的布块两边的长度相乘，再除以滚边条的宽度，就可估算出裁出的滚边条的长度（未计算缝份）。例如，制作5cm宽的滚边条，用的是边长为90cm的正方形布，那么，90cm×90cm= 8100cm²，被5cm除后结果为1620cm，即可用这块布制作16.2m长的滚边条，这对于加长作品的滚边也是足够了。

给刺绣或者绒绣作品滚边

绒绣或者刺绣作品以及单层贴布作品用单层滚边的效果很不错。单层滚边也能用在纫缝作品上，但是不如双层滚边结实耐用。

单层滚边

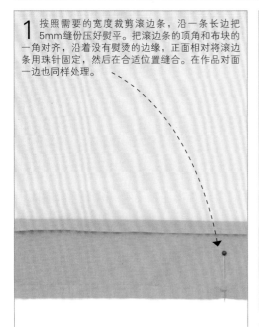

1 按照需要的宽度裁剪滚边条，沿一条长边把5mm缝份压好熨平。把滚边条的顶角和布块的一角对齐，沿着没有熨烫的边缘，正面相对将滚边条用珠针固定，然后在合适位置缝合。在作品对面一边也同样处理。

2 折叠滚边条至作品反面，用珠针或者疏缝固定，再沿着折边做暗针缝。正面不要露出针迹。对边同样处理。

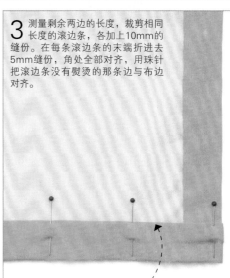

3 测量剩余两边的长度，裁剪相同长度的滚边条，各加上10mm的缝份。在每条滚边条的末端折进去5mm缝份，角处全部对齐，用珠针把滚边条没有熨烫的那条边与布边对齐。

4 缝合固定，然后翻到反面，沿着折边和滚边条末端做暗针缝，完成整个作品。

给纫缝物滚边：双层滚边

双层滚边比单层滚边更结实，推荐用于拼布被上。纫缝的壁画和其他小件作品不会经常被磨到，所以可以使用单层滚边。

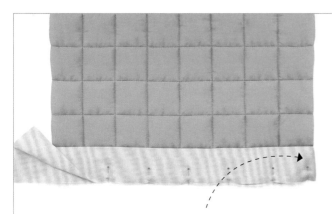

1 裁剪滚边条，2倍于需要的滚边宽度加上10mm缝份。把滚边条长度对齐对折，反面相对，熨平。在表布的每个角距离边缘5mm处画出标记。

2 将滚边条放在表布上，角处对齐，两毛边与表布边对齐，用珠针固定。对边同样处理。毛边会被最后缝好的滚边条盖住。

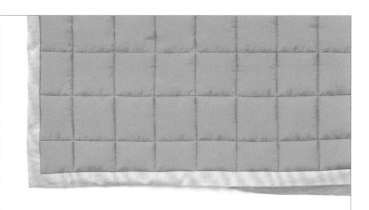

3 沿着毛边从缝份标记线开始缝合到末尾。把滚边条折到里布那面，用藏针缝缝合。对边同样处理。

4 最后两条滚边条的末端折进去5mm缝份，用同样的方法缝

嵌绳和嵌条

靠垫套等家居布艺品或者手提袋等使用了各种针线技艺的物件，都需要鲜明的装饰性的嵌绳或者嵌条。嵌绳容易缝上去，但嵌条胜在颜色千变万化。

缝合嵌绳

嵌绳上的布边

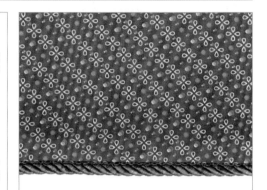

1 例如，把嵌绳沿着靠垫套的缝份线缝到两层布之间。把嵌绳上的布边跟前片正面的毛边对齐，沿着绳边疏缝固定。

2 把后片放在嵌绳上，与前片正面相对边缘对齐，沿着绳边用拉链压脚缝合。

3 拆下疏缝线，把布的正面翻出来。沿绳边把布熨平，这样嵌绳就平整地固定在缝份上了。

缝合嵌条

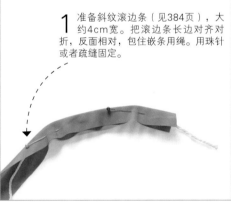

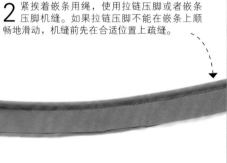

1 准备斜纹滚边条（见384页），大约4cm宽。把滚边条长边对齐对折，反面相对，包住嵌条用绳。用珠针或者疏缝固定。

2 紧挨着嵌条用绳，使用拉链压脚或者嵌条压脚机缝。如果拉链压脚不能在嵌条上顺畅地滑动，机缝前先在合适位置上疏缝。

3 修剪嵌条的缝份至需要的宽度——不要太宽也不要太窄。

4 把嵌条的缝份与前片正面的缝合线对齐，嵌条在内侧，用珠针或者疏缝固定。

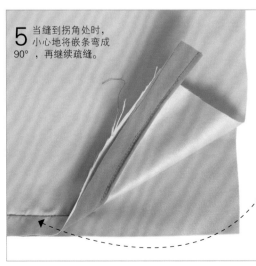

5 当缝到拐角处时，小心地将嵌条弯成90°，再继续疏缝。

6 把后片与前片正面相对。使用拉链压脚，沿着嵌条上的缝合线机缝。

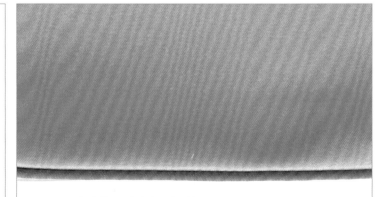

7 把布的正面翻出来，小心地熨平嵌条两侧。

扣襻

虽然扣襻主要具有实用功能——用来把靠垫、手提袋、衣物和家居物品等固定、封闭起来，但其中很多也具有装饰细节的作用。这里有一些制作和添加简单的扣襻的技巧，包括容易缝制的扣襻，手缝扣眼，缝系带、按扣和拉链等，还有关于缝纽扣的有用提示。

制作简单的扣襻

1 在边缘接缝上直接制作扣襻，这样固定针迹需穿过四层，一层是表布，两层是缝份，还有一层是里布。

2 用一股粗而结实的扣眼线穿入针里，在几层布之间穿行一段，从扣襻的位置出针。在同一位置缝3小针靠近边缘固定。

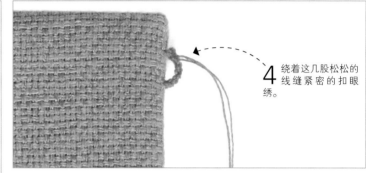

4 绕着这几股松松的线缝紧密的扣眼绣。

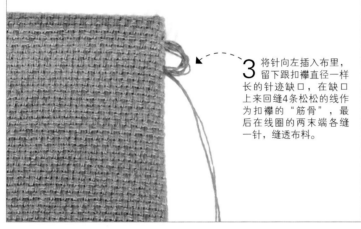

3 将针向左插入布里，留下跟扣襻直径一样长的针迹缺口，在缺口上来回缝4条松松的线作为扣襻的"筋骨"，最后在线圈的两末端各缝一针，缝透布料。

5 当全部缝完后，在末端跟步骤2一样缝针固定。

手缝扣眼

在作品上直接缝制扣眼之前，应先在碎布上练习一下。在有衬布的布上制作扣眼时，要穿透两层布。

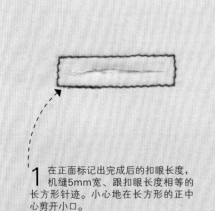

1 在正面标记出完成后的扣眼长度，机缝5mm宽、跟扣眼长度相等的长方形针迹。小心地在长方形的正中心剪开小口。

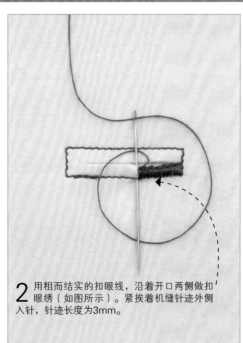

2 用粗而结实的扣眼线，沿着开口两侧做扣眼绣（如图所示）。紧挨着机缝针迹外侧入针，针迹长度为3mm。

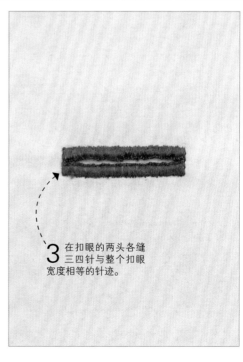

3 在扣眼的两头各缝三四针与整个扣眼宽度相等的针迹。

收尾

布扣襻

1 用薄布裁剪4cm宽的斜纹滚边条（见384页）。一条长10cm（不包含两尖端）的斜纹滚边条，用来扣直径2.5cm的纽扣足够了。将斜纹滚边条正面相对长边对齐对折，并用珠针固定。

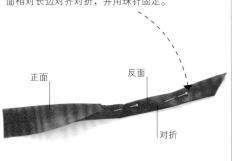

正面　　反面

对折

2 沿着折痕机缝，距离折痕5mm宽，留长线尾。然后再沿着第一条针迹机缝，距离为3mm。

3 靠近第二条针迹剪掉多余的缝份。做成扣襻用的布带。

4 把布带末端的长线尾穿入钝头缝针里，从布带里面穿过，将其翻到正面，或者使用翻带器翻面。

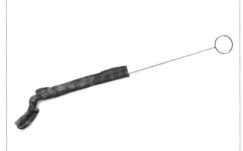

5 把布带熨平，接缝位于一条边处。让接缝置于布带内侧，将布带折成如图所示，在末端留出充足的缝份。

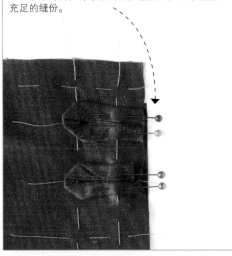

6 机缝折好的布带，让布带正面对着作品的正面，毛边对齐。

7 紧挨着缝合线机缝第一条线。距离第一条线4mm处缝第二条线。

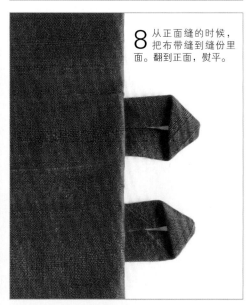

8 从正面缝的时候，把布带缝到缝份里面。翻到正面，熨平。

缝纽扣

1 用双股线穿针。在要缝纽扣的布的反面固定线尾。将针从纽扣的一个洞眼里穿出来，从另一个洞眼入针到布的反面。不要把线拉紧，先插入一根牙签（或者火柴棒），横在缝线下面、两洞眼之间，然后把线拉紧。

2 继续穿过洞眼和布来回缝，缝5针以上。

3 取下牙签，让缝线在纽扣下面缝过的线上绕几圈，形成线柄。在反面缝3小针结束。

缝塑料按扣

虽然按扣不容易看到，但是将它们缝上去的时候还是要仔细地对齐。用双线，在每个按扣四周的洞眼里都缝三四针。

缝系带

你可以在作品上缝系带作为装饰性的结束。系带末端折进去，疏缝固定到反面。在系带末端机缝正方形针迹，在正方形中心十字交叉缝。拆除疏缝线。

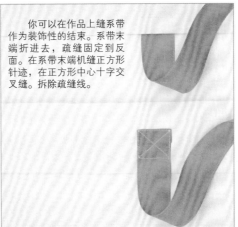

缝挂钩和挂环

沿着挂钩做一圈直线绣。绣的时候针只挑起里布和下面的缝份。确保挂钩和挂环对齐，绣之前先疏缝颈部进行检查。

缝拉链

1 缝拉链最容易的方法是把拉链跟缝合线上的开口对齐。先机缝缝合线，在缝合线上留出开口，跟拉链长度相等。

——— 缝合线上的开口

2 沿着缝合线疏缝开口。

——— 疏缝线

3 沿接缝把布展开，在反面把缝份熨向两侧。把拉链拉开，正面向下放在接缝的反面。

4 拉链牙与接缝仔细对齐，在拉链一侧的带子上，距离拉链牙3mm处疏缝，将拉链与布固定在一起。

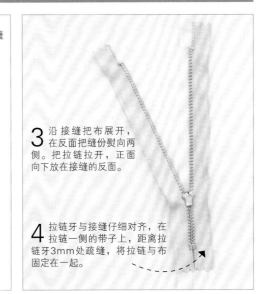

5 拉上拉链，另一侧也疏缝固定。用配色线从布的正面把拉链机缝固定，针迹刚好在疏缝针迹外侧，沿着拉链四周形成一个长方形。

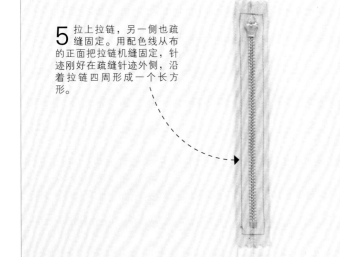

6 沿着拉链四周和开口拆除疏缝线，熨平。

装饰 EMBELLISHMENTS

收尾说明有时候还包含其他简单的手作或者现成的装饰。例如某些类型的针织品，你还可以增加各种饰边来完成自己的作品。这里有一些有用的提示，能够为作品锦上添花。

手工毛线装饰品	棒针编织或者钩针编织使用毛线装饰品是很容易的，但是要保证精细制作，让它们看起来完美无憾。波西米亚流苏常用在披肩或者围巾上面，传统流苏用在靠垫角上或者帽子顶上则最为理想。怎样制作这里有详细讲解，但是你也可以在很多小物件上使用毛线球——包括手工制作或者现成的。

制作波西米亚流苏

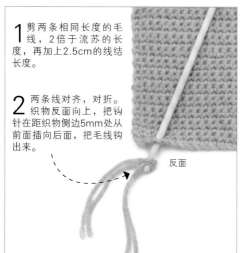

1 剪两条相同长度的毛线，2倍于流苏的长度，再加上2.5cm的线结长度。

2 两条线对齐，对折。织物反面向上，把钩针在距织物侧边5mm处从前面插向后面，把毛线钩出来。

反面

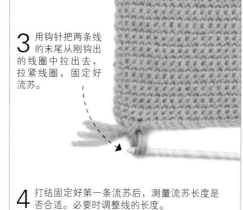

3 用钩针把两条线的末尾从刚钩出的线圈中拉出去，拉紧线圈，固定好流苏。

4 打结固定好第一条流苏后，测量流苏长度是否合适。必要时调整线的长度。

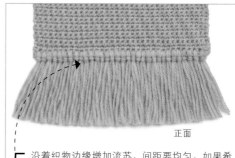

正面

5 沿着织物边缘增加流苏，间距要均匀。如果希望流苏密集点，用多股线制作。如果将线拉过织物时有困难，尝试使用小号或者大号的钩针。

6 完成流苏后，根据需要小心修剪，让末端保持齐平。

制作传统流苏

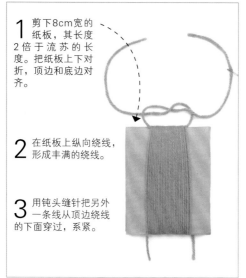

1 剪下8cm宽的纸板，其长度2倍于流苏的长度。把纸板上下对折，顶边和底边对齐。

2 在纸板上纵向绕线，形成丰满的绕线。

3 用钝头缝针把另外一条线从顶边绕线的下面穿过，系紧。

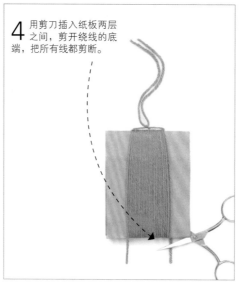

4 用剪刀插入纸板两层之间，剪开绕线的底端，把所有线都剪断。

5 用一条长线在流苏的顶部，距离顶点约2cm的地方多缠绕几圈。然后把这条线穿入钝头缝针中，从流苏的中心穿到顶点，然后拉紧。

6 用长线把流苏系到你的编织或者钩织作品上。

固定饰边

漂亮的饰边能给作品锦上添花，并带来更为专业的感觉。有时候只沿着其中一条边增加饰边。这些饰边一般是蕾丝或者褶边，通常在作品边缘处。根据布料的不同和个人的喜好，饰边可以加在作品正面也可以加在反面，可以手缝也可以机缝。

在正面固定单边花边

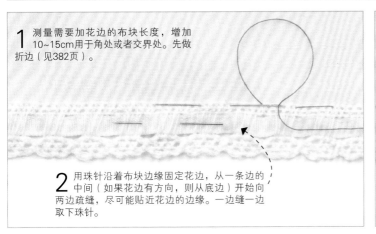

1 测量需要加花边的布块长度，增加10~15cm用于角处或者交界处。先做折边（见382页）。

2 用珠针沿着布块边缘固定花边，从一条边的中间（如果花边有方向，则从底边）开始向两边疏缝，尽可能贴近花边的边缘。一边缝一边取下珠针。

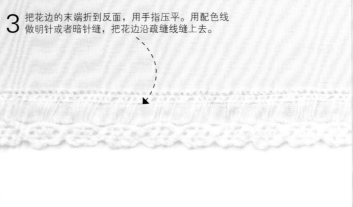

3 把花边的末端折到反面，用手指压平。用配色线做明针或者暗针缝，把花边沿疏缝线缝上去。

在反面固定单边花边

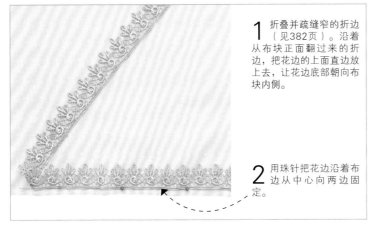

1 折叠并疏缝窄的折边（见382页）。沿着从布块正面翻过来的折边，把花边的上面直边放上去，让花边底部朝向布块内侧。

2 用珠针把花边沿着布边从中心向两边固定。

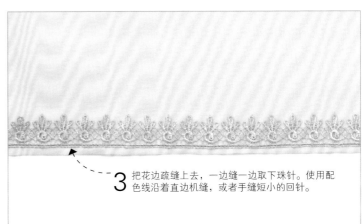

3 把花边疏缝上去，一边缝一边取下珠针。使用配色线沿着直边机缝，或者手缝短小的回针。

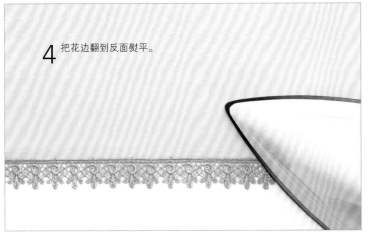

4 把花边翻到反面熨平。

5 用配色线从正面沿着折边机缝，或者从反面沿着上面的折边做卷针缝。

固定饰带

　　一些蕾丝和多数饰带都是平整的，而且有两条边令其很适合放在作品外侧作为装饰。像单边花边这类平整的饰边能手缝或者机缝固定，但在缝到布料正面之前通常都要备衬布或者折边。

1 测量需要加饰带的布块长度，加上10~15cm的余量。

2 从一条边的中间（如果饰带有方向，则从底边）开始，把饰带用珠针平行于侧边固定。确定在边缘上留有空间用来折边或者作为缝份。

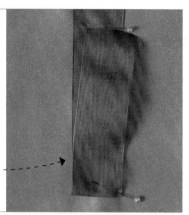

3 每个角都处理成斜接式。把饰带折到反面，用珠针固定角。在饰带的内侧边上标示出45°角到另一侧，并从内部机缝到外部。

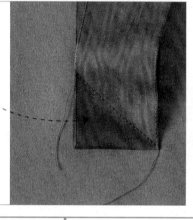

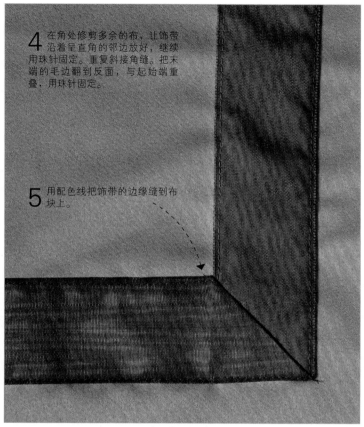

4 在角处修剪多余的布，让饰带沿着呈直角的邻边放好，继续用珠针固定。重复斜接角缝。把末端的毛边翻到反面，与起始端重叠，用珠针固定。

5 用配色线把饰带的边缘缝到布块上。

把饰边嵌入接缝里

　　如果一件作品需要加衬布或是背布，饰边和嵌条就能插入到表布和其他层之间，例如靠垫套或者餐具垫前、后片的接缝处。

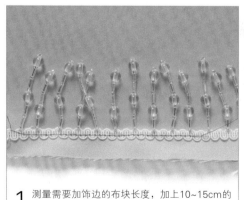

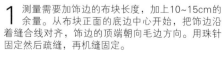

1 测量需要加饰边的布块长度，加上10~15cm的余量。从布块正面的底边中心开始，把饰边沿着缝合线对齐，饰边的顶端朝向毛边方向。用珠针固定然后疏缝，再机缝固定。

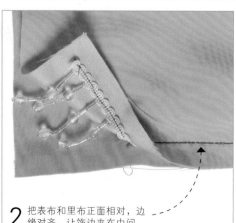

2 把表布和里布正面相对，边缘对齐，让饰边夹在中间，底部朝向里侧。沿着同一缝合线机缝。

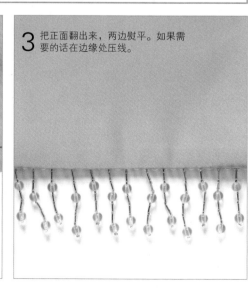

3 把正面翻出来，两边熨平。如果需要的话在边缘处压线。

保养手工物品 CARE OF NEEDLEWORK

既然花了那么多时间和心血在针艺作品上，就应该在清洗和储藏的时候小心处理。开始时可以根据针艺作品所使用的材料商标上的要求来处理，这些材料包括铺棉和布料（用于拼布的）、刺绣线和背景布料、绒绣绣布和毛线等。

保养编织物和钩编物

保留作品的全部记录，包括花样、密度测试样品、一小团毛线，最重要的是你所使用的每团毛线的商标。专门配备的装饰品、丝带、拉链或者按扣的保养说明都应该保留。

准备和清洗

取下特殊的纽扣或者装饰品，以免水洗或者干洗时受到损坏。要想保持镂空部分的形状，需要用衣服干燥时很容易取下的细棉线把这部分疏缝封闭。测量衣物各个方向的长度，并将数据记录下来，这样当衣物处于潮湿状态时可以定型成准确的尺寸。

清洗

根据毛线的商标说明来清洗。毛线说明中标示着"普通洗"或者"可机洗"的，就可以放在洗衣机中用轻柔的模式洗或者冷水洗。不过，多数毛线商标上都推荐手洗。

清洗你的毛线织物要格外小心，避免摩擦、搅动和热水，这些都能导致羊毛线的缩绒，或损伤其他纤维。

在大量的低温水中溶解中性洗涤剂。把一件织物放进去，轻轻上下按压提起，浸泡几分钟，然后漂洗干净。

在水槽中按压织物，轻轻地把水分挤出去。不要扭绞。托起潮湿的织物，把它放到大浴巾上，把浴巾卷起来，去除多余的水分。

干燥

把编织物或钩编物平放在浴巾上晾干，偶尔要翻面，加速干燥过程，避免受到霉菌的损害。

大的物品，例如披肩，可以在地板上铺上大塑料布，然后铺上一层浴巾，再把披肩放上去晾干。

在彻底干燥之前要把潮湿的织物定型，不要直接放在太阳光下面或者靠近热源的地方。一旦完全干燥，如果需要你可以冷定型和蒸汽定型，见75页和146页。

储藏和防虫

定期检查织物上有无破损出现。如果要储藏过夏，要在放有羊毛编织物或钩编物的抽屉和壁橱里放置防潮剂，并根据说明更新。

在处理有蛀虫寄生的织物之前，先放到冷冻室过夜，杀死虫卵。编织物或钩编物如果太大，例如披肩或者阿富汗织物，冷冻室放不下，可以在阳光下晒一整天，也能达到同样的效果。

清洁拼布作品

每天都使用的床上用品大都是可水洗的，例如棉布和由棉花或聚酯棉构成的被芯。更换寝具时应当好好抖一抖，如果天气好还可以拿出去吹吹风。拼布被最好不要干洗。

机洗

如果拼布作品需要清洗，应确定不会损伤布料。小作品，例如婴儿拼布被可以放在洗衣机里水洗，就像床被一样。用轻柔模式、中性洗涤剂和低温水。

手洗

大的拼布作品可以放在浴缸里浸泡。放温水，把作品折叠成合适的大小，放进去浸泡。必要的话使用中性洗涤剂，但是要记住，一定要漂洗干净。如果水看起来有点混浊，把水排出再换清水。当水很清的时候，再次把水排出，作品留在浴缸里几个小时沥出水分。用干净的床单把作品提出来。

干燥

洗过的作品平放着晾干。在地板上铺白床单，把作品平放在上面，在上面再盖上一层白床单。当上面干了以后，翻面晾干。

吸尘

精致的作品可以非常小心地用吸尘器吸尘。设置吸尘模式为低速，用装潢刷轻轻刷一遍表面，作品表面应该用干净的尼龙网或者一块细网保护起来。

储藏

平铺储藏时床就是最理想的地方。把作品尽可能少地折叠一下，放到被橱里或者毯子箱里。如果要储藏很久的话，偶尔打开晾晒一下，或者挂在墙上作为展示品。

清洗刺绣作品和绒绣作品

任何绣布上完成的作品都应该尽可能干洗。如果你想水洗，应确保绣线不会褪色。有一个简单的检验方法：用一块湿棉布压到绣线上，如果颜色染到了湿棉布上面，就不能水洗。

清洗

许多平纹布只要通过褪色检验，都可以小心地清洗，手工刺绣的作品应该手洗。用少量温水和中性洗涤剂轻轻地揉挤。漂洗干净，挤出水分，不要扭绞。潮湿时定型（湿定型，见284页），直到保持好外形。

吸尘

刺绣作品也可以按照前面的方法吸尘。你也可以手动吸尘。如果作品上灰尘特别多，用一块细的乳白色薄棉布盖住吸尘器管口，用皮筋固定后再吸尘。

玩具编织说明 TOY PATTERNS

88~91 页编织玩具猴

毛线、针和其他
根据88页准备毛线、针和其他所需物品。

身体和头部
身体和头部织成一片，从身体下端开始织。

用条纹所用的颜色（B、C、D或者E）线起20针，留长线尾用于缝合。

第1行（正面）：[从前、后侧线圈分别织下针，1针下针]重复10次。共30针。

第2行：全上针。

第3行：1针下针，[挑针扭加针，3针下]重复9次，挑针扭加针，2针下针。共40针。

第4行：全上针。

第5行：2针下针，[挑针扭加针，4针下针]重复9次，挑针扭加针，2针下针。共50针。

继续织13行下针编织的条纹（B、C、D和E线的顺序依个人喜好而定），最后以正面行结束，准备织下1行。

下面全部织下针编织的条纹（B、C、D和E线的顺序依个人喜好而定）：

下1行（正面）：6针下针，[左上2针并1针（下针），10针下针]重复3次，左上2针并1针（下针），6针下针。共46针。

1行全上针。

下1行：1针下针，[左上2针并1针（下针），4针下针]重复7次，左上2针并1针（下针），1针下针。共38针。

1行全上针。

下1行：3针下针，[左上2针并1针（下针），8针下针]重复3次，左上2针并1针（下针），3针下针。共34针。

1行全上针。

下1行：4针下针，[左上2针并1针（下针），3针卜针]重复6次。共28针。

织9行，不用改变形状，最后以正面行结束，准备织下1行。

肩膀
下1行（正面）：6针下针，左上2针并1针（下针），12针下针，左上2针并1针（下针），6针下针。共26针。

1行全上针。

下1行：5针下针，右上3针并1针（下针），10针下针，右上3针并1针（下针），5针下针。共22针。

1行全上针。

下1行：4针下针，右上3针并1针（下针），8针下针，右上3针并1针（下针），4针下针。共18针。

1行全上针。

头部
下1行（正面）：2针下针，[从前、后侧线圈分别织下针，1针下针]重复8次。共26针。

1行全上针。

下1行：2针下针，[挑针扭加针，3针下针]重复8次。共34针。

1行全上针。

下1行：4针下针，[挑针扭加针，5针下针]重复6次。共40针。

织17行，不用改变形状，最后以正面行结束，准备织下1行。

下1行：2针下针，[左上2针并1针（下针），3针下针]重复7次，左上2针并1针（下针），1针下针。共32针。

1行全上针。

下1行：1针下针，[左上2针并1针（下针），2针下针]重复7次，左上2针并1针（下针），1针下针。共24针。

1行全上针。

下1行：[左上2针并1针（下针），1针下针]重复8次。共16针。

1行全上针。

下1行：[左上2针并1针（下针）]重复8次。共8针。

下1行：[左上2针并1针（上针）]重复4次。共4针。

剪断毛线，留长线尾。把线尾穿入毛线缝针里，从剩下的4针里穿过，一边穿一边从棒针上滑下。把线收紧，缝几针固定。

腿部（制作2条）
每条腿都从脚部末端开始。

用A线（脚和手的颜色）、单边起针（见28页）6针，留长线尾。

第1行（正面）：[从前、后侧线圈分别织下针]重复5次，1针下针。共11针。

第2行：全上针。

第3行：1针下针，[挑针加针，1针下针]重复10次。共21针。

从全上针行开始，织9行下针编织，最后以正面行结束，准备织下1行。

第13行（正面）：2针下针，[左上2针并1针（下针），3针下针]重复3次，左上2针并1针（下针），2针下针。共17针。

第14行：全上针。

剪断A线。

下面全部织下针编织的条纹（B、C、D和E线的顺序依个人喜好而定）：

织10行，不用改变形状，最后以正面行结束，准备织下1行。

下1行（正面）：4针下针，左上2针并1针（下针），6针下针，左上2针并1针（下针），3针下针。共15针。

织15行，不用改变形状。

下1行（正面）：3针下针，[左上2针并1针（下针），2针下针]重复2次，左上2针并1针（下针），2针下针。共12针。**

织11行，不用改变形状。

下针的伏针收针。

胳膊（制作2条）
每条胳膊从末端开始。

跟织腿部一样织到**处。

织7行，不用改变形状。

下4行的开始各收2针。

剩下4针收针，留长线尾用来缝合胳膊到身体上。

口鼻部
用条纹所用的颜色（B、C、D或者E）线单边起针6针，留长线尾用于缝合。

第1行（正面）：[从前、后侧线圈分别织下针]重复5次，1针下针。共11针。

第2行：全上针。

第3行：1针下针，[挑针扭加针，1针下针]重复10次。共21针。

第4行：全上针。

剪断第1种颜色的条纹线，换下种颜色线完成剩下的口鼻部。

第5行：1针下针，[挑针扭加针，2针下针]重复10次。共31针。

从全上针行开始，织5行下针编织。

下针的伏针收针，留长线尾用于缝合。

耳朵（制作2只）
用F线（耳朵和尾巴的颜色）起3针。

第1行（反面）：[从前、后侧线圈分别织下针]重复2次，1针下针。共5针。

注意：剩下的加针用挂针。当织到下1行挂针处时，从后侧线圈编织，使织线交叉，不会形成小洞。

第2行（正面）：[1针下针，挂针]重复4次，1针下针。共9针。

第3行：下针织到最后，挂针处每都从后侧线圈挑针编织。

第4行：[2针下针，挂针]重复4次，1针下针。共13针。

第5行：重复第3行。

第6行：全下针。

织2行下针。

松松地做下针的伏针收针。留长线尾用来把耳朵收成勺状，并缝到头部。

尾巴
用F线（耳朵和尾巴的颜色）起3针。留长线尾用来把尾巴缝到身体上。

织起伏针（每行都织下针），直到尾巴比腿部略长点（或者需要的长度）。

下1行：右上3针并1针（下针），然后收针。

尾巴会自然卷曲——不要把卷曲的地方熨平。

收尾
按照90页和91页的说明操作。

164~167 页钩编玩具狗

毛线、针和其他
根据164页准备毛线、针和其他所需物品。

特殊说明
- 当换新线钩编的时候，要在前一圈最后1次挂线的时候换新线。
- 不用的A线和C线不要剪断，挂在织物里面，用的时候再拉过来。根据需要开始和结束B线行。
- 当使用新线钩编、旧线要剪断的时候，把线头藏进去四五针固定，然后贴近里侧剪断。

身体和头部
身体和头部钩成一片，从身体下端开始。
用A线钩28针锁针，第1针锁针钩1针引拔针连成一圈，留长线尾用来缝合腿部。
第1圈（正面）：1针锁针（不算作1针），钩引拔针处钩1针短针，剩下每针锁针均钩1针短针，共28针。（不要在一圈结束时翻面，一直正面朝外螺旋形钩编。）
注意：用记号圈标记一圈的最后一针，每完成一圈移动一次记号圈（见156页短针筒形）。

开始按照顺序钩条纹
条纹的顺序是[3圈A，1圈B，1圈C，2圈A，1圈C]，全部这样重复。同时按照下列说明完成身体：
第2圈：[下1针短针钩2针短针，下6针短针各钩1针短针]重复4次，共32针。
第3圈：每针短针均钩1针短针，直到一圈结束。
第4圈：[下3针短针各钩1针短针，下1针短针钩2针短针]重复8次，共40针。
第5圈：重复第3圈。
第6圈：[下9针短针各钩1针短针，下1针短针钩2针短针]重复4次，共44针。
第7~12圈：重复第3圈6次。
第13圈：[下9针短针各钩1针短针，下2针短针并1针]重复4次，共40针。
第14圈：下4针短针各钩1针短针，[下2针短针并1针，下8针短针各钩1针短针]重复3次，下2针短针并1针，下4针短针各钩1针短针，共36针。
第15圈：[下7针短针各钩1针短针，下2针短针并1针]重复4次，共32针。
第16圈：重复第3圈。
第17圈：下3针短针各钩1针短针，[下2针短针并1针，下6针短针各钩1针短针]重复3次，下2针短针并1针，下3针短针各钩1针短针，共28针。
第18~24圈：重复第3圈7次。

肩膀和头部
第25圈：[下5针短针各钩1针短针，下2针短针并1针]重复4次，共24针。
第26圈：[下1针短针钩1针短针，下2针短针并1针]重复8次，共16针。
第27圈：重复第3圈。
第28圈：[下1针短针钩1针短针，下1针短针钩2针短针]重复8次，共24针。
第29圈：[下3针短针各钩1针短针，下1针短针钩2针短针]重复6次，共30针。
第30圈：[下4针短针各钩1针短针，下1针短针钩2针短针]重复6次，共36针。
第31~39圈：重复第3圈9次。钩到第37圈和38圈中间的时候，用撞色线做出标记（为了找到眼睛的位置）。
第40圈：[下4针短针各钩1针短针，下2针短针并1针]重复6次，共30针。
现在用结实的纽扣线把眼睛缝上去（或者安装安全扣眼睛），把它们固定在第37圈和38圈的中间，两眼相距12mm。然后继续完成头部：
第41圈：重复第3圈。
剪断C线，只用A线继续。
第42圈：[下3针短针各钩1针短针，下2针短针并1针]重复6次，共24针。
第43圈：重复第3圈。
第44圈：[下1针短针钩1针短针，下2针短针并1针]重复8次，共16针。
第45圈：[下2针短针并1针]重复8次，共8针。
收针，留长线尾。

腿部和胳膊（制作4条）
胳膊和腿部都从手和脚的末端开始。
用D线（手和脚的颜色）绕成1个线环，再把线从线环中心钩出（见159页），然后按照下面说明继续：
第1圈（正面）：1针锁针（不算作1针），在线环里钩8针短针。（每圈的结尾不要翻面，一直对着正面钩。）
拉动线尾收紧线环。
注意：用记号圈标记一圈的最后一针，每完成一圈移动一次记号圈（见156页短针筒形）。
第2圈：[下1针短针钩2针短针]重复8次，共16针。**
第3圈：[下3针短针各钩1针短针，下1针短针钩2针短针]重复4次，共20针。
在继续钩之前，把脚部末端的线尾拉进来藏到反面。
第4圈：每针短针均钩1针短针，直到一圈结束。
第5~7圈：重复第4圈3次。
第8圈：[下3针短针各钩1针短针，下2针短针并1针]重复4次，共16针。
第9圈：重复第4圈。
这样就完成了脚部或手部。

开始按照顺序钩条纹
钩条纹的顺序跟钩身体的一样，同时按照下列说明完成剩余部分：
第10~14圈：重复第4圈5次。
第15圈：[下2针短针各钩1针短针，下2针短针并1针]重复4次，共12针。
第16~25圈：重复第4圈10次。
剪断D线，只用A线继续。
第26~28圈：重复第4圈3次。
第29圈：[下2针短针并1针，下4针短针各钩1针短针]重复2次，共10针。
第30~34圈：重复第4圈5次。
下1针短针钩1针引拔针，收针，留长线尾。

口鼻部
全部用E线，跟钩腿部一样钩到**处。
第3圈：[下1针短针钩1针短针，下1针短针钩2针短针]重复8次，共24针。
在继续钩之前，把开始处的线尾拉进来藏到反面。
第4圈：每针短针均钩1针短针，直到一圈结束。
第5~7圈：重复第4圈3次。
下1针短针钩1针引拔针，收针，留长线尾用来把口鼻部缝到头部。

耳朵（制作2只）
用E线起10针锁针。
第1行（反面）：只在基础锁针行的单侧线圈里钩，从钩针侧数起的第2针锁针钩1针短针，下7针锁针各钩1针短针，最后1针锁针钩2针短针。然后按照以下说明继续在基础锁针行的另一侧线圈里钩——第1针锁针（钩2针短针的锁针，但是在另一侧线圈里插入钩针）钩1针短针，剩余8针锁针各钩1针短针，翻面。共19针。
第2行（正面）：1针锁针（不算作1针），前9针短针各钩1针短针，下1针短针钩3针短针，剩余9针短针各钩1针短针，翻面。共21针。
第3行：1针锁针（不算作1针），前10针短针各钩1针短针，下1针短针钩3针短针，剩余10针短针各钩1针短针，翻面。共23针。
第4行：1针锁针（不算作1针），前11针短针各钩1针短针，下1针短针钩[1针短针，2针锁针，1针短针]，剩余11针短针各钩1针短针。
收针，留长线尾用来把耳朵缝到头部上。

尾巴
用E线起14针锁针。
第1行：从钩针侧数起的第4针锁针钩1针长针，剩余每针锁针均钩1针长针。
收针。尾巴会自然卷曲——不要把卷曲的地方熨平。

收尾
按照166页和167页的说明操作。

专业名词表 GLOSSARY

白绣

挖花绣和网眼绣等刺绣技法的统称，传统上用白色绣线在精致的白色平纹梭织布上绣制，这些布包括上等细布、精细亚麻布、十字绣布和薄纱等。

边条

在制作表布的时候，将区块间隔开的一种条形布。

衬底拼缝

拼布技法中，拼布单元或者拼布块缝到薄的衬布上，例如白色棉布上。

抽线绣

是镂空绣的一种技法，需要将平纹布上几条织线单独抽下来，在某个方向上形成梯子样的织线，或者形成某一区域，可以把织线绣在一起以形成有规律的图案。

刺绣十字布

这种布左右方向的织线数量与上下方向的数量相同。通常用于需要数织线的技法中，例如十字绣和绒绣。典型的布包括平纹亚麻布、Aida布、Binca布和Hardanger布。

雕绣（挖花绣）

是镂空绣的一种，在布块的某一区域上绣上针迹，然后背景布被剪除形成镂空图案。像马德拉绣一样，它传统上也是在白色布上用白色线刺绣。

钉线绣

一种刺绣技法，把渡线平铺在绣布上面，用小小的打结方式固定，形成纵向或者斜向图案。

定型

在棒针编织、钩针编织和绒绣中，把成品打湿，调整成准确的形状，用珠针固定并晾干，或者用珠针固定好以后用熨斗熨烫定型。

渡线

这是费尔岛棒针编织中的一种带线的技法，把线穿过织物的反面带到一个新的位置。

翻袋

在绗缝中，把表布和里布正面相对，放在铺棉上，沿边缘缝好，然后把正面翻出来——这样就不必单独滚边了。

反面

布的背面，即作品完成后通常被遮蔽的那一面。

方网格

一种镂空的钩编技法，可钩出正方形或者长方形的镂空网格与实心方块相结合的花样。

仿抽线绣

镂空绣的一种，在平纹布上，用紧密的针迹把织线聚集到一起，产生规则的空间。

费尔岛编织

一种配色编织技法，在一行中使用的颜色不超过两种（当然整件织物可能超过两种颜色）。不用的颜色的线在反面或者渡线，或者藏线。

佛罗伦萨绣

16、17世纪，在意大利的佛罗伦萨发展起来的一种绒绣技法。以台阶形的针迹为特色，创造出曲线或者波浪形图案，也叫锯齿绣。

浮面装饰绣

在平纹布表面进行的装饰性刺绣的通称。平纹布上的多数刺绣都是镂空绣。

轨道

在绒绣中，将水平方向的长针迹平铺在布上，作为其他针迹的基础。

滚边

用窄布条把拼布作品或者绣品的边缘包起来，以形成整洁的外边，也能防止受损。如果是直线形边缘，滚边条可以用布料的直边裁剪；斜纹滚边条更有弹性，总是用在曲线形边缘上。

绗缝

把夹层三明治（表布、铺棉、里布）缝在一起的过程。除了将三层固定在一起的实用目的以外，绗缝针迹所形成的图案常常成为作品设计中不可或缺的一部分。绗缝图案通常要提前标记在表布上，可能包括方块或者菱形等几何图形，扩散绗缝的同心针迹，以及心形、羽毛状和花束等复杂的图形。

环形编织

用环形棒针或者一套四根或者五根的双头棒针，按圈编织而形成圆筒状织物。

基础锁针

在钩针编织中，一段锁针形成整件钩编物的基础。

加针

在棒针编织和钩针编织中，增加1针或数针，让织物针目的数量增加以形成所需要的织物外形。

减针

在棒针编织和钩针编织中，减去1针或者数针，让织物针目数量减少以形成所需要的织物外形。

奖章形

在棒针编织和钩针编织中，从中心向四周编织的平面图形。在绗缝中，则是在大块中心图案的四周围绕边框的图形。

接缝

把两块布缝到一块所产生的连接线。

经线

机织布竖直方向的织线，也称作纵纹。

镜绣

镜绣来源于中亚和印度，是一种传统的装饰方式，沿着小镜子、玻璃或者锡片等圆形物品的四周进行刺绣，将其固定在布料上面。

蕾丝编织

一系列制造出孔洞或者网眼的技法，在织物上形成精致的蕾丝般的花纹。

立针

在钩针编织中，在一行的开始钩几针锁针，以便把钩针带到需要的高度，开始钩这行的第1针或其他针。

镂空钩编

通过在基础针目上钩锁针环、锁针空隙而形成蕾丝图案。

镂空绣

多种刺绣技法的总称，共同点是在背景布上形成开放空间，创造出镂空的效果。参见网眼绣、雕绣、抽线绣、嵌入绣、仿抽线绣。

密度

在棒针编织和钩针编织中，一定区域内的编织行数和每行的针数，通常该区域为边长10cm的正方形。在绒绣和抽线绣中，密度也指将线收紧到一定程度。

拼布

将小块的拼布单元组合起来成为大块布的技法。

拼布单元

用来组成拼布设计的小块布。拼布单元可能是整块的正方形，或者是半方三角形、四分之一方三角形、曲线图形或者组合图形等。

平纹布

薄的机织布，经线和纬线形成简单的交织图案。每个方向的织线数量不一定相同。典型的平纹布有棉布、亚麻布和丝绸。

起针

在棒针编织中，在棒针上形成新的针目。

嵌花技术

嵌花技术既用在棒针编织中也用在钩针编织中，只在一行的某一段出现某一种颜色，而不是整行都出现该颜色。它不像费尔岛编织和提花钩编，一行中可能出现两种或两种以上的颜色。在棒针编织和钩针编织中，单独一小团或者一段毛线只用于某一特定区域，不用的时候垂在那里，留待下一行再次使用。

嵌入

在拼布中，将一个图形或者拼布单元放入由另外两个拼布图形所形成的锐角里，然后缝合在一起。

嵌入绣

有装饰效果的刺绣针迹，在两块布之间形成镂空的接缝，将布块连起来，也叫束心绣。

区块

在拼布和贴布中所用的图案单元。拼布区块传统上有四种：四片式（2行，每行2块）、九片式（3行，每行3块）、五片式（5行，每行5块）和七片式（7行，每行7块）。

圈

棒针编织和钩针编织按环形完成的一行，这一行的最后一针跟第1针连在一起。

收针

在棒针编织中，从棒针上脱下所有针目，为的是完成织物边缘，避免脱线。

锁链形拼缝

在拼布中，将拼布单元缝到一起的一种方式，通过连续将单元放到缝纫机上，不需要提起压脚或者剪断缝线，这样就形成拼布单元之间短距离的锁链式连接。

锁针环、锁针空隙

在钩针编织中，基础针目之间的一段锁针会在织物上形成一个空间。

提花钩编

一种使用短针的配色钩编技法，每一行不超过两种颜色，不用的颜色线沿着下行的顶边被这行的针目所覆盖，从外面完全看不出来。结果就是织物变得更厚了，所以最好用细线钩编。

条形拼缝

拼布技术的一种，将长条形布拼到一起，然后裁剪，再按照不同的顺序重新组合。这种方法曾创造了许多流行的拼布区块，包括小木屋和塞米诺拼布。

贴布

来自法语词appliquer，意思是"贴上去"，将从一块布上裁剪下来的图形固定到另一块布上的一种装饰技艺，可以利用黏合衬熨烫后贴上去或者缝上去。

网眼绣（马德拉绣）

是镂空绣的一种，包含很多小洞，边缘用扣眼绣缝制。传统上是在白色布上用白色线刺绣。

纬线

机织布水平方向的织线，也称作横纹。

细节裁剪

在拼布和贴布中，选择印花布上的单独一块图案，将其裁剪下来作为区块的一个亮点。

线绳拼缝

在拼布中，类似于条形拼缝，但是布条宽度不均匀。

斜接角

将布块的相邻两边在角处以45°角相对，缝合而成。

斜纹

梭织布的斜向织线，跟直边呈45°角。

英式硬纸拼缝

在拼布中，一种传统的制作有马赛克图案作品的技法，把布块单元（至少含有两条斜边）疏缝到预先裁剪好的纸模板上，模板大小与成品大小相同。

褶皱绣

一种刺绣形式，需要把布聚集成紧密的褶，然后在褶上面进行装饰性的刺绣。它传统上用于装饰连衣裙的上身、女式衬衫、洗礼罩衣和儿童罩衫等。

正面

布的前面，即作品完成后通常向人们展示的那一面。

织边

布纵向两侧的硬边，防止布磨损或者飞边。是当纬线在经线的边缘转折、开始形成下一行时所形成的。

支（格子）数

在平纹布或者绣布上，2.5cmx2.5cm范围内线或者格子的数量。支（格子）数越多，布越精细。

直纹

织物的织线的走向平行于或垂直于水平方向。

组合

区块形成表布的安排设计。区块可能是直线形组合（每个区块以同样方式排列，边对边缝到一起）；也可能是照点组合（旋转成菱形，而不是正方形）；拼缝区块也可能与单片区块交替出现；区块还可以旋转形成次生图案。

致谢
ACKNOWLEDGMENTS

Authors' acknowledgments
Maggi Gordon: Thanks to everyone at Dorling Kindersley who contributed to this book, especially Mary-Clare Jerram, who commissioned me, and Danielle Di Michiel, the most patient of editors, and to Heather, who was my original point of contact. And as always to David, whose support has been unwavering.

Sally Harding: I would like to thank the whole DK team in London and Delhi for their hard work making samples, shooting steps, and laying out all those pages. Thanks also to Maggi Gordon for suggesting that I take part in the project and to Mary-Clare Jerram for commissioning me. Biggest thanks to Katie Hardwicke, my editor, for being such a joy to work with and to Danielle Di Michiel at DK for giving me so much support throughout.

Ellie Vance: I would like to express my thanks to Katie Hardwicke, for her sensitive editing and fine attention to detail, and to the team at Dorling Kindersley for all their hard work, especially to Danielle Di Michiel, for her outstanding efficiency and unfailing good humour.

Dorling Kindersley would like to thank:
Tia Sarkar for editorial assistance; Jenny Latham for proofreading; Hilary Bird for indexing; Coral Mula for the crochet diagrams; Lana Pura, Willow Fabrics, House of Smocking and The Contented Cat for materials, equipment, and resources; Usha International for sewing machines.

Creative technicians: Arijit Ganguly, Archana Singh, Amini Hazarika, Bani Ahuja, Chanda Arora, Christelle Weinsberg, Eleanor Van Zandt, Evelin Kasikov, Geeta Sikand, Indira Sikand, Kusum Sharma, Medha Kshirsagar, Meenal Gupta, Nandita Talukder, Nalini Barua, Neerja Rawat, Resham Bhattacharjee, Rose Sharp Jones, Suchismita Banerjee. Special thanks to Bishnu Sahoo, Vijay Kumar, Rajesh Gulati, Tarun Sharma, Sanjay Sharma.

A WORLD OF IDEAS:
SEE ALL THERE IS TO KNOW

www.dk.com

Penguin
Random
House

A Dorling Kindersley Book
www.dk.com

Original Title: The Needlecraft Book
Copyright © 2012 Dorling Kindersley Limited, London

本书由英国多林·金德斯利有限公司授权河南科学技术出版社在中国大陆独家出版发行。

版权所有，翻印必究
著作权合同登记号：图字 16—2012—068

图书在版编目（CIP）数据

针艺手作大百科 /（美）麦琪·戈登，（英）萨莉·哈丁，（英）埃利·万斯著；于月译.—郑州：河南科学技术出版社，2016.9
ISBN 978-7-5349-7514-1

Ⅰ.①针… Ⅱ.①麦… ②萨… ③埃… ④于… Ⅲ.①手工–图解 Ⅳ.① TS935-64

中国版本图书馆CIP数据核字（2016）第122153号

出版发行：河南科学技术出版社
地址：郑州市经五路66号　邮编：450002
电话：（0371）65737028　65788613
网址：www.hnstp.cn

策划编辑：刘　欣
责任编辑：梁　娟
责任校对：张小玲
封面设计：张　伟
责任印制：张艳芳
印　　刷：北京华联印刷有限公司
经　　销：全国新华书店
幅面尺寸：229 mm × 276 mm　印张：25　字数：1000千字
版　　次：2016年9月第1版　2016年9月第1次印刷
定　　价：198.00元

如发现印、装质量问题，影响阅读，请与出版社联系并调换。